Knowledge House & Walnut Tree Publishing

Knowledge House & Walnut Tree Publishing

紅色供應鏈——中國供應鏈的前瞻與趨勢

Supply Chan Perspectives and Issues in China

—A Literaure Review

前言

全球價值鏈，是經綸國際經濟研究院四個主要研究主題之一。價值鏈或生產以及分銷的網絡遍布全球，共同組成了所有實體經濟的生產活動：從原材料、設計、製造、組裝直至送到最終的消費者手中。全球供應鏈由開始出現於日本，到今天以中國為主供應消費品至全球的「亞洲工廠」，是過去六十年全球貿易與生產的經濟故事。

全球供應鏈的演進，已經超越了過去的一個世紀傳統的國際貿易和投資聯繫。全球供應鏈反映了各國之間經濟、政治、社會各方面的關係在根本上的改變，為政策制定者、學者和企業家帶來了史無前例的挑戰。在沒有考慮到中國在全球價值鏈發展的核心角色的情況下，中國就不能脫穎而出成為全球最大的貿易經濟體。誠然，沒有顯著的制度、過程和商業模型的創新，包括本地政府和大學的角色，中國亦不能演變成為全球價值鏈中的重要組成部分。在開始的時候，中國的學者和企業家向外國學者的著作和在中國的跨國企業的做法學習和採用西方的供應鏈模式，但許多制度和過程上的創新，如產業集群和專業鎮的發展，都是原創的。

隨著國家生產體系的發展，中國逐漸從「世界工廠」轉型成為更為平衡的經濟體，其供應鏈研究的課題也相應變得更多樣化，從原來對生產和分配的效率的單向度關注，加入了新的題目，如產業服務化、貿易金融和可持續發展。

馮氏集團利豐研究中心和經綸國際經濟研究院有幸能請到中國供應鏈研究的權威學者、中國人民大學的宋華教授，帶領其他從事供應鏈研究的中國傑出學者，在眾多的研究成果和文獻中，提煉出關鍵的主題和內容，編寫了這一有關中國全球供應鏈研究的文獻綜述。直至最近，大部分有關全球供應鏈的中國研究只有中文版本，未能使國際上對全球供應鏈在中國的發展感興趣的其他讀者對此有所瞭解。

中國全球價值鏈研究的文獻，其關注重點和相關的英語文獻有異同，分歧點主要反映了中國政治經濟的特質，即其高度分散的市場和競爭激烈的經營環境，這也是具中國特色的社會主義市場經濟的特色，對供應鏈進一步改善效益的同時帶來了障礙和機遇。

本書展示了中國和全球在全球價值鏈下一個階段發展所面對的處境。第一，中國作為全球分散式生產的主要集散點，導致傳統貿易統計以及「原產地規則」失效。第二，不僅中國供應鏈的快速發展塑造著新的全球貿易模式，這些供應鏈同時也使得過去從東往西的流動，逐漸演變為同時帶有從西往東流動的雙向性質，並進一步朝著不單只南面，還有全球最大的市場之一──中國內部的自身發展。

因此，理解中國的全球價值鏈，對全球的企業家和政府來說極其重要。在這互相聯繫和改變迅速的世界，我們都不能忽略中國企業如何型塑全球價值鏈，並在這個過程中同時被演化中的全球價值鏈型塑。透過向國際社會介紹這些讓人著迷的中國學者的研究成果，我們希望本書能夠促進學術合作，並協助企業和政策制定者做出更明智的決定。

最後，我們要感謝宋華教授以及他的同事，馮氏集團利豐研究中心的張家敏、劉方和錢慧敏，經綸國際經濟研究院的蕭耿和羅柏年（Patrick Low）。是他們的努力讓本書得以順利出版。

沈聯濤　經綸國際經濟研究院院長

目錄

Contents

Contents

CHAPTER 1

全球供應鏈與外包管理 043

CHAPTER

現代物流業及其發展 085

目　錄

Contents

CHAPTER 5

CHAPTER

目　錄

CHAPTER 7

供應鏈管理彈性　321

CHAPTER

供應鏈金融　341

Contents

CHAPTER 9

供應鏈物流成本及其績效管理 365

導論

撰寫人：宋華（中國人民大學）
于亢亢（中國人民大學）

研究概況

物流是為了滿足客戶需求而對商品、服務及相關訊息從原產地到消費地的高效率、高效益的正向和反向流動及儲存進行的計劃、實施與控制過程。物流管理是一個綜合的功能，它對所有物流活動與包括：營運、銷售、生產、財務和資訊技術在內的其他功能進行協調和優化。近幾年，在物流領域裡一種更寬泛的供應鏈管理導向發展起來。根據美國物流管理協會（二〇〇五年更名為美國供應鏈管理專業協會）對供應鏈管理的定義，供應鏈管理包括：採購、外包、轉化等過程的全部計劃、管理活動以及全部物流活動。更重要的是，它還包括與通路成員（涉及供應商、中間商、第三方物流服務供應商和客戶）之間的協調和協作。有一個形象的比喻，一條供應鏈就好像是一條河流，產品和服務作為河水順流而下。不論是否有人意識到治理河床的意義，這條河流都會一直存在。同樣，不論是否有企業意識到供應鏈這一系統的戰略意義，這條供應鏈依然存在。當河流流經的某國意識到上游國家要儲存和保護水源，也意識到自己也有必要同樣做的時候，也就明確了系統治理的方向。但是，如果沒有上下游國家的合作，那麼進行起來就非常困難了。只有當眾多的國家共同為這個目標努力並積極管理這條河流的資源時，才能達到可持續的治理目標。同樣，對供應鏈的系統管理既是企業內部更是整合和整合供應鏈上成員企業之間的供需、資源和能力的管理過程，由此成為許多企業獲取競爭優勢的首要來源。

企業管理實踐發展的同時，物流與供應鏈管理也逐步成為一個成熟的研究領域，具備了堅實的理論基礎和嚴格的研究方法，特別是生產運作、市場行銷，以及戰略管理領域的相關理論和方法也逐漸被引入進來，不斷完善該領域的研究框架，並形成了更多新的交叉領域。本書縱觀物流與供應鏈管理領域的發展狀況、最新動態、重要理論觀點、前瞻問題和熱點問題，同時精選並收錄二〇一〇年度具有較強代表性的海內外期刊文章、學術著作，為該領域研究的進一步發展奠定了新的基礎。透過對二〇〇四至二〇一〇年萬方數據庫中的文獻檢索情況（**圖一**）的分析，我們發現在經歷了二〇〇五年之前的快速增長階段後對物流供應鏈管理的關注熱度有所回落，近幾年呈現出平穩發展的趨勢，研究的主題主要聚焦在物流技術，如車載定位、遠程監控、供應商管理庫存系統（VMI）、無線射頻辨識系統（RFID）、分佈式技術等方面，以及供應鏈管理的基本功能和活動方面，如資訊、安全、服務、運作模式、增值成本、整合等。進一步比較分析這些關鍵知識點，如**圖二**所示，可以看出績效評價和資訊共享仍然是供應鏈管理中的核心問題，而合作夥伴和供應商關係管理作為比較傳統的研究內容近些年的關注度有所降低，此外供應鏈風險作為二〇〇三年開始的一個新興的研究方向具備未來發展的潛力。如**圖三**所示，對價值鏈、博弈論、第三方物流相關理論的關

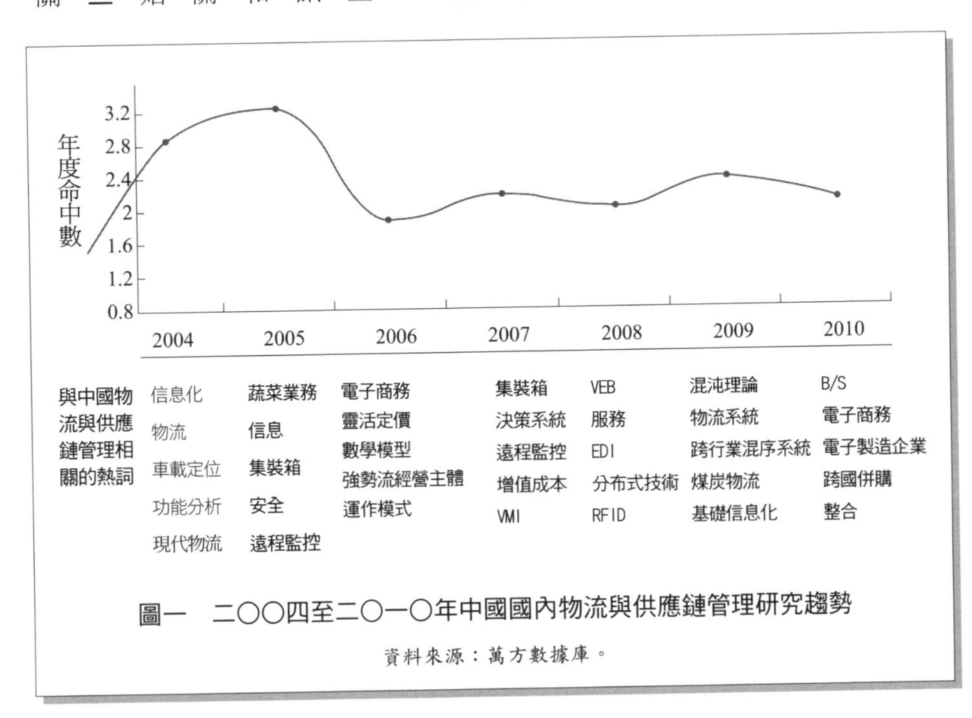

圖一　二〇〇四至二〇一〇年中國國內物流與供應鏈管理研究趨勢

資料來源：萬方數據庫。

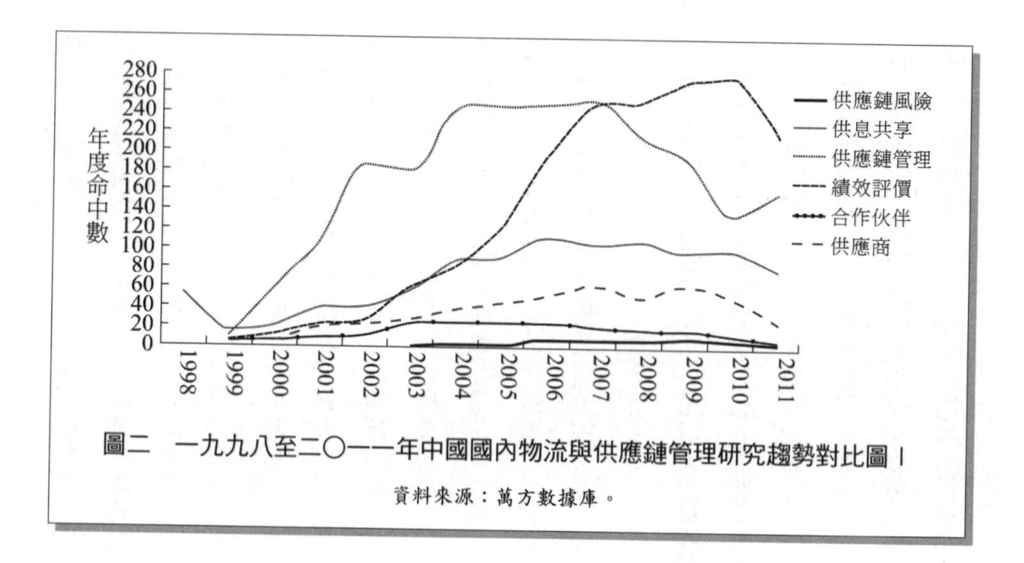

圖二　一九九八至二〇一一年中國國內物流與供應鏈管理研究趨勢對比圖 I

資料來源：萬方數據庫。

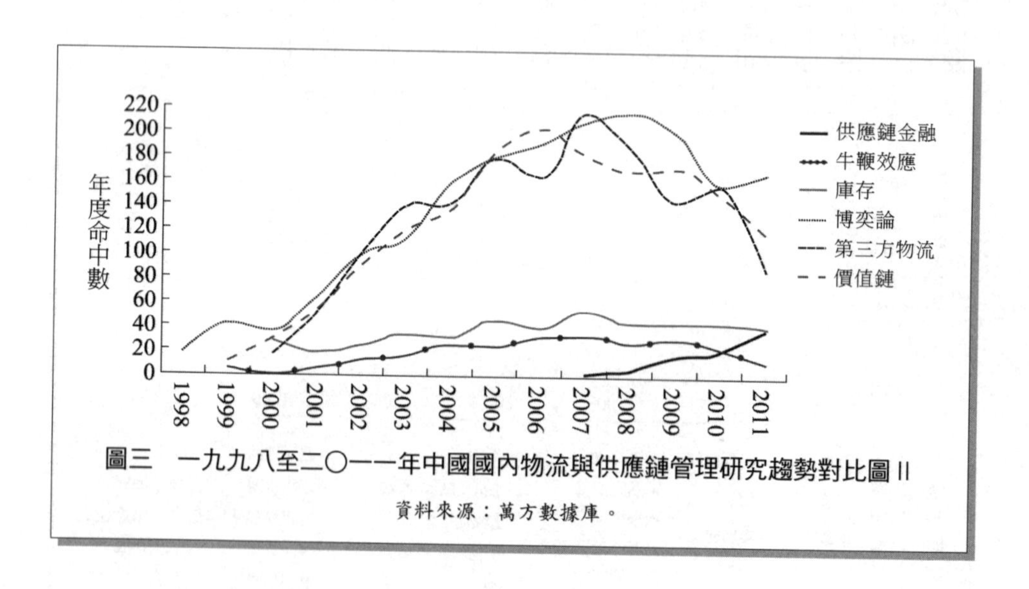

圖三　一九九八至二〇一一年中國國內物流與供應鏈管理研究趨勢對比圖 II

資料來源：萬方數據庫。

注度一直居高不下，而庫存、長鞭效應（bullwhip effect，牛鞭效應）這些相對早期的研究內容已經逐漸淡出研究者的視線，而二〇〇七年才開始引起關注的供應鏈金融這一主題近幾年發展很快，作為服務供應鏈的一個分支，也是未來研究的方向。

我們首先對國外核心期刊和書籍中的相關理論和方法進行了分析，所檢索的物流與供應鏈管理領域的核心期刊包括：*Journal of Operations Management*、*Production and Operations Management*、*International Journal of Operations and Production Management*、*Journal of Business Logistics*、*Journal of Supply Chain Management*、*Supply Chain Management: An International Journal*等該領域的知名期刊。在此基礎上，歸納出文獻綜述的理論架構，繼而對中國國內物流與供應鏈管理領域的代表性文章和書籍進行綜述。主要是透過幾大國內權威的數據庫對相關主題進行檢索，例如：萬方數據資源系統中的數位化期刊全文庫、中國學位論文全文數據庫、會議論文數據庫、中國知網出版的CNKI系列數據庫之一的中國期刊全文數據庫、中文科技期刊數據庫（維普）等。所檢索的主題涉及到如**圖四**所示的章節內容，包括：宏觀層面上以全球供應鏈、現代物流業及其發展、綠色供應鏈和可持續發展為主題的相關內容，產業層面上以供應鏈風險、供應鏈創業與群聚、服務供應鏈為主題的相關內容，因素層面上以供應鏈彈性、供應鏈金融為主題的相關內容，最後是以物流成本和供應鏈績效評價為主題的相關內容。下面將具體介紹各部份的綜述方法和核心思想。

全球供應鏈

自二〇〇五年以來，全球化在供應鏈領域的影響日趨明顯。全球化的影響，從主要已開發國家，到南

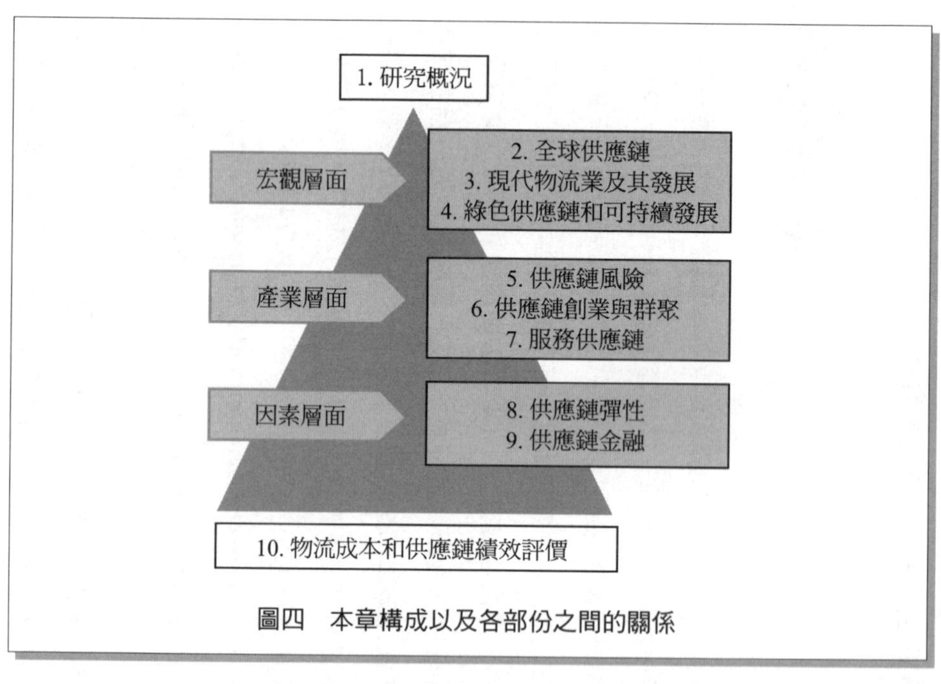

圖四　本章構成以及各部份之間的關係

美、非洲、中東、亞洲等新興經濟主體，遍佈全球。

全球供應鏈（global supply chain）一詞最早出現在Hishleifer（1956）的成果中。經過學者的不斷深化，形成如下定義：全球供應鏈是實現一系列分散在全球各地的相互關聯的商業活動，包括：採購原料和零件、處理並得到最終產品、產品增值、對零售商和消費者的配送、在各個商業主體之間交換資訊，其主要目的是降低成本擴大收益。全球供應鏈是指在全球構建供應鏈，它要求以全球化的視野，將供應鏈系統擴展至全世界，根據企業的需要在世界各地選取最有競爭力的合作夥伴。全球供應鏈具有以下特徵：第一，全球供應鏈的實現必須以現代網絡資訊技術的發展為基礎；第二，全球供應鏈的目的在於達到物流、資訊流和資金流的協調通暢，以滿足全球消費者需求；第三，全球供應鏈的核心是鏈上各個節點企業之間的戰略夥伴關係的合作。

圖五展示了二〇〇四至二〇一〇年中國全球供應鏈研究趨勢，可以看出相關研究的發展趨勢較為平穩，並沒有出現特別劇烈的變化，只是在二〇〇六至二〇〇八

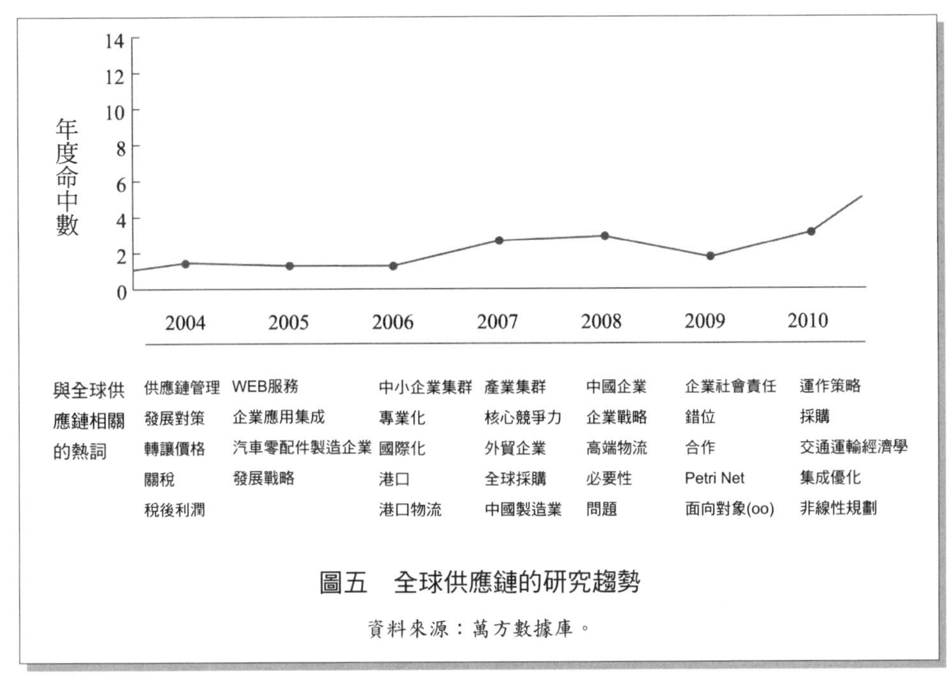

圖五　全球供應鏈的研究趨勢

資料來源：萬方數據庫。

年數量上有小幅的增長，在二〇〇九年左右有所波動後呈現持續增長的趨勢。從研究的主題來看，二〇〇六年之前的研究主要關注進出口中的問題如轉讓價格、稅後利潤、港口物流等，以及少數戰略性問題如企業應用整合、發展戰略、專業化等。這之後，對戰略問題的研究繼續深入，例如核心競爭力、企業戰略相關的主題，同時全球採購、高端物流這些供應鏈流程也開始成為研究關注的焦點。在二〇〇九年左右的波動時期，我們可以看到一些新的主題如企業社會責任、合作等，還有一些新引入的研究方法，例如交通運輸經濟學、整合優化、非線性規劃等。

透過對現有文獻的梳理，第一章根據兩個緯度將全球供應鏈管理分為六個不同的研究主題。這兩個緯度為：分析層級和研究重心。其中分析層級分為國家和產業研究、公司層面研究和買賣關係研究三個不同的層級，研究重心分為管理行為和前因研究以及管理績效研究兩個不同的側重點。這兩個緯度組合就有六個不同的主題，具體如下**表一**所示，包括：(1)走向全

表一　全球供應鏈管理的架構

分析層級／研究重心	國家／產業	公司	買賣關係
管理行為和前因	走向全球	全球採購	關係系統
管理績效	區別績效	成本和效益	綜合績效

球——全球供應鏈管理前因的國家和產業層面研究；(2)區別績效——全球供應鏈管理績效的國家和產業層面研究；(3)全球採購——全球供應鏈管理前因的公司層面研究；(4)成本和效益——全球供應鏈管理績效的公司層面研究；(5)關係系統——全球供應鏈管理前因的關係層面研究；(6)綜合績效——全球供應鏈管理績效的關係層面研究。

現代物流業及其發展

物流產業作為支撐國民經濟發展以及企業管理水準不斷提升的重要產業基礎，自二十世紀九〇年代後期引起了中國政府、各行各業以及企業的高度關注。如何在中國能順利地建立起物流產業發展的政策體系、地域環境，以及培育一批具有核心競爭力的專業物流服務企業成為近些年來中國物流供應鏈研究領域關注的重要話題。在經濟持續較快增長與一系列政策措施的推動下，中國物流業發展呈現出許多新的特點，這表現為支持物流業發展的政策集中出台、物流業發展環境受到廣泛關注、物流市場需求發生了變化、物流經營模式經歷了新的變革、物流企業整合提升步伐加快、物流區域集聚趨勢明顯，以及物流基礎設施建設投資增速放緩（何黎明，二〇一一）。由此，第二章主要從以下三個層面進行綜述：一是宏觀和制度層面，這方面的研究主要是對中國物流政策的研究，以及對產業物流政策的探索；二是在區域層面對物流產業和物流功能的研究；三是關於第三方以及第四方物流（Fourth Party Logistics, 4PL）產業的探索，包括企業競爭力因素、客戶滿意度以及物流服務供需關係的研

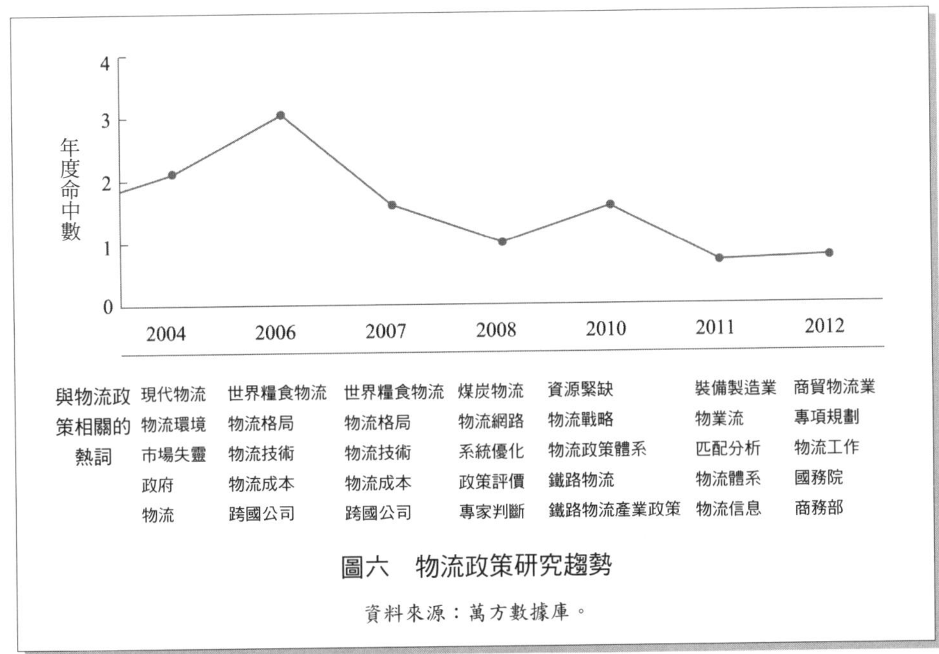

圖六　物流政策研究趨勢

資料來源：萬方數據庫。

究等。

物流政策是指國家或政府為實現全社會物流的高效運行與健康發展而制定的公共政策，以及政府對全社會物流活動的干預行為，具體包括：有關物流的法律、法規、規劃、計劃、措施（對策），以及政府對全社會物流活動的直接指導等。物流政策的研究主要是針對國家和地方制定的物流政策，評價政策的特點以及相應的實施績效，並且判斷和預測政策調整和改進的空間。如從**圖六**所示的研究趨勢來看，關於物流政策的研究起步較晚，二〇〇四年開始逐漸增多，主要聚焦在物流環境、物流格局、物流技術、物流成本等方面，在行業研究方面也較為單一，集中在對世界糧食物流的研究上。近年來，相關研究的熱度有所下降，研究內容和方法也有所變化，如系統優化、政策評價、專家判斷等方法得到了廣泛應用，所針對的行業範圍不斷拓展，如煤炭物流、鐵路物流、設備製造業、商貿物流等都被納入進來。特別是注重從全局出發，從戰略高度考慮各項政策的制定和實施，致力於構建完善的物流政策體系。針對以上趨勢，第二章第二節主要從以下三個方面進行綜述：一是對國家物流政策的評價以及配套政策的探索；二是對低碳物流政策的關注；三是專門針對特定行業的物流政策分析。

區域物流是為全面支撐區域可持續發展總體目標而建立的適應區域環境特徵，提供區域物流功能，滿足區域經濟、政治、自然、軍事等發展需要，具有合理空間結構和服務規模，實現有效組織與管理的物流活動體系。**圖七**展示了區域物流的研究趨勢，可以看出與此相關的主題研究一直保持穩定增長的趨勢，而且往往都與區域經濟、物流規劃等主題相關聯，分析角度也很廣泛，從非均衡分析、資源整合、競爭力，到灰色預測模型、主成份分析，再到強弱危機分析（SWOT Analysis）、綜合評價。由此，第二章第三節按照區域物流與區域經濟關係、區域物流規劃研究和發展環境三個方面梳理了中國對於區域物流的相關研究和目前區域物流發展的現狀。

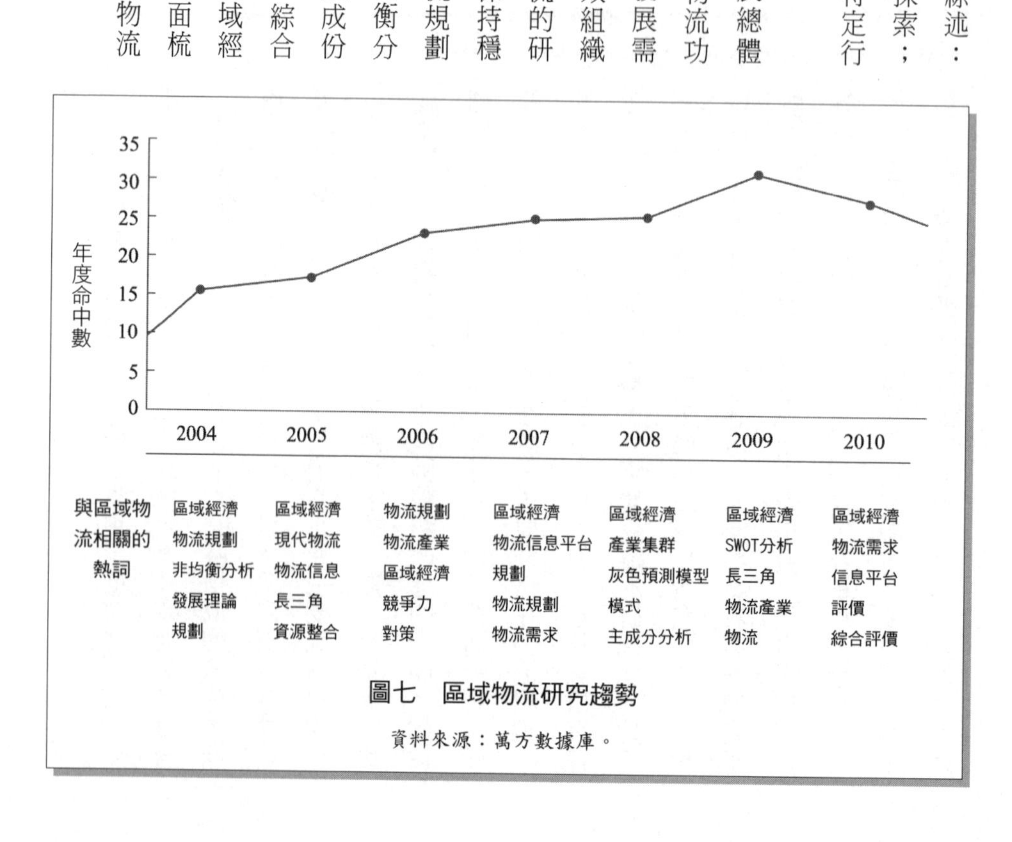

圖七　區域物流研究趨勢

資料來源：萬方數據庫。

第三方物流（Third Party Logistics, TPL,3PL），又稱合同物流、契約物流或物流外部化，是指由供方與需方以外的第三方物流企業提供物流服務的業務模式。它是中國國民經濟的重要產業，是目前學術界的一個研究熱點。如**圖八**所示，有關第三方物流的研究發展也較為平穩，在二〇〇七年左右達到一個小高峰。從研究內容上來看，主要與電子商務、第四方物流、供應鏈管理等主題關係緊密，側重於對相關對策的分析。按照這些相關研究的主題和內容，第二章第四節主要綜述了以下四個方面的文獻：中國第三方物流行業評價、第三方物流企業核心競爭力探索、客戶滿意度與績效衡量以及第四方物流發展。

綠色供應鏈和可持續發展

綠色供應鏈管理的概念自二十世紀九〇年代提出以來，逐漸受到世界各國政府和企業的關注和重

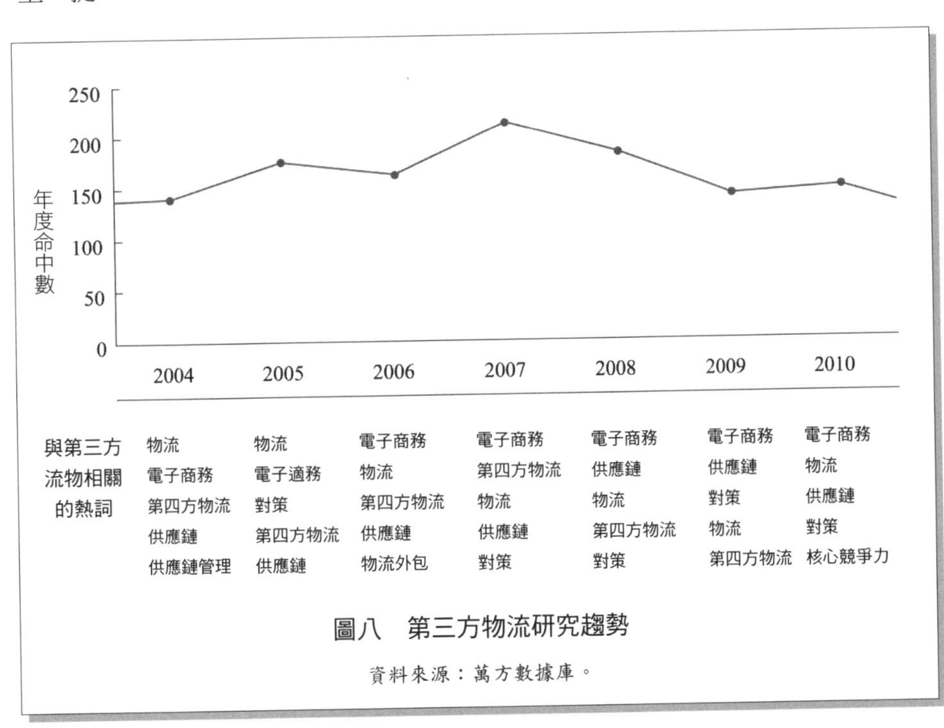

圖八　第三方物流研究趨勢

資料來源：萬方數據庫。

視，由一個抽象的概念逐步成為日常經濟活動的指南。

二十世紀九〇年代中期以來，歐美和亞洲已開發國家的各類組織和企業都紛紛在理論和實踐上深入研究綠色供應鏈管理。一九九六年，密西根州立大學的製造研究協會首次提出綠色供應鏈概念：綠色供應鏈是環境意識、資源能源的有效利用和供應鏈的各個環節的交叉融合，是實現綠色製造和企業可持續發展的重要手段，其目的是使整個供應鏈的資源利用效率最高，對環境的負面影響最小。具體來說，一個企業的綠色供應鏈管理是對供應鏈管理方針、採取的行動以及形成的各種關係的設定，所形成的各種關係是應對公司產品和服務有關設計、材料採購、生產、分發、使用、再使用以及處置方面的環境問題。聯合國環境規劃署認為綠色供應鏈管理的活動包括：監測供應企業環境績效，與供應企業合作開展綠色設計，為供應企業提供培訓和資訊以建立其環境管理的能力等。

圖九展示了中國綠色供應鏈研究二〇〇四至二〇一〇年的發展趨勢，可以看出對綠色供應鏈的研究逐年增加，在二〇〇八年北京奧運會期間達到了高峰，隨後兩年有

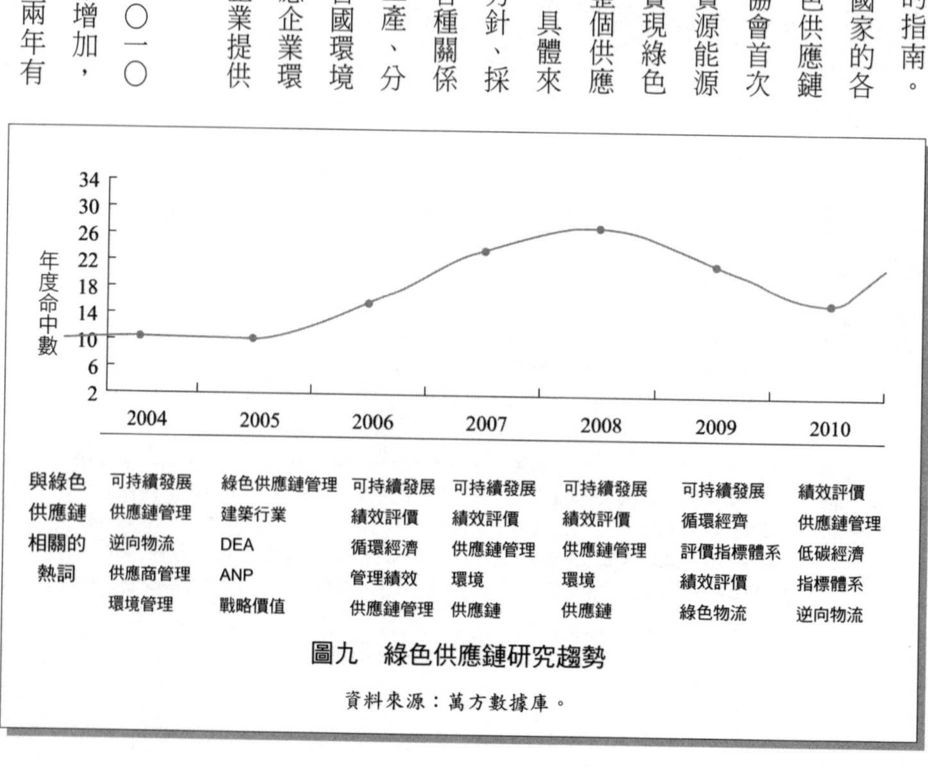

圖九　綠色供應鏈研究趨勢

資料來源：萬方數據庫。

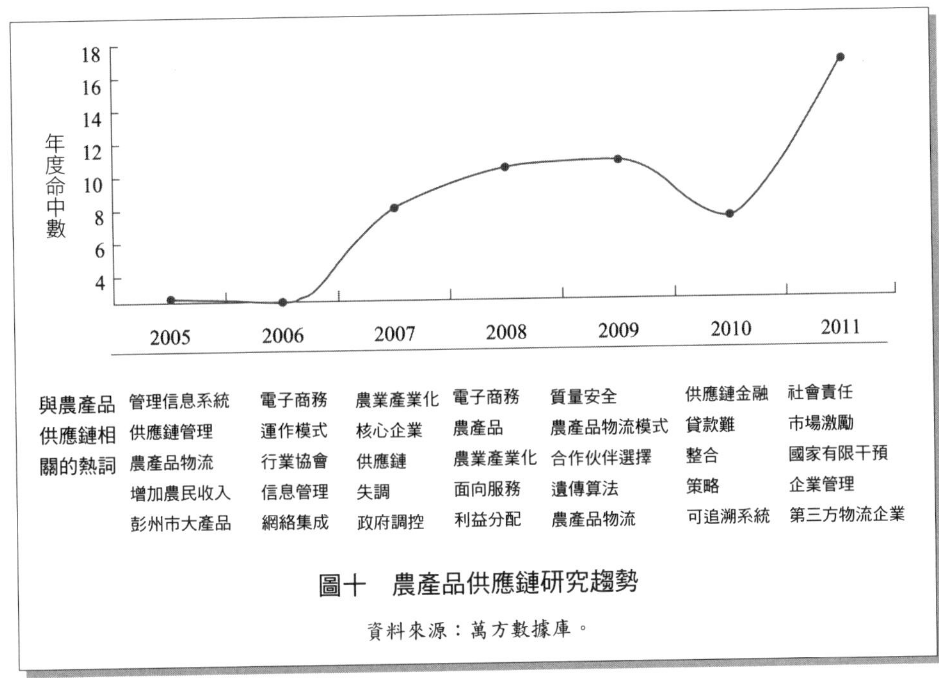

圖十　農產品供應鏈研究趨勢

資料來源：萬方數據庫。

所下降，但是在二〇一〇年之後又開始快速增加。早期的研究圍繞可持續發展、循環經濟等社會討論熱點詞彙，以及對綠色供應鏈的績效評價和戰略價值的探討。近兩年，關於綠色供應鏈的研究主題不斷更新，並出現了很多新的關鍵詞，如低碳經濟、指標體系、逆向物流（Reverse Logistics）等，研究方法上也呈現出多樣化的趨勢，如博弈論、數學建模等方法也被引入進來。隨著近幾年對食品安全的社會關注度提高，綠色供應鏈研究中還出現了一個分支——農產品供應鏈。從**圖十**所示的二〇〇五至二〇一一年研究趨勢來看，這一方面的研究呈現出快速增長的趨勢，早期研究更是與經濟現象和經濟學理論密不可分，如對農產品供需、農業產業化、政府宏觀調控、利益分配的研究。近幾年很多營運管理和供應鏈物流管理的理論逐步滲透到這一領域中，圍繞農產品物流模式、第三方物流、合作夥伴選擇等經典的理論展開，同時也對品質安全、可追溯系統等技術層面的問題進行了研究，還特別探討了與農產品相關的金融貸款問題，以及國家對該行業的有限干預、企業的社會責任感等。

根據綠色供應鏈管理研究的三大主題：概念研究、運作研究和績效評價研究，第三章借鑒國外的研究思路，對中國綠色供應鏈管理研究進展進行評述。首先，綜述了與綠色供應鏈相關的概念。在此基礎上，又對綠色供應鏈營運的動力和障礙進行分析，其內在和外在動力不僅包括：組織因素、法規、消費者、競爭者以及社會機構，還包括供應商，而內在障礙包括成本的提高和供應商的不合作，外在障礙主要包括社會調控的缺乏、行業的特殊性等（Gilbert et al., 2001）。此外，綠色供應鏈管理實踐需要大量資金的投入，而這些投入是否能夠帶來企業環境績效和經濟績效的提升還不確定。因此，第三章還從各個角度對綠色供應鏈管理實踐給企業帶來的績效變化進行了綜述。

供應鏈風險

風險與收益共擔是供應鏈成員合作需要長期關注的問題。供應鏈管理的有效實施要求供應鏈企業之間能夠共擔風險與收益，從而形成單個企業管理方式下所不具有的競爭優勢（Cooper and Ellram, 1993）。供應鏈管理透過供應鏈中跨企業的職能整合和流程整合為網絡中的企業與客戶帶來價值增值，實現供應鏈企業和客戶的共贏，這一點已被眾多企業管理活動所證實。但如何就風險加以規避與管理，是企業在供應鏈管理過程中亟待解決的問題。已經有學者和管理者提出應當把風險管理納入整個供應鏈管理理論之中。雖然不同研究者對供應鏈風險的定義不盡相同，但可以確定，研究者們對供應鏈風險的界定在很大程度上借鑒了管理控制理論中對「風險」的界定，並強調了兩個方面：一是風險是由於供應鏈內外部環境的不確定性而產生；二是風險會對供

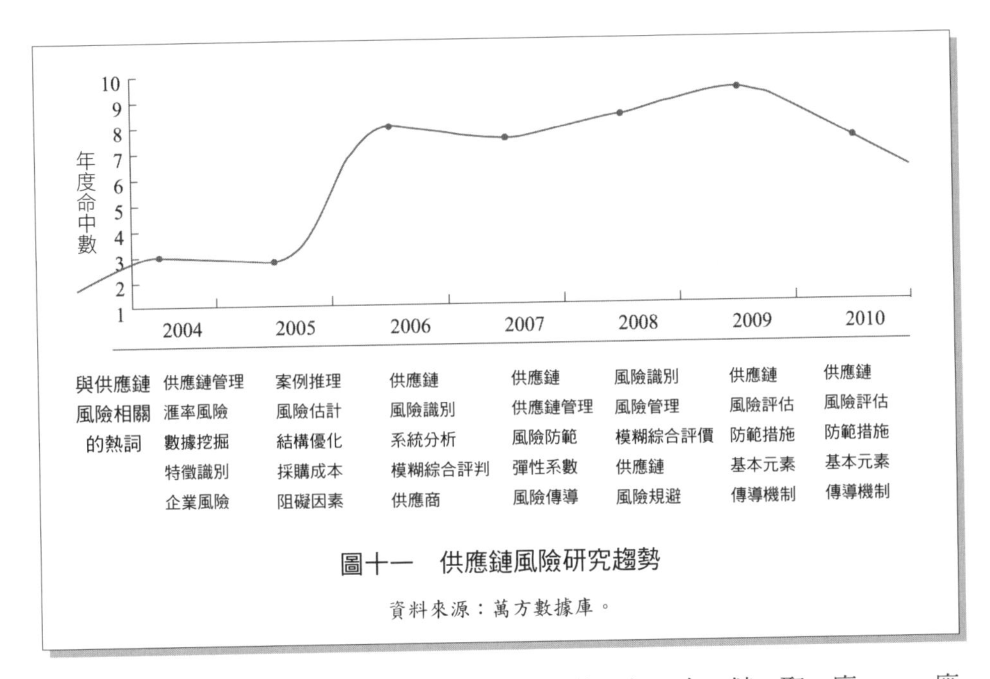

圖十一　供應鏈風險研究趨勢

資料來源：萬方數據庫。

應鏈及其企業成員的績效產生不利影響。

從**圖十一**所示的中國學者二〇〇四至二〇一〇年對供應鏈風險的研究趨勢來看，增長趨勢比較平穩，主要也是聚焦在以下兩個方面：一方面是供應鏈風險的來源和供應鏈風險的分類，如匯率風險、企業風險，以及來自採購成本和供應商方面的風險；另一方面是對風險的管控機制，包括：風險估計、風險識別、系統分析、風險防範、風險傳導、風險管理、風險規避、傳導機制等方面的研究。所應用的研究方法也比較多樣，既包括經濟分析方法如彈性分析、模糊綜合評價（Fuzzy Comprehensive Evaluation, FCE），也包括實證研究如案例推理和數學建模如結構優化、數據挖掘等。二〇一〇年，新的主題不斷湧現出來，如資訊共享、彈性供應鏈、供應鏈脆弱性、供應鏈彈性、供應鏈靈活性等，也即研究企業如何透過這些管理方法和營運模式來應對供應鏈上的各種風險。

第四章透過梳理近年來關於供應鏈風險研究的文獻，試圖瞭解和說明目前該領域的研究熱點與焦點，透過對所梳理的現有研究的分析與評述，提出現有研究的特點

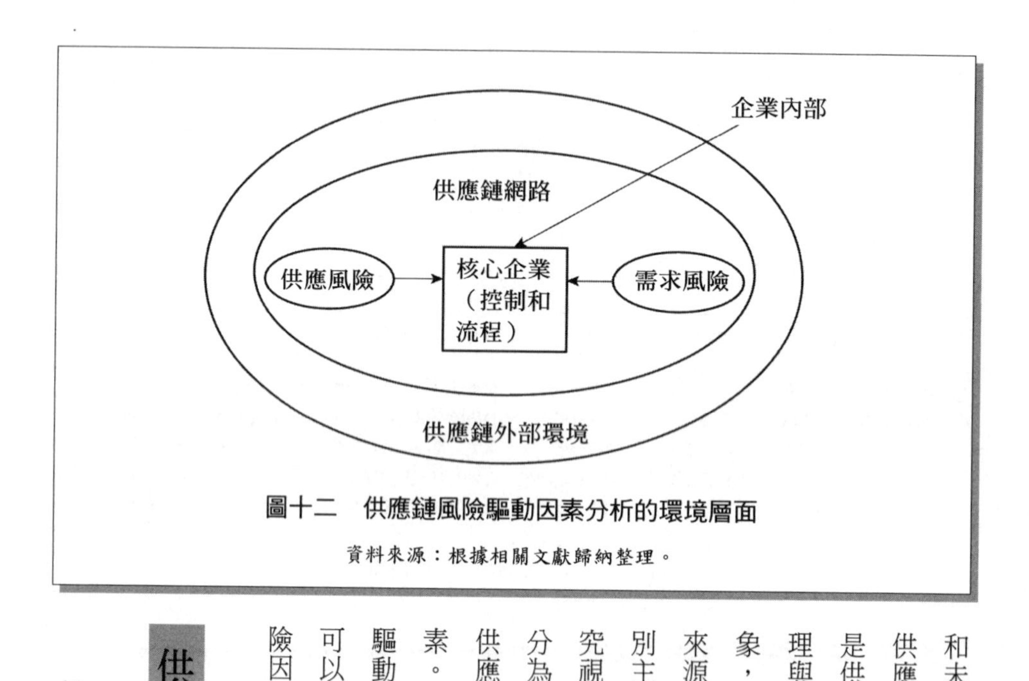

圖十二　供應鏈風險驅動因素分析的環境層面

資料來源：根據相關文獻歸納整理。

和未來的研究方向。從內容來看，現有研究主要從三個維度對供應鏈風險加以研究：一是供應鏈風險驅動因素及其分類；二是供應鏈風險對企業或供應鏈績效的影響；三是供應鏈風險管理與控制戰略。風險識別研究以供應鏈風險驅動因素為研究對象，試圖探討產生供應鏈風險的因素有哪些，即供應鏈風險的來源。供應鏈風險研究的首要問題是供應鏈風險識別，風險識別主要解決兩大問題：一是風險來源，二是風險歸類。根據研究視角的不同，第四章將現有關於供應鏈風險驅動因素的探討分為三類：從企業職能看供應鏈風險驅動因素；從供需匹配看供應鏈風險驅動因素；從供應鏈網絡層次看供應鏈風險驅動因素。基於以上綜述，第四章提出了如圖十二所示的供應鏈風險驅動因素分析的環境層面。由此，對應的供應鏈風險驅動因素可以分為三類：環境風險因素、供需風險因素和供應鏈整合風險因素，它們都會影響供應鏈穩定性從而影響供應鏈績效。

供應鏈創業與群聚

從國際來看，中小企業在各國經濟發展中具有重要地位。

在中國，中小企業也是國民經濟發展中不可或缺的組成部份，是推動國民經濟發展、促進社會穩定的基礎力量。根據工業和信息化部的統計數據，截至目前，中小企業貢獻了百分之六十以上的中國國內生產總值、百分之五十以上的稅收，並創造了百分之八十的城鎮就業。因此針對中小企業的研究對於促進中國中小企業發展、提高國民經濟增長具有重要意義。但是，由於可利用資源的有限性，中小企業很難從供應鏈的發展中獲得溢出效應（**Li et al., 2012**），其供應鏈管理發展遠落後於其供應鏈合作的大企業（**Harland et al., 2007**）。無論是供應鏈創業還是群聚供應鏈（集群供應鏈）的研究，都關注中小企業如何透過供應鏈來提升自身的競爭能力，因此，第五章重點回顧了這兩個領域的研究。

供應鏈創業是從供應鏈管理角度出發，主要指中小企業為了開展特定的市場活動，憑藉現有的資源特點，結合自身發展需要，在供應鏈上下游企業中尋找同樣有合作發展意願並且資源相互匹配的企業，透過與之形成供應鏈以達到持續發展的目的。**圖十三**展示了近年來關於企業創業的研究趨勢，可以看出從二〇一〇年開始相關研究快速增加，特別是出現了專門針對中小企業的主題。但是，專門研究中小企業創業的文獻仍然非常少，是企業創業研究中一個新的課題。因此，從中小企業的主題出發，第五章第二節主要從以下三個方面展開綜述：一是有關中小企業供應鏈構建的研究；二是有關中小企業供應鏈管理的研究；三是有關中小企業與外部合作夥伴協作的研究。

如**圖十四**所示，中小企業群聚是近年來的研究熱點，在二〇〇六年左右達到了峰值。對中小企業群聚的研究往往在區域經濟的背景下展開，探究對企業競爭優勢和技術創新的影響。群聚供應鏈將供應鏈管理和產業群聚（產業集群）進行了有效結合，同時具備產業群聚以及供應鏈的網絡特徵（吳群、諶飛龍，二〇〇七）。群聚供應鏈能夠使中小企業取得價值鏈上某個關鍵環節的突破，而群聚供應鏈本身所具有的競爭優勢

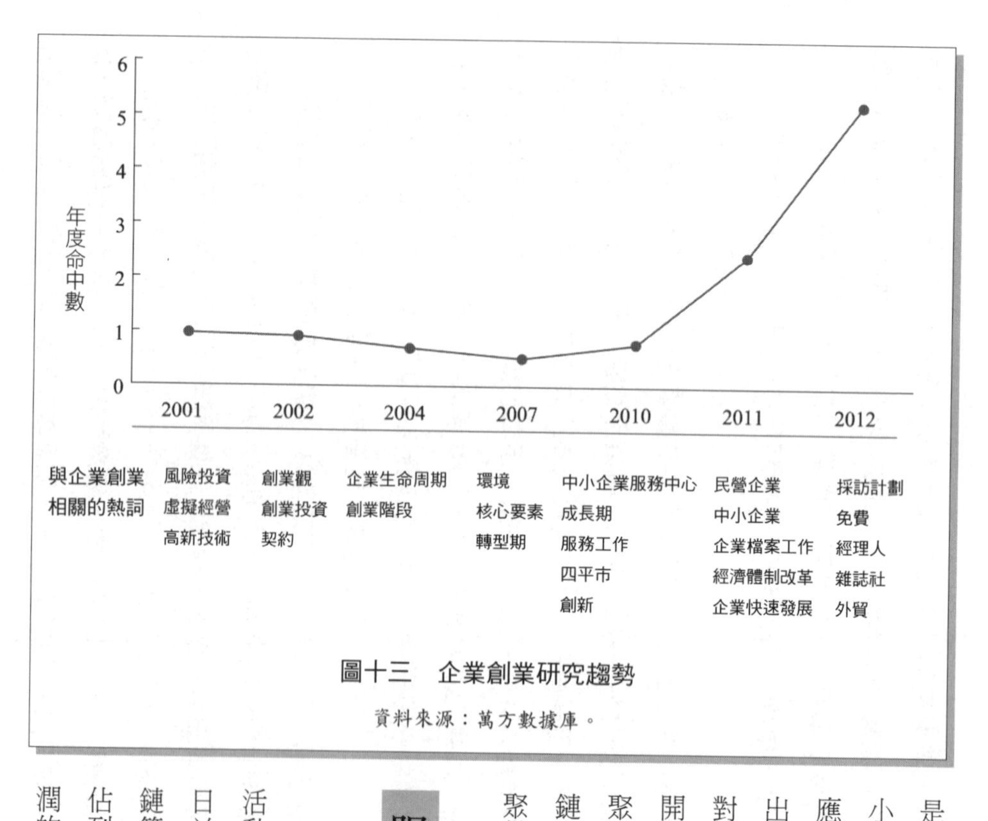

圖十三　企業創業研究趨勢

資料來源：萬方數據庫。

是中小企業獲得資源和能力的來源。因此，與中小企業群聚相關研究的下降趨勢相比，對群聚供應鏈的研究在經歷了一系列震盪之後近年來呈現出快速增長的趨勢。如**圖十五**所示，研究主題相對分散，第五章第三節的綜述主要從以下方面展開：群聚供應鏈對促進技術創新方面的研究，群聚供應鏈在降低企業成本方面的研究，群聚供應鏈在控制「長鞭效應」方面的研究，有關其他群聚供應鏈競爭力的研究。

服務供應鏈

隨著當今企業競爭的日益加劇，特別是管理活動的流程化、網絡化發展，服務供應鏈得到了日益廣泛的關注。研究表明，在當今企業的供應鏈管理實踐中，服務性活動本身產生的績效已經佔到了整個供應鏈管理收益的百分之二十四，利潤的百分之四十五。為此，服務活動本身所創造

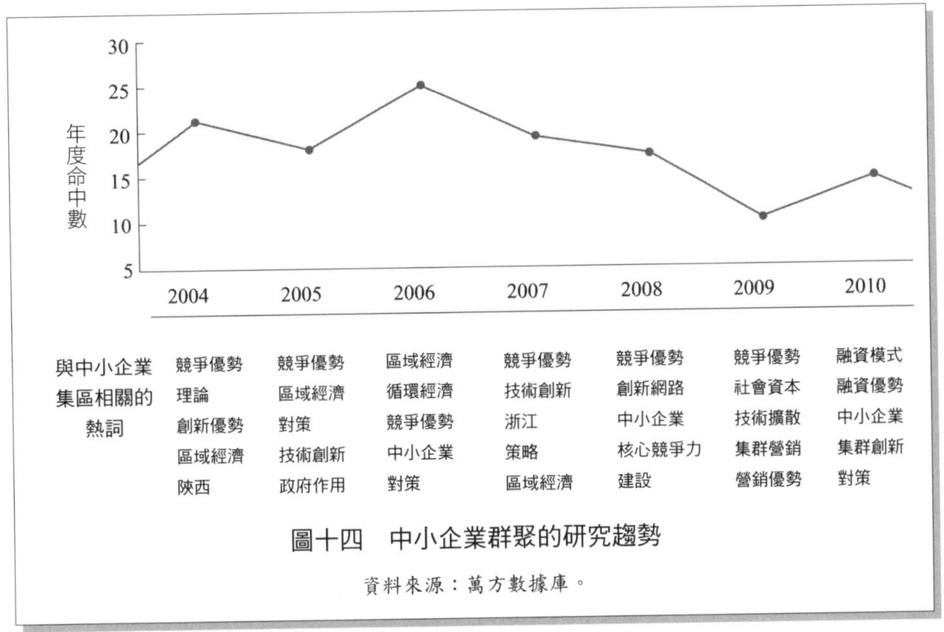

圖十四　中小企業群聚的研究趨勢

資料來源：萬方數據庫。

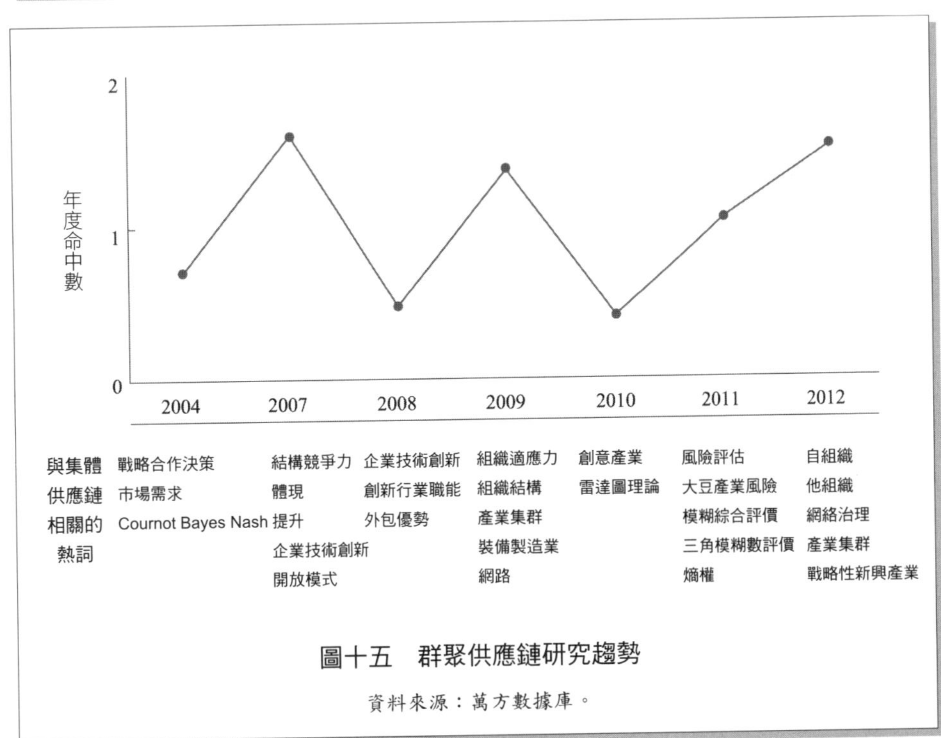

圖十五　群聚供應鏈研究趨勢

資料來源：萬方數據庫。

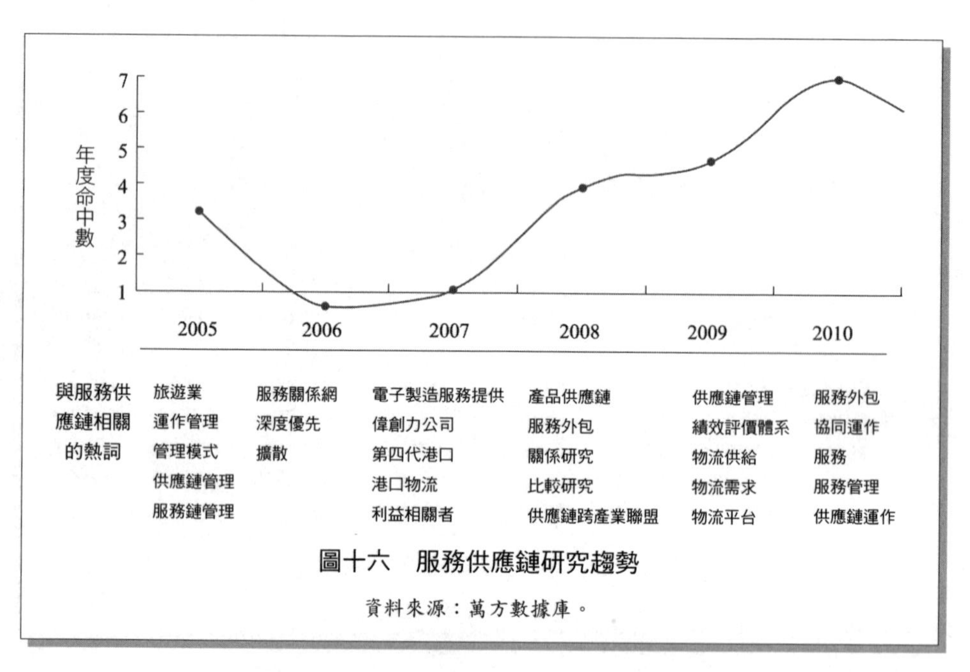

圖十六　服務供應鏈研究趨勢

資料來源：萬方數據庫。

的價值，已逐漸超越了產品供應鏈，也已成為供應鏈管理領域進一步發展變革的方向。然而究竟什麼是服務供應鏈的特質和結構，長期以來理論界對此有多種不同的理解，大體可以分成以下三類：第一類將服務供應鏈理解為供應鏈中與服務相關聯的環節和活動，在此基礎上試圖尋找到兼顧最優服務和最低成本的方式來經營服務供應鏈；第二類將服務供應鏈理解為與製造業或製造部門的供應鏈相對應的服務業或服務部門的供應鏈，並對比兩方面的相同點和不同點，以期找到適用服務業的供應鏈管理方式；第三類將服務供應鏈理解為以服務為主導的整合（集成）供應鏈。

圖十六展示了服務供應鏈研究二〇〇五至二〇一〇年的發展趨勢，可以看出對服務供應鏈的關注度逐年增加，特別是近幾年呈現快速增長的趨勢。初期的研究主要是關注傳統的供應鏈活動和職能，而隨著研究的深入，逐漸引入了一些新的問題如港口物流、利益相關者、服務外包、產品供應鏈、關係研究、績效評價體系、物流供需、協同運作等，也即將產品供應鏈管理中關鍵的研究問題引入了

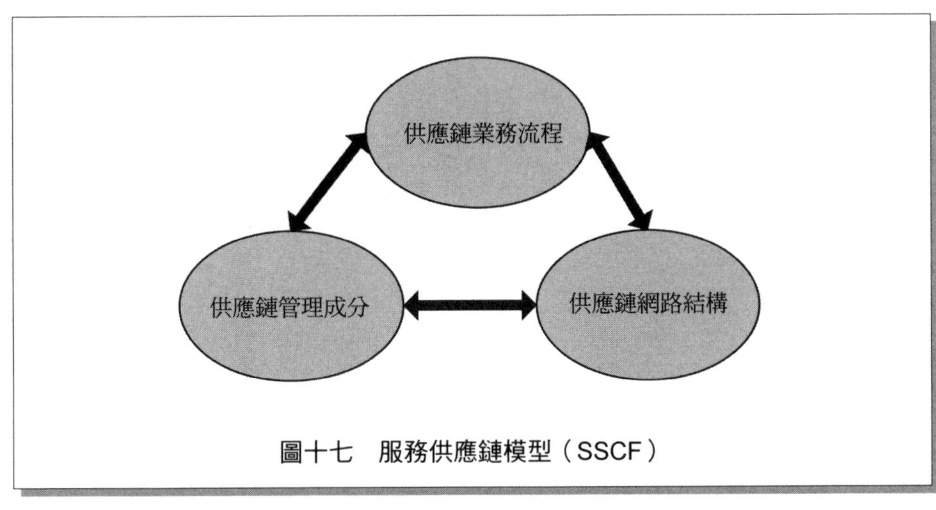

圖十七 服務供應鏈模型（SSCF）

服務供應鏈中，並突出其中的差異性。

第六章首先界定了服務供應鏈的概念，然後按照如圖十七所示的架構對服務供應鏈的構成部份進行了綜述。服務供應鏈是由供應商、服務商、客戶以及其他支撐單元構成的網絡，服務供應鏈以資源消耗為基礎進行服務的提供，將資源轉化為核心服務或支撐服務，並將服務傳遞到客戶手中。而服務供應鏈管理則是對從最上游的供應商到最終客戶的訊息、資源、流程、服務和績效等進行管理。服務供應鏈包括的流程有需求管理、能力與資源管理、供應商關係管理、服務績效管理、訂單流程管理和客戶關係管理。最後，整合和管理服務供應鏈業務流程的水準正比於向鏈中加入管理要素的數量，因此加入更多的管理要素或提高管理要素的水準能夠提高服務供應鏈流程管理的水準。管理要素主要包括：計劃與控制、組織結構、管理方法、領導力、風險與收益、企業文化等。目前，有關服務供應鏈中的管理要素研究，主要集中在服務供應鏈構建、契約設計、任務分配、服務供應鏈控制與風險管理幾個方面。

供應鏈彈性

經濟全球化、資訊技術的高速發展與消費者需求的多樣性使企業面臨空前複雜的競爭環境。隨著企業面臨的不確定性因素越來越多，企業必須採取更加快速、彈性化的競爭策略。供應鏈應對環境不確定性的快速反應能力，即供應鏈彈性（Flexibility of Supply Chains），成為供應鏈之間競爭的焦點。現有文獻中對彈性的定義可以歸納為以下幾類：第一，早期對製造彈性的定義主要是關於低成本製造、高品質製造或者彈性製造三者之間的權衡決策（Gupta and Buzacott,1989）；第二，普遍接受的對於製造彈性的定義是以較低成本對不確定性做出反應的能力（Upton, 1994）；第三，在行銷領域通常使用的彈性定義，被歸類為一種關係規範（Heide and John, 1992），不過最近學者也將這層含義融入了供應鏈彈性（Krajewski、Wei and Tang, 2005; Wang and Wei, 2007）；第四，很多營運管理領域內的學者認為彈性的某個維度可能是在一個縱向或者跨職能系統中的某個層次上產生的（Sethi and Sethi, 1990;Sanchez, 1995;Prater et al., 2001）；第五，關於供應鏈彈性最新的定義是將其看作一個混合系統的產出（Zhang et al., 2002; Duclos et al., 2003; Stevenson and Spring, 2007）。

圖十八展示了供應鏈彈性研究的發展趨勢，可以看出對供應鏈彈性的關注度較為波動。應該說，供應鏈彈性是近年來供應鏈管理領域一個新興的研究主題，但在二〇〇〇年以後才引起學者的廣泛關注。早期的研究主要關注對供應鏈彈性概念的界定，以及從企業滿意度的角度來分析對供應鏈彈性的需求，理論上主要是從供應端而不是整個供應鏈來分析，如供應鏈彈性分析模型、供應商選擇模型等。二〇〇六年出現了供應鏈彈性研究的第一次高潮，理論上開始探索供應鏈彈性的驅動因素、增強途徑的主題，而在實踐中主要引入各種建模，透過模糊評判、模糊算子、隸屬度函數等方法來實現。第二次高潮出現在二〇〇八年左右，學者們主要關

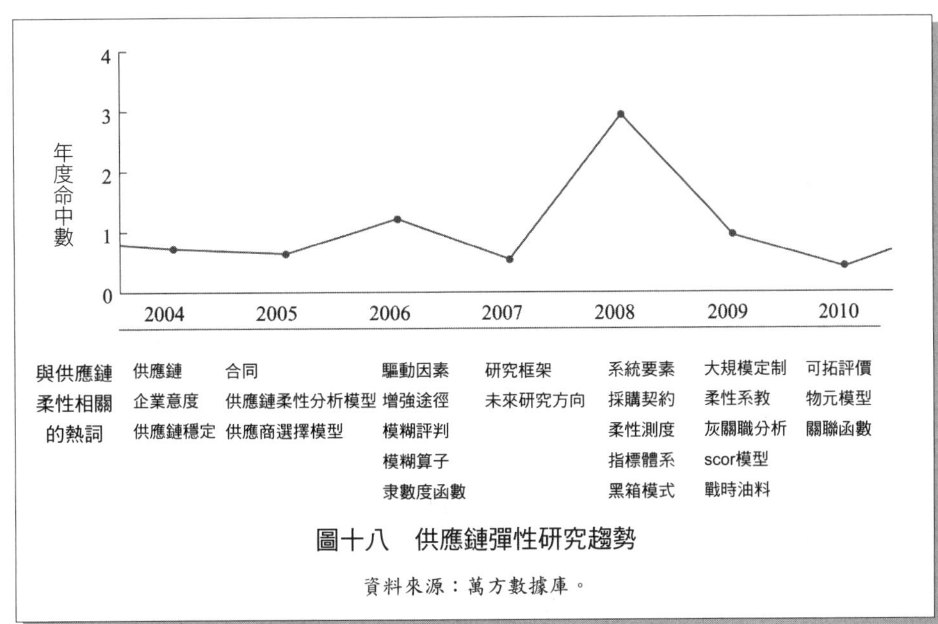

圖十八　供應鏈彈性研究趨勢

資料來源：萬方數據庫。

注供應鏈彈性的測度，以及對各種方法的對比，如黑箱模式、灰色關聯分析等，由此構建合理可行的指標體系，同時也與特定的情境建立聯繫。

在對供應鏈彈性的概念進行界定的基礎上，第七章又對供應鏈彈性的維度和測度進行了綜述。鑒於供應鏈彈性的維度多種多樣，一些研究者將這些維度劃分為不同的層次來進行分析：(1)縱向的視角，包括：基礎的廠房層面、系統—公司層面、整合—鏈上層面；(2)橫向的視角，試圖詮釋供應鏈上的每個流程，包括：採購彈性、製造彈性和傳遞彈性；(3)縱向和橫向的視角相結合；(4)引入關係彈性和網絡彈性；(5)按照彈性的特徵進行拆解。基於此，第七章分析了影響供應鏈彈性的各種因素，以及供應鏈彈性所產生的績效，如**圖十九**所示。供應鏈彈性的影響因素可以分為兩方面：內部的影響因素，如知識和資訊系統、營運和控制系統、內部物流、組織設計；外部的影響因素，包括環境不確定性、供應鏈網絡和關係。供應鏈彈性的產出或績效可以分為企業績效和供應鏈績效。多數研究通常從內部經營的角度把供應鏈彈性和績效聯繫起來，這意味著

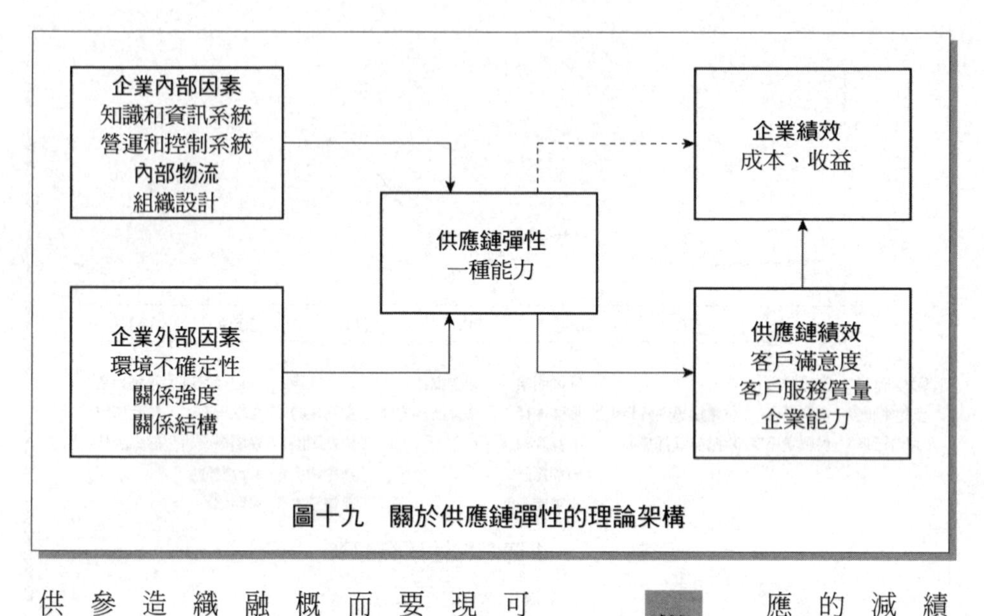

圖十九　關於供應鏈彈性的理論架構

績效是透過如銷量增長和市場佔有率這樣的市場績效或者總成本減少、投資回報率、資產回報率、淨利潤這樣的財務績效來衡量的。因此，從客戶的視角來看，廣義的客戶滿意度和服務品質也應該在供應鏈彈性績效的考慮範圍內。

供應鏈金融

隨著中國的金融機構開始產品創新，利用供應鏈給原本岌岌可危的中小企業融資之後，供應鏈與金融相結合的問題也漸漸出現在中國國內學者的研究領域之中。從本質上講，金融供應鏈主要是對資金供給方主導的為實現資金流與物流、資訊流充份融合而構造的金融系統。在現行的研究中，具有代表性的金融供應鏈概念當屬Hoffmann在二〇〇五年提出的定義，他認為供應鏈金融可以理解為供應鏈中包括外部服務提供者在內的兩個以上的組織，通過計劃、執行和控制金融資源在組織間的流動，以共同創造價值的一種途徑。供應鏈金融體系由三個關鍵部份組成：機構參與者、供應鏈管理特性和金融功能。其中機構參與者包括了從供應商到生產者再到終端客戶的工商業企業，第三方、第四方這

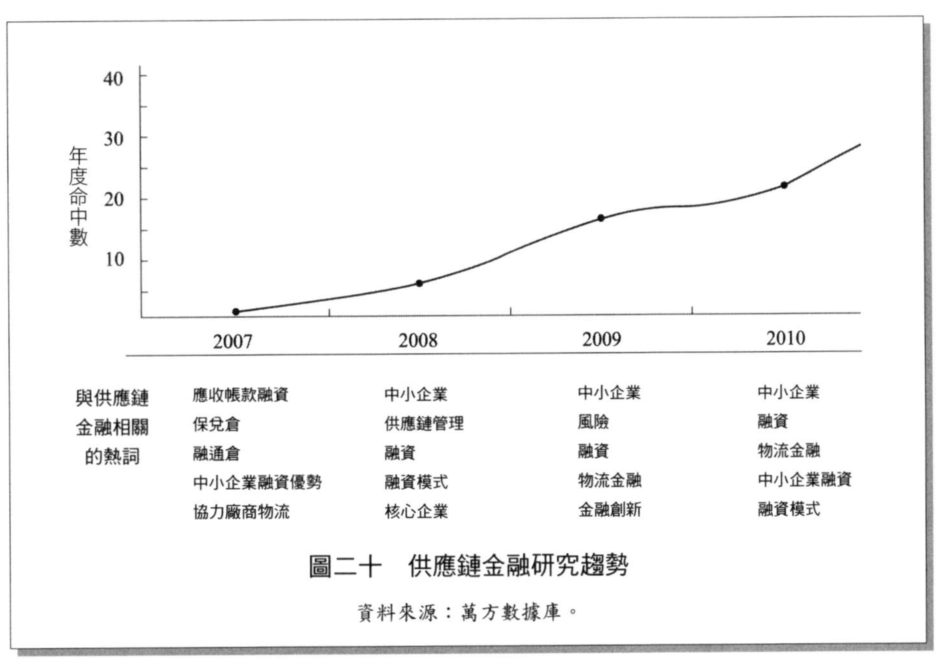

圖二十　供應鏈金融研究趨勢

資料來源：萬方數據庫。

些物流服務提供商，以及像銀行、機構投資者等金融機構；供應鏈管理特性主要涉及與採購、生產、運輸、銷售等關鍵環節相關的夥伴關係和戰略合作；而金融功能是投資、財務、會計等金融職能和採購、生產、銷售等物流職能的交叉運用，主要包括追蹤資金流，獲取和應用金融資源。由此，形成了集合供應鏈內部資金和外部金融資源的涉及工商業企業、物流服務提供商和金融機構多方權責關係的複雜的供應鏈金融體系。

在對近年來中國國內相關文獻的綜述中，如**圖二十**所示，可以發現金融供應鏈這一主題是在二〇〇七年之後受到關注的，而隨後的關注度則進入了快速的上升期。二〇〇七年出現的關鍵詞如「保兌倉」、「融通倉」、「中小企業融資優勢」等，都是與金融供應鏈運作模式相關的核心問題。隨後又有融資模式、風險、物流金融、金融創新等主題出現，特別是「中小企業」這一詞在二〇〇七至二〇一〇年間的文獻中出現的頻度都非常高，這也從側面說明了在解決中小企業的融資問題中，金融供應鏈的運用發揮著非常重要的作用。

然而中國國內對此類問題的研究並沒有一個準確的定義，供應鏈金融、供應鏈融資、供應鏈貿易融資等名稱都出現在學者的研究中。通過綜述，第八章指出雖然也有一些學者引入國外大金融的概念，然而大多數中國國內學者的研究還僅僅局限於供應鏈融資這個範圍內，與國外供應鏈金融概念相比，只能算作是供應鏈金融研究的一部份。此外，第八章還綜述了供應鏈金融的模式和可能存在的風險。在供應鏈中，雖然所有成員企業的績效與供應鏈整體水準息息相關，但是由於成員間資源和能力的差異、交易地位的不同以及各種歷史原因，核心企業與中小企業在供應鏈中的表現差別巨大。在供應鏈中，核心企業因為規模大、競爭力強、市場地位高而具有較為強勢的地位。這種地位優勢通常使其在交貨價格、時間、賬期等貿易條件方面對上下游配套企業要求苛刻，給企業造成巨大壓力。上下游企業通常是資源和能力匱乏的中小企業，後備資源不足而且銀行資信差。核心企業的時間、賬期壓力通常導致其資金鏈緊張，影響其在供應鏈中的正常功能，最終導致整個供應鏈失衡。

物流成本和供應鏈績效評價

隨著現代社會經濟的不斷發展，越來越多的企業開始強調供應鏈管理和現代物流管理在企業管理變革中的作用，認為供應鏈物流管理能幫助企業確立創建綜合價值的能力以及實現經濟的穩定性。供應鏈管理的作用在於透過企業之間的合作與業務協調戰略，整合供應採購、生產、分銷配送和服務等作業環節，實現顧客需求的即時反應，並且在達到該目標的同時，實現最低的庫存和整體的運作成本，亦即實現系統控制、即時反應和存貨最低的目標。這種新型的管理理念和戰略無疑要求必須從全新的視角探索和運用各種管理方法和途徑，這其中物流成本管理也是供應鏈物流管理方法體系中的重要組成部份，物流成本管理方法的探索和實踐對於實現供應鏈戰略目標、提升企業整體的經營績效都起到了舉足輕重的作用。此外，如何度量供應鏈整體經營績效，尤其是體現供應鏈運作的效率和效益亦是關鍵所在。由此帶來的挑戰是對物流成本、中國企業物流成本的狀況以及供應鏈績效的研究。

中國學術界對供應鏈物流成本和績效的研究開展得比較晚，如圖二十一所示，二〇〇四年之後才逐漸有學者關注供應鏈作業成本和目標成本等主題，但隨後出現了快速的增長，在二〇〇七年達到了峰值。可以看到，初期的研究主要側重於供應鏈上各個流程中發生的成本和費用，如標準成本、採購分析、生產成本、庫存、經濟批量、費用分析等。二〇〇七至二〇〇九年，對於供應鏈成本的研究呈現出下降的趨勢，可能也與研究主題較為分散有關，既有企業內部組織方面的成本，又涉及雙邊

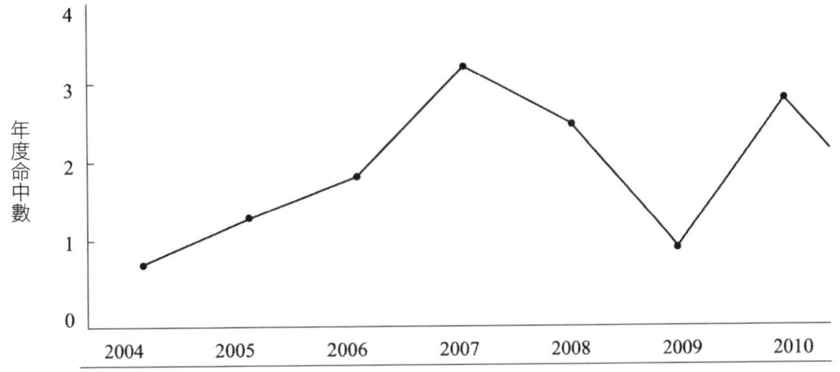

年度命中數
4
3
2
1
0

	2004	2005	2006	2007	2008	2009	2010
與供應鏈成本相關的熱詞	供應鏈作業成本	供應鏈	採購分析	採供應鏈	委託-代理關係	供應鏈協調	成本控制
	供應鏈目標成本	供應鏈優化模型	生產成本	跨組織管理	交易成本	供應鏈績效	企業間成本
	成本集成	成本管理	庫存	成本管理	長尾理論	庫存	RCA
		標準成本	費用分析	核算	成本框架20/80法則	作業成本法	供應鏈
		ERP	經濟批量	成品油物流活動		運輸	企業

圖二十一　供應鏈成本研究趨勢

資料來源：萬方數據庫。

關係中的成本。但是，近年來，作為供應鏈績效評價體系中的一個關鍵部份，對該領域的關注度又有一個小幅的回升。而對供應鏈績效的研究焦點一是績效評價的指標體系，二是物流績效評價的算法。如從圖二十二所示的二○○四至二○一○年中國國內供應鏈績效研究的趨勢來看，經歷了二○○四至二○○七年持續增長的階段，以及二○○七至二○○九年下降階段，而在近幾年趨於平穩。可以看出，初期的研究主要是基於平衡計分卡（balanced scorecard, BSC）、評價指標體系、三角模糊數、層次分析法等方法來分析的，慢慢地開始偏向理論構建方面，如物流能力、供應商、資訊不對稱、資訊共享等。近幾年，從戰略視角，對績效管理、評價系統、戰略匹配等進行了系統全面的供應鏈績效研究。

基於綜合性物流成本管理的要求，在物

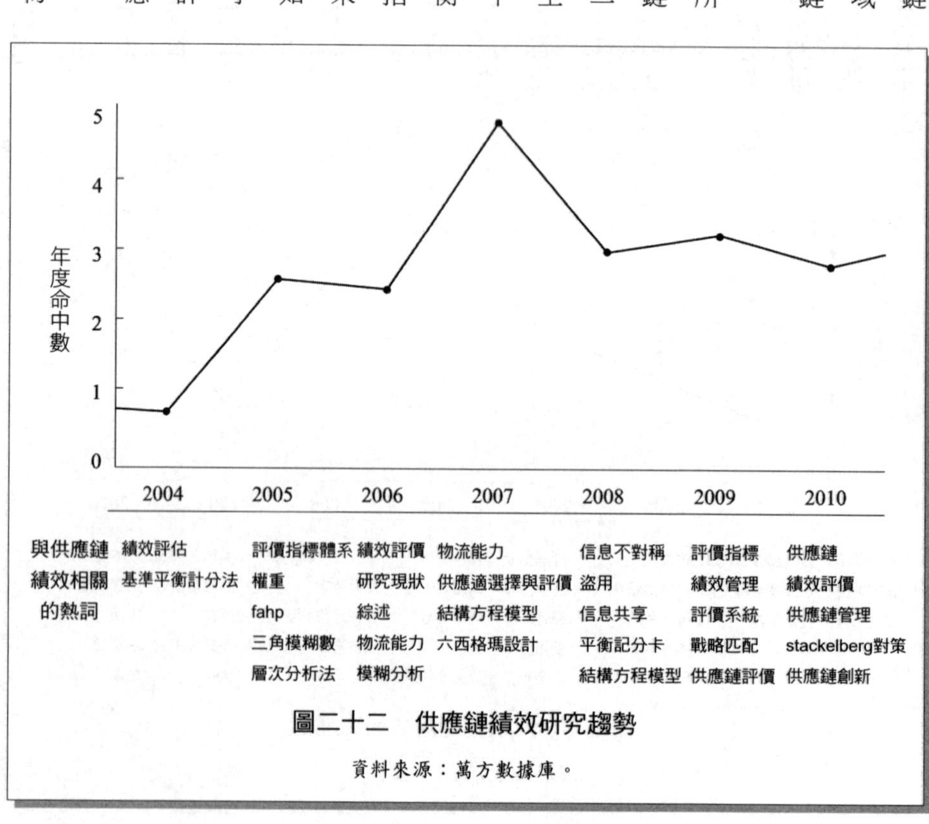

圖二十二　供應鏈績效研究趨勢

資料來源：萬方數據庫。

流成本的綜合管理上，第九章首先綜述了目前運用的主要成本分析方法，包括：直接產品盈利率分析（direct product profitability, DPP）、作業成本分析（物流作業成本法，activity-based costing）、所有權成本分析法（total cost of ownership, TCO）、目標成本管理（target costing），以及有效的消費者回應（efficient consumer response, ECR）。基於以上各種供應鏈物流成本測度方法的特點和不足，第九章又綜述了整個物流成本體系中所涉及的流程和功能等內容。在此基礎上，深入探討供應鏈物流成本管理的實現步驟和體系，並提出供應鏈成本管理的實踐架構和體系，這反映在兩個緯度上：一是供應鏈成本管理的領域，二是供應鏈成本管理的具體工具和層次。根據這兩個方面的緯度，提出供應鏈成本管理不僅需要企業內部建立和推動整合的成本分析和管理，而且能面向客戶和供應商進行成本優化，並將這些要素整合到所有的供應鏈管理流程中。

參考文獻

何黎明，〈落實「國九條」促進物流業健康發展〉，《中國流通經濟》，2011(11): 11-14。

吳群、諶飛龍，〈集群供應鏈結構競爭力的體現與提升〉，《經濟問題探索》，2007(6)。

COOPER, M. C., ELLRAM, L. M., “Characteristics of supply chain management and the implications for purchasing and logistics strategy”. *International Journal of Logistics Management*, 1993, 4(2): 13-24.

COOPER, M. C., LAMBERT, D. M. & PAGH, J. D., “Supply chain management: more than a new name for logistics. ” *The International Journal of Logistics Management*, 1997, 8(1): 1-13.

DUCLOS, K. K., VOKURKA, R. J., Lummus, R. R., “A conceptual model of supply chain flexibility. ” *Industrial Management & Data Systems*, 2003, 103(5/6): 446-456.

GILBERT, S., *Greening supply Chain: enhancing competitiveness through green productivity*. Taipei: Taiwan Press, 2001.

GUPTA, D., Buzacott, J. A., “ A framework for understanding flexibility of manufacturing systems. ” *Journal of Manufacturing Systems*, 1989, 8(2): 89-97.

HARLAND, C. M., Caldwell, N. D., “ Barriers to supply chain information integration: small businesses adrift of eLands. ” *Journal of Operations management*, 2007, 25(6): 1234-1254.

HEIDE, J. B., JOHN, G., “Do norms matter in marketing relationships? ” *Journal of Marketing*, 1992, 56(2): 32-44.

HISHLEIFER, J., “On the economics of transfer pricing. ” *The Journal of Business*, 1956, 29(3): 172-184.

HOFMANN, E., Supply chain finance: some conceptual insights, 2005.

LI, Y., DAI, W., ANONA, A., ANDREW, C., DU, M., Developing an integrated supply chain system for small businesses in australia: a service-oriented phoenix solution. 15th International Conference on Network-Based Information Systems, Australia, 2012.

KRAJEWSKI, L., WEI, J. C., TANG, L. L., “Responding to schedule changes in buildtoorder supply chains. ” *Journal of Operations Management*, 2005(23): 452-469.

PRATER, E., BIEHL, M., SMITH, M. A., “International supply chain agility: tradeoffs between flexibility and uncertainty. ” *International Journal of Operations & Production Management*, 2001, 21(5/6): 823-839.

SANCHEZ, R., “Strategic flexibility in product competition. ” *Strategic Management Journal*, 1995(16): 135-159.

SETHI, A. K., SETHI, S. P., “Flexibility in manufacturing: a survey. ” *The International Journal of Flexible Manufacturing Systems*, 1990(2): 289-328.

STEVENSON, M., SPRING, M., “Flexibility from a supply chain perspective: definition and review. ” *International Journal of Operations & Production Management*, 2007, 27(7): 685-713.

UPTON D., “The management of manufacturing flexibility. ” *California Management Review*, 1994, 36(2): 72-89.

WANG, E. T. G., WEI, H. L., “Interorganizational governance value creation: coordinating for information visibility and flexibility in supply chains. ” *Decision Sciences*, 2007, 38(4): 647-674.

ZHANG, Q., VONDEREMBSE, M. A., LIM, J. - S., “Value chain flexibility: a dichotomy of competence and capability. ” *International Journal of Production Research*, 2002, 40(3): 561-583.

CHAPTER 1

全球供應鏈與外包管理

撰寫人：賈景姿（中國人民大學）
侯海濤（中國人民大學）
宋　華（中國人民大學）

全球供應鏈的發展背景

經濟全球化

進入二十一世紀以來，世界經濟的快速發展，帶來了經濟全球化和跨國公司的飛速發展。國際貨幣基金組織（IMF）在一九九七年五月發表的一份報告中指出：「經濟全球化是指跨國商品與服務貿易及資本流動規模和形式的增加，以及技術的廣泛迅速傳播使世界各國經濟的相互依賴性增強。」經濟全球化有三個方面的含義：一是世界各國經濟聯繫的加強和相互依賴程度日益提高；二是各國國內經濟規則不斷趨於一致；三是國際經濟協調機制強化，即各種多邊或區域組織對世界經濟的協調和約束作用越來越強。范愛軍（二〇〇二）提出：當代經濟全球化具體表現為生產要素的全球化、產品市場的全球化、產業結構的全球化、經營理念的全球化和經貿規則的全球化。

當前，資訊技術的進步和網絡技術的迅猛發展，促使企業在全球經營管理成為可能，全球經濟一體化趨勢明顯加快；國際之間貿易環境的寬鬆和開放，加大了全球物資的流通；跨國生產網絡在全球快速的展開，也促進了大量本土化生產製造業的發展；在有限的物質資源、技術能源、資訊資源和人力資源等條件下，實施國際化管理是企業的重要經營戰略，能夠使企業突破一國現有資源的限制，獲取新的競爭優勢。但經濟全球化是一把「雙刃劍」：它推動了全球生產力大發展，加速了世界經濟增長，為少數開發中國家追趕已開發國家提供了一個難得的歷史機遇；與此同時，也加劇了國際競爭，增多了國際投機，增加了國際風險，並對國家主權和開發中國家的民族工業造成了嚴重衝擊。但是面對這波經濟大潮的衝擊，任何國家都不能迴避，而是要適應，接受經濟全球化的檢驗。事實上，現代企業經營的產品、服務和業務等正逐漸拓展到全世界，企業經營理念也開始走向國際化、多元化，企業正以一種全新的、開放的姿態躋身世界企業競爭的行列。

企業國際化

中國國內大部份學者，例如魯桐（一九九八）、金潤圭（一九九九）認為國際化是一種空間層面的擴展，企業國際化是指企業積極參與國際分工，由國內企業發展為跨國公司；是一種能力的擴展，是以出口為導向，瞄準世界市場，實行跨國經營，國際性地配置生產要素和管理技能，積極參與國際分工和國際競爭，在複雜多變的世界政治、經濟、技術環境中，自我生存和發展的能力。

還有一些學者認為企業的國際化主要表現在兩個方面：一方面是企業經營的國際化，也就是企業產銷活動的範圍從一國走向世界；二是企業自身的國際化，也就是一個本土企業向跨國企業演變發展（梁能，一九九九）。王增濤（二〇〇三）進一步認為，「企業的國際化經營是企業以國際市場為導向，國際性地利用生產要素，積極參與國際分工和國際競爭的過程」，它是以獲取國際經營利益為主的經營方式，同時也是有意識地以國際市場資訊和國際市場需求為決策依據的經營行為，最終的發展方向不以某一國家或地區的市場為主，而是旨在建立整體優化的全球經營系統。而宛天巍（二〇〇六）則認為國際化經營和經營的國際化是兩個不同的概念，國際化經營企業與跨國公司在概念上也並不完全等同。

全球供應鏈的產生，是國際化分工進一步深化的結果。國際分工是國際化產生的條件，而國際分工的深化與發展，尤其是產品內分工的出現和發展是供應鏈產生和全球化發展的基礎。產品內分工是指特定產品在生產過程中，根據產品工序的不同或者零部件對資本、勞動、技術等生產要素比例的投入要求的差異，將不同的工序或零部件生產在空間上分散到不同的區域或國家進行，各個區域和國家中的企業進行專業化生產或供應。產品內分工包含企業內和企業間分工兩種形式。企業內分工可以透過對外直接投資或併購國外某些企業產生跨國公司實現，企業間分工透過獨立廠商之間合作進行。

全球供應鏈的定義和內涵

全球供應鏈的定義多種多樣，可以說有多少個研究領域，就有多少種對全球供應鏈管理的定義。石紅（二〇〇六）對全球供應鏈的定義是：全球的網絡系統，供應商、製造商、倉庫、配送中心、商品批發商、零售商等運用這個系統進行原材料的購買、加工，以及運輸、配送，直到銷售給客戶的整個物流活動。謝鍵（二〇〇五）指出：隨著跨國公司積極對外投資，把被全球化一方的資源、人力等因素納入自己的供應鏈環節中，在全球進行資源優化配置，供應鏈的參與方範圍逐漸國際化，形成在全球的供應鏈即國際供應鏈。李文峰（二〇一一）認為：全球供應鏈營運模式是指在全球市場環境下，從消費者（客戶）需求開始，貫穿研發設計、原材料採購、生產製造、配送分銷等過程，並把產品送到最終用戶的全流程業務營運模式。楊慶定、黃培清（二〇〇四）認為：供應商、製造商和零售商分佈在兩個或多個國家的供應鏈稱為國際供應鏈。

自二〇〇五年以來，全球化在供應鏈領域的影響日趨明顯。全球化的影響，從主要已開發國家，到南美、非洲、中東、亞洲等新興經濟主體，遍佈全球。經過學者的不斷深化，逐漸形成如下定義：全球供應鏈是實現一系列分散在全球各地的相互關聯的商業活動，包括：採購原料和零件、處理並得到最終產品、產品增值、對零售商和消費者的配送、在各個商業主體之間交換資訊，其主要目的是降低成本擴大收益。全球供應鏈是指在全球構建供應鏈，它要求以全球化的視野，將供應鏈系統擴展至全世界，根據企業的需要在世界各地選取最有競爭力的合作夥伴。

在全球供應鏈體系中，供應鏈的成員遍及全球，生產資料的獲得、產品生產的組織、貨物的流動和銷售、資訊的獲取都是在全世界進行和實現的。企業的形態和邊界將發生根本變化，甚至國與國之間的邊界概念也產生了巨大的變化。隨著全球經濟一體化的發展，全球供應鏈之間的競爭將成為未來競爭的主流。全球供應鏈管理會影響競爭優勢，因此可以從戰略的視角去討論；全球供應鏈可以特指服務於全球客戶的供應鏈，因此其管理也是行銷管理的內容。目前，已知的全球供應鏈管理研究領域還包括國際商業管理、運作管理和經濟學等，因此全球供應鏈管理是一個跨學科的研究主題。儘管如此，對於全球供應鏈管理的定義卻有一個共通之處，那就是：區分全球和中國情境的不同，強調制度和文化的差異。一句話，全球供應鏈管理是在全球情境下的供應鏈管理，因此供應鏈管理的所有內涵全球供應鏈管理也都包括，譬如：供應使用的是垂直視角而不是水平視角，鏈則意味著多個參與者，管理說明是一種有意識的積極的活動或努力。

李政嘉（二〇〇八）、于梅（二〇〇八）在他們的研究中都提到了全球供應鏈管理是為了降低成本、提高效率和增強企業核心競爭力。在國際化背景下和競爭環境下，全球供應鏈的管理能夠有效地控制全球供應鏈的物流、資金流和資訊流，是一種把供應商和最終用戶有機聯繫起來的新的管理模式。陳功玉、王潔（二〇〇七）認為全球供應鏈管理是在時間和空間兩個維度對一般供應鏈管理質的突破。在經濟全球化時代，跨國公司在全世界挑選供應商，建立生產及研發基地，構建全球銷售及售後服務通路，實現對覆蓋全球的資訊流、資金流、物流的宏觀控制，逐漸發展成全球供應鏈管理。

呂本富和胥悅紅（二〇〇三）對企業國際供應鏈的運作機制進行了大致的描述：(1)供應鏈管理的基本思

路是以市場和客戶需求為導向，以核心企業作龍頭，以提高競爭力、市場佔有率、客戶滿意度和獲取最大利潤為目標。(2)企業國際化營運的供應鏈上橫向合作客體的選擇是有的放矢的。(3)整個企業國際化營運的供應鏈的實現過程應是一個互動、多贏、螺旋上升的過程。

楊三根、段鋼（二〇〇五）認為，供應鏈管理的全球化就是隨著企業經營的全球化，企業的供應鏈也延伸至全世界，在全面、迅速把握全球各地消費者需求偏好的前提下，對供應鏈進行計劃、協調、操作、控制和優化，在全球市場上做到「6R」，即：將正確的產品（right product）在正確的時間（right time）、按照正確的數量（right quantity）、正確的品質（right quality）和正確的態度（right status）送到正確的地點（right place）。

李文峰（二〇一一）介紹了全球供應鏈營運模式的特點：(1)跨國公司的核心主導。已開發國家的跨國公司憑藉技術優勢、品牌優勢與規模優勢，成為所在產業鏈的整合者和操控者。(2)價值鏈條的全球佈局。在全球供應鏈營運模式中，產品設計、零部件採購、產品生產組裝及銷售等增值環節不再局限於某一國家，而是涉及多個國家。(3)業務流程的協同合作。全球供應鏈營運模式講求製造商與供應商、經銷商、零售商的協同作業。(4)流程外包的動態優化。企業注重發展自身核心業務，同時將非核心業務外包給合作夥伴。(5)資訊系統的快速反應。(6)物流體系的有效管理。供應鏈營運商同時也是物流服務提供者，為客戶提供完整的物流服務解決方案，讓產品能夠以較低的成本準時到達客戶手中。

吳福明（二〇一二）提出了全球化供應鏈的運作理念：(1)面向全球消費市場驅動的供應鏈運作；(2)跨文化的全球新型合作競爭經營理念；(3)非核心業務的外包實現合理分工合作；(4)以計算機技術和網絡技術為資訊支撐。

全球供應鏈的策動因素及發展趨勢

全球供應鏈的策動因素研究

中國學者對企業全球採購的動因進行了大量的研究。于平（二〇〇八）分析認為企業在決定是否對外直接投資時，受諸多因素的影響，這些因素是企業決定對外直接投資的動因。由於企業的戰略和目的差異，其對外直接投資的動因可能偏向有所不同，但是這些動因之間通常會存在一定聯繫，而且有時多種動因的共同作用會引發一次投資行為，如圖一所示。

何俊（二〇〇八）也認為，在經濟全球化背景下，中國企業對外直接投資的主要動因是為了獲取技術和融入全球供應鏈。

齊軍領（二〇〇七）在研究全球採購與供應商協作的文章中提到，使企業實行全球採購的因素主要有兩個：一是「拉動」因素，二是「推動」因素。「拉動」式的全球採購在本質上是消極被動的，這是因為一個企業是在全球的競爭壓力下和客戶更高的需求之下進行全球採購的。「推動」因素在本質上是積極主動的，這是企業競爭戰略的一個重要組成部份，並幫助企業獲得可持續的競爭優勢。

姚瓊（二〇〇五）研究了跨國零售企業在中國市場發展的動因及趨勢。

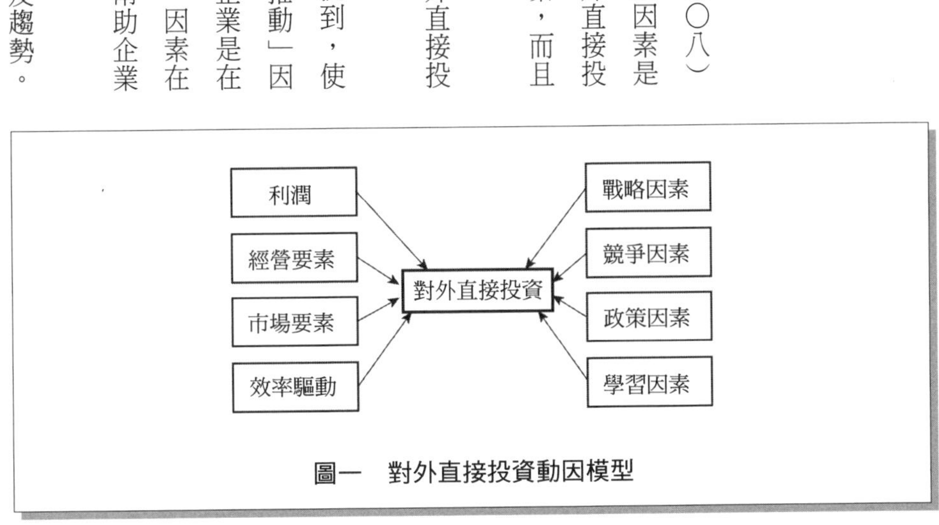

圖一　對外直接投資動因模型

文章認為，跨國零售企業進入中國市場並取得成功，是外部環境因素推動和內在競爭優勢驅使的共同結果。更重要的是，跨國零售企業具有的戰略管理優勢、流程管理優勢和商業業態優勢，是其在中國零售市場取得成功的根本原因。

尚・皮埃爾・萊曼（二〇一二）在《中國在全球供應鏈中的前景》一文中談到，只有當國家在其中扮演的角色被戰略性地開發後，加入全球供應鏈才會是個很好的機會。他提到供應鏈的本質也是中國成為「全球工廠」的一個重要推動力。其中有三個關鍵點：改革開放、互聯網普及和公開的全球市場的出現。

全球供應鏈的現狀與發展趨勢

中國國內學者目前對全球供應鏈發展現狀的研究集中在各個學科和層面。宛天巍博士（二〇〇六）透過對分佈在長三角都市圈十六個城市的五百六十九家各種所有制、各種規模、各種行業的製造業企業的調查研究，研究長三角製造業國際化戰略的特點。他認為，國際化階段理論的漸進性不完全適用於長三角，發展中國際企業由於國際化的「後發優勢」和被動國際化造成的急於求成心理，在實力雄厚或有特殊背景條件下會「跳躍」發展。利嘉偉（二〇一一）談到，來自新興國家的固有供應商將不得不改變發展方向，應從僅依靠成本競爭轉變為利用其他更有吸引力的價值主張。

謝鍵（二〇〇五）提出，區域經濟國際化是區域經濟發展的必然趨勢。基於溫州經濟發展的特點，建立自主行銷通路，縱向一體化的國際化合作、合資、嵌入國際供應鏈以及全球資源整合等多種方式將成為當前溫州民營企業經營國際化的主要途徑。

陳彥斌、裘文輝（二〇一二）提出，在東部產業轉移的背景下，西部企業得以從閉塞的境地走出來，融入全球供應鏈，成為全球供應鏈上的一環。與此同時，全球供應鏈也有了新的發展。供應鏈開始從原來的線性模式走向網絡化，從各環節相互隔離的狀態走向高度一體化，西部企業在迎來發展新機遇的同時也面臨著從未有過的新挑戰。這時，政府應該發揮對市場的主導作用，比如提高基礎設施水準、促進發揮企業集聚效應等；企業則應適時做出的舉措為：發展第三方物流，形成戰略協作聯盟、建立全球化供應鏈管理的思想觀念等。

關於全球供應鏈的未來發展趨勢，馮國經（二〇一二）指出，目前的趨勢是從「開放的區域自由貿易」逐步邁向「開放的全球多邊自由貿易」體系。馮國經進一步具體介紹了全球供應鏈的六大發展趨勢：第一，中國在全球製造業中的作用及比重可能不會繼續提升，甚至可能減少；第二，亞洲的消費和高附加值產業可能會不斷增長，而美國的高端製造業由於美國新能源的良好前景及運輸成本的上升，可能回歸本土；第三，在日本福島地震及隨之發生的核事件及泰國水災等自然災害頻發的時代，全球供應鏈地理位置分佈將更趨多元，這將鞏固實體經濟的全球化趨勢，但也會改變過去單一關注成本而忽視各類風險的管理模式；第四，全球多功能產業鏈發展創新的需求將促使通信技術、資訊技術和交通技術不斷更新換代；第五，由於新興經濟體巨大的人口規模，自然資源及可消耗能源的限制，企業及國家將不得不更加關注生產和消費的可持續性發展，這為全球供應鏈將來的分佈與演變帶來不確定因素，同時提供各種挑戰及機會；第六，金融及貿易監管與政策等宏觀環境對實體經濟的衝擊將越來越頻繁甚至更加嚴重，國家及企業需要更加關注全球治理的問題。

王中美（二〇一二）對近年來全球供應鏈中價值鏈的新趨勢、新平衡與關鍵命題做了詳細的闡述，並發現在金融危機的背景下，全球價值鏈呈現兩種轉移趨勢：一是更分散，尋求更便宜的供應商；二是更集中，依賴更專業化的供應商。高新技術產品的全球價值鏈更多地走向集中而不是分散。同樣是出於降低成本的考慮，在一部份企業減少訂單的同時，另一部份企業卻進一步將生產和供應外包出去。更需要注意的一個趨勢是，儘管目前全球價值鏈的運作，特別是其附加值的分配，仍然取決於來自已開發國家擁有關鍵技術、設計和品牌的大公司，但是，另一方面，末端市場的一些主要國家也正在成為某些基礎原料、能源與設備的採購商。這使得全球價值鏈的佈局和制約關係呈現更為錯綜複雜的特點，而工業化的進程驚人地席捲全球，關於發展代價這一命題的爭論空前激烈。

梁岩松、杜梅（二〇〇四）在對供應鏈管理的決策模型進行評價的基礎上，對全球供應鏈管理所面臨的挑戰進行了深入的分析。文章指出，參與全球競爭的企業在實行全球供應鏈管理的過程中，會受到來自關稅、匯率、貿易壁壘和政府等因素以及文化、語言、傳統、偏好、經營環境、法律環境、經濟條件差異的影響。這些因素和差異都使得全球供應鏈管理顯得更加複雜與困難。由於經營環境的動態性和全球供應鏈管理的複雜性，全球供應鏈的管理實踐仍然面臨著合作夥伴之間的價值差異、價值變化、戰略整合和資訊共享等諸多挑戰。

此外，物流作為連接供應鏈各個節點的重要環節，其重要性也不容忽視。王國文（二〇〇七）認為，全球一體化的加速，使供應鏈在全世界延伸，增加了供應鏈的複雜性，帶來了更多的供應鏈風險。與此同時，產品生命週期縮短，交貨期越來越緊迫。為了破解這些難題，今後在供應鏈的發展中，供應鏈管理的品質將決定城市國際貿易競爭力，應率先將物流業作為支柱性產業。

基於全球供應鏈的中國企業發展戰略研究

何慧、張偉（二〇〇九）透過分析中國出口製造業參與全球供應鏈的方式、地位和運作模式，指出中國出口製造業在全球供應鏈中面臨的壓力和挑戰。從供應鏈管理的角度，為中國出口製造業提出了相應的戰略對策。

楊旭、李興旺（二〇〇〇）認為，中國企業應實施逆槓桿效應以及深度潛入國際供應鏈的方式從全球供應鏈的競爭中獲利。所謂逆槓桿效應，就是將為跨國公司做事所積累的資源轉換為自己的資源。在跨國公司利用戰略槓桿的同時，東道國可以透過吸收其技術、能力、資金、管理理念提升競爭力，利用跨國公司所提供的國際市場空間，深入地參與國際競爭。

王殿華、翟璐怡（二〇一三）在對美國全球食品供應鏈管理的實證研究基礎上，提出美國食品安全戰略背景下的全球食品供應鏈管理模式。這給中國提供了良好的借鑒，其中包括：制定和完善與食品安全相關的法律、嚴格統一食品監管標準、建立完善的食品供應鏈資訊網絡、確保食品供應鏈的第三方認證、提升全球食品供應鏈參與者的責任意識。

丁華、高詹（二〇〇八）研究了國際大糧商構建的大豆產業鏈對中國大豆進口所產生的重大影響，並指出，為加強國際糧油宏觀調控、確保國家糧食安全，應構建以中國國內糧食物流中心為核心，以油脂加工企業為主要節點，涵蓋大豆主產國收納庫、中轉庫、集併庫在內的國際採購大豆供應鏈。

朱健（二〇一二）也指出，隨著中國勞動力、能源、資源、資本和環境等成本不斷上升，當成本窪地即將不再時，全球化大公司開始按照資本逐利本性對全球供應鏈進行調整。中國製造業和物流業正面臨全球製造業佈局調整的挑戰。為有效應對製造業全球供應鏈調整，應從以下幾個方面入手：一是企業市場定位要逐步從國外調整到國內，注重內外兩個消費市場的平衡；二是通路建設要從依賴國外夥伴逐步轉向在國外自主、在國內自建，並注重內外兩個通路的平衡；三是供應鏈佈局要從「兩頭在外」逐步轉向單邊在外，注重原材料供應或產成品銷售控制能力的平衡；四是加快與物流業的融合，在企業調整採購和銷售通路的同時，重建和完善相應的物流和供應鏈管理體系；五是在本輪全球供應鏈調整過程中，努力增強企業創新能力，注重製造、設計、品牌和管理等的平衡。

匡增杰（2012b）從跨國公司供應鏈整合的原因出發「探討了跨國公司全球供應鏈整合的內容」，並重點分析了跨國公司全球供應鏈整合的途徑與模式。他認為中國企業應借鑑跨國公司供應鏈整合的成功經驗，「從全球供應鏈的角度提升自己在跨國公司全球供應鏈佈局中的地位、與供應商建立戰略夥伴關係、建立供應鏈資訊平台以及發展核心業務等方面加強供應鏈整合」以提升自己的競爭力。同時，匡增杰（2012a）透過對跨國公司全球供應鏈發展動因的分析，探討了跨國公司在中國實施全球供應鏈管理戰略的新趨勢。結合上海建設國際貿易中心的實踐，文章提出加強其跨國採購中心和國際研發中心建設，使整個上海成為跨國公司的國際供應鏈中心，從而為上海國際貿易中心建設服務。

劉燕靈（二〇一二）也總結道，全球供應鏈管理是一個複雜的管理系統，跨國公司在進行供應鏈管理之前，首先應該瞭解自己的核心業務、非核心業務，然後在此基礎上進行供應鏈系統的設計，尋找合適的供應商並與之建立合作夥伴關係，透過把非核心業務外包給最優的供應商，集中資源進行核心業務的運作，從而提高整個供應鏈的競爭力和跨國公司自身的利潤。

劉志彪、張杰（二〇〇九）提出中國的產業升級，要在戰略層面上充份重視「走進去」與「衝出來」的關係問題，尤其是「衝出來」，即從被「俘獲」與「壓搾」的全球價值鏈中突圍，加快構建以本土市場需求為基礎的國家價值鏈的網絡體系和治理結構。李君華和彭玉蘭（二〇〇四）從制度分析的角度，對供應鏈治理和產業群聚進行比較分析，將兩者優勢結合在一起，尋求一種新的發展模式，從而獲取特定地區的競爭優勢。

劉鶴、徐曉（二〇一三）針對全球供應鏈議題進行了行銷方面績效的探索，指出由於受到經濟條件、政策法律、文化差異和科技發展等國際行銷環境的影響，以及目標客戶可變性和全球供應鏈之間的激烈競爭，全球供應鏈行銷工作變得日益複雜與困難。因此，企業應從供應鏈整體可持續發展的角度出發，充份考慮變幻中的國際行銷環境因素，有效選擇和把握目標客戶，透過產品品質的提高、供貨能力的增強、資訊系統的建立、人力資源的運用以及可持續創新能力的培養，與目標客戶建立長期穩定的合作關係，促進整體供應鏈的可持續發展以及自身利潤價值的提升。

全球供應鏈管理的效應研究

中國國內學者們不僅從理論上闡述了全球供應鏈管理實踐對企業建立持續性競爭優勢的重要性，同時也在實證領域證明了全球供應鏈管理實踐能夠增加企業的市場份額和投資回報，以及改進整體競爭地位。

一些學者就供應鏈管理實踐活動中的某一項或幾項與企業績效的關係進行研究，葉飛等（二〇〇六）以廣東珠三角地區製造企業為調查對象，對供應鏈夥伴關係、資訊共享與企業營運績效之間關係進行研究，發現供應鏈夥伴關係不僅直接影響企業營運績效，而且透過資訊共享間接地影響到企業的營運績效。文華（二〇一二）針對韓國的中小企業在全球供應鏈環境下，對其供應鏈夥伴水準一題進行了實證性研究，並總結道：「韓國中小企業經營中，企業之間的信任與承諾是影響供應鏈夥伴關係水準的重要因素。」中小企業透過建立牢固的夥伴關係來應對環境的不確定性。中小企業的夥伴關係範圍和密切性是供應鏈績效的重要決定因素。趙泉午等（二〇〇九）則以上市公司年報為數據觀測來源，選取滬市四十九家醫藥製造企業，使用面板數據方法檢驗了供應鏈夥伴關係與企業營運績效和財務績效的關係，實證結果顯示，醫藥製造企業前五名供應商採購金額比例越高，庫存周轉速度就越快。

宋華、劉林艷和李文青（二〇一一）在文獻綜述的基礎上，探索了企業國際化程度、供應鏈管理實踐水準和企業績效之間的關係。宋華等透過對中國上市公司的面板數據進行分析，發現中國上市公司國際化程度和供應鏈管理實踐水準還不夠高，但對企業績效都有影響。在國際化初級階段，融入全球供應鏈並積極提高全球供應鏈管理水準將會給企業的績效帶來提升和保障。周英、劉樹林（二〇一一）對企業國際採購的戰略選擇進行了研究。文章指出，國際採購對於企業有重要的戰略意義：(1)有助於推動企業國際化；(2)能夠提高企業的競爭力。他們還對中國企業國際採購的階段模型進行了探討並發現，中國企業國際採購發展的初級階段主要是追求海外供應的高品質和高技術，隨著國際採購階段的深入，中國企業國際採購能力建設將更為完善，將追求更為多樣化的戰略利益。

劉春麗（二〇〇四）就全球供應鏈管理如何引起商業模式的轉變進行了分析，認為全球供應鏈管理將會引起公司行為的六大改變：(1)從各個職能部門的協調到各個公司之間的協調；(2)從物理效率到市場整合；(3)從以供應為核心轉變為以需求為核心；(4)從單一公司產品設計到合作進行產品設計、過程設計和供應鏈設計；(5)從降低成本到經營模式的突破；(6)從提供大眾需求到量身定做。這六大轉變將會影響公司的成本與效益，並最終造成公司品牌的榮衰和公司地位的重新確立。

在國家和產業層面，洪俊杰（二〇一三）在研究了貿易壁壘對全球供應鏈的影響後總結道：供應鏈的貿易壁壘比傳統的貿易壁壘更寬泛，它包含產品跨境之前和之後的環節；供應鏈壁壘對貿易的抑制作用比傳統的貿易壁壘更大；中國是全球供應鏈的重要組成部份，降低供應鏈壁壘對中國國際貿易具有很大的促進作用。

葛娜、汪傳旭（二〇一二）針對比較績效，分析了模糊隨機需求下的全球供應鏈訂單分配。文章認為，如果在供應鏈中僅僅追求一方企業利潤或者兩方企業利潤最大化，總的全球供應鏈利潤就不會真正實現最大化。

李南、尹景瑞（二〇一二）在對東亞區域港口物流進行的實證性分析中指出，港口物流的改進可以為貿易的自由化和便利化提供機遇。東亞地區的海陸地理特性和高外貿依存度決定了港口物流服務的重要意義。東亞港口物流服務在未來將進一步提高效率，秉持開放、平衡及合作的原則，更好地滿足仍在快速增長的物流需求，在全球供應鏈的動態重構中為貿易便利貢獻更大的力量。

全球供應鏈的組織形式

國際化的形式

中國國內學者魯桐（一九九八）提出了企業國際化的內外向聯繫模型。企業的國際化包括內向國際化和外向國際化兩個方面，內向國際化是外向國際化的基礎和條件。其中，內向國際化的形式主要指進口、購買技術專利、補償貿易、加工貿易、合資合營、成為外國公司的國內子公司等；外向國際化的形式主要指出口、技術轉讓、國外合資合營、成立境外子公司和分公司等。對於中國製造企業，其內向路徑指透過引進外國企業的產品、資本、技術和人才等要素，使企業逐步成為全球供應鏈中的組成部份，從而推動企業的國際化；其外向路徑指依托中國企業的優勢要素走向國際市場，主動將市場由國內延伸到全球，透過知識和經驗的學習與累積，實現企業的國際化（周尚志，二〇〇三）。

國際化蛛網模型也是魯桐（二〇〇〇）透過研究海內外有關文獻，在企業調查研究的基礎上提出來的。他認為，企業國際化在六個側面得到充份反映：跨國經營方式、財務管理、市場行銷戰略、組織結構、人事管理和跨國化指數。每一個側面由若干個因素決定，然後，每個因素列出具體的五級標準，採用五分法逐項進行評分，最後，用這六個方面的量化指標構建一個平面六維坐標系，在六個坐標軸上找出相應的各點，並依次連接構成一個六邊形，由於其酷似一張蛛網，故稱為蛛網模型。圖二中的兩個六邊形，代表兩個不同的企業國際化的程度，它們是根據企業在六個層面指標的得分而畫出的。某一方面越靠近原點，表示企業在這一方面國際化程度越差，面積越大的表示國際化程度越高。圖形越規則（如呈正六邊形），企業的國際化越是較均衡發展。

從國際化方式角度分析，孫志毅等（二〇〇四）將企業國際化分為國際貿易、對外經濟與技術合作和對外直接投資三種方式。企業國際化經營模式可以分為外向國際化

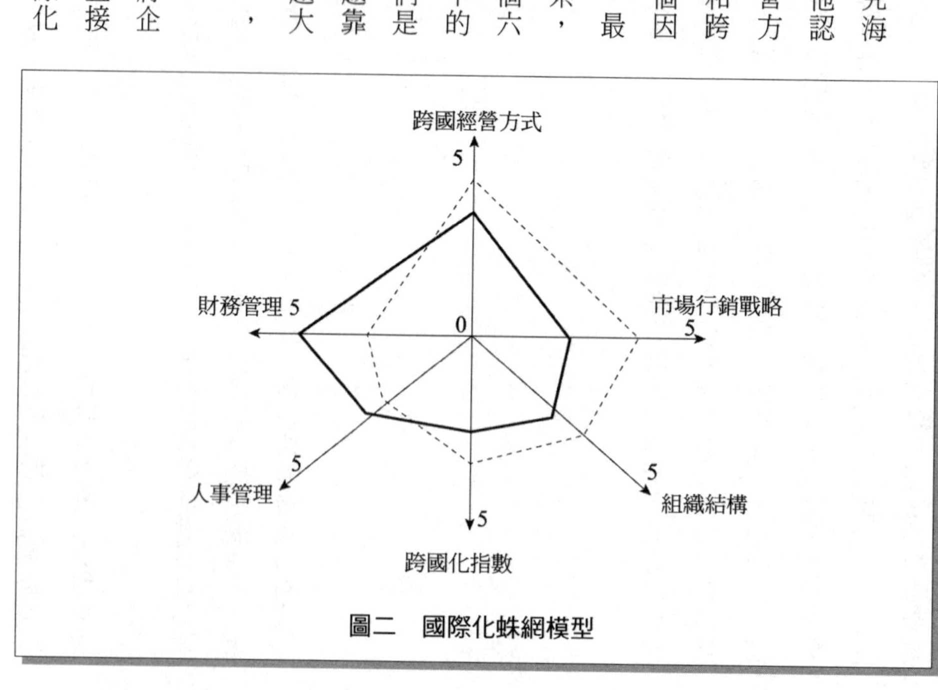

圖二　國際化蛛網模型

經營模式和內向國際化經營模式。王亞星等（二〇〇九）認為，常見的企業外向國際化經營模式有出口、外向契約經營和對外直接投資三個類型。其中，出口可以分為直接出口和間接出口，外向契約經營包括許可經營和國際外包，對外直接投資的方式主要有合資和獨資。常見的內向國際化經營模式有進口、內向契約經營和吸引外商直接投資。進口可以分為直接進口和間接進口。內向契約經營可以分為承接許可經營、承接國內出口企業外包（配套模式）、承接國際外包〔配套模式、委託製造代工（Original Equipment Manufactures, OEM）、委託設計並代工（Original Design Manufactures, ODM）〕；吸引外商直接投資的方式為合資。科尼利斯・德・克魯維爾（二〇一三）指出，由於全球性產業和採購需求的發展，戰略聯盟已經成為很多企業全球戰略的基本元素。

Forsgren（1989）對瑞士公司國際化類型的調查，否定了傳統的國際化途徑，即從出口、許可證、分支機構、全資子公司到國家直接投資的漸進過程。這個新的理論稱為網絡理論（network theory）。根據這一理論，組織機構與組織機構之間的網絡是相互關聯的。若要瞭解某個組織機構的行為，需要瞭解它們之間的相互關係。為了獲得原材料、零部件或其他生產要素，一個企業不得不發展各種各樣的關係。在整個產業鏈條上，公司需要發展和培育與分包商、供應商、分銷商和批發商的關係；公司也必須與同一網絡中其他組織機構發生聯繫，如競爭者、當地權威機構和其他在同一產業中的第三者。隨著技術的發展，網絡變得越來越複雜，網絡組織機構與傳統組織相比，也在發生著新的變革。

全球供應鏈中的買賣關係

嚴洪、陳向東（二〇〇二）對國際供應鏈買賣雙方的合作關係進行了研究。他們認為，國際供應鏈合作關係是一種跨越國界的供應鏈節點企業間在較長時期內共享資訊、共擔風險、共同獲利的合作夥伴關係，事實上是一種戰略夥伴關係。進一步地，嚴洪和陳向東對中國供應商參與國際供應鏈合作的實際受益情況進行了分析，發現中國供應商與國外製造商長期的國際供應鏈合作關係與真正的戰略夥伴關係之間存在著重要的差距。齊軍領（二〇〇七）認為全球採購利用國外供應商的能力對企業經營能夠做出貢獻，而供應商選擇在全球採購中是一個關鍵的環節。他從競爭戰略的角度構建了用於供應商選擇的組合模型。劉彩虹和徐福緣（二〇一〇）認為，當前企業為了應對經濟全球化和用戶需求多樣化的挑戰，需要具有更開放的視野以及與動態開放市場相適應的企業管理模式，他們提出一種新的企業管理理念——多功能開放型企業供需網（supply and demand network with multifunction and opening characteristics for enterprises——SDN，供需網），透過轉變企業的供應鏈管理模式為供需網模式，提高企業全球競爭力。石紅（二〇〇六）文章認為，現代供應網絡是易變的、不穩定的動態結構，需要即時、有效、自動、快速地處理不斷變化的資訊。因而，企業內部和企業之間的決定以及商務過程必須基於動態數據和相關知識。李政嘉（二〇〇八）透過對全球供應鏈管理一體化戰略的比較分析，提出根據企業價值鏈前後環節的重要程度不同，採用不同的縱向一體化戰略；根據企業戰略定位的需求，可以考慮橫向一體化戰略，從而構建起不同形態的全球供應鏈系統。

中國國內學者對國際供應鏈內部買賣雙方關係系統的研究還有一個方向，即買賣雙方的協調機制。其中，高峻峻、王迎軍、郭亞軍等（二〇〇二）研究了價格彈性需求下買方和賣方之間的價格折扣契約。楊慶定、黃培清（二〇〇四）借鑒了價格折扣契約的研究方法，探討了在最終市場需求具有價格彈性的情況下，由相互獨立的單一製造商、單一零售商組成的國際供應鏈的最優價格折扣契約。在文章中，他們分別建立了零售商和製造商在無折扣、有折扣時的利潤模型，並提出了求解最優價格折扣的算法，透過算例模擬對模型和算法進行了實證研究，為國際供應鏈運作提供了理論依據，也為從事國際貿易的企業提供了應用指導。

二〇一二年十月二十五日沃爾瑪在北京舉辦可持續發展採購計劃發佈會及「可持續發展聯盟」（TSC）中國辦公室成立啟動儀式，並由沃爾瑪全球總裁兼首席執行官麥道克宣佈了一系列繼續推動沃爾瑪在中國乃至全球供應鏈的可持續發展的舉措和承諾。這些承諾顯示出沃爾瑪將可持續發展業務進一步全面融入業務發展的決心，也強調了其在全球供應鏈內推廣可持續發展指數的目標將被貫徹到全球供應鏈體系的路徑。

全球供應鏈中的外包管理

外包的概念指企業整合利用其專業化資源，降低成本，發揮核心競爭力的一種商業模式。全球供應鏈中的外包主要是指離岸外包。Olson最早對相關概念內包、外包和離岸進行了界定。認為外包即把某些業務轉給公司的外部供應者，而不關心供應者是來自國內還是國外，而離岸則是把某些業務轉給國外供應者，而不關心供應者是來自企業外部還是內部。由於外包對工資就業等影響的敏感性，國際上一般以全球分包涵蓋外包與離岸外包。其中離岸外包即國際外包，已經成為二十一世紀企業的主要業務活動之一。離岸外包的概念最早起源於美國，起初離岸供應商稱之為輔助的應用開發幫助（supplemental application development help）。離岸外包指跨國企業或組織將非核心業務和部份關鍵業務剝離到其他國家的行為。離岸外包的外包商與其供應商來自不同國家，外包工作跨國完成。由於勞動力成本的差異，外包商通常來自勞動力成本較高的國家和地區，如美國、西歐和日本；外包供應商則來自勞動力成本較低的國家和地區，如印度、菲律賓和中國。

Mike W. Peng所定義的四個業務活動單元中也涉及到離岸外包和圈養資源（captive sourcing）。圈養資源指在海外建立分支機構，但工作在企業內部完成。其定義在概念上類似於對外直接投資，具體如圖三所示。

從圖三中看出，即使對單一企業來講，價值增值活動也可能遍及世界各個地區，透過利用最佳的區位優勢和採用最好的方式來從事這些業務活動。

一般認為，離岸外包能夠提供三個層次的價值：首先是節約成本，這主要基於接包國和發包國國內人力資源成本、生產成本等的差別。利用這種差異，可以降低客戶成本結構。其次是企業能力的提高，這主要源於該領域的知識滲透。隨著客戶要求的不斷增加，接包企業在努力提升服務水準的過程中，不斷超越自我，也能將利益傳遞給客戶的用戶。最後是業務流程再造和過程改善。

海內外學者對外包的研究主要包括兩個方面：外包的策動因素和實施外包戰略的效應。

外包的策動因素

在外包的動因研究方面，何玉梅、孫艷青（二〇一一）的研究發現，由於生產環節的難以監督和契約制度環境不完善產生的代理成本使國際外包水準顯著下降，間接驗證了為保證產品品質需要增

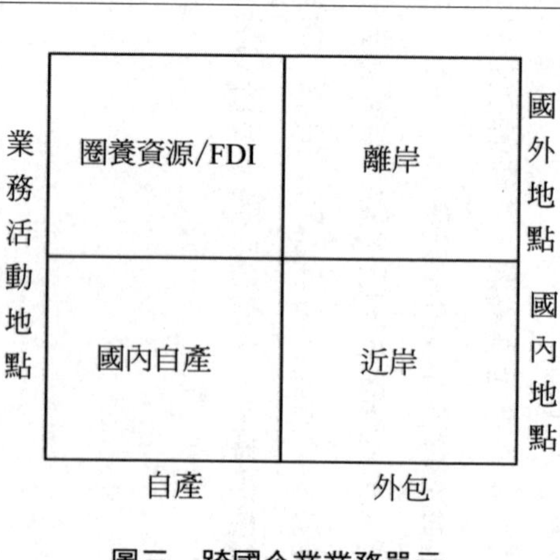

圖三　跨國企業業務單元

大代理成本，從而影響企業外包選擇的理論假說。

景瑞琴（二〇〇八）在她的文章中提到了服務外包的興起。二十世紀八〇年代以前，國際生產分散化主要以對外直接投資（Foreign Direct Investments, FDI）為主。之後，國際外包在企業經營戰略方面所表現出的靈活性與成本優勢，使其越來越受到製造業企業的青睞。二十世紀九〇年代以來，國際外包又擴展到服務業，而且服務外包的發展趨勢越來越強勁。魯丹萍（二〇一〇）的文章認為服務外包產業具有資訊技術承載度高、價值增值高、資源消耗低、污染排放小、吸納就業人數多等產業特點，服務外包對GDP的貢獻是來料加工的二十倍，透過服務外包所獲得的GDP增長是綠色增長。發展現代服務業，提高服務業比重和水準，積極承接國際服務外包，是加快現代服務業發展、優化經濟結構、提升經濟發展品質的一個重要途徑。

張會清、唐海燕（二〇一〇）的研究指出，開發中國家的勞動成本和交易成本對發包方的區位選擇都具有顯著的影響，但低技術含量的外包業務更偏好選擇低工資國家以節約勞動成本，而高技術含量的外包業務則更偏好選擇高品質服務的國家以節約交易成本。曾錚、熊曉琳（二〇〇八）的研究發現，生產要素成本和外包交易成本仍然是影響美國對外離岸外包決策的主要因素，成本因素對中國承接國外離岸外包數量的影響大於印度；同時，中國和印度在承接國際外包活動中存在競爭關係。

趙曉男、郭雪暘（二〇一三）運用隨機效應面板數據模型分析了交易成本勞動密集度和產業規模對國際外包程度的影響。研究發現，當產品的勞動密集度較高，承接外包國家產業規模越大，交易成本越低時，最終產品生產商就越偏向以國際外包形式組織生產，從而印證了國際外包的經濟動因。霍杰（二〇一二）則利用關稅水準對海外生產組織方式選擇的影響，論證了貿易自由化對於國際外包的驅動作用。任志成、孫文遠（二〇一二）運用簡單的兩國模型分析，發現跨國團隊的培訓成本和接包國的人力資本水準是國際外包決策的重要影響因素。

在外包的動因研究方面，中國國內還有不少其他學者涉及。楊丹輝、賈偉（二〇〇八）對外包進行了定義。陳菲（二〇〇五）以及張芬霞、劉景江（二〇〇五）在他們的研究中都提到了離岸外包的經濟、技術和制度三大動因，他們認為經濟動因不外乎是降低成本和提高核心業務競爭力；技術動因則歸之於資訊網絡技術的飛速發展；制度動因則有母國和東道國雙重政策的壓力與動力。譚力文、馬海燕（二〇〇六）認為在全球外包下，中國企業要在全球市場上配置資源，必須重構企業價值鏈，並根據全球價值鏈外包體系微笑曲線分析了中國企業全球外包市場定位的基礎，構建了中國企業價值鏈重構的戰略架構模型，如圖四所示。

李玉紅（二〇〇六）同樣從產品價值鏈理論出發，把外包歸結為國際分工的變化。國際分工已不局限於產品的生產階段，而在於產品的整個價值鏈，國際分工由產業間分工變為產品內分工。跨國公司基於其全球戰略對整個產品價值鏈進行分拆，基於成本或競爭的原因外包給不同國家的供應商，從而帶動了國際外包的發展。

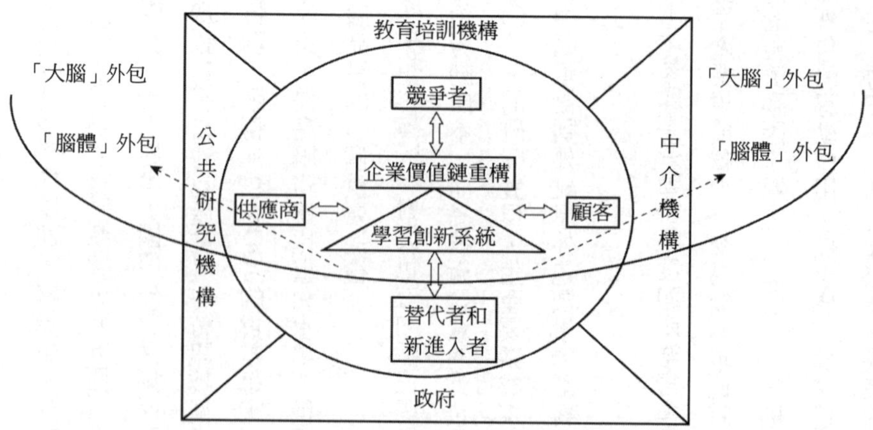

圖四　中國企業價值鏈重構的戰略架構模型

徐姝（二〇〇四）對市場、外包與企業這三種制度安排做了比較，如表一所示。

外包的效應

在外包的效應研究方面，中國國內研究集中在以下幾個方面：

▼外包的技術效應

郎永峰和任志成（二〇一一）以中國十四個服務外包基地城市為樣本，實證研究了軟體行業承接國際外包的技術外溢效應。結果表明，承接國際軟體外包獲得了技術外溢的益處，提高了本土軟體行業的勞動生產率。在技術外溢的多種可能途徑中，跨國公司的示範效應和人力資本效應顯著。黃燁菁（二〇〇九）結合知識管理理論與技術外溢的研究成果，分別就製造外包和服務外包對開發中國家接包方的技術效應展開分析。研究發現，對製造外包而言，價值鏈「模組化」以及產業網絡形態的動態趨勢是影響技術擴散的主要因素。而對服務外包而言，用戶導向的屬性則決定了接包方在技術獲取和自主創新空間中具備更加主動的地位。同時，黃燁菁和張紀（二〇一一）結合跨國公司國際化生產的動態特徵構建南北方國家之間中間品生產合作的模型，從北方國家技術轉移與接包方技術吸收能力建設兩個視角探索了接包方發展創新能力的因素。衛平（二〇一三）討論了國際外包模式下承包企業與發包企業間的合作關係類型

表一　市場、外包與企業三種制度安排的比較

比較內容＼制度安排	市場	外包關係（準市場組織）	企業
資源配置方式	價格機制	價格機制與科層組織混合	科層組織
交易機制方式	價格	契約和隱合同	權威
交易雙方力量調節機制	供求	談判與博弈	計劃
穩定性	小	較強	強
業務關聯性	無	較強	強
合作性	差	強	很強

及特徵，並探討了推動承包企業技術創新的知識獲取、知識共享、知識創造路徑，進而提出與發包企業的長期戰略合作是承包企業技術創新的間接動力。盧勝、劉林青（二〇〇八）指出在新的國際分工格局下，國家競爭優勢不再按比較優勢法則，而是按競爭優勢法則來衡量。外包和知識財產權相互促進推動了全球價值鏈分工體系的形成，而該體系使知識財產權成為企業和國家競爭的焦點。因此，在全球外包中，制定知識財產權戰略，特別是專利戰略尤其重要。牛衛平（二〇一二）則從開發中國家承包企業所面臨的風險角度審視國際外包，落入國際外包陷阱就是承包企業人力資本積累緩慢，缺乏技術創新能力積累，與發包企業間技術差距和邊際生產率差距不斷擴大，並提出下**圖五**所示的跨越國際外包陷阱的途徑，以及「單腳」、「雙腳」及「跳躍型」三種跨越陷阱模式。

胡國恆（二〇一三）採用制度嵌入理論分析，發現相對勞動密集的國際外包具有成本敏感性，而制度品質向上競爭和要素成本向下競爭均導致國際生產的規模擴張，但前者形成可持續的交易效率優勢並促進產業技術升級，後者形成不可持續的低成本優勢且導致低端技術鎖定。

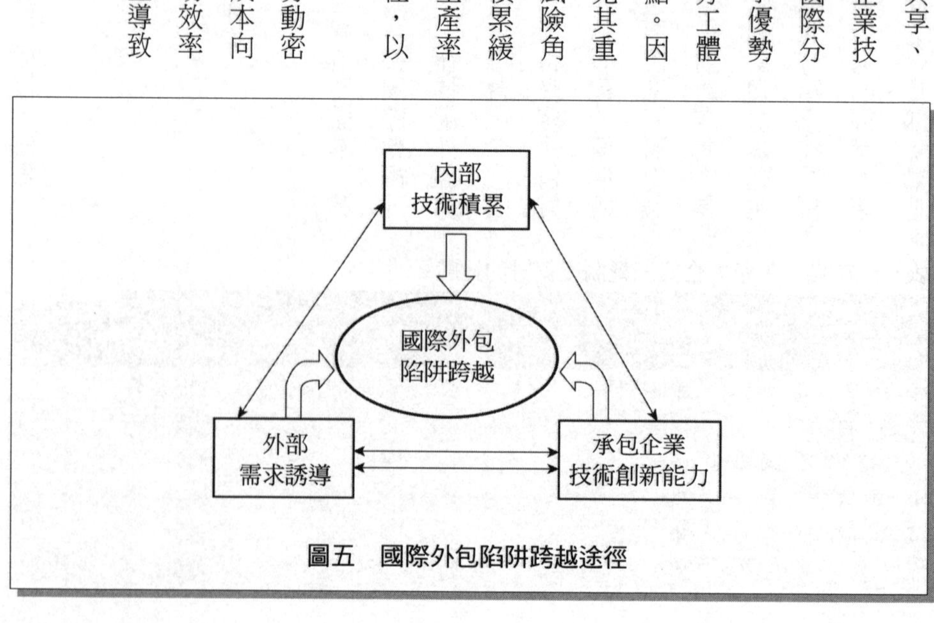

圖五　國際外包陷阱跨越途徑

▼外包與產業升級及競爭力

張明志（二〇〇八）在文章中指出，國際外包為開發中國家融入全球生產分工體系，促進產業升級提供了難得的機遇。在產品內分工迅速發展的背景下，國際產業轉移模式正逐漸從垂直對外直接投資為主導向國際外包為主導的方向演變。開發中國家透過承接國際外包可以充份發揮比較優勢，促進勞動生產率的提高和產業技術水準的提升，並快速切入全球高技術產業鏈條。透過調整產業升級思路、提高交易制度的效率、加強自主研發能力和注重人力資本投資等方面的努力，開發中國家可以更好地實現國際外包對產業升級的促進作用。劉志彪（二〇〇九）在中國經濟發展的階段和現實的基礎上提出，要在全面提升製造業外包水準的基礎上，利用服務業外包的國際機遇，實施製造業外包與服務業外包協同發展的策略，而不是現在就從世界加工廠全面走向所謂的世界辦公室。利用服務業外包和製造業外包的關係，透過結構調整形成全球價值鏈與中國價值鏈的鏈接機制，是解決中國地區發展非均衡問題，並相應地建立多層次的中國現代產業體系的最佳工具。張向陽、李楠、孫艷青（二〇一二）利用出口佔工業增加值比重的數據實證分析了國際外包與產業國際競爭力的關係。結果顯示，國際外包與中國產業國際競爭力呈顯著倒U型關係，即在短期內承接國際外包可提高中國產業國際競爭力，但就長期而言，僅僅依靠承接國際外包則對中國產業國際競爭力的提高起負面作用。姚志毅（二〇一二）採用不完全契約下產品生命週期模型分析了國際外包下產業結構升級的機制，提出中國實施區域圈層產業結構升級的途徑。吳盈盈、李東光、仲崇文（二〇一三）提出發展服務業離岸外包對中國服務業產業結構升級具有重要作用。汪素芹、賈志娟、曹玉書（二〇一二）論證了承接外包分工對中國製造業的競爭力提升產生了積極影響，但對資本（技術）密集型行業的影響程度比對勞動密集型行業要大。

▼外包與生產率

張小蒂和孫景蔚（二〇〇六）對中國的研究也表明，國際垂直專業化有利於勞動生產率和產業技術水準的提高。劉海雲、唐玲（二〇〇九）的研究結果也表明，在中國工業行業中，外包有利於企業勞動生產率的提高，而且服務外包對生產率的影響程度大於物質投入外包；高技術、低開放度以及大規模行業中國際外包對生產率的促進作用更為顯著。汪麗、賀書鋒（二〇一〇）利用面板數據進行了回歸分析的實證研究，面板數據回歸結果顯示服務外包和實物外包對製造業生產率都有顯著正效應，服務外包正效應顯著高於實物外包，並且服務外包正效應在一九九七年後明顯提高。趙霞（二〇一三）透過面板數據實證檢驗了中國承接國際外包服務對生產率的效應，結果顯示中國承接國際外包服務對製造業效率具有正向影響，其中金融業和計算機資訊技術服務業對製造業生產率的影響較大，對運輸業和其他商業服務業也有顯著的影響。魏悅、王敏（二〇一二）則同樣以面板數據模型檢驗了不同形式的外包對廣東工業行業勞動生產率的影響。結果不僅顯示服務外包對廣東工業行業勞動生產率的提升具有明顯的促進作用，而且服務外包對資本密集型行業的影響顯著大於勞動密集型行業。陳清萍、劉晴（二〇一三）則在建立誤差修正模型的基礎上認為在短期和長期，國際外包對行業的人均實際產出的增長都具有負向影響。

▼外包對收入和就業的影響

宋玉華、周均（二〇〇六）在文章中提到，隨著經濟全球化進程的不斷加快，外包作為一種資源組織方式獲得了飛速發展，跨國公司從內部化到外部化的轉變對發包國和承包國的就業與收入分配產生了巨大影響。尤其是二十世紀八〇年代以來一些已開發國家出現勞動力需求逆轉之後，外包的就業和分配效應日益受到學術界的關注。徐毅（二〇一一）在文章中檢驗了國際外包對中國熟練勞動力與非熟練勞動力工資差距的影響。計量結果表明，與斯托爾帕—薩繆爾遜定理所揭示的相反，外包貿易降低了中國相對豐裕的非熟練勞動力的相對工資。孟雪（二〇一一）則梳理了以經濟視角研究全球外包的國外文獻，認為國外文獻原來集中於全球外包的靜態影響，但最新的文獻則考慮了經濟主體對全球外包行為的動態反應，譬如貿易政策的改變、外包形式的選擇以及外包對工資和就業的影響。范愛軍、尹文靜（二〇一三）運用協整分析方法指出國際外包催生出的產品內貿易會拉大中國技術工人工資和非技術工人工資的差距，因而在對經濟增長產生貢獻的基礎上，也影響了社會穩定。同樣姚潔、張亞斌、雷日輝（二〇一二）也論證了外包和技術進步對中國工業行業熟練勞動力與非熟練勞動力之間工資差距的擴大均存在明顯的正效應。孫文杰（二〇一三）透過實證驗證了中國在承接全球價值鏈外包業務上存在面板門檻效應，當中國工業行業承接國際外包環節低於或接近中國要素稟賦結構時，承接國際外包對中國高技能勞動力就業產生了負面影響；而當承接國際外包環節明顯高於中國要素稟賦結構時，則為顯著的正面影響。張艷和桑百川（二〇一三）指出國際外包有利於優化中國勞動力市場結構，拉動了高技能勞動力需求，增大了對管理者、工程師以及高教育水準勞動力的需求。衛平、楊宏呈、潘明韜（二〇一三）透過實證分析了行業要素密度差異視角下外包加大行業密集要素使用的效應，即資本密集行業的外包會抑制就業、降低工資，而勞動密集行業的外包則正相反。

全球供應鏈風險研究

在全球供應鏈管理的研究中，還有一個重要分支，就是風險管理研究。這是因為在全球情境下，空間的緯度跨度較大，而供應鏈管理又要求合作夥伴的整合、分享與配合，制度與文化的差異無疑成為風險產生的最重要因素。在這一點上，牛敏（二〇〇九）就分析了全球供應鏈金融風險產生的自然、經濟、政治、制度、資訊資源、人力資源和系統性因素，其中政治和制度因素就是特指在全球供應鏈一體化下，不同的國家和地區涉及到不同的政策和法律法規，對特定國家的法規不熟悉，勢必會引起糾紛，增加供應鏈管理目標實現的不確定性風險。包曉、李素蘭（二〇一〇）透過分析認為全球物流外包已經成為一種充份發揮自身核心競爭力，實現企業戰略新型管理的模式。他們同時對物流外包中系統、管理、資訊、財務、市場多層次上的風險及其因素進行了解析，在此基礎上提出控制風險的若干措施。

李政（二〇一二）在他的研究中對波音公司在全球供應鏈環境下的風險管理進行了細緻的實證研究。波音公司在全球並行研發製造的協同方式，全球供應鏈上某個環節一旦出了問題，就會使787客機整個項目進度受到拖累，使得波音數次宣佈延遲交付。針對此類隱患，波音公司制定了一系列的風險管理戰略，其中包括：(1)波音強化了對供應商的管理和協調工作，把供應商管理部門從飛機設計開發和生產功能一體的部門中獨立出來，特別成立了專門的供應商管理部門。(2)在不斷完善供應鏈系統的過程中，波音不失時機地建立了包括：資訊搜集、原材料採購、生產、市場行銷和客戶支持及客戶關係管理等環節在內的全球協同式資訊系統平台。(3)為了共同利益與競爭對手進行合作。(4)重視風險評估，加強對環境風險因素的考量。

楊天樹（二〇一二）還基於博弈論，對全球供應鏈管理風險進行了分析。他分析到基於博弈論，在全球供應鏈管理風險中，可考慮建立完善的合同，使得在合作後能夠追究一方的責任，降低道德風險；透過博弈分析，在合同不完備的情況下，即使有約束機制也難免存在風險，因而企業更需要關注合同簽訂前的資訊獲得，依靠第三方資訊平台，消除資訊的扭曲現象，在獲得更充份的資訊的同時，降低供應鏈管理中監督和資訊搜尋成本；在整條全球供應鏈管理中，更需要供應鏈各節點企業間建立信譽機制，使跨國間能獲得企業的信譽情況，在供應鏈節點企業間建立戰略合作的夥伴關係。

綜上所述，全球供應鏈與外包管理是一個多角度、多方法的跨學科研究主題，要將其完全綜合起來幾乎是不可能的。雖然本文按照全球供應鏈的前因、績效兩個大類進行了梳理，但仍不足以將所有有關該主題的研究包羅進來。但是透過以上文獻梳理，我們發現全球供應鏈管理分佈在行銷、戰略和組織、經濟學、國際商務及運作和採購管理五大獨立的學科領域，每個領域內的研究相互之間都是獨立的，對於其他領域的研究並未過多涉及。這為我們今後的研究提出了一個方向，那就是跨學科研究，這將會極大地拓展我們有關該主題的研究工作。此外，在研究方法上，國外的研究集中在模型構建、數據分析、案例及純概念性的質性研究方法上，但中國國內的研究則涉及數據分析不多，而尤其是多研究方法的交互使用即三角測量法更為稀少。這為我們今後的研究提出了另一個方向，即研究方法的交互使用，將使我們在該主題的研究上有新的發現。

參考文獻

包曉、李素蘭，〈淺析企業物流外包的風險管理〉，《當代經濟》，2010(4)。

陳菲，〈服務外包動因機制分析及發展趨勢預測——美國服務外包的驗證〉，《中國工業經濟》，2005(6)。

陳功玉、王潔，〈全球化環境下中國企業的全球供應鏈管理〉，《中山大學研究生學刊》(社會科學版)，2007(4)。

陳劍、蔡連僑，〈供應鏈建模與優化〉，《系統工程理論和實踐》，2001(6): 26 33。

陳清萍、劉晴，〈國際外包與我國勞動生產率關係的研究——基於面板誤差修正模型的分析〉，《經濟經緯》，2013(4): 66-70。

陳同仇、薛榮久，《國際貿易》，北京：對外經濟貿易大學出版社，1997(37)。

陳彥斌、裘文輝，〈全球供應鏈一體化背景下的西部企業機遇與挑戰〉，《當代經濟》，2012(4): 98-100。

丁華、高詹，〈中國國際採購大豆供應鏈的渠道與主要節點〉，《改革》，2008(9)。

杜麗群，〈全球供應鏈管理與我國企業國際競爭力的提升〉，《西南民族大學學報》(人文社科版)，2006(4)。

樊增強、宋雅楠，〈企業國際化動因理論述評〉，《當代經濟研究》，2005(9)。

范愛軍，《經濟全球化利益風險論》，經濟科學出版，2002(1)。

范愛軍、尹文靜，〈產品內貿易對我國收入分配影響的差異性分析——與一般貿易比較的角度〉，《福建論壇》(人文社會科學版)，2013(3): 21-28。

馮國經，〈全球供應鏈變革與自由貿易體系的多邊開放〉，《中國科技產業》，2012(4)。

高峻峻、王迎軍、郭亞軍等，〈彈性需求下供應鏈契約中的Pareto優化問題〉，《系統工程理論方法應用》，2002, 11(1): 36-39。

葛娜、汪傳旭，〈模糊隨機需求下的全球供應鏈訂單分配〉，《工業工程》，2012(6)。

何慧、張偉，〈金融危機下中國出口製造業全球供應鏈戰略分析〉，《商業時代》，2009(22)。

何靜、徐福緣，〈供應鏈瓶頸問題分析及其解決方法〉，《計算機集成製造系統》，2003, 9(2): 122-126。

何駿，〈全球化背景下上海企業對外直接投資的動因研究〉，《當代經濟管理》，2008(3)。

何玉梅、孫艷青，〈不完全契約、代理成本與國際外包水平：基於中國工業數據的實證分析〉，《中國工業經濟》，2011(12)。

洪俊杰，〈從全球供應鏈的視角促進我國對外貿易發展〉，《對外經貿》，2013(3)。

胡國恆，〈制度質量、比較優勢與國際生產的組織變遷〉，《國際經貿探索》，2013(4): 95-106。

黃燁菁，〈國際外包對承接方的技術效應：基於微觀機制的分析〉，《上海經濟研究》，2009(9)。

黃燁菁、張紀，〈跨國外包對接包方技術創新能力的影響研究〉，《國際貿易問題》，2011(12)。

霍杰，〈貿易自由化下的企業中間產品海外生產組織形式選擇〉，《商業時代》，2012(13): 45-46。

金潤圭，《全球戰略：跨國公司與中國企業國際化》，上海：上海社會科學院出版社，1999。

景瑞琴，〈國際生產分散化與服務外包的興起及趨勢〉，《經濟問題》，2008(8)。

凱瑟琳·曼，〈國際供應鏈物流與貿易便利化的宏觀政策〉，《中國流通經濟》，2013(5)。

科尼利斯·德·克魯維爾，〈全球化企業須具備高效的供應鏈管理能力〉，《IT時代週刊》，2013。

匡增杰，〈跨國公司全球供應鏈管理背景下的上海國際貿易中心建設〉，《世界貿易組織動態與研究》，2012(4)。

匡增杰，〈跨國公司全球供應鏈整合視角下我國企業發展的對策〉，《上海海關學院學報》，2013(2)。

郎永峰、任志成，〈承接國際服務外包的技術溢出效應研究：基於服務外包基地城市軟件行業的實證分析〉，《國際商務研究》，2011(5)。

李冰漪，〈供應鏈行業回顧與展望〉，《中國儲運》，2012(3)。

李德震，〈契約實施效率與國際外包區位分佈——基於我國省際面板數據的實證分析〉，《中國物價》，2013(5): 78-81。

李君華、彭玉蘭，〈基於供應鏈的產業集群競爭優勢〉，《經濟理論和經濟管理》，2004(1)。

李南、尹景瑞，〈全球供應鏈視角的東亞港口物流服務績效與趨勢分析〉，《水運工程》，2012(4)。

李文峰，〈全球供應鏈運營模式對提升我國外貿核心競爭力的啟示及思考〉，《中國經貿》，2011(11)。

李雪，〈基於服務外包的中國國際分工地位提升〉，《商業時代》，2013(13): 40-41。

李彥彬、裘文輝，〈全球供應鏈一體化背景下的西部企業機遇與挑戰〉，《當代經濟》，2012。

李玉紅，〈全球價值鏈視角下的國際外包〉，《商場現代化》，2006(13)。

李政，〈基於波音787的全球供應鏈戰略模式研究〉，《管理世界》，2012。

李政嘉，〈中國企業的全球供應鏈戰略〉，《物流科技》，2008(1)。

利嘉偉，〈全球採購新策略行動〉，《中外管理》，2011(1)。

梁能，《國際商務》，上海：上海人民出版社，1999。

梁岩松、杜梅，〈全球供應鏈管理的挑戰與對策〉，《管理科學》，2004(4)。

劉彩虹、徐福緣，〈供應鏈企業轉向供需網企業的演進邊界及建模研究〉，《科技進步與對策》，2010(5)。

劉春麗，〈全球供應鏈管理對商業模式轉變的影響〉，《物流技術》，2004(7)。

劉海雲、唐玲，〈國際外包的生產率效應及行業差異：基於中國工業行業的經驗研究〉，《中國工業經濟》，2009(8)。

劉鶴、徐曉，〈全球供應鏈營銷的環境細分與路徑探索〉，《商業時代》，2013(11)。

劉利民，〈利用貿易融資規避全球供應鏈風險〉，《中國物流與採購》，2012(3)。

劉燕靈，〈跨國公司的供應鏈管理〉，《物流工程與管理》，2012(1)。

劉志彪，〈國際外包視角下我國產業升級問題的思考〉，《中國經濟問題》，2009(1)。

劉志彪、張杰，〈從融入全球價值鏈到構建國家價值鏈：中國產業升級的戰略思考〉，《學術月刊》，2009(9)。

盧勝、劉林青，〈全球外包體系下的知識產權與國家競爭優勢〉，《知識產權》，2008(3)。

魯丹萍，〈發展國際服務外包提升溫州經濟發展水平〉，《國際商務研究》，2010(5)。

魯桐，〈企業的國際化——兼評中國企業的海外經營〉，《世界經濟與政治》，1998(11)。

魯桐，《WTO與中國企業國際化》，北京：中共中央黨校出版社，2000(11)。

呂本富、胥悅紅，〈企業的國際供應鏈運作研究〉，《管理評論》，2003(2)。

羅琪，〈歐盟對華皮鞋反傾銷案的回顧：影響與反思——基於全球供應鏈視角〉，《對外經貿實務》，2012。

孟雪，〈全球外包研究的演進及最新進展——微觀和宏觀層面的視角〉，《首都經濟貿易大學學報》，2011(3)。

牛敏，〈企業人力資源管理外包動因及風險應對機制構建〉，《商業時代》，2009(13): 43-44。

牛衛平，〈國際外包中合作推動承包企業技術創新機制〉，《經濟問題》，2012(8)。

彭維剛(Mike W. Peng)著、劉益等譯，《全球商務》，北京：中國人民大學出版社，2009。

齊軍領，〈全球採購中的供應商選擇模型構建〉，《商業時代》，2007(14)。

齊軍領，〈談全球採購與供應商戰略協作〉，《商業時代》，2007(19)。

尚‧皮埃爾‧萊曼，〈中國在全球供應鏈中的前景〉，《中國企業家》，2012(8)。

任志成、孫文遠，〈人力資本，培訓成本與跨國服務外包〉，《南京審計學院學報》，2012(1): 26-31。

石紅，〈動態環境下的全球供應鏈管理模式研究〉，《商業經濟》，2006(27)。

宋華、劉林艷、李文青，〈企業國際化、供應鏈管理實踐與企業績效關係：基於中國上市公司面板數據的研究〉，《科學學與科學技術管理》，2011(10)。

宋玉華、周均，〈國際外包、就業和收入分配之文獻綜述〉，《國際貿易問題》，2006(3)。

孫文杰，〈承接國際外包、價值鏈升級與我國高技能勞動力就業——基於工業行業的面板門檻模型〉，《產業經濟研究》，2013(5): 74-83。

孫志毅、喬傳福，〈我國製造業企業國際化戰略模式選擇探析〉，《中國軟科學》，2004(8)。

譚力文、馬海燕，〈全球外包下的中國企業價值鏈重構〉，《武漢大學學報》，2006(2)。

譚敏，〈承接國際外包率的測量及行業差異——基於中國工業行業的實證研究〉，《中國商貿》，2013(12): 134-

135。

田貞余，〈國際產業調整和轉移的新趨勢：國際外包〉，《商業研究》，2005(17)。

宛天巍，《長三角都市圈製造業企業國際化戰略研究》，上海交通大學博士學位論文，2006(11)。

汪麗、賀書鋒，〈中國製造業國際外包與生產率增長：基於服務外包和實物外包的雙重度量〉，《上海經濟研究》，2010(3)。

汪素芹、賈志娟、曹玉書，〈中國製造業承接外包對產業國際競爭力的影響研究〉，《會計與經濟研究》，2012(1): 86-96。

王殿華、翟璐怡，〈全球化背景下食品供應鏈管理研究——美國全球供應鏈的運作及對中國的啟示〉，《蘇州大學學報》，2013(2)。

王國文，〈全球物流與供應鏈的走勢〉，《中國儲運》，2007(2): 79-80。

王廷如，〈如何成為跨國企業的供應商〉，《中外管理》，2004(2)。

王亞星、張磊，〈國際市場分工定位下的企業國際化經營模式選擇〉，《經濟管理》，2009(7)。

王增濤，《中國製造企業國際化研究——以彩電企業為例》，西安交通大學博士論文，2003。

王志承，〈全球採購模式中我國企業的發展路徑〉，《企業研究》，2012(4)。

王中美，〈全球價值鏈的新趨勢、新平衡與關鍵命題〉，《國際經貿探索》，2012(6)。

衛平、楊宏呈、潘明韜，〈外包的資源配置效應：理論與實證——基於行業要素密度差異視角的研究〉，《國際貿易問題》，2013(1): 106-116。

魏悅、王敏，〈國際外包對勞動生產率的影響——以廣東省工業行業為例〉，《廣東商學院學報》，2012(6): 28-36。

文華，〈韓國中小企業全球供應鏈夥伴關係的水準及績效的實證研究〉，《東疆學刊》，2012(3)。

吳定玉，〈供應鏈企業社會責任管理研究〉，《中國軟科學》，2013(2)。

吳福明，〈全球供應鏈管理的信息化實施〉，《管理探索》，2012(5)。

吳盈盈、李東光、仲崇文，〈我國發展服務業離岸外包的對策探討〉，《經濟縱橫》，2013(7): 68-70。

謝鍵，〈企業經營國際化：區域經濟國際化中的溫州模式〉，《財貿經濟》，2005(12)。

謝世清、何彬，〈國際供應鏈金融三種典型模式分析〉，《經濟理論與經濟管理》，2013(4)。

徐福緣、何靜，〈多功能開放型企業供需網初探〉，《預測》，2002, 21(6): 19-22。

徐福緣、何靜，〈全球化環境下的企業管理模式研究〉，《科學學與科學技術管理》，2002(8): 89-91。

徐姝，《企業業務外包戰略運作體系與方法研究》，中南大學，2004。

徐毅，〈外包與工資差距：基於工業行業數據的經驗研究〉，《世界經濟研究》，2011(1)。

嚴洪、陳向東，〈從供應商受益角度研究國際供應鏈合作關係〉，《工業工程與管理》，2002(4)。

楊丹輝、賈偉，〈外包的動因、條件及其影響：研究綜述〉，《經濟管理》，2008(2)。

楊慶定、黃培清，〈彈性需求下一類國際供應鏈的最優價格契約〉，《工業工程與管理》，2004(6)。

楊三根、段鋼，〈現代物流的發展和全球供應鏈管理〉，《世界經濟研究》，2005(9)。

楊天樹，〈基於博弈論的全球供應鏈管理風險分析〉，《財經界》，2012。

楊旭、李興旺，〈深度嵌入國際供應鏈：中國製造型企業如何走向國際〉，《經濟管理》，2003(21)。

姚潔、張亞斌、雷日輝，〈外包與工資差距：基於工業行業數據的實證研究〉，《經濟經緯》，2012(4): 66-70。

姚瓊，〈跨國零售企業在中國市場發展的動因及趨勢〉，《商業研究》，2005(15)。

姚志毅，〈基於國際外包視角的產業結構升級機制和途徑〉，《湖南財政經濟學院學報》，2012(2): 57-61。

葉飛、李怡娜，〈供應鏈夥伴關係，信息共享與企業運營績效關係〉，《工業工程與管理》，2006, 11(6): 89-95。

于梅，《LEXMARK全球供應鏈管理及優化流程分析》，復旦大學碩士論文，2008。

于平，《FDI與外包——企業國際化發展模式選擇研究》，中國海洋大學，2008。

于志宏，〈沃爾瑪承諾深入推動全球供應鏈可持續發展將可持續性發展指數整合到供應鏈〉，《WTO經濟導刊》，2012(11)。

俞毅，〈論物流的國際化趨勢及我國跨國企業的對策〉，《商業經濟與管理》，2001(11)。

曾錚、熊曉琳，〈生產「零散化」、生產成本和離岸外包：一般理論和美、中、印三國的經驗研究〉，《世界經濟》，2008(12)。

張芬霞、劉景江，〈「離岸外包」發展述評〉，《經濟問題》，2005(8)。

張會清、唐海燕，〈發展中國家承接國際外包的決定因素：兼論中國的比較優勢〉，《國際貿易問題》，2010(8)。

張明志，〈國際外包對發展中國家產業升級影響的機理分析〉，《國際貿易問題》，2008(1)。

張文騫，《企業國際化發展狀態評價指標體系研究》，浙江大學碩士學位論文，2008(4)。

張向陽、李楠、孫艷青，〈國際外包與產業國際競爭力關係的再考察——基於我國工業行業面板數據的實證研究〉，《中國證券期貨》，2012(12): 260-262。

張小蒂、孫景蔚，〈基於垂直專業化分工的中國產業國際競爭力分析〉，《世界經濟》，2006(5)。

張艷、桑百川，〈國際外包對中國勞動力市場結構的影響——基於中國企業數據的實證研究〉，《國際商務——對外經濟貿易大學學報》，2013(4): 119-128。

趙泉午、黃亞峰、王青，〈國內醫藥製造業供應鏈夥伴關係與企業績效的實證研究〉，《物流技術》，2009(11): 173-177。

趙霞，〈國際服務外包對中國製造業生產率影響的實證研究——基於東道國的視角〉，《經濟與管理研究》，2013(7): 86-95。

趙曉男、郭雪暘，〈交易成本、產業特徵與國際外包程度——基於中國二十四個行業面板數據的實證研究〉，《北京工商大學學報》(社會科學版)，2013(1): 44-47。

趙志遠，〈基於資源整合的企業競合戰略構建模式研究〉，《企業經濟》，2007(1): 65-67。

鍾祖昌、譚秋梅，〈全球供應鏈管理與外貿企業核心競爭力構建〉，《國際經貿探索》，2006。

周尚志，〈中國製造業在國際化中學習〉，《機電新產品導報》，2003(6): 74-76。

周英、劉樹林、賈甫，〈中國企業國際採購的階段模型〉，《中國流通經濟》，2011(1)。

周英、劉樹林、賈甫，〈中國企業國際採購發展階段特徵的案例分析〉，《中國流通經濟》，2012(2)。

周英、劉樹林，〈企業國際採購的戰略選擇研究〉，《商業時代》，2011(11)。

朱健，〈應對全球供應鏈調整的思考〉，《中國物流與採購》，2012(10)。

朱萌，〈全球供應鏈之爭：創造成本優勢之外的附加值〉，《中國服飾》，2012(8)。

FORSGREN M., *Managing the internationalization process*. *Routledge*, 1989.

GROSSMAN G. M., HELPMAN E., “Outsourcing in the Global Economy. ” Review of Economic Studies, 2005(72): 135-159.

GOYAL S. K., “A joint economic lot size model for purchaser and vendor: a comment”. *Decision Science*, 1988(19): 236-241.

GROSSMAN, GENE M., HELPMAN, ELHANAN., “Integration versus Outsourcing in Industry Equilibrium. ” *Quarterly Journal of Economics*, 2006, 117(1) : 85-120.

HELPMAN, ELHANAN., International organization of production and distribution. *NBER Reporter: Research Summary*, Summer, 2006.

HYMER STEPHER H., *The international operations of national firms: study of direct foreign investment*. M. I. T. Press, 1960.

代表性文獻

全球供應鏈管理

作者：張良衛、顏波

出版社：中國物資出版社

出版時間：二〇〇八年十一月

內容介紹：《全球供應鏈管理》一書是新聞出版總署「十一五」國家重點圖書出版規劃項目——供應鏈管理叢書中的一本，該書由廣東外語外貿大學和華南理工大學的教師共同策劃、編著，由中國物資出版社出版。該書全面系統地介紹了全球供應鏈管理的基本原理、基本知識和基本方法，其特點是在結構、觀點、行文上注意強調反映全球化的客觀歷史規律，力求更多地從全球化的視角去闡述。

該書以案例為引導和分析對象，收錄了包括利豐有限公司在內三十多個世界著名企業的全球供應鏈體系的實際案例，涉及在現實商業環境中如何解決實際問題，完全適應物流、分銷、市場行銷等各方面內容。主要內容包括：全球供應鏈的設計、業務外包、全球採購、全球供應鏈的海運物流和空運物流、庫存管理、客戶關係管理、成本管理、全球供應鏈管理的資訊技術等。該書可供物流與供應鏈管理專業人士、科學研究人員以及企業培訓或專科學生用作參考教材。

企業國際化、供應鏈管理實踐與企業績效關係——基於中國上市公司面板數據的研究

作者：宋華、劉林艷、李文青

發表期刊：《科學學與科學技術管理》

發表時間：二〇一一年十月第三十二卷第十期

研究主題：雖然企業國際化和供應鏈管理在中國理論界已經有充份的討論，但是中國企業的國際化程度究竟如何，供應鏈管理實踐水準究竟如何，它們是否已經對企業績效產生積極的影響，它們之間又是否存在關係，這些問題並沒有得到充份的研究，尤其是對中國企業供應鏈管理實踐水準的量化研究以及國際化和供應鏈管理實踐水準的關係研究。該文在文獻綜述的基礎上，旨在探索企業國際化程度、供應鏈管理實踐水準和企業績效之間的關係。

研究方法：文章選取汽車製造業和機械製造業為研究對象，數據主要來源於中國上市公司汽車製造和機械製造業二〇〇五至二〇〇八年度的年報，透過運用面板數據分析法對二手數據進行實證研究。

研究意義：該研究從實證的數據分析出發，得出了國際化程度的加深和供應鏈管理實踐的不斷豐富有利於中國汽車製造業和機械製造業中企業的業績提升的結論，對企業的供應鏈管理實踐具有重要的指導意義。但同時，文章也指出，用以衡量企業國際化程度和供應鏈管理實踐的量化指標平均值都還比較低。這說明，之所以兩個行業中企業的國際化程度與企業績效正相關，是因為企業以一種非常簡單的方式進行了國際化，就是產生對外出口和貿易。按照國際化階段理論，這還處在國際化的第一和第二階段。更進一步地，作者指出，擴展樣本群體，從更廣泛的行業入手研究國際化程度、供應鏈管理實踐和企業績效三者間的關係是有待進一步研究的方向。

發展中國家承接國際外包的決定因素——兼論中國的比較優勢

作者：張會清、唐海燕

發表期刊：《國際貿易問題》

發表時間：二〇一〇年第八期

研究主題：本文利用二十個已開發國家（地區）和四十個開發中國家的雙邊中間品貿易數據，對開發中國家承接國際外包的決定因素進行實證檢驗。作者從勞動成本和交易成本入手，系統考察了開發中國家承接已開發國家外包業務的決定因素。在此基礎上，對中國與主要競爭國家的區位條件進行全方位的比較，揭示自身存在的優勢與不足，為進一步承接國際外包提供政策參考。

研究方法：文章的實證研究是基於已開發國家與開發中國家的配對樣本數據，分別利用二十個已開發國家（地區）和四十個開發中國家的雙邊中間品貿易的面板數據和截面數據對國際外包的決定因素進行了實證分析，為體現研究對象的代表性，作者依據二〇〇六年貿易數據的排名，選擇貿易額位居前二十位的已開發國家（地區），以及貿易額位居前四十位的開發中國家作為樣本。由於剔除了中東產油國以及部份國家數據缺失，作者又補充了一些貿易額較高的國家進入樣本，這六十個國家（地區）的貿易額佔當年世界貿易總額的百分之九十。作者分別對截面樣本和面板樣本以普通最小二乘法進行了回歸分析。

研究意義：文章為中國企業的外包戰略提供了理論上的建議和依據。文章揭示出開發中國家的勞動成本和交易成本對發包方的區位選擇都具有顯著的影響，但低技術含量的外包業務更偏好選擇低工資國家以節約勞動成本，而高技術含量的外包業務則更偏好選擇高品質服務的國家以節約交易成本。文章的研究結果顯示，中國在勞動成本和交易成本的大部份指標上都具有一定的比較優勢，今後要更多地依靠服務和制度條件的改善，以抵消勞動成本上升的不利影響。同時，作者也指出，這篇文章只是從承包方角度實證檢驗了國際外包的決定因素，缺乏對發包方因素的分析，今後的研究可以以此為基礎，從更多方面對外包的策動因素進行更全面的研究。

CHAPTER 2

現代物流業及其發展

撰寫人：宋　華（中國人民大學）
王　嵐（北京語言大學）

引言

隨著物流和供應鏈管理的不斷發展，物流產業作為支撐國民經濟發展以及企業管理水準不斷提升的重要產業基礎，自二十世紀九〇年代後期引起了政府、各行各業以及企業的高度關注，特別是企業對物流服務和供應鏈管理服務的要求越來越高，也越來越急迫。可是雖然如今絕大多數企業都已經意識到物流管理是企業提升競爭力的重要手段，也是企業有效控制成本的有力方法，但是並不是每一個企業都能夠自己建設和發展物流系統。這不僅是因為建立和管理現代化的物流供應鏈管理體系需要巨額的投資，而且由於物流供應鏈管理需要相當高的管理技能和專業化知識，同時也需要一定的政策環境來推動產業的發展，所以並非一般的企業能夠完全做到。正因為如此，如何在中國順利地建立起有利於物流產業發展的政策體系、地域環境，以及培育一批具有核心競爭力的專業物流服務企業，成為近些年來中國物流供應鏈研究領域關注的重要話題。

諸如趙儉（二〇〇四）在對中國物流產業進行展望的論述中提出，中國物流產業的發展存在四個趨勢：一是傳統儲運企業向第三方的轉化；二是企業物流向專業物流的轉變；三是政府對物流基礎設施以及政策的投入；四是物流與現代資訊技術的緊密結合。

楊三根和段鋼（二〇〇五）從新興古典經濟學分析架構入手，研究了物流分工演進路徑、第三方和第四方物流的比較與關聯，以及現代物流的形成機制，在此基礎上，提出中國物流產業的發展是一個漸進的過程，不可急於求成。而中國物流產業的發展需要政府的政策性引導、物流行業的標準化和規範化、物流業的公共平台建設，以及第三方物流公司自身的戰略定位和專業化程度的提升。

徐揚、王傳濤、申金升（二〇一〇）認為物流產業的發展是沿著兩條線進行的，一條線是透過專業化提高物流服務效率，也就是物流、資訊流、資金流的分離；另一條線是透過整合化的物流業態減少交易費用，也就是物流、資訊流、資金流的協同。兩個方向互為一體，是物流產業發展的兩個方面。基於此，他們提出透過發展物流技術來推動物流產業的升級是關鍵，這其中加快行業和技術標準的確立，以及制定結合物流產業發展的金融政策，提供企業技術創新的激勵與扶持是最為重要的。

與上述觀點相一致，何黎明（二〇一二）在對中國二〇一一年物流業發展回顧的論述中指出，在經濟持續較快增長的條件下與一系列政策措施的推動下，中國物流業發展呈現出許多新的特點，這表現為支持物流業發展的政策集中出台、物流業發展環境受到廣泛關注、物流市場需求發生了變化、物流經營模式經歷了新的變革、物流企業整合提升步伐加快、物流區域集聚趨勢明顯，以及物流基礎設施建設投資增速放緩。這些都為國民經濟平穩較快運行提供了有力支撐，同時也為推動中國經濟發展方式轉變發揮了重要作用。在新的形勢下，中國物流業要想持續發展，就需要在減輕物流企業稅收負擔、物流業土地政策支持力度、物流車輛順利通行、物流管理體制、物流設施資源整合，以及物流技術創新等方面加以調整。

綜上所述，可以看出對現代物流產業的分析研究，主要是集中在三個層面上進行的：一是宏觀和制度層面，這方面的研究主要是中國物流政策的研究，以及對產業物流政策的探索；二是在區域層面對物流產業和物流功能的研究；三是關於第三方以及第四方物流產業的探索，包括企業競爭力因素、客戶滿意度以及物流服務供需關係的研究等。

中國物流政策研究

物流政策是指國家或政府為實現全社會物流的高效運行與健康發展而制定的公共政策，以及政府對全社會物流活動的干預行為，具體包括：有關物流的法律、法規、規劃、計劃、措施（對策），以及政府對全社會物流活動的直接指導等。良好的物流政策無疑對促進物流產業的發展，以及高效率地組織企業物流活動具有重要的作用，為此，對中國物流政策的研究成為了政府部門以及理論和實業界共同關注的課題。從整體上看，有關物流政策的研究主要集中在國家和地方政府的政策制定，以及對這些政策實施效果的評價和改進建議方面。此外，伴隨著國家經濟可持續發展以及應環境保護的要求，低碳物流政策以及各行業物流政策的研究也成為當今中國物流政策研究的重點。

國家和地方物流政策制定

中國物流相關政策的制定和發展，是一個循序漸進、逐步發展的過程，政策體系的建立以及推進是伴隨著應對物流產業發展過程中的挑戰以及滿足國民經濟發展的要求而逐步形成的，同時它也是一個調動各方面積極性、多層面共同努力的過程。從總體上看，中國物流政策的建立和發展是一個多層面政策出台，不斷從局部或某一環節推進到政策體系建立的進程。具體講，中國物流政策的建立發展，透過如下形式進行：

▼國家層面對物流產業發展的政策指導

二十世紀九〇年代以來，中國中央經濟工作會議和國務院總理的政府工作報告，都把推進現代物流發展作為一項重要的工作內容，為研究和制定物流發展政策提供了指導思想、工作要求和重要依據。二〇〇一年，推進現代物流發展的相關內容第一次納入了中國國民經濟和社會發展五年規劃綱要，提出要強化對交通運輸、商貿流通等行業的改組改造，推進連鎖經營、特許經營、物流配送、代理制、多式聯運、電子商務等組織形式和服務方式。二〇〇六年，中國國務院召開全國現代物流工作會議，提出了推動現代物流發展的指導思想、重點任務和具體部署。二〇〇七年，中國國務院出台了《關於加快發展服務業的若干意見》，重申加大政策支持力度，推動服務業加快發展，並提出了對物流企業實行財政優惠的具體政策。二〇〇八年初，中國又出台了稅費調整和土地管理政策，提出要對物流業發展給予更大力度的支持，實行有利於服務業發展的土地管理政策，完善服務業價格、稅收等政策，積極擴大包括現代物流業在內的生產性服務業的稅收優惠政策。

二〇〇九年二月，中國國務院審議並透過了《物流業調整和振興規劃》，將發展物流業上升到國家戰略層面，極大地提升了物流業在國民經濟中的地位，在規劃中提出了中國發展物流業面臨的十大任務，即積極擴大物流市場需求、大力推進物流服務的社會化和專業化、加快物流企業兼併重組、推動重點領域物流發展、加快國際物流和保稅物流發展、優化物流業發展的區域佈局、加強物流基礎設施建設的銜接與協調、提高物流資訊化水準、完善物流標準化體系以及加強物流新技術的開發和應用。在此基礎上，規劃提出了九項重點工程，包括：多式聯運、轉運設施工程、物流園區工程、城市配送工程、大宗商品和農村物流工程、製造業與物流業聯動發展工程、物流標準和技術推廣工程、物流公共資訊平台工程、物流科技攻關工程和應急物流工程。

二〇一一年三月，中國十一屆全國人大四次會議透過的《國民經濟和社會發展「十二五」規劃綱要》，在第四篇「營造環境，推動服務業大力發展」的第十五章「加快發展生產性服務業」中特別提及了「大力發展現代服務業」，其中指出要發展現代物流業。該規劃綱要指出：「加快建立社會化、專業化、資訊化的現代物流服務體系，大力發展第三方物流，優先整合和利用現有物流資源，加強物流基礎設施的建設和銜接，提高物流效率，降低物流成本。推動農產品、大宗礦產品、重要工業品等重點領域物流發展。優化物流業發展的區域佈局，支持物流園區等物流功能集聚區有序發展。推廣現代物流管理，提高物流智慧化和標準化水準。」這是繼「十一五」規劃後，物流業第二次進入國家五年規劃綱要，再次提升了物流業在國家規劃層面的產業地位，較為全面地指明了「十二五」時期物流業發展的重點任務和發展方向。此外，該規劃綱要全文計有二十多處提及有關發展物流的內容。

二〇一一年六月，中國溫家寶總理主持召開國務院常務會議，專題研究支持物流業發展的政策措施。八月，《國務院辦公廳關於促進物流業健康發展政策措施的意見》（國辦發〔2011〕38號）印發，被業內稱為「物流國九條」，涉及稅收、土地、交通、管理體制、資源整合、技術創新與應用、資金投入、農產品物流、組織協調等九大問題。根據「國九條」的政策要求，國家將進一步完善企業營業稅差額的納稅試點辦法，完善配套措施，擴大試點範圍，實行全國推廣。同時研究物流環節中，倉儲、配送及貨代等各個方面統一稅率的措施，以及物流土地使用的稅收政策。關於物流用地政策方面，「國九條」要求：對納入規劃的物流園區的用地給予重點保障；各地列入物流項目的土地需統籌安排：涉及農轉用地的可在年度計劃中優先安排。同時積極支持工業企業的舊廠房、倉庫、預留地的再規劃，並在土地使用方面給予了優惠政策，完善物流基礎設施建設。「物流國九條」對公路收費方面做了非常明確的細化。政策支持、體制改革、減少行政審批及行政許可程序，也是本次「國九條」促進物流發展的重要表現之一。在辦理工商登記及通關口岸管理方面也有進一步突破，同時，完善物流資訊化建設及調查系統建設，改善通關口岸管理，加快國際物流發展。此外，「國九條」還提出完善物流資金投入體系，加大對重點企業優勢項目的資金扶持。將扶持農產品物流作為重點抓手，加快農副產品流通。

二〇一一年十二月，中國國務院辦公廳發出國辦函〔2011〕162號《關於印發貫徹落實促進物流業健康發展政策措施意見部門分工方案的通知》，把國辦發〔2011〕38號文細化為四十七項具體工作，落實到三十一個部門和單位。總體上看，這些工作涉及九個方面，包括：切實減輕物流企業稅收負擔、加大對物流業的土地政策支持力度、促進物流車輛便利通行、加快物流管理體制改革、鼓勵整合物流設施資源、推進物流技術創新和應用、加大對物流業的投入、優先發展農產品物流業以及加強組織協調。

二〇一二年八月，中國國務院印發《關於深化流通體制改革加快流通產業發展的意見》（國發〔2012〕39號），加快推進現代流通體系建設。其中提出大力發展第三方物流，促進企業內部物流社會化；支持和改造具有公益性質的大型物流配送中心、農產品冷鏈物流設施等；支持流通企業建設現代物流中心，積極發展統一配送；引進現代物流和資訊技術，帶動傳統流通產業升級改造。

二〇一三年一月，中國國務院辦公廳印發《關於印發降低流通費用提高流通效率綜合工作方案的通知》，要求完善公路收費政策，規範公路經營者行為，同時繼續對鮮活農產品實施從生產到消費的全環節低稅收政策，將免徵蔬菜流通環節增值稅政策擴大到部份鮮活肉蛋產品。

二〇一三年五月中國國務院辦公廳在《關於深化流通體制改革加快流通產業發展的意見》（國發〔2012〕39號）的基礎之上發佈了《關於印發深化流通體制改革加快流通產業發展重點工作部門分工方案的通知》，對流通產業發展工作進行分工安排。

▼中國中央各部委關於物流政策的制定

中國在國家戰略層面加大物流產業發展的指導方針下，中央各部委針對物流產業中存在的問題，也紛紛出台了各個方面的物流政策，以推動物流產業的健康持續發展。具體看，這些政策措施主要體現在六個方面：

1. 稅收政策開始調整

一是稅收試點工作得以開展。二〇一一年，由中國物流與採購聯合會組織推薦、中國國家發改委審核、中國國家稅務總局發文批准，第七批三百四十一家物流企業納入營業稅差額納稅試點範圍。到二〇一一年底，試點企業總數已達九百三十四家。按照「物流國九條」要求，第八批試點企業入選條件有所放寬，上一年營業稅及其附加實際繳納額最低限由一百萬元調整到五十萬元。

二是增值稅改革試點工作啟動。二〇一一年十月二十六日，中國國務院常務會議決定，開展深化增值稅制度改革試點，逐步將目前徵收營業稅的行業改為徵收增值稅。從二〇一二年一月一日起，在上海市開展交通運輸業和部份現代服務業營業稅改徵增值稅試點。其中，交通運輸業適用百分之十一的稅率，物流輔助服務適用百分之六的稅率。物流相關概念第一次被列入稅目，相關稅率首次納入增值稅序列。經過一年多試點，二〇一三年八月一日起交通運輸業和部份現代服務業營改增試點在全國全面鋪開。二〇一四年一月一日起，正式將鐵路運輸和郵政業納入營業稅改徵增值稅試點範圍。

三是物流企業土地使用稅減半徵收。二〇一二年初，中國財政部、國家稅務總局下發《關於物流企業大宗商品倉儲設施用地城鎮土地使用稅政策的通知》（財稅〔2012〕13號），通知要求，自二〇一二年一月一日起至二〇一四年十二月三十一日止，對物流企業自有的（包括自用和出租）大宗商品倉儲設施用地，減按所屬土地等級適用稅額標準的百分之五十計徵城鎮土地使用稅。

四是免徵流通環節增值稅。二〇一一年十二月，中國財政部、國家稅務總局發佈《關於免徵蔬菜流通環節增值稅有關問題的通知》（財稅〔2011〕137號），自二〇一二年一月一日起，免徵蔬菜流通環節增值稅。

2. 改善交通環境的政策體系

一是收費公路專項清理工作啟動。二〇一一年六月十四日，中國交通運輸部等五部門聯合發出《關於開展收費公路專項清理工作的通知》（交公路發〔2011〕283號），開展收費公路違規及不合理收費專項清理工作。截至二〇一一年底，全國收費公路專項清理工作第一階段的調查基本完成，共排查發現了七百一十一個項目有問題，已經完成和即將完成的整改項目有五百二十二個，佔總量的百分之六十八。全國十多個省份採取了降低個別路段收費標準、回購撤銷部份收費站點等措施。

二是取消政府還貸二級公路。二〇〇九年一月一日開徵燃油消費稅後，按照工作部署，截止到二〇一一年底，中國共有十八個省市取消了政府還貸二級公路收費，撤銷收費站一千八百九十二個，涉及九・四萬公里。全國二級公路不收費里程達到二十五・五萬公里，佔二級公路總里程的百分之八十二・六。

三是公路治超工作力度加大。二〇一一年三月七日，中國《公路安全保護條例》正式實施。各地陸續出台治超辦法，開啟治超專項行動。交通運輸部推廣山西治超經驗，推進治超資訊系統全國聯網，十三個省份三百五十四個治超站聯網。八月一日，《公路超限檢測站管理辦法》正式施行，不僅對此前治理超限行動中出現的各種問題做了詳細的規定，同時也加大了對超限超載車輛的處罰力度。

四是鐵水聯運開始起步。二〇一一年九月，中國鐵道部與交通運輸部聯合下發了《關於加快鐵水聯運發展的指導意見》（交水發〔2011〕544號）。兩部將在完善鐵水聯運發展規劃、加快基礎設施建設、完善配套政策和標準、加強運輸組織管理、推進資訊共享、培育龍頭企業等六個方面深化合作與交流，建立長效合作機制。

五是甩掛運輸逐步推廣。二〇一〇年底，中國甩掛運輸試點工作全面啟動，福建、浙江、江蘇、上海等十個省（區、市）以及中國外運長航集團、中國郵政集團等被作為首批試點省份和單位。二〇一一年，交通運輸部制定了甩掛運輸、廂式運輸行業標準，公佈了第一批甩掛運輸推薦車型，推進十二個甩掛運輸試點項目。

六是口岸環境改善。二〇一一年，中國海關總署進一步加快分類通關改革進度，完善改革措施，出口分類通關改革在全國海關推廣，進口分類通關改革也由十五個海關推廣到四十一個直屬海關的部份現場開展試點，力圖提高通關效率。

3.產業投入力度方面的政策

二〇一一年，中國國家發改委按照《關於印發物流業調整和振興專項投資管理辦法的通知》（發改辦經貿〔2009〕695號）的規定，繼續設立專項資金支持，具體範圍包括：農產品冷鏈物流項目、物流配送工程、製造業與物流業聯動發展工程、物流標準和技術推廣工程、物流公共資訊平台工程及大宗農產品物流等六類項目。二〇一一年，中央資金投入十一億元，支持四百六十一個物流重點項目建設，帶動社會資金五百二十五億元；中央資金投入五億元，支持農產品冷鏈項目建設，帶動社會資金一百四十四億元。

二〇一一年，中國財政部按照《關於印發「中央財政促進服務業發展專項資金管理辦法」的通知》（財建〔2009〕227號），繼續開展服務業功能聚集區項目資金申報工作，重點支持商貿功能區、物流功能區的建設和升級改造，一批物流園區獲得資金支持，二〇一一年共計投入七億元。

中國為貫徹落實《國務院關於加快發展服務業的若干意見》，二〇一一年起，中國財政部、商務部在全國選擇部份基礎條件好、示範效應強、特色明顯的地區開展現代服務業綜合試點工作，探索服務業發展新模式。目前已經確定北京、上海、天津、遼寧等省市作為首批試點地區，計劃三年時間，每年投入十多億，重點支持包括現代物流在內的重要服務業公共性平台和產業化項目建設。

為加強對服務業關鍵領域、薄弱環節和新興產業的引導，促進服務業加速發展，國家和地方服務業發展引導資金繼續支持物流業發展。福建、重慶、舟山等多地設立物流業發展專項資金，重點支持地方急需發展的重點物流項目和工程。

中國各地響應「物流國九條」要求，重點支持城市配送體系發展。上海市重點支持建立城市三級共同配送系統，重點支持醫藥、生鮮食品和快速消費品共同配送體系建設。北京市開展城市物流「共同配送」試點工程，首批建立十五個「共同配送」站點，透過與快遞公司和電子商務網站合作，可覆蓋一百個社區。此外，二〇一一年，現代物流業首次出現在《產業結構調整指導目錄（二〇一一年本）》的鼓勵類分類中。

二〇一三年二月，中國交通運輸部、公安部、國家發展和改革委員會、工業和信息化部、住房和城鄉建設部、商務部、國家郵政局聯合發佈《關於加強和改進城市配送管理工作的意見》，力爭用五年時間，基本建立起職能明確、運轉高效、監管有力的城市配送管理體制和運作機制，形成城市配送管理法律法規、制度標準體系。

中國商務部於二〇一三年一月印發了《關於加快國際貨運代理物流業監控發展的指導意見》，提出在「十二五」期間，國際貨代物流業要在轉變方式、提高品質的同時，實現規模以上企業營業額年均增長百分之十二左右；同時打造大型國際物流企業，培育一批大中型物流商，形成一支中小型專業貨代商隊伍。

二〇一三年八月，中國交通運輸部發佈《交通運輸部關於印發加快推進長江等內河水運發展行動方案（二〇一三至二〇二〇年）的通知》，到二〇二〇年建成暢通、高效、平安、綠色的現代化內河水運體系，建成比較完善的航道港口基礎設施、較為完備的安全監管和救助體系。同月，交通運輸部還出台了《交通運輸部關於改進提升交通運輸服務的若干指導意見》和《交通運輸部辦公廳關於促進航運業轉型升級健康發展的若干意見》，分別制定了詳細具體的政策措施。

二〇一三年九月，中國國家發展和改革委員會、國土資源部、住房和城鄉建設部、交通運輸部、商務部、海關總署、科技部、工業和信息化部、鐵路局、民航局、郵政局、國家標準委等十二部門聯合出台《關於印發全國物流園區發展規劃的通知》，按照物流需求、規模大小以及在國家戰略和產業佈局中的重要程度，《全國物流園區發展規劃》將物流園區佈局城市分為三級，其中一級物流園區佈局城市二十九個，二級物流園區佈局城市七十個，確定了物流園區的佈局。

4. 資源整合政策

二〇一一年六月，中國國家郵政局出台《關於快遞企業兼併重組的指導意見》（國郵發〔2011〕108號），明確提出，「十二五」時期，透過兼併重組，快遞產業集中度明顯提高，培育出一批年收入超百億元、具有較強國際競爭力的大型快遞企業。意見提出了六大兼併重組的重點，並要求加強對快遞企業兼併重組的指導、規範和服務。

中國全國現代物流工作部際聯席會議辦公室二〇一〇年底發佈了《關於開展製造業與物流業聯動發展示範工作的通知》。二〇一一年，該辦公室組織開展了兩業聯動發展示範工作，確認一百三十家企業為示範企業，召開了第三屆全國製造業與物流業聯動發展大會。

中國國家發改委二〇一三年三月在《關於印發促進綜合交通樞紐發展的指導意見的通知》中要求加快轉變交通運輸發展方式，以一體化為主線，創新體制、機制，統一規劃、同步建設、協調管理，促進各種運輸方式在區域間、城市間、城鄉間、城市內的有效銜接，以提高樞紐營運效率、實現各種運輸方式在綜合交通樞紐上的便捷換乘、高效換裝，為構建綜合交通運輸體系奠定堅實基礎。

中國工業和信息化部二〇一三年五月印發《關於開展電子商務集成創新試點工程工作的通知》，明確指出五大試點方向：大企業電子商務和供應鏈資訊化提升、行業電子商務平台服務創新、跨境電子商務、行動電子商務和產品資訊追溯。

5. 物流技術推廣政策

二〇一一年，中國財政部、工業和信息化部以財企〔2011〕64號印發《物聯網發展專項資金管理暫行辦法》。專項資金的支持範圍包括：物聯網的技術研發與產業化、標準研究與制定、應用示範與推廣、公共服務平台等方面的項目。基金總額五十億元，分五年發放。首批五億元專項基金申報中，最終審批合格的企業近一百家。

二〇一一年中國中央財政安排交通運輸節能減排專項資金二億五千萬元，用於支持公路水路交通運輸節能減排工作。交通運輸部開展了「車、船、路、港」千家企業低碳交通運輸專項行動，有力推進了重點環節的節能減排工作。共有一千一百二十六家交通運輸企業參加了專項行動，覆蓋了公路水路交通運輸行業全領域。經核算，二〇一一年度補助項目形成的節能量為三十一萬五千噸標準煤，替代燃料量為二十二萬四千噸標準油，減少二氧化碳排放一百一十三萬八千噸。二〇一三年十一月中國交通運輸部印發了《交通運輸物流公共資訊平台建設綱要》，明確了全國三十一個省市區以及新疆生產建設兵團共同構建交通運輸物流公共資訊平台的基礎交換網絡。

二〇一三年一月，中國工業和信息化部印發《關於推進物流資訊化工作的指導意見》，要求到

「十二五」末期，初步建立起與國家現代物流體系相適應和協調發展的物流資訊化體系，為資訊化帶動物流發展奠定基礎。

二〇一二年十二月十八日，中國商務部印發《關於促進倉儲業轉型升級的指導意見》，指出要引導倉儲企業由傳統倉儲中心向多功能、一體化的綜合物流服務商轉變；支持倉儲企業創新經營模式，引導倉儲企業推廣應用新技術，加強倉儲企業資訊化建設，提高倉儲企業標準化應用水準，鼓勵倉儲資源利用社會化以及加大冷凍庫改造和建設力度。該意見同時提出了完善法律法規和政策體系等保障措施。

6. 農產品物流政策

二〇一一年，中國農村物流服務體系發展專項資金繼續支持農家店改造、農村配送中心建設、農超對接、農村公共物流資訊平台、電子交易平台建設等項目，支持重點轉到配送中心建設和改造。二〇一一年，中央資金投入十五億四千萬元。

二〇一一年，中國商務部會同財政部投入六億四千萬元支持江蘇等八個省份開展了農產品現代流通綜合試點，內容包括：農產品批發市場和農貿市場升級改造、農超對接、創新農產品流通模式和「南菜北運」等。

二〇〇九年，中國交通運輸部會同國家發改委下發《關於進一步完善和落實鮮活農產品運輸綠色通道政策的通知》（交公路發〔2009〕784號），擴大鮮活農產品運輸綠色通道網絡。從二〇一〇年十二月一日起，全國所有收費公路（含收費的獨立橋樑、隧道）全部納入鮮活農產品運輸綠色通道網絡範圍，對整車合法裝載運輸鮮活農產品車輛免收車輛通行費。二〇一一年，鮮活農產品運輸產品目錄進一步擴大，全國免徵車輛通行費超過一百三十億元。

▼地方物流產業發展政策

二〇一一年中國天津市、河北省、浙江省、江蘇省、福建省、寧夏回族自治區等十多個省市區，以及青島市、深圳市、寧波市、福州市等計劃單列市省會城市出台了物流業「十二五」發展規劃。各地結合地方經濟運行情況和物流發展特點，注重地方物流體系建設，強化區域物流空間佈局，培育物流產業作為新的經濟增長點，提出了實質性的配套政策措施。

關於中國物流政策的研究

物流政策的研究主要是針對國家和地方制定的物流政策，來評價政策的特點以及相應的實施績效，並且判斷和預測政策調整和改進的空間。該方面的研究主要集中在三個大的方面：一是對國家物流政策的評價以及配套政策的探索；二是對低碳物流政策的關注；三是專門針對特定行業的物流政策分析。

▼對國家物流政策的評價以及配套政策的探索

1. 政府的作用及其物流政策體系的特點

政府作為國民經濟管理的調節者，究竟在物流產業發展中發揮什麼樣的作用，這是解決「應該關注的主要政策問題是什麼」的關鍵。王健（二〇〇四）提出現代物流活動涉及經濟社會的各個方面，具有強大的綜合效應，在現代物流發展進程中，由於市場經濟機制的內在局限性，「市場失靈」導致現代物流目標難以全面實現，需要政府的干預；政府必須採取全面、協調、可持續的科學發展觀，制定實施物流發展促進政策、物流活動規制政策、物流設施供給政策等現代物流政策，彌補市場機制的不足，促進現代物流的快速、健康、有序發展。

林文杰（二〇一一）在對美日歐等國家和地區進行比較研究的基礎上，提出物流政策分為兩種基本的形式：一種是法律類物流政策，如有關物流的各種法律、法規；另一種是行政類物流政策，如有關物流的各種規劃、計劃、綱要、措施等。在此基礎上，提出中國物流政策應該完善市場法制管理體系，同時充份發揮行業協會的作用，政府透過直接投資或政策支持，促進公共物流基礎設施建設。

孫前進（二〇一二）在對日本流通政策體系的形成和演進的分析中，提出日本在物流產業方面形成了法律、法規、行政指導相結合的體系，這包括物流大綱、物流二法以及物流綜合政策等。白雪潔（二〇〇七）在對日本物流政策體系的研究中，指出日本的物流政策的評價體系具有目的性（明確政策目標和衡量指標）、必要性（查找目標和現實的差距，提出改善所面臨的課題）、效率性（評價政策實施的成本與效果）以及有效性（評斷每項政策措施的實現目標的貢獻），而這幾個方面也是中國物流政策建設過程中需要改進的地方。

楊銘（二〇一一）基於寧波、上海、深圳三城市物流政策的對比研究，提出系統化物流政策體系可透過制定產業聯動優惠政策、物流安全與環保政策、物流技術推廣政策和創建物流資訊蒐集與統計制度等來完善。

2.現行物流政策的評價

對中國現行物流政策體系的評判也一直是物流研究領域關注的話題，這主要分為兩個階段：一是二〇一〇年之前對現行物流政策的批判性研究；二是之後對物流業振興規劃以及「國九條」實施的評斷。

前一方面表現為對中國物流政策體系存在的不足以及改進的方向提出了很多見解和觀點，諸如夏春玉（二〇〇四）認為當時中國物流政策體系存在政策系統性差、缺乏國際化視野和法律效力、可操作性低等問題，為此，提出中國物流政策體系的基本架構和重點包括：物流基礎設施和網點政策、物流設備和工具政策、物流效率化政策、物流產業化政策、物流環境政策和物流國際化政策等。

趙嫻（二〇〇六）研究認為中國物流政策體系存在的最大問題在於物流運作各自為政，現行政策沒有形成完整的體系，因此，中國物流政策體系的建立應當從產業發展的角度統籌規劃、整合資源，實現物流業的整體推進。與此相同，林勇、王健（二〇〇六）在指出中國物流政策體系建立的問題的基礎上，提出了政策體系建設的近期、中期和遠期目標：近期目標是在二至三年內制定物流發展綱要，並對當時的物流政策法規進行必要的修訂和增補，消除政策體系中的衝突點和空白點；中期目標是在全國物流發展機構的統一協調下，理順各種與物流發展相關的政策法規間的層級結構與邏輯脈絡，初步建立現代物流發展政策體系，為制定統一的法典化的綜合性物流法律做準備；遠期目標是在中國現代物流的立法理論和實踐基本成熟的前提下，制定一部促進現代物流發展的綜合性法律《物流法》，用法律形式引導和規範現代物流的發展，進一步完善中國物流的政策法規。

陳文玲（二〇〇九）在對各項物流政策介紹和分析的基礎上，提出中國物流政策發展中存在著七個問題：成熟配套的體系尚未形成；在製造業物流發展方面尚無具體政策和實施辦法；與農產品流通相關的物流發展政策仍處於空白狀態；現代物流園區缺少完善的法律法規和政府規制；推進現代物流發展的符合或超過國際水準的規劃、規範、標準、認證認可體系還沒有真正形成；在國際物流企業進入國內市場形成壟斷方面缺乏約束性政策，以及對中國物流企業進入國際市場缺少必要的支持性政策。這些都是中國今後政策體系建設過程中需要關注的主要因素。

現行政策評斷的第二個方面，是二〇〇九年後伴隨著國家、各部門以及地方物流政策紛紛出台，對這些政策影響的解讀以及實施效果的評估和預測。如何黎明（二〇一一）針對「國九條」提出了目前中國物流產業面臨的主要問題。比如，在稅收方面強調在完善稅收試點辦法的基礎上，研究解決倉儲配送貨運代理等環節與運輸環節營業稅稅率不統一的問題和大宗商品倉儲設施用地的土地使用稅政策，切實減輕物流企業稅收負擔。在交通方面，針對反映集中的過路過橋費過高、罰款過多過亂、配送車輛進城難等問題，提出了清理並降低過路過橋費，為配送車輛進城通行提供便利，堅決治理亂罰款，實事求是解決車輛運輸難題，制定大件運輸管理辦法等一系列措施。

戴定一（二〇一二）在第三屆貨運業年會上指出，中國物流產業的發展今後不一定是靠政府的優惠政策，而是需要解決供大於求，以及轉嫁消化成長的能力。其中對「國九條」實施後的狀況進行了分析，包括營改增後企業稅負沒有減輕的原因，以及現行物流政策中土地問題沒有能夠解決產業集聚、集約化使用的目標。基於這一判斷，作者提出了八條政策修正建議：統一營業稅百分之三和增值稅百分之六；增加抵扣項，如路橋費、房屋租賃費等；制定國家級園區規劃，而不是到處批地；普遍推行土地租賃制度；清理公路收費；統一執行標準，制止亂收費；建立共同配送系統以及在將來設立物流管理機構。

與上述觀點相似，賀登才（二〇一二）指出，二〇一一年物流業仍然面臨著一系列政策難題，這包括：營改增後，對於運輸企業由於可抵扣項目較少，導致稅負反而加重，同時運輸和倉儲等物流環節稅率仍不統一；過路過橋費仍然很高；物流業用地難、地價高；公共財政支持力度不夠等問題。為此，作者提出了未來政策發展的方向：物流業總產期規劃出台（因為《物流業調整與振興規劃》為二〇〇九至二〇一一年，規劃期已滿）；企業稅負進一步減輕；交通環境改善；物流基礎設施建設進一步加大等。

3. 物流產業配套政策

除了對物流產業發展政策的研究之外，還有一些文獻對物流業配套政策也進行了研究。諸如王海萍（二〇一二）基於政策軟環境的視角，提出如何從物流法律層面推動產業的發展，特別是物流法的制定是一個關鍵。與此相同，馬濤（二〇〇九）在對日本、美國物流產業立法的比較研究基礎上，提出中國在制定物流法律的過程中，應當明確如下幾點：一是政府應當成為推進物流產業政策和法律法規制定的主體，同時也應當鼓勵行業協會、專業人員、企業代表和社會公眾參與對物流產業政策和法律法規的制定過程；二是物流產業政策和法制的推行過程有賴於行政部門的改革，政府應當著力推動物流標準化，加強物流總體佈局；三是在制定物流產業政策時應當考慮協調其與法律法規的關係，以物流產業政策為導向，逐步建立和完善物流產業相關的法律體系；四是在物流立法方面，要重視國內物流法律法規與國際公約的協調，根據中國已經加入的有關物流方面的國際公約，對現有法律法規進行梳理、彙編、修訂和補充，逐步建立中國的物流法律規範體系。

孫美和、陳默（二〇〇六）闡述中國物流保險發展存在的問題，分析開展物流保險的可行性，提出完善中國物流保險的對策：(1)保險商積極開發適應市場需求的險種；(2)物流商要增強投保責任險意識；(3)物流企業要加強內部的營運管理；(4)規範中國第三方物流市場管理；(5)完善物流政策法規的配套建設。

邱劍（二〇一一）提出中國物流保險的發展思路，包括擴展保障的地域範圍，可承保世界各國的物流運輸；在傳統的物流貨物保險和物流責任保險的可保風險基礎上，擴大承保的責任範圍，可以擴大涵蓋到貨運服務責任保險、貨櫃/設備損壞保險、港口與碼頭經營人責任保險、船舶代理人責任保險和租船人責任保險五個部份；條款應該具有分解和組合的特點，根據不同等級的物流公司量身定做出合適的條款組合；為了滿足市場個性化的要求，合理開發出符合市場需求的附加條款；物流綜合保險可以設計成一個一個的獨立小險種，不同層次的物流公司根據其特點和功能，可以選擇其需要的小險種拼裝成一張保單，保險公司可根據其風險的大小開出合適的費率等。

4. 應急物流政策的建立

需要指出的是中國在物流政策的建立上，應急物流政策體系的建立是一個獨特的研究領域，構建應急物流體系是防範和應對突發事件的重要保障和有力支撐，應急物流與其他物流活動不同的是這種物流活動具有社會公益性、超常規性、不確定性和不均衡性的特點，因此，如何建立完善的應急物流政策對於國民經濟的持續發展具有重要作用。宋則、孫開釗（二〇一〇）的研究提出中國目前的應急物流存在著諸多問題，這表現為對應急物流重視不夠、方法不足、應急物流成本較高；國家應急物資儲備思路和應急物資儲備庫網點佈局不盡合理；應急物資儲備分散於各部門，協同效率還不夠高；應急物資供需失衡等。針對上述問題，作者提出必須遵循成本效能原則，按效率最高、效果最好、成本最低的總思路，進行全面科學合理的系統化設計，並進行事後的評估和改進。為此，研究指出要建立資訊化、精確化、高效率、低成本、快捷靈敏、安全可靠的應急物流管理體制，切實加強應急物流的組織管理和資訊化建設，加強應急物流的成本—效能分析和數據庫建設，加強應急物流通道建設，建立專業化的應急物流指揮體系和完善的應急物資配送體系。同時，中國迫切需要探索一條減少實物儲備和靜態儲備，以最小實物儲備量和最大能力儲備量來最有效地應對最複雜突發事件的新路子。

▼低碳物流政策研究

循環經濟是在探求可持續發展途徑過程中提出的一種經濟發展模式，其實質是以盡可能小的資源消耗和環境成本，獲得盡可能大的經濟效益、社會效益和環境效益。其中，低碳物流或綠色循環物流是實現循環經濟的重要方面，其宗旨在於在整個物流運作過程中，抑制對環境可能造成的危害，保護物流環境，充份利用物流資源，以較小的代價實現物流活動的效率和效益。二〇一三年五月交通運輸部專門發佈了《關於印發〈加快推進綠色循環低碳交通運輸發展指導意見〉的通知》，中國的一些學者從政策層面來研究低碳物流發展的制度環境、影響因素和政策發展。

高鳳蓮（二〇〇八）指出目前中國社會各層面對綠色低碳物流認識不到位，各級政府對綠色低碳物流政策支持力度不夠，綠色低碳物流的技術和基礎設施發展落後。為此，構建促進綠色物流發展的制度環境；加強行業引導，形成推進綠色物流發展的行業環境；推動企業轉型，構建有利於綠色物流發展的微觀環境成為當今低碳物流發展的關鍵。

楊國川（二〇一一）在中國綠色物流發展的制約因素分析中指出，中國還缺乏相關的政策法規，缺乏對現有的物流體制進行強制性環境管理的能力，缺乏對企業物流活動的有效監管和控制。另外，標準是物流發展的基礎，對中國物流業的發展意義重大。然而，一方面，中國物流業還缺乏統一的標準，對於物流企業難以進行明確的界定，這就直接導致企業的合法利益難以保障；另一方面，中國目前各部門都有一些行業標準，但國家標準少，且各項標準之間不可銜接。物流標準的認定與國際標準存在差異，如物流器具的標準、資訊的標準、服務的標準等。因此，政策法規和行業制度滯後是制約中國綠色物流業發展的重要問題之一。

鍾新周（二〇一二）提出低碳物流發展思路：首先，國家要制定相關政策法規，從源頭上控制物流企業可能造成的環境污染，可以透過收取車輛排污費、推廣使用低碳運輸工具等措施來實施；其次，發展基礎設施，要發展低碳物流事業進行低碳改造，應將全球定位系統引入物流活動中，結合公路、海運、鐵路和空運資訊，合理安排配送車輛和路線，實現物流的準確快速運行；最後，以標準化促進低碳化，各環節之間匹配，既可降低貨物損失的機率，也可降低能量消耗和資源佔用。

張晟義和張衛東（二〇一二）研究認為，中國的能源生物質供應體系及物流管理存在著三大層面的現實問題：(1)物流運作與競爭層面：企業實際運作中缺乏對生物質物流的戰略性考慮；生物質原料替代用途廣泛，供應穩定性差；物流成本失控，嚴重侵蝕利潤；生物質收購和供應管理整體上較為粗放。(2)戰略與決策層面：企業目標扭曲，動機不純；在一些重大問題上靜態機械地預測；前期調查研究中忽視人均指標；過於樂觀地估計；對黑色化涉農（食品）供應鏈的威脅性認識不足。(3)物流環境與體制方面：國家生物質物流政策的缺失；生物質物流設備問題；社會物流不發達，生物質供應物流運籌的空間有限；政府審批不合理導致的設施佈置失控及風險。

韋永福（二〇一二）研究認為中國目前狀況下，低碳物流發展面臨著幾大挑戰：一是物流業集約化程度低，物流業整個硬體設施處於低水準狀態；二是低碳物流政策嚴重滯後，物流業作為社會服務型產業，其低碳發展並不單純取決於產業自身，還需要外在條件的輔助實施，一方面需要政策環境，另一方面需要公共平台和基礎設施的完善；三是碳排放難以量化和標準化。基於上述認識，作者提出了幾個發展路徑，包括：積極推動低碳物流公共平台建設；形成物流標準化體系；協同進行低碳化；物流營運企業提高能源效率，減少營運中的碳排放。

▼行業物流發展政策研究

在物流政策的研究領域，行業性物流政策的研究也是一個研究關注的重要領域。從近些年中國物流政策的研究看，主要集中在農產品產業物流政策、商貿流通產業物流政策、食品行業物流政策、交通物流政策、能源物流政策、製造業物流政策以及醫藥物流政策等幾個方面（見表一）。

1. 農產品行業物流及其政策

從中國農產品物流及其政策看，目前的研究主要圍繞三個方面：一是對整個農產品物流行業的發展現狀、問題及政策性建議的分析；二是專門針對糧食物流進行的探索；三是針對農產品物流資訊化發展的研究。

表一　行業物流政策研究主要成果一覽表

行業領域	關鍵研究問題	代表性成果
農產品行業物流	農產品物流政策	李學工（2009）；張杰（2012）；陳凱田等（2011）；王靜（2012）
	糧食物流	朱明德（2006）
	農產品物流資訊平台	張峰 等（2012）
流通產業物流	流通產業物流狀況與政策	荊林波（2012）；王選慶（2012）；王之泰（2011）；賀登才（2011）
食品行業物流	食品行業物流發展狀況及政策	全英華（2011）；劉延海等（2012）；謝如鶴、劉廣海（2012）；柴欣（2012）；陳志卷、肖建華（2011）；徐炯輝、潘文軍（2009）
	食品／農產品冷鏈物流	馬妙明（2012）；李維昌（2010）；馮華、王振紅（2009）；毋慶剛（2011）；韓宇紅（2006）；葉勇、張友華（2009）；丁俊發（2010）；何勁（2008）；方昕（2004）；龔樹生、梁懷蘭（2006）；葉海燕（2007）；繆小紅、周新年、巫志龍（2009）
交通產業物流	道路貨運政策研究	索滬生（2000）；瞿亞森（2011）；姜理、楊運祥（2005）；成耀榮、李吟龍（2004）；顧敬岩（2004）
	鐵路物流政策	王鈺等（2010）；陳喜保（2007）
	城市交通政策	袁治平、孫豐文、付榮華（2007）
能源產業物流	煤炭、石油物流政策	武雲亮等（2008）；榮海濤、寧宣熙（2008）；李丙剛（2007）
製造業物流	製造業與物流業聯動政策	全國現代物流工作部際聯席會議辦公室（2010）；吳柳（2007）；魏靜、崔文穎、趙英霞（2012）；徐劍、韓冬、劉丹（2011）；劉利軍（2009）；劉秉鐮等（2011）
醫藥物流	醫藥物流發展與政策	魏際剛（2007）；宋遠方（2005）；牛正乾（2004）；謝明、梁旭、關柏鐏（2007）；宋華（2005）；宋華等（2008）

農產品物流政策一直是中國國家和各級管理部門關注的重要領域，二〇〇七年三月十九日，中國國務院下發《關於加快發展服務業的若干意見》，明確指出完善農副產品流通體系，發展流通中介組織，培育大型涉農商貿集團，解決農副產品銷售難問題。二〇〇八年六月，商務部、工商總局、質檢總局、全國供銷合作總社聯合下發了《關於加強農村市場體系建設的意見》，其內容主要有三個方面：一是完善農村商品流通網絡，重點是推動「萬村千鄉市場工程」和「新網工程」；二

是加快建設農產品現代流通體系，重點是進一步推進「雙百市場工程」，同時探索試點農產品「農超對接」工作；三是規範農村市場秩序。二〇〇八年十一月十三日，中國國家發展和改革委員會公佈了《國家糧食安全中長期規劃綱要（二〇〇八至二〇二〇年）》，綱要提出，將加快發展以散裝、散卸、散存和散運為特徵的「四散化」糧食現代物流體系，降低流通成本，提高流通效率。到二〇一〇年中國糧食四散化達到百分之三十，國家計劃到二〇二〇年達到百分之五十五。二〇〇九年三月十日，中國國務院出台的《物流業調整和振興規劃》指出，加快發展糧食、棉花現代物流，推廣散糧運輸和棉花大包運輸。加強農產品質標準體系建設，發展農產品冷鏈物流。完善農資和農村日用消費品連鎖經營網絡，建立農村物流體系。發展城市統一配送，提高食品、食鹽、菸草和出版物等的物流配送效率。二〇一〇年七月二十八日，根據中國國務院印發的《物流業調整和振興規劃》要求，國家發展和改革委員會編製了《農產品冷鏈物流發展規劃》。其中提出，將進一步提高肉類和水產品冷鏈物流水準，增強食品安全保障能力。二〇一五年中國果蔬、肉類、水產品冷鏈流通率分別達到百分之二十、百分之三十、百分之三十六以上，冷藏運輸率分別提高到百分之三十、百分之五十、百分之六十五左右，流通環節產品腐損率分別降至百分之十五、百分之八、百分之十以下。該規劃中明確了農產品冷鏈物流發展的七項主要任務：一是推廣現代冷鏈物流理念與技術；二是完善冷鏈物流標準體系；三是建立主要品種和重點地區農產品冷鏈物流體系；四是加快培育第三方冷鏈物流企業；五是加強冷鏈物流基礎設施建設；六是加快冷鏈物流設備與技術升級；七是推動冷鏈物流資訊化。二〇一一年八月二日，中國國務院辦公廳下發《關於促進物流業健康發展政策措施的意見》。意見中指出，把農產品物流業發展放在優先位置，加大政策扶持力度，加快建立暢通高效、安全便利的農產品物流體系，著力解決農產品物流經營規模小、環節多、成本高、損耗大的問題。大力發展「農超對接」、「農校對接」、「農企對接」等產地到銷地的直接配送方式，支持發展農民專業合作組織，加強主產區大型農產品集散中心建設，促進大型連鎖超市、學校、酒店、大企業等最終用戶與農民專業合作社、生產基地建立長期穩定的產銷關係。

在研究領域，關於中國農產品物流存在的問題和需要解決的方向一直是學者們關注的話題。張杰（二〇一二）在對美國、日本和歐盟農產品物流介紹的基礎上，提出中國農產品物流主要存在損耗嚴重、出口綠色壁壘較高、政策體系不完善以及物流技術落後等問題。為此，提出中國農產品物流一方面需要國家在宏觀上建立農產品物流法律、法規，以及建立完善的農產品物流標準；另一方面組建各方面的農產品物流組織，建立通暢的物流體系。

陳凱田、張吉國（二〇一一）提出中國農產品物流主體儘管呈現出多元化的狀態，但是規模小、服務能力較差，農產品物流基礎設施落後，諸如中國糧食產後損失佔總產量的百分之十二至百分之十五，水果、農副產品損失達到百分之二十五至百分之三十。此外，農產品物流資訊化程度差，運輸空載率達到百分之四十，而農產品物流政策涉及到交通運輸、工商稅務、海關、商品檢疫等多個部門，缺乏協調性，這些都是今後政策應當關注的方面。

李學工（二〇〇九）從財稅、融資、土地政策、園區規劃、企業扶持政策、技術創新政策、人才培養政策、物流設施改造政策、物流資訊網絡化政策、交通管理政策、項目審批政策、市場綜合治理政策等方面探索了中國農產品物流發展的政策體系。

張峰、肖吉軍（二〇一二）論述了中國農產品物流資訊平台的建構，提出農產品物流資訊平台採用模組化設計，包括綜合資訊服務平台、農產品物流基礎服務平台以及物流支持平台（見圖一），並且提出農產品物流資訊平台可以從兩個層面實現：一是對基本的功能進行開發，對現有的資訊資源進行整合。基本功能建

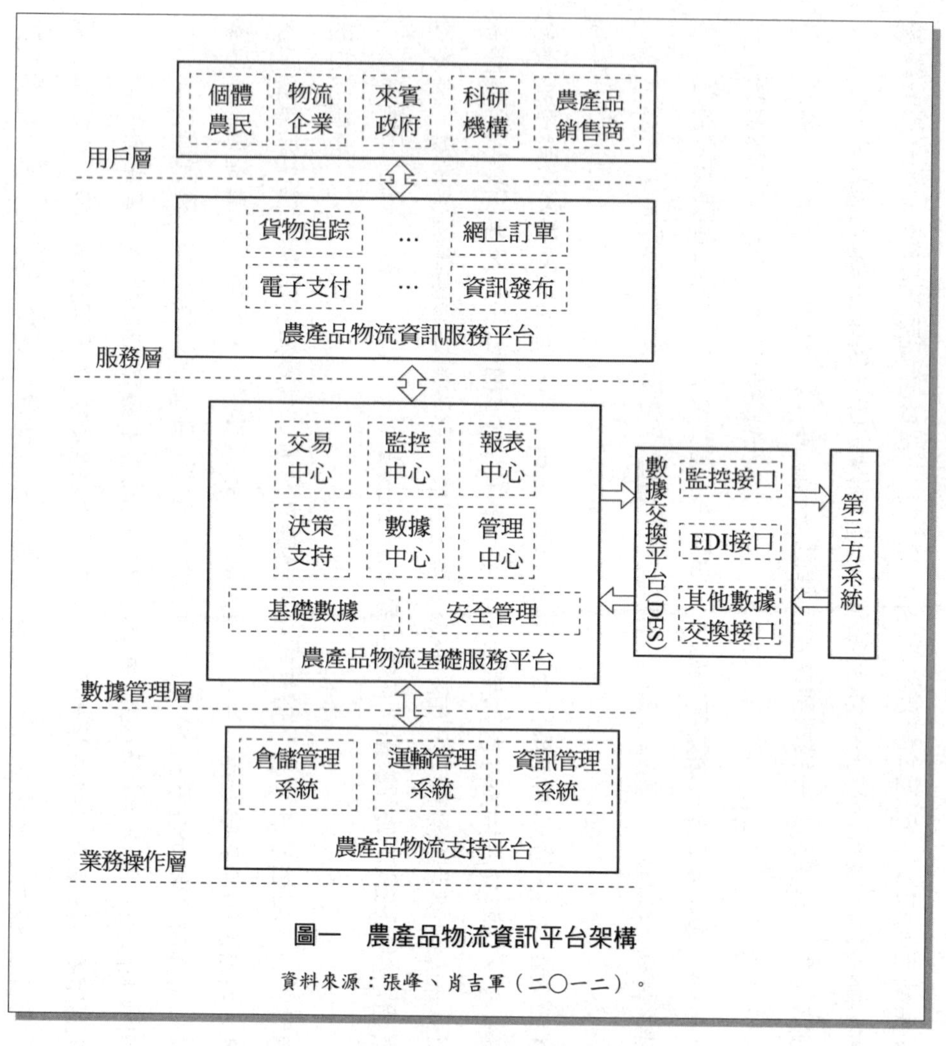

圖一　農產品物流資訊平台架構

資料來源：張峰、肖吉軍（二〇一二）。

設主要是建立農產品物流中心網站和物流中心數據庫，開發數據採集系統，對物流數據採集、抽取和存儲，實現農產品物流資訊的查詢和發佈功能。在示範應用中即時發現平台建設存在的問題，並提出進一步改進的意見與方向。資訊資源整合主要包括：與農產品物流企業的鏈接、與政府職能部門資訊平台的鏈接、電子政務平台的鏈接等。二是對平台的各項功能進行全面開發，開發手機短信接收平台、農產品在線交易平台、在線支付與結算等功能；開發農產品物資存儲管理系統、農產品運輸管理系統、業務操作管理系統、農產品訊息發佈平台等。

朱明德（二〇〇六）介紹了美國、加拿大、澳大利亞、巴西、日本的糧食物流概況，分析了世界糧食現代物流的特點與主要經驗，透過比較研究國際糧食物流與中外糧食物流成本，提出了發展中國糧食現代物流的路徑與對策。其研究提出了一些可以借鑒的經驗，包括：透過法律法規規定糧食生產、儲存、運輸、加工和銷售者的責任、權利、義務，依法制定國家發展糧食生產流通的財政預算計劃與使用規則，並根據時代發展不斷修改、完善，強化監督；科學規劃糧食品種種植，糧食儲藏、加工、流通的區域佈局；協調糧食企業與農業生產合作組織，糧食行業與交易中介組織、交通運輸組織、糧食市場的聯繫；加強金融、人才、資訊、交通的社會化服務與糧食物流公共設施建設，發揮政府高度組織化的社會行政管理與公共服務職能等。

2.商貿流通產業物流政策

二〇一一年三月三十日，中國商務部、國家發改委、全國供銷合作總社印發《商貿物流發展專項規劃》，規劃明確界定了商貿物流，指出商貿物流是指與批發、零售、住宿、餐飲、居民服務等商貿服務業及進出口貿易相關的物流服務活動。規劃中提出了完善商貿物流網絡佈局，加強商貿物流基礎設施建設，提高商貿物流專業化、一體化服務水準，引導和鼓勵商貿物流模式創新，提高商貿物流科技應用水準，開展商貿物流示範工程，大力發展綠色物流，完善應急物流運作機制以及推進商貿物流國際合作等九項具體工作。該規劃明確，要支持大型連鎖企業建設，改造現代物流配送中心，大力發展第三方物流，支持商貿服務業與物流業對接。

針對上述規劃，王之泰（二〇一一）指出這是一部針對最近若干年的專項規劃，不是一部長期、具有戰略性的全面規劃，它主要針對內需，對總攬全局的《物流業調整和振興規劃》進行完善和補充。這項規劃一開始就對商貿物流做出了界定，但該界定的表述過於具體，在學術嚴密性方面還有欠缺。研究指出，商貿物流是商貿活動重要的組成部份，商貿活動決策必須在考慮購銷價格因素的同時重視物流價格因素。商貿物流不是一般的被動型服務，它對商貿活動具有能動的支持作用甚至起著決定性的作用，它可以支持商貿活動的一般、正常運作；可以提升和優化商貿活動；可以提升對用戶的服務水準，擴大市場；可以降低商貿企業的成本和流通費用；可以使城市的產業結構發生變化；可以使城市規劃的科學性進一步提高；可以改變城市在地區、國家甚至全世界的戰略地位；可以引導和擴大消費，促進生產；可以幫助解決資源不足地區的經濟發展問題；有利於改善地區就業問題，提高財政收入。文章進一步指出，創新對商貿物流具有非常重要的意義，應進一步推動商貿物流創新。

王選慶（二〇一二）在總結二〇一一年度商貿物流發展成效的基礎上，提出了二〇一二年商貿物流發展的幾個重點領域：一是城市配送體系建設示範工程，特別是城市共同配送體系的建設；以連鎖經營、物流配送等現代流通方式及現代流通技術為支撐，拓展網絡綜合利用能力，全面提高農村商業的組織化、標準化、現代化水準；三是啟動倉儲業立法工作；四是繼續推動流通領域現代物流示範工作；五是推進地區和國際物流合作；六是加強商貿物流統計分析制度和行業標準體系。在逐步完善現有倉儲統計制度的基礎上，逐步完善商貿物流統計分析制度，監測、分析商貿物流運作狀態，提供行業服務，指導行業發展。加強倉儲、配送商貿物流各環節相關技術和管理標準的制定工作，規範商貿物流服務行為，促進供應鏈各環節有效銜接等。

3.食品行業物流政策

食品物流是中國物流產業發展中受到廣為關注的領域，特別是近些年來中國食品安全問題十分突出，從而引發了對食品物流問題和產業政策研究的興起。從研究的總體狀況看，主要集中在食品物流現行問題和治理政策的探索，以及食品／農產品冷鏈物流的產業研討。

徐炯輝、潘文軍（二〇〇九）指出中國食品行業物流存在著五個方面的問題：一是食品行業缺少一個能在全國共享的食品資訊數據平台，使得食品資訊的採集、交換缺乏效率，這也導致問題食品召回出現困難；二是食品流通加工技術落後，尤其是有毒再生塑料用於食品包裝的現象很突出，食品包裝管理不完善，一些企業的產品包裝上未標明生產日期，產品的包裝方式與包裝標籤不符合規定，由於包裝操作人員的作業不規範而導致食品的二次污染；三是中國冷藏倉庫與運輸設施設備總體上並不能很好地滿足冷鏈物流的發展要求；四是食品供應鏈各環節主體（生產企業、物流服務商、分銷商等）資訊溝通不暢，沒有相互協調的意識，使得食品供應鏈物流管理不能高效運作；五是食品物流服務大部份只是停留在提供簡單的食品配送階段，現行的食品物流較少涉及食品加工，而且未建立統一的操作與服務標準化體系。

劉延海、張朗、張利華（二〇一二）提出食品供應鏈中生產到消費之間環節較多，給食品監管帶來了難度（見圖二），特別是目前中國食品生產體系執行標準分散，有國家、行業、地方、企業四個系列，而國家監管體系又多頭管理，政出多門的現象屢見不鮮。

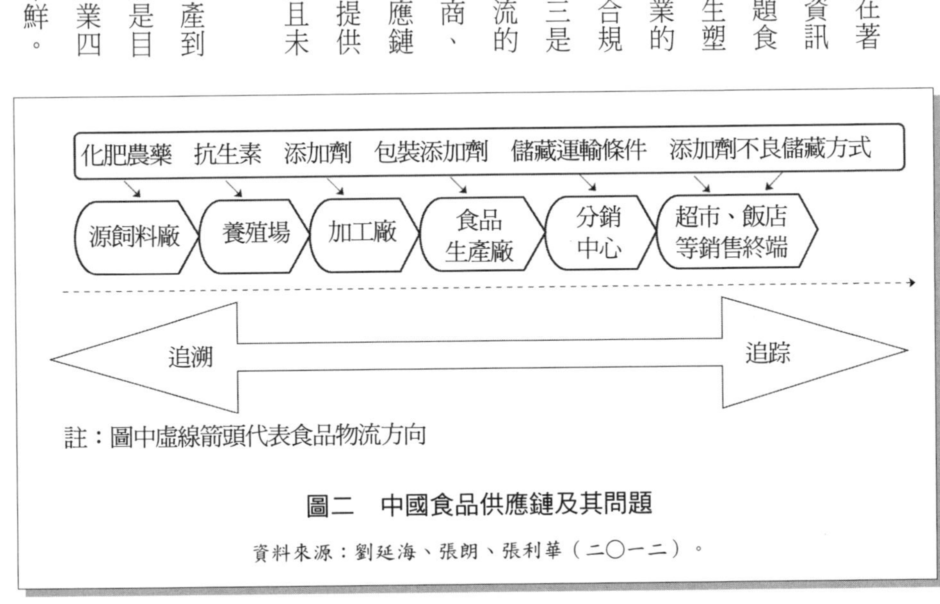

圖二　中國食品供應鏈及其問題

資料來源：劉延海、張朗、張利華（二〇一二）。

雖然目前中國已有的品質標準近三千個，但是相比生產和加工環節，與流通有關的標準僅有一百餘個，流通環節食品安全標準的嚴重不足導致流通環節食品安全問題屢禁不止，制度化預警機制和規範可行的全鏈條監控手段的不到位給食品安全管理造成了巨大困擾。

謝如鶴、劉廣海（二〇一二）在對生鮮食品物流進行調查的基礎上，發現食品物流管理涉及到訂貨、運輸、收貨、倉儲、配送和賣場管理。按照食品安全風險管理的難易程度，賣場銷售管理、訂貨管理是管理的難點。

針對上述挑戰，全英華（二〇一一）提出制定和執行政府食品物流政策法規，加緊培養食品物流人才和採用供應鏈管理方法的對策來發展中國現代食品物流。柴欣（二〇一二）基於物聯網技術及EAN・UCC編碼技術，設計了一套企業內部的食品安全追溯系統，使整個種植、加工、包裝、倉儲、運輸、銷售及消費過程能被即時監控，提高流通效率，一旦發生食品安全問題，能第一時間回應追溯。

食品冷鏈物流體系的建立是很多食品物流政策研究的重要方面，食品冷鏈物流是指易腐食品從原料（採摘、捕撈、收購等）生產、加工、貯藏、運輸、銷售，直至消費前的各個環節始終處於必需的低溫環境，以保證食品品質安全、減少損耗、防止污染的特殊供應鏈系統。李維昌（二〇一〇）在分析中國食品物流困境的基礎上，提出要加強冷凍食品物流供應鏈管理需改進中國港口、物流園區、配送中心、加工中心的冷藏基礎設施設備，應用全新現代化溫控技術；其次要整合和優化全社會的食品物流供應鏈管理，實施城市冷鏈食品物流配送、加工一體化策略。

馮華、王振紅（二〇〇九）提出了中國發展冷鏈物流面臨的具體挑戰，即冷鏈技術普及成本較高，比如用冷藏車從新疆至北京運輸二十噸葡萄運輸費約四至五萬元，而採用冷凍庫預冷後，包裹上棉被再用普通車運輸，只需一萬五千元；農業標準化、組織化程度低；主體眾多，利益難以協調，法規不健全等。對此，研究提出中國冷鏈發展可以考慮四個方面：建立企業導向型或平台導向型冷鏈發展模式；冷鏈物流中重點推行兩化，即標準化和專業化；對冷鏈硬體設施設備給予充份的資金和政策支持；中國食品冷鏈變革需要三位一體化（政府、行業組織和企業）的推進。

丁俊發（二〇一〇）在分析中國冷鏈物流問題的基礎上，提出了冷鏈物流發展的六大任務：政府統籌規劃，大力推動；把冷鏈產業上下游結成供應鏈，形成一個完整的體系，實行全過程監控，加強冷鏈物流資訊化、精細化、標準化、智慧化建設，改變各自為戰的局面；加強冷鏈物流技術研究與新技術推廣，加強現代冷藏車、冷凍庫建設；加快發展第三方冷鏈物流企業，建立冷凍冷藏產品加工配送中心，推進集約化共同配送；進一步擴大對外開放，引進國外先進的冷鏈物流技術以及設備、運作模式與管理經驗；大力培養冷鏈物流專門人才。

毋慶剛（二〇一一）也認為中國冷鏈物流發展最大的障礙是冷鏈物流的上游、中間環節和下游沒有很好地銜接起來，尚未形成完整的冷凍冷藏鏈，從起始點到消費點的流動儲存效率和效益無法得到控制與整合。

在冷鏈物流的具體政策上，葉海燕（二〇〇七）提出農產品冷鏈物流必須達到「3P」條件（即農產品原料的品質〔produce〕、處理工藝〔processing〕、貨物包裝〔package〕）；「3C」條件（即在整個加工與流通過程中，對農產品的愛護〔care〕、保持清潔衛生〔clean〕的條件以及低溫〔cool〕的環境）；「3T」條件（即著名的「TTT」理論：時間〔time〕、溫度〔temperature〕、容許變品質〔或耐儲藏性，tolerance〕）；「3Q」條件（即冷鏈中設備的數量〔quantity〕協調、設備品質〔quality〕標準的一致以及快速的〔quick〕作業組織）；「3M」條件（即保鮮工具與手段〔means〕、保鮮方法〔methods〕和管理措施

〔management〕）。但到目前為止，中國儘管已經組織制定了農業國家標準三百多項、農業行業標準九百多項、農業地方標準一千五百多項，卻沒有任何一項標準對農產品冷鏈物流進行規範。因此有必要參照冷鏈物流的國際標準，結合中國國情，制定中國農產品冷鏈物流標準，並且將其納入食品市場准入制度中，建立有效的監管機制。

葉勇、張友華（二〇〇九）以及繆小紅、周新年、巫志龍（二〇〇九）提出中國冷鏈的實施沒有國家或行業的專項標準，只有一些大型食品生產加工企業自己制定的一些標準，諸如冷藏鏈中對危害分析和關鍵點控制（HACCP）沒有強制要求執行。因此，在監管上也是空白，法律法規有待完善。缺乏具有執行力的食品品質監控體系。

馬妙明（二〇一二）從財政支持的角度探討了中國冷鏈物流的發展，這包括：冷鏈貸款優惠政策、土地優惠及相關收費優惠政策、初級農產品補貼政策、專業冷鏈物流企業稅收優惠政策等。

4.交通物流政策

中國對交通物流政策的研究主要集中在三個方面：一是公路貨運政策；二是鐵路物流政策；三是城市交通物流政策。

索滬生（二〇〇〇）在分析了公路貨運物流的需求趨勢和提供能力的基礎上，提出了公路貨運物流發展的四個方面：一是運輸企業應從企業經營形式和經營規模方面進行調整，特別是專業化運輸的發展以及多元化服務為主的大型企業集團的形成；二是促進運輸服務業中戰略協作關係的形成；三是公路貨運要找好切入點，主要是在商業領域，運輸企業要融入商業供應鏈運作之中，以運輸為本，向配送服務轉化，另外同製造業結合發展物流服務也是運輸企業發展的主要領域；四是適當引進外資，同時政府要在政策、規劃、立法及財政等方面給予支持。

成耀榮、李吟龍（二〇〇四）分析了傳統道路貨運企業向現代物流企業轉化的三種模式，即合作、加盟和結盟，並且探索了這三種模式的特點。文獻指出合作形式靈活，但不夠穩定；加盟風險較小，但要受人制約；結盟穩定平等，但協調困難。

顧敬岩（二〇〇四）具體指出了中國公路貨運存在的問題，亦即道路貨運經營主體較多、規模小、組織分散、競爭力弱，全國道路貨運淨資產和營業收入均在六千萬元以上的企業只有一百九十五家。此外，道路普通貨物運輸能力嚴重過剩，平均空載率超過百分之四十；道路貨運主要是普通整車運輸，專業化運輸欠缺；道路貨運市場體制不完善，法律法規滯後，區域割據嚴重等。針對上述問題，研究提出要大力發展公路貨運的資訊化建設，主要包括：道路貨運企業資訊化建設、公共貨運資訊平台建設、行業管理資訊系統建設等。

姜理、楊運祥（二〇〇五）針對公路交通物流企業

表二　公路交通物流企業資訊平台的具體功能需求分析表

序號	功能需求名稱	功能需求方
1	資訊發佈、資訊瀏覽、諮詢	企業客戶、物流企業、公眾
2	市場資訊、環境資訊搜集分析	物流企業
3	物流狀態查詢	物流企業、客戶
4	日常事務處理	物流企業
5	訂購過程管理、採購管理	企業、企業合作夥伴
6	車／貨追蹤	物流企業、客戶
7	電子單證傳輸認證	物流企業
8	庫存查詢、倉儲管理	物流企業、客戶
9	網上結算支付	物流企業、客戶、合作夥伴
10	物流加工管理	物流企業
11	配銷、配載、配送管理	物流企業、客戶、合作夥伴
12	車貨調度管理	物流企業
13	其他物流作業管理、財務管理	物流企業
14	客戶管理、業務合作交易管理、綜合評價分析統計	物流企業

資料來源：姜理、楊運祥（二〇〇五）。

的業務營運模式及資訊平台建設現狀，透過對其物流資訊需求、功能需求的分析，以現代物流資訊化建設為目標，提出了「統籌規劃、分步建設」的原則和「統一資訊平台」的設計思路，對物流業務處於不斷變動、資訊需求功能尚不定型的公路交通物流企業資訊平台基本架構與通用功能模型進行了分析與設計。研究具體分析了公路交通物流的功能需求（見表二），並且從數據中心、共用子系統、業務子系統以及電子商務系統四個功能模型系統進行了探索。

中國在交通物流政策研究方面，另一個重要的領域是鐵路物流政策的探索。王鈺、鄭翔（二〇一〇）分析了中國鐵路物流產業存在的問題，包括產業政策缺乏系統性、產業政策滯後、政策可操作性不強以及缺乏發展現代鐵路物流的法定標準。對此，作者提出將鐵路物流產業政策體系按照政策調整對象分為鐵路物流基礎設施與物流網點政策、鐵路物流設備與工具政策、鐵路物流效率化政策等。

陳喜保（二〇〇七）從稅收的角度分析了中國鐵路物流發展面臨的政策問題。主要表現為在鐵路物流企業將一些物流活動外包給其他物流企業的同時，會出現物流關聯企業重複納稅的問題；由於鐵路物流企業大多數是從運輸代理業轉化過來的，除了部份企業擁有鐵路自備車外，基本上沒有公路運輸工具，因而根本無法取得運輸主管部門頒發的「道路運輸許可證」，無法取得自開票納稅人資格，也就無法取得運輸發票，而這種狀況造成貨主無法抵扣增值稅、企業發票使用不規範等問題；經整合後，當前大多數的物流企業都在各地以分支機構形式建立物流網絡，所得稅是在分支機構所在地繳納還是由總公司統一納稅也成為物流企業的一大問題。此外，按營業稅稅率的規定，運輸、裝卸、搬運的營業稅率是百分之三，倉儲、配送、代理是百分之五，各環節的稅負不統一，顯然會給全程整合化的物流作業帶來阻礙；在繳納增值稅方面，稅法規定生產過程中購進原材料、輔助材料的已繳稅款可以抵扣，但對購進的固定資產已繳稅款不能抵扣，物流業作為新興產業，物流基礎設施及設備投資巨大，這一規定明顯制約了資本有機構成較高的物流企業對固定資產的更新投資需求。上述所有這些問題，都是鐵路物流發展中需要解決的關鍵政策問題。

城市交通物流作為物流發展的重要一環，也是交通物流領域研究的話題之一。劉培軍（二〇一〇）在基於北京市城市物流配送分析的基礎上，提出了目前城市物流配送的問題，這包括業務量分散、集約化程度低，共同配送只佔到百分之十左右；資訊化程度差、操作不規範，百分之九十的門店交貨依靠紙質單據；水準不一，服務能力差。針對這些問題，作者提出在城市交通問題上，政府要引導，疏堵結合；而在企業層面上，要發展共同配送。

二〇一一年十月《貨運車輛》就最後一公里城市配送進行了調查，結果發現城市「最後一公里」問題對整個社會營運效率，落地配、城市配企業以及上游供貨方產生了較大的負面影響；造成城市配送發展緩慢的原因包括：上下游缺乏協調、政府政策不到位、缺乏創新業務模式以及設施等不到位；在解決城市配送問題上，主要的觀點是落地配創新模式建立、共同配送、智能配送以及農超對接等；在政府政策調整的問題上，調查顯示的主要方面是增加公共配送基礎設施並開設城市配送專用車道；企業的稅收應優惠和統一；政府應給予企業融資便利以及取消通行證，解決車輛進城難的問題。該調查研究基本反映了目前中國城市配送面臨的挑戰。

張建軍（二〇一一）基於Ballow三角模型，提出了城市配送優化的五個主要方面，具體包括：城市配送網絡系統優化、設施系統優化、營運系統優化、管理系統優化、資訊系統優化等。

崔麗、張浩、馬龍雲、廉蓮（二〇一二）運用結構方程模型探索了城市配送需求與經濟因素之間的關係，其研究表明，第二產業增加值對城市配送需求量的影響最為明顯，其次是GDP的影響也較大，但是人均可支配收入對城市配送需求的影響不大。研究表明，要增強城市工業經濟實力，必須要有完善的物流業作為支撐，透過城市物流業的發展促進城市工業的發展，實現物流業與工業聯動發展機制。

袁治平、孫豐文、付榮華（二〇〇七）運用層次分析法提出了城市綠色物流配送系統分為三個層面：一是基礎層，包括：城市交通、社會物流、社會系統和城市生態四個要素；二是準則層，包括：綠色物流、城市物流、交通物流和物流系統；三是核心層，即城市綠色交通物流系統。

5. 能源物流政策

隨著中國能源戰略的提出，能源物流也是當今行業物流發展中人們關注的一個方面，該方面的探索主要是針對煤炭物流以及石油物流發展和政策上的分析。

在煤炭物流方面，武雲亮、黃少鵬（二〇〇八）從煤炭物流節點、物流通道、交易平台等方面分析了中國煤炭物流網絡體系現狀，並且提出了優化煤炭物流網絡的政策建議。這些建議包括：一是在煤炭流輸通道、大型站場和專用港口等基礎項目建設上，堅持以國家和地方政府統籌規劃為基礎，以政府投資為引導，充份吸收社會資本參與，形成多元化的投融資體制，並實施對重點項目的扶持，如在土地徵用、鐵路和電力建設基金、研發費用、初期營運的稅收等方面的優惠；二是鼓勵大型煤炭集團建立專業化物流公司，鼓勵透過兼併重組等方式建立大型煤炭物流企業，促進企業間透過供應鏈聯盟和入股投資式聯盟等方式強化網絡主體之間的聯繫；三是在產煤礦區，整合資源建立煤炭集散中心，依托物流節點建設煤炭交易市場，促進單一功能節點向綜合型物流節點轉化，進而向煤炭物流園區發展，提供交易、物流、資訊、結算等一體化服務；四是優化運輸結構，提升煤炭水路運輸能力；五是加快煤炭流通體制創新，推進煤炭交易的市場化進程，建立煤炭流通預警監測和跨行業物流協調機制。加快用現代物流和資訊技術改造傳統煤炭企業，支持煤炭物流技改項目，重視煤炭物流共性技術的研發和擴散。同時加快（煤—電—運）一體化、煤炭物流聯盟、煤炭電子商務和綠色煤炭物流的發展，促進物流資源的有效合理利用和煤炭物流的可持續發展。

榮海濤、寧宣熙（二〇〇八）分析了資源整合前煤炭物流系統運作的局限性，比較了整合前後煤炭物流系統結構，歸納總結了煤炭物流資源整合的作用，指出煤炭物流資源整合後的優勢。最後透過實例表明：基於儲配煤場和集運站的煤炭物流資源整合模式，能有效降低煤炭物流成本，增強煤炭物流系統的競爭力。

在石油物流方面，李丙剛（二〇〇七）分析中國目前石油物流體系的現狀，結合中國石油化工物流體系以及浙江石油物流體系的物流改革經驗的比較分析，指出了目前中國石油物流體系的一些弊端，提出了在新形勢下構建現代化物流體系的相關策略。亦即首先對物流資源給予足夠的重視，整合石油物流資源，對資源進行統一管理調度，對現有的人、財、物等物流資源進行優化整合，建立資源物流統一運作平台。其次，規範物資採購供應管理結構和油田內部供應鏈，實現管理模式的根本變革，建立與油田持續有效發展相匹配的物資供應管理體制，建立一體化的物流運作體制。採用專業化採購，優化物資採購運作方式。把市場競爭機制引入物資採購過程中，可以最大限度地降低物資採購成本。提高油田物資需求和配送的能力，推行集約化和專業化管理。強化物流成本管理，對物流各環節和各項業務活動成本費用的支出逐項細化，科學管理，嚴格控制，最大限度地降低物流費用，擴大物資集中採購規模。再次，建立有效的符合現代化石油物流體系的資訊化管理系統，使得全國的石油物流體系緊密地聯繫在一起，加快物流資訊處理和傳遞，提高物流整體運作效率，降低成本。最後，石油企業物資供應部門要主動爭取與有經濟和技術實力的社會上先進的現代物流企業聯合，取長補短，有效地獲取現代物流管理經驗。

6. 製造業物流政策

關於製造業與物流業的聯動是近年來中國物流產業發展和政策舉措上的一個重點領域。二〇一〇年四月九日，中國全國現代物流工作部際聯席會議辦公室在徵求相關部門意見的基礎上，提出了《關於促進製造業與物流業聯動發展的意見》，並向全國各省市現代物流工作部門印發。全國現代物流工作部際聯席會議辦公室涉及十三個部委和二個全國性物流行業協會，此意見是其成立以來首次出台的政策性指導意見。其主要的物流政策包括鼓勵有條件的國有製造企業將企業的物流資產從主業中分離出來，成立獨資或合資法人企業或整體轉讓；符合相關政策適用條件的，可根據《關於企業重組業務企業所得稅處理若干問題的通知》（財稅〔2009〕59號）、《關於企業改制重組若干契稅政策的通知》（財稅〔2008〕175號）和《關於國有大中型企業主輔分離輔業改制分流安置富餘人員的實施辦法》（國經貿企改〔2002〕859號）等有關文件，享受相關扶持政策。另外，對承接製造業一體化物流業務的物流企業，根據《關於試點物流企業有關稅收政策問題的通知》（國稅發〔2005〕208號）精神，符合條件的，優先推薦為試點企業；有資金需求的，擇優推薦給有關銀行提供政策性貸款支持。物流企業承接或租賃製造企業剝離的物流設施，各地在土地等方面要給予必要的支持。各省區市要根據實際情況，安排財政資金支持「兩業聯動」。對屬於《產業結構調整指導目錄》中鼓勵類的項目，其所需進口國內不能生產的自用設備，在規定範圍內，免徵進口關稅。

在學術研究領域，吳柳（二〇〇七）在分析了中國製造業物流的問題，特別是各行業流動資產周轉率以及庫存率的基礎上，提出了製造業物流發展的政策建議，包括：制度再造、產業扶持、重點企業支持、製造業物流標準體系建設等幾個方面。與此相同，劉利軍（二〇〇九）在論述國際金融危機對中國製造業帶來的衝擊的基礎上，強調物流在增強製造業競爭力方面的作用以及發展製造業物流的重要性。透過對中國製造業物流內涵及發展現狀的分析，分別從產業、戰略、政策、資源、人才等方面提出了製造企業物流發展的對策與措施。

魏靜、崔文穎、趙英霞（二〇一二）透過建立計量模型來說明物流業和製造業的線性關係。雖然目前中國東北地區兩業聯動發展已經取得了一定的成績：製造業企業改變原來的理念和模式，逐漸將製造業物流需求釋放；物流企業整合資源，加大技術投入，逐步滿足製造業的物流需求，兩業融合日漸緊密。但是，東北地區兩業聯動發展中還存在政策制定與落實、協調發展等方面問題，特別是各個省市之間兩業聯動的政策不一致，也不協調，這種狀況對推進這一政策的實施產生了障礙。

劉秉鐮、劉玉海（二〇一一）指出，公路基礎設施尤其是高等級公路設施與中國製造業企業庫存成本之間存在著顯著的負相關影響；鐵路基礎設施在百分之十的統計水準上存在負相關影響；水路基礎設施的影響非常不顯著；而道路擁擠程度則存在顯著的正相關影響。這表明，良好的公路基礎設施尤其是高速公路建設對於降低中國製造業企業庫存成本和促進中國經濟持續快速增長具有非常重要的作用。考慮遺漏代理控制時東部地區和中西部地區的比較結果顯示，公路路網密度尤其是高速公路和一級公路與東部地區製造企業庫存成本成顯著的負相關關係，而鐵路路網密度、內河航道密度以及三級公路密度則對於中西部地區製造企業庫存成本降低具有顯著的影響。這表明，不同種類的交通基礎設施對於不同地區的製造企業庫存成本降低所起的作用是不一樣的。此外，企業銷售產值等內部影響因素以及地區人均GDP等宏觀影響因素對製造企業庫存成本均具有程度不一的相關影響。

7. 醫藥物流政策

近些年來隨著中國醫藥和醫療體制的改革，醫藥行業物流也成為研究關注的重要領域。牛正乾（二〇〇四）在分析中國醫藥物流市場結構時指出，中國醫藥分銷物流企業數量多、規模小、經營效益低、流通秩序亂、管理手段落後、資金不足、政府政策調控不到位等等。這些問題的存在，致使中國醫藥物流市場結構呈現出過度分散的競爭狀態，這種分散競爭型市場結構扭曲了市場機制的調節作用，導致市場無序現象頻頻發生，而且導致企業技術創新能力不足，惡性的價格大戰頻發也是一些不正當競爭行為的重要誘因。因此，進行醫藥物流市場的整合是一個必然的趨勢。

針對中國醫藥物流如何發展，宋遠方（二〇〇五）提出了四種物流經營模式，即控制供應鏈兩頭的大型交易中心模式、區域性供應鏈和物流系統整合模式、與外資結合控制新藥供應通路的發展模式、藥品採購供應物流平台與電子商務的結合模式。

宋華（二〇〇五）指出中國醫藥物流存在著分銷物流系統建設缺乏統籌規劃；沒有真正意義上的跨區域、全國性的藥品分銷企業，即便是中國國內目前幾家較大的藥品批發企業，也最多只能覆蓋行政區域內百分之五十的業務量；只關心規模和數量，只關心在這個區域佔了多大的地盤，而對物流經營的規範化往往只注重外在的、形式的統一，忽視內在的、基礎的建設；缺乏投入產出概念。針對這些問題，文章提出中國醫藥物流將向扁平化、網絡化方向發展（見圖三）。

謝明、梁旭、關柏錞（二〇〇七）在分析中國醫藥物流制約因素的過程中指出，醫藥物流相關政策法規不健全，流通體制不完善，醫藥市場缺乏宏觀調控的引導和市場准入條件的限制；醫藥產業結構不合理，行業集中度不高；醫藥企業的資訊化、標準化水準較低；醫藥物流企業管理人才匱乏。為此，在政策方面，作者提出完善醫藥物流產業政策，積極推進傳統醫藥物流企業轉型；做好醫藥物流中心總體規劃，對醫藥物流中心建設進行合理佈局；完善醫藥物流法律法規，規範醫藥流通體制；加強部門間政策協調，抑制地方保護主義；加快醫藥物流資訊化、標準化建設力度。

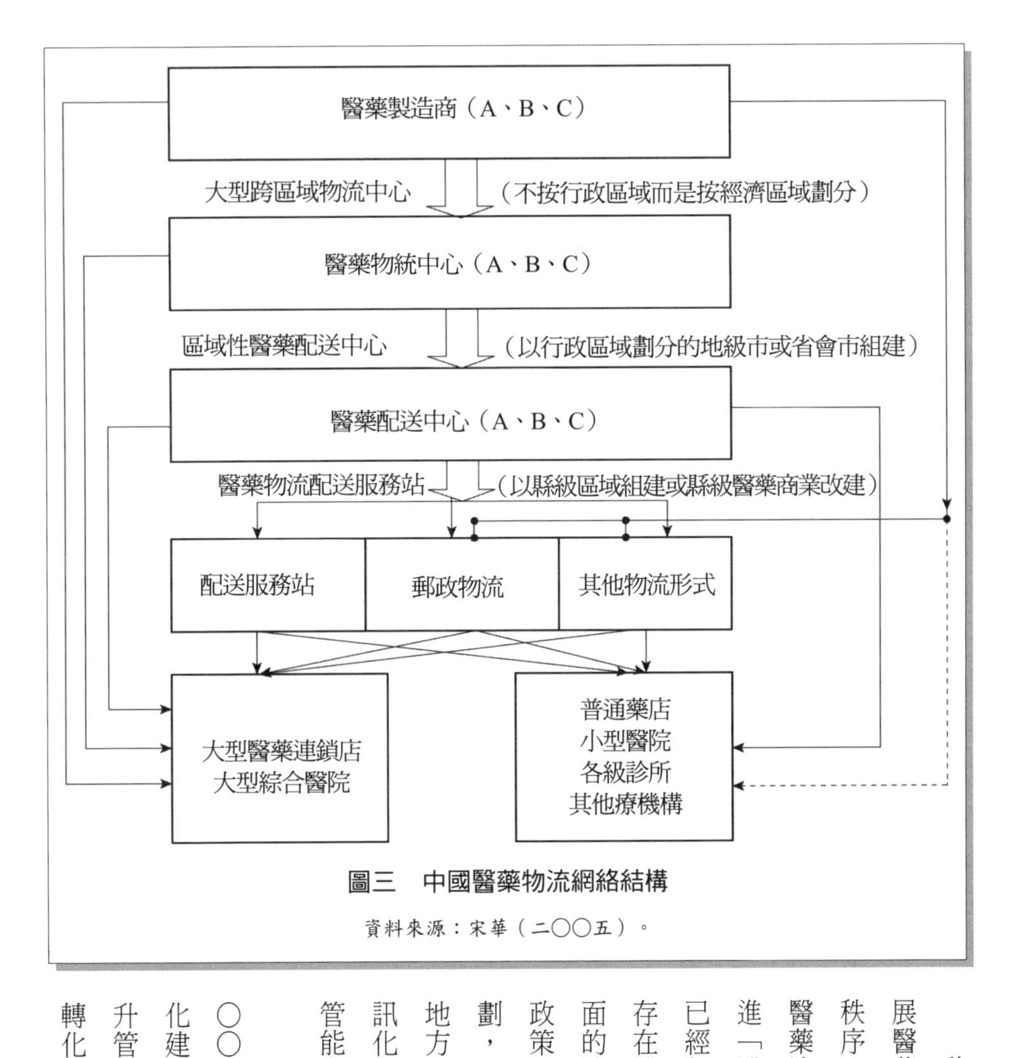

圖三　中國醫藥物流網絡結構

資料來源：宋華（二〇〇五）。

魏際剛（二〇〇七）認為發展醫藥物流有利於規範醫藥流通秩序，降低醫藥流通成本，提升醫藥流通產業持續發展能力，推進「醫藥分業」。中國醫藥物流已經起步，發展趨勢較快，但也存在體制、政策、技術、觀念方面的障礙。應完善醫藥物流產業政策，做好醫藥物流中心總體規劃，加強部門間政策協調，抑制地方保護主義，加快醫藥物流資訊化、標準化建設，提升醫藥監管能力，強化醫藥市場監管。

宋華、王嵐、王小劉（二〇〇八）透過實證檢驗提出資訊化建設必須和優化內部流程、提升管理理念緊密結合。資訊化要轉化為企業績效，必須在資訊化的同時進行企業流程的再造，如果只是單純地應用資訊技術，例如開票自動化技術的實施，不可能導致企業績效的提高。另外，繼續加強GSP、ISO 9000等品質管理措施的落實和改進，重視對企業基礎數據的蒐集和利用，同時加強醫藥行業的聯合與兼併，促進供應鏈成員之間資訊整合和共享。

中國物流總體發展狀況及區域物流分析

中國物流總體發展狀況

下面以二〇〇五至二〇一一年社會物流總額、工業物流總額和進口物流總額及其同比增長，來對近年來物流行業的發展狀況和趨勢進行分析與評估，如表三所示。

從以上數據可以看出，二〇〇五至二〇一一年社會物流總額持續增加，物流業增加值保持較快增長。二〇〇八年開始受到金融危機的影響，增長放緩，二〇〇九年增長不足百分之十，工業物流總額達八十七兆四千一百億元，佔社會物流總額的比重為百分之九十．四，同比增長百分之九．四，是帶動社會物流總額增長的主要因素。工業物流總額增長趨勢與社會物流總額相似，二〇〇八年出現增長放緩的拐點，但是透過對宏觀經濟形勢的分析，隨著中國總體經濟的復甦，物流業實現了止跌企穩、加快回升的良好發展趨勢。二〇一一年全國社會物流總額同比增長百分之十八．五，工業品物流總額同比增長百分之十三．一，佔社會物流總額的比重為百分之九七．七，是帶動社會物流總額增長的主要因素。進口物流總額十一兆二千億元，同比增長百分之四．三。

表三　中國物流行業二〇〇五至二〇一一年發展狀況單位：兆元

	2005年	2006年	2007年	2008年	2009年	2010年	2011年
社會物流總額	48.1	59.7	75.2	88.82	96.65	125.4	158.4
社會物流總額同比增長	25.2%	17.1%	26.2%	18.1%	7.4%	15%	18.5%
工業物流總額	42.3	52	66.1	79.9	87.41	113.1	143.6
工業物流總額同比增長	27.2%	16.4%	27.9%	20.9%	9.4%	14.6	13.1%
進口物流總額	5.4	6.5	7.2	7.7	6.86	9.4	11.2
進口物流總額同比增長	16.4%	25.2%	14.8%	6.9%	-12.8%	22.1	4.3%

資料來源：根據中國國家統計局、中國物流與採購聯合會公佈的數據整理。

下面從區域物流與區域經濟關係、區域物流規劃研究和發展環境三個方面梳理了中國國內對於區域物流的相關研究和目前區域物流發展的現狀。

區域物流與區域經濟

區域物流是為全面支撐區域可持續發展總體目標而建立的適應區域環境特徵、提供區域物流功能、滿足區域經濟、政治、自然、軍事等發展需要，具有合理空間結構和服務規模，實現有效組織與管理的物流活動體系。區域物流主要由區域物流網絡體系、區域物流資訊支撐體系和區域物流組織運作體系組成。非均衡發展理論，最初是開發中國家實現經濟發展目標的一種理論選擇。但由於區域與國家在許多方面的相似性，所以這兩種理論在做區域開發與規劃時，經常被引用和借鑒，作為區域經濟發展戰略選擇的理論基礎。許多中國國內學者對區域物流與區域經濟發展的關係進行了探討：

楊志梁、張雷、程曉凌（二〇〇九）根據協整檢驗和因果關係檢驗等計量方法，利用中國各省一九九一至二〇〇七年物流發展水準和中國生產總值的年度數據，對中國東、中、西部地區的物流和經濟增長的關係進行了實證分析。結果表明：三個區域的物流與經濟增長均存在協整關係，東部地區兩個變量存在雙向Granger因果關係，而中、西部地區兩個變量僅存在物流對經濟增長單向的Granger原因。

董艷梅、朱傳耿（二〇〇七）認為中國理論界在區域物流空間結構、區域物流市場與管理、區域物流與區域經濟相互作用機制、區域物流政策等方面對區域物流的研究已取得了一定進展。受觀念、體制和生產方式等因素的影響，目前中國對區域物流在某些方面的研究還有所忽視，沒有形成系統的觀點。針對中國在區域物流研究中的不足，今後應著力在省際邊界區域物流一體化、相對落後地區物流規劃體系建設、區域物流增長機理和區域物流政策等方面進行深入研究。

王健（二〇〇六）認為當前中國區域物流發展規劃的編制工作已正全面鋪開，新一輪規劃實踐對規劃理論研究提出了新的要求。駕馭區域物流發展趨勢，構建區域物流規劃的理論架構，對於今後各地區編製區域物流規劃有十分重要的現實意義。作者提出，現代物流理論、區域經濟理論和戰略環境分析理論是區域物流規劃的主要理論基礎，區域物流發展規劃的核心內容是建設三大網絡（物流運作設施網絡、物流運輸設施網絡和物流資訊網絡），構建兩大體系（物流人才教育培養與物流技術發展體系、物流發展政策措施體系），優化物流業結構，促使物流業發展成為經濟支柱產業之一。

趙啟蘭、王耀球、劉宏志（二〇〇六）分析了區域物流規劃的定位現狀及其基本原則，在此基礎上分析了區域物流定位的影響因素及其變化趨勢，利用層次分析法來確定各因素的權重，提出了確定區域物流規劃定位的數學模型，並用鄭州市的相關數據做了實證分析。

何國華（二〇〇八）指出區域物流需求預測是區域物流規劃和決策的前提，區域物流需求屬於衍生需求，由區域經濟發展水準決定，因此區域物流需求預測的範圍除物流需求本身內容以外，與物流需求緊密相關的各個經濟指標也屬於區域物流需求預測的範疇。區域物流需求預測有多種預測方法，其中灰色預測模型具有對數據要求限制少、中短期預測精準等特點，特別適合區域物流需求的預測。作者從區域物流需求預測內容、指標選擇和預測方法三方面進行了系統研究，首次全面綜合地提出了區域物流需求預測的內容及其對應的評價指標，在預測模型的實際應用上具有一定的創新。

游佳（二〇一〇）認為區域物流是促進區域經濟發展的重要因素之一，研究不同區域經濟發展狀況下的區域物流發展模式具有重要的戰略意義。作者還針對西部地區的區域經濟特點及物流業發展現狀，提出一種基於現代物流與現代商貿整合營運的區域物流系統發展模式，建立了系統的體系結構及運作模式，並探討了其實現路徑。

區域物流規劃

區域物流規劃的相關研究體現了目標的定性描述與區域物流需求量的定量預測相結合，運用系統優化理論和方法，在物流體系的建設中，理順物流與區域各相關產業的關係，從政府、市場與需求、基礎設施、工商企業與物流企業、物流技術與網絡的角度通盤考慮物流的佈局。使其不僅能滿足區域經濟內部活動的物流需求，而且還能滿足區域對外經濟活動的物流要求，以形成能提供高效物流服務的網絡體系。其中：

張燕燕、陳博（二〇一〇）引用投入產出分析方法將北京市二〇〇七年投入產出表中的四十二個部門重新分為六類，並計算出各產業間投入產出的消耗關係，得出投入產出矩陣。在上述分析的基礎上，分析和預測北京地區物流需求的總量和結構特點，為其區域物流的規劃建設提供參考。

李旭宏、李玉民、顧政華、楊文東（二〇〇四）提出了基於層次分析法和熵權法的區域物流發展競爭態勢分析方法：首先建立評價指標體系，再綜合利用層次分析法和熵權法給出指標權重，進而對區域物流綜合競爭力進行評價，並從影響物流發展競爭力的優勢、劣勢、機遇和威脅四個側面深入分析，最後依據競爭態勢分析結果，提出區域物流發展戰略。該方法的分析結果定量、客觀、可信，為制定正確、科學和具有競爭力的區域物流發展戰略提供了重要參考。

王曉萍（二〇〇五）分析了寧波港與上海港的發展現狀及其港口合作的合理性，認為港口的封閉發展已經不適應整個區域物流發展的要求，這就需要各港口從相互競爭走向互動合作，並提出了促進兩港合作的基本思路。

于亦文、周榮虎（二〇〇七）利用主成份分析的方法對中原城市群九市的物流發展進行了綜合評價。在建立區域物流發展評價指標體系的基礎上，利用主成份分析法能夠剔除多指標間存在相關性及資訊重疊的特點，對各市的物流發展綜合實力進行評價，再利用新得到的綜合主成份指標代替原來較多的評價指標，對中原城市群的物流發展進行分層分析，並指出各市存在的問題及解決方案。

汪燕（二〇〇八）將集聚理論引入港口物流園區，透過分析港口物流園區的相關因子，提出了港口物流園區的產業選擇模型，為物流企業合理選擇港口物流園區，保持園區的穩定協調，推動區域物流的發展提供理論支撐。

王海燕、黃章樹、張岐山（二〇〇八）借用產業群聚的產生條件、發展經濟學和新經濟地理理論等對產業群聚和區域物流發展的內在關係及其作用機理進行全面、系統地剖析，提出區域物流系統構建和發展是產業群聚形成和發展的主要驅動力，構築了產業群聚和區域物流系統的關係結構圖，並在此基礎上提出產業群聚物流發展的戰略思路。

梁家豪、杜勝群、雷勳平（二〇〇八）認為物流產業的發展及企業物流合理化對策研究是一種宏觀和微觀層面的分析，成為近期研究和討論的熱點。但是從產業經濟學角度出發，研究區域物流發展的文獻相對較少。以長三角物流產業為對象，運用企業戰略理論和產業經濟學理論分析了長三角地區區域物流的發展和對策。

吳暐（二〇〇九）認為珠三角的經濟發展備受關注，區域物流在該區域經濟發展的過程中起著舉足輕重的作用。為得出珠三角區域物流增長與區域經濟增長的互動關係，以統計分析方法，構建數量模型分析珠三角區域物流與區域經濟之間的關係。

王瑞凱、欒貴勤（二〇〇九）認為環渤海經濟圈是中國三大經濟區之一，這裡地理位置優越，交通運輸體系發達。由於該經濟圈缺少高關聯度的一體化區域物流平台和區域物流中心，給資源的調度、生產要素的流通等造成了障礙，從而影響了區域經濟的發展。長三角經濟區的區域物流體系基本確立了上海的龍頭地位，珠三角經濟區的區域物流發展則離不開香港地區的帶動。環渤海經濟圈，因為擁有北京和天津兩座特大型城市，再加上青島、大連兩座大型港口城市的快速發展，就使得環渤海經濟圈區域物流中心地位的競爭異常激烈。

張灣（二〇〇九）認為隨著振興東北老工業基地，環渤海灣經濟圈的發展開始提速，並有望成為繼珠三角、長三角之後中國經濟發展的第三增長極。物流是企業的「第三方利潤源泉」，也是一個國家和地區的重要支柱產業。從物流角度來研究環渤海地區區域優勢和物流現狀，並提出結合國家的宏觀發展戰略，推動區域物流資訊化和國際化的建議對策。

程慧燕、魏連雨（二〇一〇）透過對海內外區域物流發展水準評價的研究內容進行總結比較，構建出物流評價指標體系，採用非線性主成份分析和聚類分析兩者相結合的方法，藉助SPSS軟體對河北省區域物流發展狀況進行定量的評價，並對評價結果做了定性的討論，從而得出評價方法的準確性與實用性，提出了一些關於促進河北省城市群區域物流協調發展的思考與建議。

舒輝（二〇一〇）在已有研究及調查研究結果的基礎上，採用主成份分析法選出七個區域物流發展模式的影響要素，在此基礎上運用ISM模型分析法對這些影響要素進行了層次結構分析，研究發現它們的影響在各個層次上是不同的。地理區位、政府作用和自然資源是影響區域物流發展模式選擇的最基礎要素，具有基礎和引導作用；經濟整體發展水準、產業群聚、市場與貿易的完善度同屬於區域的經濟基礎要素，是最終決定區域物流發展模式的直接要素；而物流基礎設施則處於中間層。

何添錦（二〇一〇）認為城市群經濟是區域物流發展的基礎，決定著區域物流的需求結構和發展水準，城市群經濟協調發展對區域物流發展具有推動效應；區域物流是城市群經濟的主要構成要素，對城市群經濟佈局、產業結構轉變和經濟增長具有拉動效應。

馮艦軍（二〇一〇）認為保稅物流中心在區域物流發展中有著舉足輕重的作用。從戰略環境上看，瀋陽保稅物流中心的建立對東北區域物流的發展有著重要的意義，其戰略指導思路是以促進東北老工業基地的振興為宗旨，並以最優的服務、最低的物流成本為東北的外向型企業提供「最」保稅的物流平台，對東北區域物流進入國際物流營運體系將起著重要的作用。

張誠、周敏（二〇一〇）認為區域物流與區域經濟之間存在協同效應，是相互影響、相互促進的統一體。文中利用區域經濟物流彈性和時間序列分析，對中部地區的區域物流與區域經濟的協同關係和各自發展趨勢進行初步的定量分析，揭示了二者之間的相互影響，最後提出了促進中部地區區域物流的發展建議。

張中強（二〇一〇）認為影響區域物流發展的要素可分為物流基礎、經濟基礎兩個部份，區域物流水準的提高需要區域物流基礎與經濟基礎之間的協調發展。經濟基礎的發展能促進物流基礎的建設，而物流基礎的建設也能推動經濟基礎的發展。利用建立的評價指標體系、評價模型與評價準則體系，對江蘇徐州地區物流基礎與經濟基礎協調發展的狀況進行分析可以發現，徐州地區物流基礎與經濟基礎協調發展的程度不是很高，且全部表現為經濟基礎滯後類型。這與其依靠投資拉動經濟增長的傳統發展模式有關，不考慮當地經濟基礎的要求，過分強調物流基礎的投資建設，容易導致物流基礎過於超前，產生擠出制約作用。為更好地促進江蘇徐州地區物流基礎與經濟基礎的協調發展，一方面，要把物流基礎建設的方向從規模增長型轉向資源整合型；另一方面，要改變依靠投資拉動經濟增長的傳統發展模式，向更複雜、更深化、更多樣化的發展模式轉變，使經濟基礎始終保持平穩較快發展。

殷輝、張硯、李道芳（二〇一一）在宏觀層次上構建了一套以客觀指標構成的區域物流發展評價指標體系，從人口規模、經濟實力、工業規模、第三產業規模、物流主導產業規模五個方面來衡量中國十一個節點城市的物流發展狀況，並運用因子分析、聚類分析對各個城市的物流發展差異進行了比較。

高秀麗、王愛虎（二〇一一）根據一九七八至二〇〇九年的廣東省年度數據對區域經濟增長與物流發展水準之間的關係進行研究，選取代表區域物流發展水準的三個重要指標，對廣東省經濟增長與物流發展之間的關係進行協整檢驗和Granger因果關係檢驗，並建立向量誤差修正模型以驗證短期修正效應。結果表明廣東省經濟增長與物流發展之間存在長期協整關係，廣東省經濟增長對物流產業發展有一定的促進作用，而物流產業對經濟增長的促進作用還不顯著。

劉紅梅、曹宏亮（二〇一一）認為在湖南全力建設國家「兩型社會」的背景下，物流業作為拉動湖南經濟的全新增長點，其意義重大。探究如何構建與「兩型社會」匹配的長株潭區域物流一體化戰略架構，促進長株潭「兩型社會」的構建。

侯秀英、邱榮祖、劉娜翠（二〇一一）結合福建區域物流發展現狀，運用灰色關聯分析法（Grey Relation Analysis, GRA），從物流供給和物流需求兩個方面分析福建區域物流發展的影響因素。結果表明福建區域物流發展中需求因素對物流業發展起促進作用，而物流供給因素則相對不足，存在物流人才匱乏，港口優勢未突出等問題。因此，應大力發展物流增值服務，加大物流人才儲備，進一步突出港口優勢，以促進福建區域物流的健康發展。

何萍、張光明（二〇一一）運用ADF檢驗和協整檢驗分析江蘇省區域經濟因素與區域物流需求的協整關係，把存在協整關係的江蘇省區域經濟因素指標與區域物流需求量進行因果關係檢驗，進一步確定因果關係類型。並確定對江蘇省區域物流發展具有推動作用的六個區域經濟因素分別為地區生產總值、第一產業生產總值、第二產業生產總值、全社會固定資產投資、社會消費品零售總額及人均收入。

張建升（二〇一一）利用一九九八至二〇〇七年三十個省級行政區的面板數據，分析中國區域物流發展差異的現狀及影響因素，並分析不同影響因素對區域物流發展差異的貢獻。研究表明：中國東、中、西部地區物流發展差異在不斷擴大；物流網絡密度、人力資本存量、市場開放度、區域物流政策等因素對區域物流發展有顯著的正向推動作用；夏普里值（Shapley Value）分解結果則進一步表明，對區域物流發展差異的貢獻從大到小依次為：省際地域固有因素、人力資本存量、物流網絡密度、市場開放度、區域物流政策。

舒輝、李欣蕁（二〇一一）在對四種區域物流發展模式影響因素細分的基礎上，構建出了區域物流發展模式的選擇流程，藉助於這個工作流程可以比較有效地選擇出某個區域所適合的物流產業發展模式。最後，從宏觀、中觀、微觀等三個層面對區域物流發展模式的工作機制的調控問題進行分析。

李文懿、張梅青（二〇一二）基於系統動力學原理，建立物流產業和區域經濟協調性關係的系統動力模型，運用系統動力學軟體對建立的系統動力模型進行模擬，探索在京津冀經濟一體化的背景下，區域物流業如何才能與經濟發展相協調。

趙科翔、陸程程、張志超（二〇一二）認為以省區為單位的區域物流發展主要取決於該省區的物流資源條件和物流資源利用情況。從物流資源產出率的角度關注各省區物流資源利用情況，從全國三十一個省區的物流資源相關數據入手，透過主成份分析、回歸分析等定量研究方式，說明了物流資源產出率對區域物流發展的意義，並給出了一種新的衡量省區物流資源利用情況的統計方法。

謝曉燕、呂琳娜（二〇一二）認為區域物流的研究成為近年來研究的熱點，其目標是為了更好地發揮區域物流對區域經濟乃至國民經濟發展的促進作用。迄今，區域物流研究領域已產生較多的理論與實踐成果，作者在對海內外區域物流分析的基礎上，對其進行了綜述。結合已有的研究成果，探討區域物流研究存在的問題，即缺乏與區域經濟發展演化的結合，缺乏對微觀—宏觀的協同研究。同時隨著全球產業資訊化、世界經濟一體化、環境保護以及集約型經濟越來越重要，區域物流發展將呈現出：資訊化與一體化、國際化，以及從傳統物流向綠色物流轉變的發展趨勢。

李虹（二〇一二）將物流理論、產業經濟學、區域經濟理論以及數理分析方法進行了綜合運用，透過建立綜合評價指標體系，運用主成份分析法，在省級行政區域的視角下，對區域物流競爭力進行研究，並以遼寧省為例，透過實際調查研究和查閱統計年鑒等方式獲得基本數據，在對遼寧物流業發展現狀分析的基礎上，明晰了區域物流競爭力與區域經濟發展的關係，從區域物流環境競爭力、區域物流供給競爭力、區域物流發展競爭力以及區域物流競爭潛力等方面設立了評價區域物流競爭力的指標體系，利用主成份分析法在全國對遼寧區域物流競爭力進行了綜合評價，根據評價結果，確定遼寧省區域物流競爭力在全國各省中的位置，進一步分析影響區域物流競爭力的關鍵因素，從而為提高區域物流競爭力提供幫助。

區域環境展望

區域物流發展的環境分析是制定區域物流規劃的前提和基礎，在綜合考慮區域的產業佈局、產業關聯程度、輻射集聚效應、交通運輸條件及與周邊區域相互關係等因素的基礎上，合理配置資源，科學規劃區域物流的空間佈局，使其不僅能滿足區域經濟內部活動的物流需求，而且還能滿足區域對外經濟活動的物流要求，以形成能提供高效物流服務的網絡體系。

▼京津冀地區物流發展環境分析

1. 北京地區物流發展環境分析

北京市物流業在規模、結構、效益等方面都取得了很大進步。近年來隨著北京市經濟、社會的快速發展和對外開放步伐的加快，物流業已成為北京市國民經濟發展的重要基礎性產業。北京已成為全國最重要的物資和商品集散地之一，是全國規劃中的二十五個物流一級節點城市之一。以二〇〇七年和二〇〇六年北京市物流產業發展情況來看，不論是物流業增加值、物流業從業人員數量，還是社會物流總額，都表現出較好的發展趨勢，這說明北京市物流水準從整體上表現出上升的發展趨勢（見**表四**）。

(1) 北京物流中心與倉庫狀況分析

隨著北京經濟的快速發展和產業結構的不斷調整，北京物流業初具規模。到二〇〇七年底，北京限

表四　二〇〇七年北京物流產業數據單位：億元

項目	2007年	2006年	2007年為2006年的%
物流業增加值	383.5	368	104.2
交通運輸、郵政、倉儲業	318.1	306.2	103.9
流通加工、配送、包裝業	65.4	61.8	105.8
物流業從業人員（萬人）	46.3	42.6	108.7
交通運輸、郵政、倉儲業	28.7	27.3	105.1
採掘業、製造業、批發和零售業	17.6	15.3	115
社會物流總額	30,553.6	25,406.4	120.3
農產品	231.2	224	103.2
工業品	8,669.9	7,511.6	115.4
進口貨物	10,951.5	9,386.8	116.67
再生資源	229.5	257.3	89.2
外省市流入物品	10,409.2	7,971.5	130.6
單位與居民物品	62.3	55.2	112.9

資料來源：《北京統計年鑒》（二〇〇八）。

額以上企業自有倉庫個數二萬二千個，自由倉庫面積一千八百四十一萬一千平方公尺，貨運車輛數為三萬零九百六十六輛，其中普通貨車數兩萬零七百六十八輛，專業貨車數一萬零一百九十八輛，冷藏車數為一千三百零七輛，貨櫃專用車三千零三十七輛，裝卸設備台數二萬四千七百零二台，物流計算機管理系統套數一千五百四十二套，都比二〇〇六年有比較大的增加（見**表五**）。

目前，北京的物流設施和資源的分佈空間佈局逐步優化，集中度不斷提高，大部份物流倉儲設施已完成向四環、五環、六環即臨近國道和高速公路等交通便利地區的空間調整。各類物流節點的年物流處理總量達到五千萬噸，佔全市物流總量的百分之十二。

從物流企業的分佈情況來看，北京市的物流企業主要分佈在城區，其中豐台區和朝陽區尤為集中，約為百分之十七和百分之二十。而這些區域是城市交通樞紐所在，如豐台區的北京西站，位於西三環附近，是中國規模最大的人口集散地和交通樞紐；朝陽區是東三環、四環、五環穿越區，外接四條高速公路重要幹線。北京市的物流處理量在一千萬噸以

表五　北京大型物流企業的基礎設施

限額以上企業物流基礎設施情況	2007年	2006年	2007年為2006年的%
自有倉庫個數（萬個）	2.2	1.7	129.4
自由倉庫面積（萬平方公尺）	1,841.1	1,676.4	109.8
貨運車輛數（輛）	30,966	27,011	114.6
普通貨車數（輛）	20,768	18,691	111.1
專業貨車數（輛）	10,198	8,320	122.6
冷藏車數（輛）	1,307	1,061	123.2
貨櫃專用車數（輛）	3,037	2,540	119.6
裝卸設備台數（台）	24,702	22,860	108.1
物流計算機管理系統套數（套）	1,542	1,386	111.3

資料來源：《北京統計年鑒》（二〇〇八）。

上的主要集中在六個城近郊區：石景山區、朝陽區、豐台區、懷柔區、順義區和海淀區。

(2)北京物流空間佈局分析

根據《北京市「十一五」時期物流業發展規劃》，目前北京市物流的空間佈局規劃如下：

第一，物流節點規劃分析。

北京市的物流量主要集中在五個方向：西南方向（京石高速公路和107國道）佔全市物流量約百分之十七；正南方向（京開高速公路和106國道）約佔百分之二十；東南方向（京津塘高速公路、京瀋高速公路）約佔百分之二十五；東北方向（機場高速、京密路、京承高速公路）約佔百分之二十；西北方向（八達嶺高速、110國道）約佔百分之十八。

第二，物流節點與重要貨運樞紐佈局分析。

目前，北京市公路一級樞紐共有六個，分別是京石高速公路方向的閆村、京開高速方向的大興大莊、京津塘高速方向的馬駒橋、京通快速路方向的通州宋莊、機場高速方向的天竺和八達嶺高速方向的沙河。隨著首都機場的擴建以及三條京津高速公路的建設，北京與周邊地區以及世界的航空運輸、海路運輸以及由此產生的多式聯運將變得更加方便、快捷；鐵路場站、貨運樞紐的統籌建設力度將進一步加大，資源整合將在更大範圍內得以實施。

第三，產業聚集空間佈局分析。

目前北京市共有三個國家級開發區和十六個市級開發區，主要有中關村科技園區、亦莊經濟技術開發區、順義天竺工業開發區、大興工業開發區、通州工業開發區等。這些開發區集中了北京市現代製造業總量的百分之五十左右，製造業物流需求巨大。

第四，「三環、五帶、多中心」的空間佈局分析。

目前，北京市基本形成基於點、線、面相互協調的「三環、五帶、多中心」的物流節點佈局，為北京市國際物流、區域物流和城市物流的發展提供了基礎設施支持。

三環：在六環路附近重點建設物流基地，在五環路附近重點建設物流中心，在四環路附近重點建設配送中心，形成物流基地、物流中心和配送中心由遠及近、相互依托、協調發展的空間格局。

五帶：北京為加強貨物運輸的合理化，提高物流效率，積極引導各類物流資源向西南（京石高速公路和107國道）、正南（京開高速公路和106國道）、東南（京津塘高速公路、京瀋高速公路）、東北（機場高速、京密路、京承高速公路）、西北（八達嶺高速、110國道）等五個方向的物流通道聚集，規劃建設大型物流基地、若干個物流中心，形成五條集聚發展、連通快捷、服務產業的物流產業帶（孫前進，二〇一一）。

多中心：根據北京市各產業集聚和新城建設多中心分散佈局的特點，相應配置物流中心、配送中心，實現物流節點服務於產業發展和居民生活的功能。

(3)北京物流基地發展水準分析

第一，物流基地分析。

表六　北京市物流基地方位與功能分析

物流基地	方位	功能
空港物流基地	位於順義區天竺鎮，首都機場以北，順平路北側，臨近101國道和北六環路，屬於公路—航空—口岸國際貨運樞紐型物流基地。	主要承擔北京及環渤海地區的國際、國內航空物流功能，並服務於天竺工業開發區，是北京市唯一的以航空貨運集成其他貨運方式的綜合型物流基地。
馬駒橋物流基地	位於通州區馬駒橋鎮，京津塘高速公路以東、南六環路以北，是海運—公路—口岸國際貨運樞紐型物流基地。	主要承擔北京和環渤海地區經海路的國際、國內海運物流功能，重點服務於北京東南方向京津塘經濟發展帶，服務於亦莊經濟技術開發區，是北京市大宗貨物進出境的主要樞紐。
良鄉物流基地	位於房山區閻村鎮，京廣鐵路、京石高速公路、107國道和六環路交界處。	屬於鐵路—公路貨運樞紐型物流基地，承擔大宗貨物進出的中轉集散功能，是北京市西南方向的重要公路貨運樞紐與鐵路貨櫃節點站。
平谷馬坊物流基地	位於平谷區馬坊鎮，首都機場東面，北臨京津高速，南靠京哈高速，西接六環，屬於海運—公路樞紐型物流基地。	主要服務順義、懷柔、平谷、密雲等京東四區縣，是北京東部發展帶的重要物流節點和京津發展走廊上的重要通道。

根據北京物流規劃要求，北京市在順義空港、通州馬駒橋和房山良鄉等三個物流基地的基礎上，加快培育平谷馬坊物流基地。此外，還要在大興京南和延慶京西北等培育大型綜合物流區，使其加快向物流基地方向發展（司楊，二〇〇九；見**表六**）。

第二，物流中心分析。

物流中心是銜接幹線、支線運輸，方便市內配送和集散運輸，連接物流基地和配送中心的重要物流節點，為北京市進出貨物的集散以及為製造商、分銷商在北京及周邊地區採購和分銷提供物流平台。其主要功能是貨物集散、公鐵聯運與換裝、中轉、倉儲、流通加工、資訊服務、配送等。北京在五環路及五大物流方向的交會處附近重點規劃建設十個左右的物流中心（見**表七**）。

第三，物流配送中心分析。

北京市重點在四環路周邊和順義、通州、亦莊等新城以及遠郊區縣人口密集區附近規劃建設二十

表七 「十一五」期間北京市政府重點規劃建設的物流中心

方位	主要交通樞紐	物流中心
西南方向	京石高速公路、107國道	王佐、五里店、首鋼建材物流三個物流中心
東南方向	京津塘高速公路、京瀋高速公路	十八里店物流中心
正東方向	京通快速路	宋莊物流中心
東北方向	京密路、機場高速、京承高速公路	懷柔新城物流中心、順義李橋物流中心
西北方向	八達嶺高速公路、110國道	清河物流中心、馬池口物流中心

資料來源：《北京市「十一五」時期物流業發展規劃》。

個左右的物流配送中心，每個佔地規模控制在〇・一至〇・二平方公里。

西南方向：房山石樓、豐台榆樹莊、白盆窯；

正南方向：豐台南苑、大紅門、玉泉營；

東南方向：朝陽雙橋、百子灣、三台山；

東北方向：朝陽樓梓莊、豆各莊，順義仁和鎮；

西北方向：海淀田村、四道口，昌平福田汽車配送中心。

2.天津地區物流發展環境分析

(1)天津製造業發展現狀

天津製造業位居中國前列，近年來，天津製造業綜合地位迅速上升，這與其產業結構調整、大力打造製造業基地和研發基地的產業政策密切相關。目前天津已形成以微電子和通信設備為重點的電子工業，以汽車和機械設備為重點的機械工業，以石油化工、海洋和精細化工為重點的化學工業，以優勢鋼管、鋼材和高檔金屬製品為重點的冶金工業以及醫藥和新能源六大支柱產業。這六大支柱產業是天津的優勢製造業，這些製造業發展的目標是：力爭用五至七年時間，把天津建成全國重要的電子資訊產業基地，面向世界的加工製造基地，轎車、整車和零部件生產基地，無縫鋼管和高檔金屬製品基地，PVC產品基地等五大工業產品基地。

天津濱海新區承接了海內外大量的產業和技術轉移，形成了具有競爭力的優勢產業和較雄厚的製造業基礎。豐田整車、三星手機、飛思卡爾芯片、LG化工、一百萬噸乙烯煉化一體化、空中巴士A320系列飛機總裝線及配套項目相繼落戶濱海新區。同時，在電子資訊、汽車、冶金、石油及化學工業等現代製造業方面呈現出規模化、群聚化發展趨勢。新區電子資訊產品製造業是目前中國三大電子資訊產業群之一，在全國佔有舉足輕重的地位；石油和海洋化工、汽車及設備製造、石油鋼管和優質鋼材等產業也是全國重要的生產基地。以天鋼東移、紡織工業園、豐田汽車、大無縫（二、三套）、三星手機擴能等一大批重點項目建成投產為標誌，先進的現代化製造業基地初步建成，並帶動工業快速增長，成為天津市經濟快速發展的火車頭。

(2)天津物流園區發展特點

第一，物流業需求逐步向集聚式空間形態發展。

依托各開發區、工業園區或大型產業基地，物流需求的空間特徵明顯地表現為相對高度集聚。這既為現代物流業的發展創造了良好的條件，也為物流企業的空間集聚提供了有效的動力。

第二，東麗區將成為現代物流需求最現實的重點集聚區域。

從空間上分析，東麗區由於其獨特的交通和城市地理區位、堅實的製造業和物流業發展基礎，將不僅是交通轉運物流需求集聚區域，還是鋼鐵物流服務聚集地。

第三，西青區物流需求仍有較大發展空間。

西青區在汽車製造業發展方面基礎較好，在對西北、華東、華南的貨運需求量方面呈現上升趨勢，該區域近中期現代物流需求仍將穩步擴大，有良好的發展空間。

第四，轉運樞紐型物流節點的空間佈局。

表八天津的物流園區

區域	物流園區
塘沽	該區域的天津港、保稅區、開發區等區域著重發展天津港貨櫃和散貨物流、保稅區國際物流和開發區工業物流系統。
東麗	著重發展空港物流系統、工業園區與開發區的工業物流系統，配合工業東移建設鋼鐵物流基地。
西青	依托區域內製造業的發展和城市化進程的推進，發展工業物流，特別是汽車物流。
津南	為南疆港區集疏運服務，為東北至華北、華東的過往車輛服務。
北辰	為北京方向和河北省中部地區經唐山至東北方向的物流服務。

由於交通轉運物流服務在空間上對港口、機場、鐵路線路及站場、公路等交通基礎設施的依賴性，海港物流服務的重心區域在濱海新區的天津港、保稅區，空港物流服務的重心區域在東麗區內的濱海機場附近，鐵路物流樞紐節點結合鐵路編組站及大型貨場設置，公路物流樞紐節點主要位於對外公路通道的交會處。

(3)天津物流園區發展目標

天津市現代物流系統的總體空間佈局目標為：東部的天津港區、保稅區、開發區等區域是物流產業帶展開區域；天津港包括北疆港區、南疆港區以及海關監管通道是國際物流與國內物流銜接區域；中心城區及外圍組團規劃為物流資訊技術支撐基地及商業流通平台基地。

天津市綜合物流系統的集聚發展區域目標為：圍繞塘沽、東麗、西青、津南、北辰等五個區域（交通樞紐節點）和物流需求展開，以塘沽區為物流發展龍頭，以東麗、西青、津南、北辰四區形成的環狀物流集聚發展區域為支撐，建設輻射天津市域各區縣及全國、乃至東北亞的國際物流基地（見**表八**）。

(4)國際物流中心

依托天津港、天津濱海國際機場、天津保稅區、天津經濟技術開發區，天津現代綜合物流系統規劃了五個國際物流中心（見**表九**）。

3. 河北地區物流發展環境分析

(1)產業發展重點及佈局

表九　天津的國際物流中心

區域	物流園區職能
北疆貨櫃物流中心	北疆貨櫃物流中心是面向內陸腹地和國際市場的現代化貨櫃物流服務區，具備貨櫃及貨物的集散、分撥、配送、資訊管理、交易等多種功能。
南疆散貨物流中心	南疆散貨物流中心以散貨存儲、加工、污染治理、交易、資訊及生產和生活服務等功能為主。
空港國際物流中心	空港國際物流中心在空間佈局上分為空港國際物流和空港物流服務兩個園區。空港國際物流園區以倉儲、加工為主業，具備貨物轉口、分揀分撥、自動清關、裝卸離港等機場物流服務功能，以及保稅倉儲、加工增值、分撥配送、展覽展銷、配套服務、管理辦公等國際性綜合物流功能。空港物流服務園區發展航空物流加工、包裝、配載、轉運、多式聯運等服務功能。
保稅國際物流中心	保稅國際物流中心完善天津港區作為天津貨櫃碼頭的貨櫃貨物配載、貨物中轉與倉儲、國內外貨運代理、多式聯運、物流資訊管理功能，以及進出口貿易、報關、通關、貨物裝卸、保稅倉儲、保稅展示、分撥配送等服務功能，實現國際採購、國際配送、國際中轉等三大核心功能。
開發區國際工業物流中心	開發區國際工業物流中心為經濟技術開發區、天津港、保稅區等提供物流配套服務，建立既可以為生產企業提供物流服務，又可以為物流企業提供運作環境的綜合性物流機場設施，提供訂單處理、倉儲管理、流通加工、配送等多種物流服務。

河北省著力構建「物流樞紐城市—物流園區—專業物流（配送）項目」多層次、廣覆蓋的現代物流佈局體系，重點建設五大物流樞紐城市、十大物流園區和三十大專業物流項目。

(2)五大物流樞紐城市

河北以港口帶動、產業推動、消費拉動、交通樞紐聯動等模式，重點建設石家莊、唐山、廊坊、邯鄲、張家口等五個區位優勢明顯、基礎設施完善、物流規模較大、市場發育良好的物流樞紐城市，努力建成全國二級、三級物流節點城市（見表十）。

(3)十大物流園區

根據物流市場的實際需求，本著整合存量資源、拓展增量資源、發揮比較優勢、防止重複建設和避免盲目發展的原則，河北省重點建設十個以倉儲、運輸、配送為主的現代化、開放式和多功能的綜合物流園區和物流網絡（見表十一）。

(4)十五大生產性專業物流項目

河北省立足於全省經濟發展的戰略支撐和區域產

表十　河北的五大物流樞紐城市

區域	物流園區
石家莊物流樞紐	石家莊市為河北省政治科教文化中心，該市工業以醫藥、紡織、食品主導型加工製造業為主，是輻射華北南部、影響中國北方的商貿中心，商品市場成交額居全國前十位。 石家莊市圍繞裝備製造、生物技術和醫藥、電子資訊和通信裝備、紡織服裝、精細化工、現代商貿等物流需求易於釋放的產業，以培育第三方物流為重點，以基礎設施、資訊網絡和優惠政策為支撐，加快建設國際物流園區和商業物流、醫藥物流、農產品物流、中儲物流、航空物流、再生資源回收利用物流等六大物流中心，增強現代物流業輻射能力，擴大現代物流業發展規模。 功能定位：華北重要商埠和陸路交通樞紐，努力建成全國重要的區域性物流中心和全國二級物流節點城市。
唐山物流樞紐	唐山市是鋼鐵、建材、能源、化工和機械主導型重化工業城市，該市發揮冶金、化工、建材、煤炭、陶瓷、裝備製造等產業的比較優勢，依托曹妃甸港區和京唐港區港口經濟和臨港產業，整合現有運輸資源，優化運輸企業結構，完善面向企業生產需要的能源和原材料倉儲、運輸、配送等服務功能，發展外向型物流產業，建成河北省物流資源由內陸發展型向陸港結合的外向型轉變的重要通道。 功能定位：以進口礦石、原油、鋼鐵、建材、煤炭、液化天然氣等大宗商品為主要品種的國際性能源原材料集疏樞紐港，國家商業性能源儲備和調配中心，努力建成區域性物流中心和全國二級物流節點城市。
廊坊物流樞紐	廊坊市是依托京津兩個特大城市發展起來的中等衛星城市，在承接京津兩市城鎮功能疏散和產業轉移方面發揮著重要作用。該市依托現代商貿、城郊型農業、旅遊業、補充配套型服務業，大力發展以京津為主要目標市場、與京津國際化物流體系相互補充的現代物流業，形成進出京津市場貨物的中轉樞紐。 功能定位：面向京津、連接國內外、國際物流資源進出京津市場的重要物流節點，努力建成地區性物流中心和全國三級物流節點城市。
邯鄲物流樞紐	邯鄲市為連接晉冀魯豫的歷史文化名城，全國著名的鋼鐵、紡織基地。依托冶金、紡織、能源、建材、農產品、食品加工和現代商貿等產業基礎，建成北方重要的工業品物流中心，使之成為晉冀魯豫四省貨物集散樞紐。 功能定位：立足晉冀魯豫、輻射全國的綜合物流樞紐城市，建成地區性物流中心和全國三級物流節點城市。
張家口物流樞紐	張家口地處京冀晉蒙四省市交界，依托地處京冀晉蒙交界的區位優勢，藉助於「黃金島」區域綜合開發，圍繞裝備製造、特色農業、食品加工、能源原材料以及旅遊業，發揮連接東部經濟帶與中西部資源主產區重要紐帶的作用，大力發展面向京津冀晉蒙、暢通國際貿易的現代物流業。 功能定位：建成連接三北、面向蒙俄市場的重要物流節點。

表十一　河北的十大物流園區

區域	物流園區
全省郵政物流園區	依托郵政現有的實物運遞網、資訊網和金融網三網合一的獨特優勢、物質基礎和技術條件，以倉儲管理、物流運輸、區域配送等功能性物流服務為基礎，以一體化物流服務、供應鏈管理、物流解決方案設計及各種增值服務為重點，整合各種資源，開發新的服務產品，打造河北省現代物流業品牌。依托交通樞紐、生產基地、商貿市場規劃，建設一批規模合理、定位準確的區域性物流節點，形成多點分佈、連鎖經營的大型綜合性第三方物流網絡和虛擬物流園區。發揮郵政行業的特點和優勢，加快與其他物流園區和物流（配送）項目的銜接與融合，為其提供精益物流服務。
全省交通物流園區	依托覆蓋全省的公路交通運輸網絡優勢，系統整合全省交通系統的各種物流資源，重點建設石家莊和滄州國際貨櫃多式聯運站、唐山港物流、秦皇島物流、邯鄲物流、承德物流、白溝物流、邢台物流、廊坊物流、張家口物流、衡水貨運站和保定貨運站等一批物流節點項目，提高資訊化水準，爭取培育成在國內具有較強競爭力的物流品牌，形成多點分佈、連鎖化經營的大型綜合性第三方物流網絡和虛擬物流園區。
石家莊國際物流園區	依托石家莊市醫藥、紡織服裝、電子、商貿等優勢產業，建成集報關、報驗、訂艙、集疏港、訂貨、儲運、包裝、配送、資訊等多功能的多式聯運國際物流服務體系，發揮石家莊內陸港的直通口岸功能，形成國際採購中心、分銷中心、貨櫃集散中心。以石家莊內陸港口岸為依托，重點培育石家莊四誠物流、石家莊四藥物流等一批大型物流企業，努力形成現代化、綜合性、多功能的大型綜合物流園區。
石家莊航空物流園區	依托石家莊機場交通便利和貨運量快速發展的優勢，抓住為二〇〇八年北京奧運會分流京津航空貨運的機遇，進一步提升石家莊市「華北重要商埠」的集散作用，積極發揮首都機場的備用機場職能，完善物流基礎設施，提高物流效率，提供運輸、倉儲、配載、包裝、分揀、配送、報關、訂艙、保險等多種形式的航空物流服務，努力建成「大通關」式的現代化物流園區和國際航空貨運樞紐之一。
唐山港能源原材料物流園區	依托曹妃甸港區和京唐港區進一步開放開發，建成中國北方地區重要的大宗商品進出口集散樞紐。在京唐港區重點建設鋼鐵物流、配煤物流和倉儲物流等項目。依托曹妃甸港區將形成的年儲運鐵礦石三千萬噸、原油兩千五百萬噸、煤炭超億噸的物流能力，建設一批大型第三方物流項目。加快發展貨櫃運輸，大力發展多式聯運，提高集疏港能力和效率。
唐山綜合物流園區	發揮唐山發達的綜合交通運輸網絡優勢，依托鋼材、水泥、陶瓷和機械電子等優勢行業，整合現有貨運站場和交易市場，重點開展貨物集散及交易、貨運配載、儲運與配送、流通加工與增值、貨櫃裝卸和資訊服務等業務，形成集物流、商流、資訊流於一體的大型現代化綜合貨物集散樞紐和綜合物流園區。

（續）表十一　河北的十大物流園區

區域	物流園區
廊坊開發區綜合物流園區	依托環京津一線和「京津冀都市圈」核心區等優勢，面向京津和當地的物流服務需求，在廊坊開發區建設集倉儲、運輸、配送、流通加工、包裝、資訊處理等功能於一體的大型綜合性物流園區。發揮廣宇物流、綠龍配送等物流企業的帶動作用，引導倉儲、運輸和貨代等各種物流要素向物流園區集中，吸引國內外知名企業入園開展物流配送業務，促進廊坊成為京津冀地區性物流中心。
黃驊港國際物流園區	以朔黃鐵路復線和雜貨碼頭建設為契機，發揮黃驊港致遠國際物流中心有限公司和河北省物產集團等物流企業的積極性，依托黃驊港集疏功能，以煤炭、雜貨、礦石、液體化工、鋼材等為主要品種，完善園區的各種物流功能，提供一站式物流服務，為黃驊港將形成年儲運礦石三千萬噸、鋼材五百萬噸和液體化學品九十萬噸以上能力提供物流支撐，建設綜合性國際物流園區，形成港口貨物集疏中心，服務於朔黃鐵路沿線和廣大腹地。
邯鄲綜合物流園區	以邯鄲國際貨櫃中轉站為基礎，建設邯鄲國際物流、邯鄲鋼鐵物流、高新區工業物流和成安農產品物流等四大物流節點，提供進出口貨物報關、報驗、倉儲、配送、貨櫃堆存、資訊等專業物流服務，建成管理規範化、運作標準化的大型綜合物流園區。
秦皇島綜合物流園區	依托連接華北與東北大通道的區位優勢，服務於環渤海地區經濟開放開發和東北老工業基地振興，依托秦皇島北方綜合物流中心和秦皇島運通物流中心等項目，建設儲運、市場交易、資訊服務等多功能的綜合物流園區。

業格局的主骨架，圍繞大產業、大園區、大基地和大項目，重點建設十五個為製造業提供配套服務的大型生產性物流項目（見表十二）。

▼東北地區物流發展環境分析

1. 遼寧地區物流發展環境分析

遼寧根據遼寧省國土資源總體規劃和佈局，結合產業空間佈局和產業結構調整要求，以瀋陽、大連、錦州、營口、丹東五個省內物流中心城市為主幹，按照城市所在區位、交通運輸及貨流方向分別確定各具特色的物流園區；瀋陽以區域物流為重點，突出蘇家屯物流園區建設，以鐵路貨櫃貨場為依托，以集散鐵路和公路貨物為主；大連以國際物流為重點，突出大窯灣國際物流園區建設，以大窯灣港為依托，以集散海運貨物為主；錦州集中建設遼西國際物流園區，以公路、鐵路、海運貨物集散為主；丹東集中建設鴨綠江國際物流園區，以公路和鐵路貨物集散為主；營口集中建設營口口岸物流園區，以海運貨

表十二　天津十五大生產性專業物流項目

區域	物流園區
唐山曹妃甸能源原材料物流項目	依托曹妃甸示範區地理區位、深水大港、資源組合和產業後發等優勢，以鐵礦石、原油、液化天然氣、煤炭等為主要品種，落實建設條件和項目業主，建設一批能夠滿足年儲運鐵礦石三千萬噸、原油兩千五百萬噸、煤炭超億噸物流需求的現代化物流項目。
唐山港鋼鐵物流項目	依托鋼鐵產業群聚和世界級重化工業基地建設，建設以鋼鐵原輔材料和產成品為主要品種的現代化倉儲配送項目。發揮中鋼集團、唐山百工和省鐵礦產品市場等業主的積極性，加快項目建設。
石家莊內陸港物流項目	以醫藥和紡織服裝等支柱產業為服務重點，建設標準的貨櫃中轉站、保稅監管庫，開展國際貨櫃多式聯運、貨物存儲、運輸、貨物代理等物流業務，發揮內陸口岸功能，構建「大通關」模式，力爭貨櫃年吞吐量達到二十一萬標準貨櫃，內貿貨物年吞吐量一百四十五萬噸。項目總投資一億三千萬元，總建築面積一萬八千平方公尺。
河北中儲物流項目	發揮中儲股份上市公司作用，利用河北中儲物流網絡優勢，大力發展倉儲、連鎖配送、國際貨代、市場、倉單質押、期貨交易交割庫等現代物流業務，建設現代化物流基地。項目總投資兩億元。
黃驊港液體化學品物流項目	依托滄化集團產業優勢，增強為六十九萬噸PVC總產能的配套服務能力，圍繞液體化學品碼頭和液體化學品罐區建設，主要建設一座兩萬噸級液體化工泊位，一個兩萬立方公尺低溫乙烯罐，兩個一萬立方公尺EDC罐，兩條三十六公里的長輸管線。項目由滄化集團與神華集團合作建設，總投資三億八千萬元。
邯鄲鋼鐵物流項目	以滿足邯鋼集團釋放的第三方物流需求為重點，建設以鋼鐵原輔材料和產成品倉儲、裝卸、運輸、配送、產品展銷和資訊處理等為主的大型第三方物流項目，形成多功能、綜合性、強輻射的鋼鐵交易市場。項目總投資一億兩千萬元。
石家莊四藥自動化物流項目	依托石家莊四藥藥品物流需求，開展製藥原輔材料採購、分撥、配送和醫藥成品智能化儲存、出庫等物流業務。在滿足自身物流需求的基礎上，逐步開拓第三方物流業務，為石家莊「藥都」建設做出貢獻。項目總投資六千萬元，總建築面積八千平方公尺。
保定長城汽車物流項目	該項目位於長城汽車工業園，為長城系列汽車提供原輔材料和產成品倉儲、商品車零公里運送等專業物流服務，形成長城系列產品的原材料和產成品集散地。
邢台好望角國際物流項目	以邢台開發區的各類企業為服務對象，以鋼鐵、標準件、板材等為主要物流品種，建設具有倉儲、配送、專線快運、車輛調度、安全監控等功能的大型第三方物流企業。項目總投資一億三千萬元，總建築面積十一萬七千平方公尺。
衡水祥運工貿物流項目	依托衡水橡膠、焊管、玻璃鋼、絲網和皮毛等五大全國知名生產基地的產業優勢，完善貨物集疏、配送、倉儲、貨代等物流功能，努力成為以衡水市區為中心，輻射周邊地區的倉儲、配送和進出口貿易集散中心。項目總投資九千萬元，總建築面積四萬平方公尺。
肅寧大宗生產資料物流項目	依托京九和神黃鐵路交會的交通優勢，著眼於產業遷移、交通發展和新的增長極的培育，大力發展以煤炭、鋼鐵等大宗生產資料為主要品種的大型綜合性物流基地。

（續）表十二　天津十五大生產性專業物流項目

區域	物流園區
承德四海物流配送項目	依托與中儲公司的業務聯盟，為當地鋼鐵、食品、紡織、製藥及商貿流通業提供專業化物流服務。建立貨物進出口代理、運輸、包裝、配貨、裝卸、加工、搬運、管理一體化網絡。項目總投資一億九千八百萬元，佔地面積十六萬平方公尺。
張家口黃金島物流項目	在宣大、京張和丹拉等高速公路之間五百四十六平方公里的經濟開發區域內，發揮張家口物流中心的帶動作用，建設大型現代物流項目，為張家口市和黃金島區域開發提供生產性物流服務。
保定農業生產資料物流配送項目	為周邊地區提供化肥、農藥、農地膜、農藥械、農機具等農業生產資料的物流配送服務。項目總投資八千萬元，總建築面積五萬五千平方公尺。
永清里瀾城物流項目	依托保霸鐵路和106國道交會等交通優勢，建設服務於當地鋼木傢俱、板材製造和摩托車配件等產業的大型生產性物流中心項目。項目總投資一億零二百萬元，總建築面積四十萬平方公尺。

物集散為主。

根據遼寧主要城市的地理位置、產業基礎、物流基礎等條件，瀋陽、大連的地位最為突出，所以宜確立為一類物流基地，實施重點建設。錦州、丹東、營口三市物流服務範圍較小，物流量不大，但交通位置優越，隨著社會經濟條件的改善，物流發展的潛力較大，故應將其確立為二類物流基地，實施集中建設。鞍山、盤錦、撫順等十四個城市是區域政治經濟中心，其物流主要為本地經濟建設服務，可確立為綜合物流中心，實施統一規劃，上下結合，以市為主，分步實施的建設方針。

瀋陽將圍繞物流中心城市，打造「一圈、兩區、三帶」的物流產業空間佈局。物流中心城市包括：瀋陽作為國家級物流樞紐城市和東北地區物流中心城市，大連作為東北亞國際航運中心和東北地區國際性物流中心城市，錦州作為遼西物流中心和中—蒙—俄出海新通道上的出海口物流城市，營口作為瀋陽經濟區最近的及東北地區重要的出海口物流城市，丹東作為東北東部物流通道的出海口物流城市。這是遼寧物流業發展的核心和重點，該地區將可能成為公司未來五年實現跨越式發展的重要拓展區。

「一圈」指瀋陽經濟區物流發展圈，形成以瀋陽為核心面向設備製造產業的物流發展集聚區，以撫順、遼陽為重點面向石油化工產業的物流發展集聚區，以鞍山、本溪為重點面向鋼鐵產業的物流發展集聚區，以瀋陽、鐵嶺為重點面向農業及農產品加工業的物流發展集聚區，成為東北亞物流發展核心區域。

「兩區」指遼東半島沿海物流發展區和遼西物流發展區，前者包括大連、營口和丹東，是東北地區的重要對外「窗口」和出海通道。後者包括錦州、盤錦、葫蘆島、阜新、朝陽五市，構建東北地區西部物流服務體系。

「三帶」指沿海物流產業發展帶、瀋大物流產業發展帶和錦阜朝物流產業發展帶。沿海帶主要是發展臨港物流產業群聚。瀋大帶整合各城市物流資源，形成跨區域的物流產業群聚。錦阜朝帶重點發展臨港物流產業（田鳳權，二〇〇九）。

2.吉林地區物流發展環境分析

第一，建設長春、吉林兩個物流中心區。

吉、長兩市是吉林省的重要工業城市，地理位置優越，產業優勢明顯，鐵路、公路等基礎設施比較完善，城市向周邊縣市的輻射能力較強。在這兩個城市中，構造依托汽車、石化、生物製藥、建材、農副產品深加工等產業的進向、銷向物流體系；構造糧食、汽車及零部件、果品蔬菜、長白山特產、化肥農藥農機具、鋼材、小商品批發等專業化有形和無形市場體系。

第二，建設八個物流節點。

物流節點是區域性物流中心區。四平、遼源、通化、梅河口、白山、延吉、白城、松原是吉林省較大的中心城市，有一定的工業基礎，人口較多，商品和物資的集聚作用明顯，具備建設物流節點的基本條件。通化、白山、梅河口重點發展長白山特產資源和生物醫藥的物流配送。白城、松原重點發展畜牧產品和小雜糧的物流配送。四平、遼源重點發展農副產品的物流配送。延吉重點發展對俄、日、朝、韓等國際物流。

第三，完善四大物流體系。

一是消費品配送體系。建設若干消費品配送中心，鼓勵實施大中型商貿企業的採購聯盟。二是工業物資流通體系。完善金屬材料、建材、機電產品等重要工業物資的市場建設。三是構建農業生產資料及農村、農副產品流通體系。大中型商貿企業要大力開發農村市場，結合中心城市的網點延伸，重塑農村流通網絡，進一步加大農村物流流量。四是生產製造業物流體系。提高為工業生產服務的能力，從機械加工行業入手，參與原材料供應和產品銷售，積極開展第三方物流，促進生產企業降低採購和銷售費用。

3.黑龍江地區物流發展環境分析

「十一五」期間，黑龍江省國民經濟將呈現持續快速增長趨勢，經濟規模不斷擴大，工業化進程明顯加快，對能源、原材料需求大幅增加，市場活力增強，物流和人流加快，必然使公路水路客貨運輸需求保持持續增長趨勢。

但是黑龍江省的物流園區發展相當遲緩，至今為止，成形的物流企業寥寥無幾，其中比較好的就是北大倉，其基本情況如下：

北大倉是黑龍江省西部及黑、吉、蒙三省（區）交界地區規模最大的物流企業。北大倉物流園區佔地十二萬一千二百六十三平方公尺，現有綜合辦公樓一千七百二十七平方公尺，鐵路專用線延伸四百三十二公尺，物流配送營業用房三千一百一十一平方公尺、倉儲庫房八千八百零六平方公尺，商品交易門市房五千二百平方公尺（張興東，二〇一一）。

哈爾濱港依托港口交通、區域、行業和基礎設施優勢，逐步建設具有倉儲、分撥、配送、結算等多功能物流設施，正在向第三方物流方向發展，物流產業的收入佔總收入的百分之六十；佳木斯港與市政府共同投資五千六百萬元，建設佔地達八萬平方公尺的佳木斯港務物流園區；黑河港發揮對俄貿易口岸的優勢，投資新建區域性的國際物流中心。同江、富錦、撫遠等港口也正積極籌建經濟區域內的物流園區。

黑龍江省物流園區存在的問題有：(1)物流園區嚴重缺乏。黑龍江物流企業林立，但有規模效應的企業很少。能查到的哈爾濱的物流公司只有近五十家，相對於國外已開發國家來說，小的物流企業太多，沒有太大的物流企業，也就沒有建立起相應的物流園區。(2)物流園區管理體制混亂。政府對物流園區的干預過度，在整個規劃建設和營運中，政府始終扮演著雙重角色，即「規劃建設所有者」和「經營者」，而政府的各職能部門又不能相互協調，現階段分割管理的體制弊端，使得各方缺乏必要的機制聯繫，彼此資訊溝通不暢，相互衝突，導致各地物流園區重複建設，既浪費資源又抑制物流業的順利發展。

▼長三角地區物流發展環境分析

東部地區工業的迅猛發展，將從物流需求總量和物流需求層次等多方面共同促進區域現代物流業的發展。長三角區域中，《上海市現代物流業發展「十一五」規劃》明確提出「十一五」期間，上海將重點發展口岸物流、製造業物流和城市配送物流，形成深水港、外高橋、浦東空港、西北綜合四大物流園區和鋼鐵、汽車、化工、設備製造業四大物流基地；浙江省建有寧波保稅物流園區、浙江農副產品物流園區及浙江物產杭州物流園區，其中寧波保稅物流園區二〇〇七年實際進出貨物增幅大，貨運量三萬六千三百三十八噸，貨運值為一萬四千六百三十八萬美元，分別是二〇〇六年的二百四十倍和一百倍；江蘇省為構築現代化物流服務體系，各地方紛紛出台了物流園區建設規劃，「十一五」期間，江蘇將投資約一百五十億元人民幣建設蘇州白洋灣物流園區、張家港保稅物流園區、無錫現代金屬物流園區、無錫胡隸物流園區、南京丁家物流中心、南京龍潭液體化工物流基地、常州市新北區物流園區、南通國際物流及國內配送中心、鹽城華葳物流倉儲配送資訊中心和揚州蘇中物流基地。該區域物流園區與基地發展較好，物流規劃水準較高。浙江和江蘇陸續出台物流園區建設規劃，未來幾年加速構築現代化物流服務體系。該區域將成為公司未來五年實現專業化發展的潛在增長區（林國龍，二〇〇六；彭仁貴、王利、楊志華，二〇〇七；王娟、封學軍、王偉，二〇一〇）。

▼珠三角地區物流發展環境分析

珠三角地區高度密集的企業生產群落、發達的交通體系、毗鄰香港的獨特地理位置產生了可觀的物流需求，也從一定程度上促進了珠三角地區物流園區的規劃、建設與發展。珠三角區域已經開工建設和正在規劃的物流園區有三十多家，具體見**表十三**。

該區域物流環境良好，物流與企業實現良性聯動發展。珠三角地區具備高度密集的企業生產群落、發達的交通體系、毗鄰香港的獨特地理位置，形成巨大的物流需求，佛山已形成物流園區與工業園區的嵌入式發展，廣州現代化倉儲配送中心初具規模。該區域將成為公司未來五年實現集約化發展的戰略培育區（文雅，二〇〇九）。

表十三　珠三角的物流園區

城市	物流園區
廣州	黃埔、南沙、廣州空港、芳村、白雲、增城、番禺、花都
東莞	常平大京九、虎門港、松山港
中山	國際物流園、產業配送型物流園、城市配送型物流園
佛山	南海三山、禪城區物流產業帶、順德高新技術產業開發區、山水工業區、高明滄江工業園
肇慶	肇慶現代農業綜合物流園
惠州	惠州中港現代物流園
深圳	西部港區、筍崗—清水河、東部港區、機場航空、龍華、平湖
江門	新會港物流倉儲中心、江門港物流倉儲中心、台山魚塘港物流倉儲中心

王子先（二〇一二）在《深圳市供應鏈管理行業發展報告》中指出，深圳作為國際、中國公認的物流產業領先城市和亞太地區重要的物流樞紐城市，其管理模式已經成為中國物流產業轉型升級的重要地區。概括起來講具有如下特點：一是面向全球服務外包市場的經營理念，即依托珠三角地區豐富的製造業資源，同時依靠毗鄰香港、港口交通便利、貿易往來頻繁等優勢，抓住全球分工下服務外包日益深化的趨勢，把承接全球服務外包、整合全球供應鏈資源作為經營業務升級的著眼點；二是基於資源整合的經營戰略，即將單一、分散的報關、運輸、倉儲、貿易、結算服務整合為供應鏈管理服務產品，使客戶企業的外包環節與非外包環節能夠無縫連接；三是延伸的一體化服務模式，即業務功能已經涵蓋了進出口通關服務、物流配送倉儲服務、保稅物流平台服務、國際採購中心服務、供應商管理庫存、虛擬製造／協助外包服務、供應鏈解決方案諮詢服務；四是「四流一體」的一站式平台，即結合商流、物流、資金流，實現系統、數據、物聯網的廣泛整合，以資訊化支撐平台化建設，亦即製造服務化、服務電子化、商務平台化、業務外包化；五是依托保稅物流基地的供應鏈服務創新，即新型的保稅物流體系是以保稅港和保稅物流園區為龍頭，以保稅區、保稅物流中心和出口加工區為樞紐，以優化的保稅倉庫和出口監管倉庫為網點的結構化保稅物流運作體系；六是創新的供應鏈融資模式，即以供應鏈核心企業和配套企業的商業信用作為基礎，解決了弱勢中小企業的融資難題，使中小企業融資途徑進一步拓寬。

第三方與第四方物流

第三方物流（Third Party Logistics, TPL, 3PL），又稱合同物流、契約物流或物流外部化，是指由供方與需方以外的第三方物流企業提供物流服務的業務模式。它是中國國民經濟的重要產業，是目前學術界的一個研究熱點。近年來有關第三方物流的研究成果頗豐，按照研究的主題和內容看，主要集中在四個方面，即：中國第三方物流行業評價、第三方物流企業核心競爭力探索、客戶滿意度與績效衡量以及第四方物流發展。

中國第三方物流行業發展

二十世紀九〇年代中期第三方物流的概念開始傳到中國，在二〇〇一年公佈的國標《物流術語》中，將第三方物流定義為「供方與需方以外的物流企業提供物流服務的業務模式」。此外，在國家和省市各級政府制定了一系列推進物流產業的發展政策之後，作為專業物流服務的第三方物流行業得到了蓬勃發展，因此，對這一行業的需求以及發展狀況的研究成為了該領域中一個重要的話題。

王家祺、范丹（二〇〇五）在進行針對第三方物流服務需求的研究之後指出，中國第三方物流佔物流市場比重低，潛在市場需求大，服務的水準較低。與此同時，分析運用國際經驗數據和一些實例說明第三方物流的發展對於降低社會物流運作成本具有重要作用。

宋華（二〇〇七）基於一百二十家企業的問卷調查，運用非參數檢驗分析了企業物流外包的動因、第三方物流的經營能力和客戶與物流服務商的關係和組織結構。研究發現在物流服務市場方面，外包程度較高的行業主要有汽車機械、工業品、物流、電子家電，這些行業利用社會性資源的程度很高。在利用第三方物流的動因方面，主要的因素有降低物流設施的投資、提高外包物流活動的服務品質，但是在降低總體物流成本以及自建物流體系方面，外包和無物流外包企業之間沒有顯著差異。在第三方物流的服務內容方面，除了物流系統設計和物流資訊管理外，主要的服務內容仍然是中轉運輸、倉儲保管、市內配送、包裝和流通加工等基本物流活動，而供應分銷管理、代結貨款、庫存管理和運輸協調管理等增值業務方面中國第三方物流能力較弱。在客戶與物流服務商關係方面，大多數企業擁有三家以上物流服務商，這其中第三方物流有顯著發展。

支燕、劉秉鐮（二〇〇七）基於宏觀經營數據，運用回歸的方法從產業組織的角度分析了中國第三方物流的產業組織特徵，分析發現中國物流市場的績效與第三方物流市場份額、淨資產收益率、資產負債率、GDP增長率具有顯著的關聯關係，這表明第三方物流的市場網絡、服務能力等因素對於提升績效具有顯著影響。但是由於與市場集中度（即CR4和CR8）顯著度不明顯，說明目前中國第三方物流行業集中度還有待提升。

郭滕達、歐朝敏（二〇一〇）以「市場結構—競爭優勢—經營績效—政府規制」為分析範式，對中美第三方物流企業的市場競爭力進行對比研究，得出四點結論：寡頭主導的市場結構是第三方物流企業保持競爭力的基礎；技術系統的複雜化已經成為區分第三方物流企業市場競爭力強弱的天平；以運輸、倉儲、快遞為背景的資產型第三方物流企業仍然是中美第三方物流市場上競爭的主導者；政府規制的不合理及不完善制約了中國第三方物流企業市場競爭。

與上述研究相似，歐陽強國、程肖冰、王道平（二〇一〇）在比較了歐洲、美國、日本和中國第三方物流行業特徵和企業運作的基礎上，提出發展第三方物流是一項系統工程，僅靠物流企業自身的努力是遠遠不夠的，還需要政府和行業協會的推動和調控，為第三方物流企業發展創造良好的外部環境。第四方物流的出現為中國現代物流的發展指明了方向。第四方物流不僅能夠管理特定的物流服務，而且可以為整個物流過程提供完整的解決方案，並透過技術手段將這個過程整合起來。第四方物流作為企業的戰略夥伴，和第三方物流一樣，能夠與客戶的製造、市場、分銷等方面的數據進行全面、即時共享。

陳文玲、崔巍（二〇一一）從宏觀經濟學的視野提出，現代物流產業作為一種複合型服務產業已經成為國民經濟的重要組成部份，是中國當前和未來相當長時期內的戰略選擇。中國現代物流產業發展已經取得了顯著成就，但是其未來發展仍面臨諸多深層次的挑戰。在新的歷史時期要推進現代物流產業的健康發展，必須用發展的眼光重新認識現代物流在經濟發展中的龍頭帶動作用和組織、牽引、拉動作用，用創新的路徑推動現代物流發展水準、服務能力和流通體系的全面提升和超越，用改革的策略突破中國現代物流發展中的制度性障礙、技術性瓶頸以及標準性不完善。

李婭嵐（二〇一二）認為，中國第三方物流的發展需要在公共政策層面得到扶持，包括實施物流專業人才培養戰略，加快建立物流企業現代產權制度，加快物流行業資訊化建設和觀念轉變，這樣才能充份提高第三方物流的服務水準和競爭力。

王娜（二〇一三）認為，目前中國的第三方物流存在著起步晚、經驗少、形成結構不完善等問題。因此，中國必須轉變傳統觀念，樹立物流理念；深化企業改革，實現制度創新；制定統一的全國物流產業發展規劃；以資訊技術應用為核心，加快物流人才培養，實施人才戰略。

與王娜類似，陳亮等（二〇一三）認為中國第三方物流存在以下問題：(1)對物流不夠重視；(2)企業缺乏協同競爭的理念；(3)物流人才嚴重匱乏；(4)沒有建立與國際接軌的物流標準化體系；(5)資訊化程度差，現代行銷和經營水準不高。對此，他們提出了以下對策：(1)更新觀念，樹立現代物流理念；(2)積極培育物流市場，加強物流學科建設，加快人才培養；(3)加強物流科學研究，進行標準化建設；(4)構建物流資訊平台，逐步實現物流體系的網絡化。

劉妤（二〇一三）運用比較研究範式將中國第三方物流市場的情況與歐美進行對比，認為歐美國家的先進經驗能夠給中國第三方物流帶來許多啟示，其中包括：(1)現階段，中國的第三方物流業需要政府機構和行業協會鼎力支持，完善政策法規體系，制定行業標準，給予優惠政策等；(2)發展第三方物流，必須增強企業信譽意識；(3)需要培養一批集企業管理、國貿和國際運送專業技能於一體的複合型物流人才；(4)要善於利用最新科技網絡資訊系統；(5)企業自身需要提高綜合性物流服務水準。

對中國第三方物流行業性的研究還有一個視角是從產業發展的環境因素進行的，這方面的研究更加強調行業發展中的內部和外部環境影響因素，以及這些因素對行業以及企業競爭力的作用。陳雅萍（二〇〇七）認為中國第三方物流發展空間巨大，但問題仍很突出，主要表現為資源不能共享，競爭力不強，缺乏資訊系統開發能力，物流人才匱乏，現代物流發展所需的制度不健全等。陳治亞、陳維亞（二〇〇七）從經濟學的視角指出第三方物流是一種專業化的社會物流組織，具有很強的規模經濟性，而產生規模經濟的環境因素既有內部的因素，又有外部的因素，內部環境因素包括生產技術、資本和管理組織能力，外部支撐條件包括市場需求規模、市場範圍和市場交易效率。李佛賞（二〇一四）則認為，在資訊化的衝擊下，中國第三方物流暴露出資訊系統滯後、缺乏必要的資訊環境兩大問題，因而必須加強資訊與物流技術的充份應用以及完善物流資訊平台。

陳煒煜（二〇〇八）認為第三方物流為企業的物流決策提供了更多的選擇。對於企業來說，利益機制是其進行決策分析的最重要基礎。企業獲得較高的盈利是建立與第三方物流合作的長久基礎，同時，利潤是企業經營的基本目標，也是企業生存和發展的重要基礎。但是透過對利益機制的分析顯示，在均衡條件下，個別物流企業獨立經營的利潤總和將會小於聯合企業的總利潤，因此，第三方物流發展的最終基礎是物流產業的集聚。

第三方物流企業核心能力體系

資源和能力是一個企業核心競爭力的來源，企業是否擁有不可替代、稀缺、具有價值和不可模仿的資源和能力，最終決定了市場的價值和企業自身的績效。第三方物流作為專業性的物流服務提供商，其自身的資源能力建設和培育是決定第三方物流核心競爭力的重要因素。第三方物流物流能力是指第三方物流在從事運作物流系統過程中所表現出來的從接受客戶需求、處理訂單、分揀貨物、運輸到交付給客戶的全過程中，在反應速度、物流成本、訂單完成準時性和訂單交付可靠性等方面的綜合反映。這種能力可以理解為由物流系統的物質結構（如配送中心數量與規模、運輸能力、分揀處理的設備能力等）所形成的客觀能力，以及管理者對物流運作過程的組織與管理能力的綜合反映。這方面的研究在中國起步較早，也較豐富。隨著中國大力推進物流產業，尤其是第三方物流政策的制定，如何評價第三方物流的能力成了研究關注的重要領域。根據研究關注的問題以及分析的脈絡，該領域的研究可以分為三種形態：一是第三方物流能力體系評價；二是從動態能力的角度分析第三方物流能力的發展；三是從管理行為的角度，分析領導力的作用以及模式創新行為。

在第三方物流能力評價問題上，很多研究側重於如何全面、系統、科學地反映第三方物流作為一種專業性、社會性服務企業應當具備的各種能力和要素。王道平、翟樹芹（二〇〇五）認為第三方物流能力的評價需要從企業經營特徵的角度來刻畫，結合第三方物流企業關係契約化、業務專業化、服務針對化、管理科學化、資訊共享化的特點，其核心競爭力的評價主要從業務層面、管理層面、財務層面三個方面來進行（見**表十四**）。

馬士華、孟慶鑫（二〇〇五）在總結了國外有關供應商能力選擇和評估文獻的基礎上，提出第三方物流

表十四　第三方物流企業競爭力評價指標體系

目標層	準則層	因素層	子因素層
第三方物流競爭力的評價	業務層面A1	市場客戶控制能力	市場佔有率、技術創新能力、資訊技術水準
		物流技術能力	市場拓展力、顧客忠誠度
		物流服務深度	運輸和倉儲功能、特殊服務、資訊技術互聯網服務
	管理層面A2	人力資源水準	員工受教育程度、員工觀念素質、員工資訊水準、企業管理人員綜合素質指數
		企業文化	適應性、聚合力、建設投入率
		學習型組織度	組織合理性、組織外向拓展力、組織協調能力、知識把握度、知識轉化能力
		社會效應	企業經營權利、社會責任成本、社會貢獻率
	財務層面A3	營運能力	存貨周轉率、應收賬款率、流動資產周轉率、營業週期
		經營安全能力	有形淨值債務率、流動比率、資產負債率
		盈利能力	營業務利潤率、總資產報酬率、資本收益率

資料來源：王道平、翟樹芹（二〇〇五）。

的物流能力可以概括為有形要素、無形要素和綜合要素三個方面。但是已有的能力評估偏重於企業層面，而從整個供應鏈角度分析物流能力對供應鏈運作績效影響的文獻非常少。此外，基於供應鏈層面的物流能力研究都集中在對供應鏈分銷過程物流能力的研究上，沒有對供應鏈的上游，即供應物流和製造過程物流能力進行研究。

童明榮、薛恆新、林琳（二〇〇六）認為第三方物流的能力從系統的角度出發，可以分為三個方面：一是功能方面，即有能力為企業提供一體化、資訊化和個性化的物流服務，包括：運輸配送、倉儲、增值服務、資訊化服務等；二是服務方面，即替客戶企業對其客戶提供服務，或者針對客戶企業的服務能力，通常包括：運輸服務評價指標、倉庫管理和操作評價指標、數據錄入工作評價指標、進出口業務評價指標、費用結算評價指標等；三是穩定性，即第三方物流能與客戶保持長期穩定的關係，這方面的指標包括：服務價格、企業實力、管理水準、企業形象、人力資源等因素。

蔣有凌、周紅梅（二〇〇七）根據戰略管理中有關能力的理論提出，第三方物流的能力應當包括：客戶價值性、獨特性、延展性和基礎網絡能力。基礎網絡能力包括：資產、物流實體網絡以及物流資訊系統，這一能力是實現第三方物流企業核心競爭力的物質和技術基礎。延展性說明第三方物流企業的核心競爭力並不局限於某一業務部門或領域，而是能為企業打開多個產品市場提供支撐，可以降低多個產品的成本，它體現為第三方物流基礎功能型服務數以及市場擴展性服務數。客戶價值性是指第三方物流企業的核心競爭能力必須特別有助於實現用戶所看中的價值，只有那些確實能為用戶提供根本性效用的技能，才能表明企業在此方面具有核心競爭力。區別核心能力與非核心能力的標準之一是它帶給用戶的好處是核心的還是非核心的，反映為物流作業的品質、物流作業的經濟性和營業額。獨特性強調的是競爭對手難以模仿，表現為服務的綜合性、服務差異性、技術保密性和創新能力。

馬士華、陳鐵巍（二〇〇七）認為供應鏈物流服務分為內部物流能力和外部物流能力。內部物流能力是廣泛表現於供應鏈內部的企業內部能力，它包括供應鏈中各節點的靜態要素能力，如節點企業的倉儲、分揀、運輸等，也包括：供應鏈內部成員之間相互協調、增加一致性、資訊共享和各物流環節相互匹配等運作能力。外部物流能力主要著眼於供應鏈與外部連接端點處所表現出的外化的物流能力。基於上述理解，研究提出物流服務能力包括：時間效率因素（訂單處理速度、準確配送、彈性、貨品保證、一致性）、資訊要素（資訊化水準、完全資訊、可視性）、客戶要素（退貨、貨物可獲性、緊急配送、投訴處理、個性化回應、關聯調整）。

吳雋、王蘭義、李一軍（二〇一〇）基於SERVQUAL模型和質量屋提出第三方物流能力的關鍵參數包括：(1)功能資源運作能力，主要指運輸、倉儲、裝卸、配送、流通加工等物流運作能力。(2)基礎管理規劃能力，主要指成本與服務品質管理能力、市場開發、資源整合能力。(3)風險管理能力，主要指突發事件應急處理能力、仲裁和擔保能力。(4)協調、整合能力，主要指供應鏈配置能力、供應鏈整合能力。(5)企業運作能力，主要指快速反應能力、企業創新能力、戰略彈性匹配能力。(6)企業社會影響力，主要指企業文化塑造能力、品牌塑造能力、企業社會美譽度。

陸雪翡（二〇一二）根據資源觀和核心競爭力的理論研究結果，認為第三方物流企業的核心競爭力體系由資源和能力構成，其中資源包括：企業文化、物流網絡、資訊系統、人力資源、品牌，而能力包括：學習能力、財務能力、市場能力、盈利能力、品質監控能力，並採取多層次模糊綜合評價法進行評價分析。

任博敬（二〇一三）則認為，第三方物流可以透過以下途徑打造核心競爭力：(1)形成企業戰略聯盟，塑造物流品牌；(2)注重企業物流人才培養；(3)建設完善的物流資訊技術。

吳琳等（二〇一四）以「顧客價值」為切入點，結合中國第三方物流企業特徵和行業環境，對中國第三方物流企業的核心競爭力進行分析，提出了第三方物流企業的五個主要核心競爭力：物流資源整合能力、物流網絡服務能力、物流服務創新能力、物流資訊技術應用能力、物流企業品牌形象塑造力。

綜上所述可以看出，儘管不同的研究對第三方物流能力的理解和表述不盡一致，但是歸結起來看，所有的能力研究主要有三大類：一是從物流營運服務的結構上衡量第三方物流能力，像王道平等以及童明榮等的能力研究顯示的是從競爭力結構形態分析的能力體系；二是從服務流程的視角探索第三方物流的能力，即從物流服務的內外過程識別第三方的能力體系；三是從物流服務的要素來評價第三方物流經營能力。

關於第三方物流核心競爭力研究還有一種是從動態能力或者能力演變的視角進行的，這類研究認為第三方物流不可能一開始就具有強大的服務能力，或者任何第三方物流不可能擁有所有的服務能力，因此，其能力一定是不斷發展的過程。在這一過程中，第三方物流從單一的物流服務提供商開始轉化為綜合物流服務提供者，並且隨著形態的改變，能力是一個漸變發展的上升歷程。

彭本紅、羅明、周葉（二〇〇七）認為在物流外包的過程中有多重特性，有些特性之間存在著效益背反的特點，例如服務時間、品質和數量，以及收益和成本之間具有此消彼長的關係，研究利用多任務代理模型探討了物流外包中的最優契約設計，認為在物流外包過程中可採用動態合同，細分各項工作，嚴格執行責任到人的制度，透過物流外包方對物流項目的專業分工和工種設計加以解決。同時，如果物流外包是多階段的，第三方物流企業考慮到聲譽，會積極執行合同，減少短期行為的發生，期望下一階段能繼續合作。

吳雋、王蘭義、李一軍（二〇〇九）更是從成熟度的視角分析了第三方物流的動態發展，研究中提出了第三方物流所具備的兩種類型能力，即剛性能力（第三方物流擁有的獨佔性異質資源）和彈性能力（企業對動態環境的有效反應和適應能力）。基於這兩類資源，研究認為第三方物流一開始不可能具有強大的能力，而是要經過不斷發展

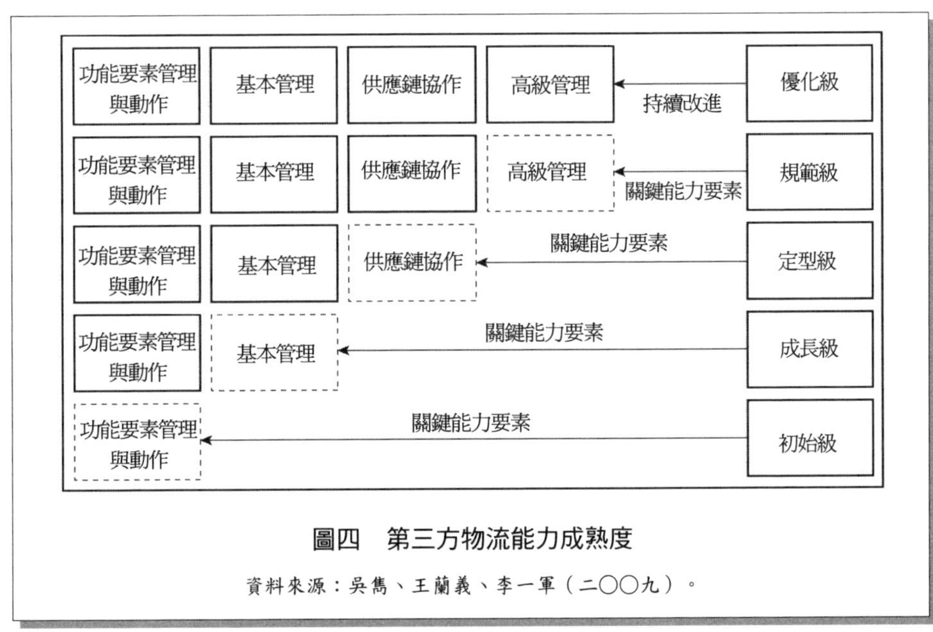

圖四　第三方物流能力成熟度

資料來源：吳雋、王蘭義、李一軍（二〇〇九）。

的過程。根據能力的湧現狀態和能力的標識性，研究將第三方物流的能力成熟度分成初始級、成長級、定型級、規範級和優化級（見圖四）。

對第三方物流能力的探索，還有一類研究非常獨特，其分析是從行為的視角探索企業業務發展和管理創新中企業家的作用和能力。諸如蘇敬勤、王鶴春（二〇一〇）透過對多物流企業的案例分析，提出了物流企業服務的「感知—評估—決策—實施—慣例化」（P-E-D-I-R）適配過程模型，基於該模型分析了企業家在服務過程中所表現出來的能力。研究認為企業家主導作用機制表現在儘管不同物流企業的企業家可能由於知識背景、成長經歷等的不同，而在非均衡的要素市場與產品市場運作過程中「識別機會和把握機會」的敏感性不同，但都是在感知階段中發現問題，找出企業現狀與企業目標間的差距，進而找到企業所存在的問題；在評估階段，都是對外部環境約束和企業內部資源支撐情況進行評估，為制定決策方案提供依據；在決策階段，儘管決策結果取決於決策者的個人判斷，但決策都是在感知評估階段的基礎上，進行論證分析，制定實施方案，進行決策；在方案實施階段，第三方物流企業適配過程中，管理創新事件是以企業家為核心的企業資源與外部環境實現適配的載體。在該階段企業家儘管採取資源整合的方法不同，但都是透過對內部資源的整合，以保證所制定方案的實施。方案實施後，形成企業的管理創新事件，管理創新事件起到聯結慣例化與決策階段的載體作用，正是透過管理創新事件，適配結果得以實施，企業績效得到提升，最終達到新的慣例化階段。

客戶滿意度與績效衡量

對第三方物流的研究還有一個領域是側重於對委託客戶滿意度以及服務績效衡量的研究，這與對第三方物流核心能力的研究區別在於，後者是從物流服務的供給方來探索能力和服務的，而該領域的研究更多地是站在委託客戶的角度來分析研究第三方物流的服務要素、程度如何產生並決定客戶的滿意度和價值。該領域的研究主要集中在兩個方面：一是第三方物流的哪些要素和行為影響客戶滿意度，以及績效衡量和評價的方法；二是從第三方物流與客戶之間的物流服務供需關係分析的關鍵服務要素。

▼客戶滿意度評價體系

王玲、周京華（二〇〇五）從物流客戶服務的角度提出了五類服務要素，即可得性、可靠性、快速反應性、服務人員的專業性以及服務的完整性。宋華（二〇〇七）從客戶物流成本影響的角度，運用回歸研究方法測度了兩類物流服務要素，即效率型服務要素（包括：服務的競爭性價格、準時／即時反應等）和效能性服務（包括：倉儲／運輸基礎型服務、流通加工／代結貨款等服務、資訊管理／網絡協調／庫存管理）對客戶物流成本的改善起到多大的作用。研究結果表明，準時／即時反應以及資訊管理／網絡協調／庫存管理這兩大類能力是直接影響客戶物流成本改進的重要因素。

鄭兵、董大海、金玉芳（二〇〇八）基於服裝業的研究，提出了七個影響客戶物流滿意度的指標，即時間品質、人員溝通品質、訂單完成品質、誤差處理品質、貨品運送品質、靈活性和便利性等。運用回歸分析，最終的結論是，在服裝業，誤差處理品質對滿意度的影響最大，接下來依次為時間品質、訂單完成品質、人員溝通品質和貨品運送品質，便利性和靈活性對滿意度的影響作用最小。

劉秉鐮等（二〇〇三）、許國兵等（二〇〇八）、姚蓉樂等（二〇一二）、齊立美等（二〇一三）均基於平衡計分卡的思路提出，物流客戶的滿意度也需要從財務層面、客戶層面、內部流程層面、學習和成長層面四個方面，再加上物流服務層面等五個方面來進行評價（見表十五），從而使第三方物流服務能力對客戶滿意度的影響能從系統全面的角度得到反映。

表十五　基於平衡計分卡的物流客戶滿意度評價

目標層A	關鍵成功因素B	二級目標C	評價指標說明
最優服務商	財務層面	投資回報率	企業收益與投資的比率
		現金流量	企業的流動資金量
		營業利潤	企業總收益和企業投資之差
	客戶層面	客戶投訴率	投訴客戶佔總客戶的比率
		老顧客回頭率	老客戶的業務數量佔總業務量的比率
		新顧客獲得率	新客戶的數量／客戶總量
		顧客滿意率	滿意客戶佔總客戶的比率
	內部流程層面	市場佔有率	企業總業務佔市場業務總額的比率
		準時交貨率	準時交貨與交貨總量的比率
	學習和成長層面	員工滿意率	員工實際價值與預期價值的比率
		資訊化水準	企業的資訊化程度與同類企業的比較
		企業的管理水準	企業管理者管理能力
	物流服務層面	破損率	無損貨物與承擔貨物總量的比率
		訂單入庫準確率	準確入庫訂單數量與總訂單數量的比率
		出庫準確率	準確出庫數量與出庫總數量的比率
		車輛滿載率	滿載車輛與運輸車輛總數的比率

資源來源：許國兵、張文杰（二〇〇八）。

胡勇軍（二〇一二）認為影響第三方物流企業顧客滿意度的因素包括：物流企業形象、物流服務的基礎設施、物流服務的可靠性、物流服務的反應速度、物流費用、員工服務的專業性、物流服務的彈性。

劉光（二〇一二）重點分析研究了第三方物流績效評價的指標體系和內容架構，從內部績效和外部績效兩個方面考察了其指標的設計和規劃問題，主要從財務績效、採購運輸、配送倉儲等環節的功能性績效以及客戶績效等方面進行了指標設計，最後在這些績效評價指標體系的基礎上，進行了第三方物流具體績效評價流程和操作機制的數學計算過程推導。

薛朝改（二〇一三）認為第三方物流企業的服務能力可以從基礎運作能力、客戶服務品質、服務費用、服務時間、資訊服務能力五個維度來測量。

另外也有許多學者基於數學方法試圖建立客戶滿意度評價指標體系。例如，徐耀芬等（二〇一二）以綜合服務實力、正向物流服務品質、逆向物流服務品質為一級變量，運用層次分析法構建第三方物流供應商選擇模型。張炎亮等（二〇一三）則是運用了神經網絡集成模型，從企業形象、服務品質、服務價格、服務客服、業務創新五個角度出發，選取了十五個指標建立第三方物流客戶滿意度指標體系。曾玉玲（二〇一三）指出，由於存在諸多不確定資訊，指標權重的確定十分困難，基於相對熵的第三方物流供應商選擇方法則能有效避免由指標權重確定所引起評價結果的不合理性。

▼第三方物流與客戶之間的物流服務與供需關係

對第三方物流服務的客戶滿意度還有從第三方物流與客戶之間的供需關係這一視角來研究的。諸如，劉彥平（二〇〇六）指出第三方物流亦稱契約物流，基本具備了契約的所有屬性與特徵。同其他契約一樣，物流契約同樣具有不完全性，這就使得物流契約當事人之間在利益分配中就存在一定的「剩餘」，從而導致一系列問題的產生。如何處理這一「剩餘」，是物流契約（物流外包）中的重要問題，並會導致相應交易費用的產生。為減少相關交易費用，半結合（聯盟）就成為一個重要解決方案。此外，制定合理的激勵機制，設計自動實施物流契約，是促進第三方物流發展的重要途徑。蔡雙立、蔡春紅（二〇〇六）從客戶價值的角度分析了第三方物流與客戶滿意度之間的關係，文獻提出顧客價值的實現是一個動態的發展過程，顧客價值的實現度決定著顧客的滿意度；企業的市場和價值導向影響著企業實現顧客價值的評價和企業實現顧客價值的路徑選擇。影響顧客價值評價的因素既包括財務收益，也包括非財務收益。實現顧客感知價值最大化是提升服務品質的有效路徑。

曹玉貴（二〇〇七）認為第三方物流與客戶之間的關係是一種委託代理關係，非對稱資訊情況下的最優激勵合同要求物流服務提供商必須承擔更大的風險。在外部環境相同的情況下，最優激勵合同的選擇必須考慮物流服務提供商的努力程度和能力水準等特質因素。因為在其他因素確定的情況下，物流服務提供商的服務業績主要取決於其努力程度與能力水準，分別考慮其努力程度與能力水準對物流服務業績的影響，並根據它們之間的相關關係，確定其分享係數。

田宇（二〇〇七）透過比較物流外包與物流聯盟的本質區別，構建物流外包契約機制的理論體系與模型，論證了物流外包的非實質性對策及物流聯盟的實質性對策；透過建立恰當的契約機制可以實現從物流外包向物流聯盟的飛躍；物流外包的契約機制包含數量彈性契約機制、品質契約機制、價格契約機制、收益分享契約機制、旁支付契約機制、混合協作契約機制、資訊甄別契約機制、信號傳遞契約機制、道德毀損契約機制以及逆向選擇與道德毀損並存下的契約機制；根據博弈方是否資訊對稱，以及是否具有橫向競爭關聯性，研究認為不同的對策結構應採用不同的契約機制。

但斌、吳慶、張旭梅、肖劍（二〇〇七）研究指出，客戶企業希望最大限度地節約物流費用，但由於第三方物流服務提供商的收入增長依賴於客戶企業物流費用的增長，第三方物流服務提供商並沒有降低這部份物流費用的意願，而常見的物流合同不能有效地協調客戶企業和第三方物流服務提供商的這一利益衝突。在運用動態博弈模型分析常見物流合同的基礎上，設計了一種共享節約合同，運用博弈模型論證了這一合同可以形成一種有效的內在激勵機制，可以激勵雙方共同努力節約物流成本。

田宇、閻琦（二〇〇七）運用實證研究方法探索了影響客戶信任的主要因素，研究提出五個可能影響物流需求方信任的要素，包括：第三方物流聲譽、共享資訊、交易滿意度、第三方物流關係投資以及合作時間。研究結論表明前三個因素對物流服務需求方信任具有顯著的影響，而後兩個因素沒有顯著著作用。

韓超群、劉志學（二〇一一）以及王道平、趙耀、王愛霞、楊建華（二〇一一）則從第三方物流參與供應商管理庫存的視角分析了第三方物流與客戶之間的關係。他們的研究認為，第三方物流參與庫存管理降低了服務客戶的庫存成本和物流成本，增加了客戶利潤，強化了第三方物流與物流服務客戶之間的關係。

第四方物流或高端物流服務

隨著專業物流服務的不斷發展，一種超越傳統物流服務的第四方物流開始出現，並且得到了研究界廣泛的關注。第四方物流供應商是一個供應鏈的整合（集成）商，對公司內部和具有互補性的服務供應商所擁有的不同資源、能力和技術進行整合和管理，提供一整套供應鏈解決方案。其基本特徵有：第一，第四方物流提供一整套完善的供應鏈解決方案；第二，體現再造、供應鏈過程協作和供應鏈過程再設計的功能；第三，變革方面，透過新技術實現各個供應鏈職能的加強；第四，實施流程一體化、系統整合和運作交接；第五，執行、承擔多個供應鏈職能和流程的運作；第六，第四方物流透過其對整個供應鏈產生影響的能力來增加價值（宋華，二〇〇三）。田歆、汪壽陽（二〇〇九）透過對物流模式的演化研究，指出物流的運作與性質發生了質的變化，物流在這一過程中逐步實現了資源效用和社會分工的優化配置、企業成本中心到利潤中心的轉型，並從商業的支撐者轉為主導者，引領商業發展。

駱溫平（二〇一二）在全面分析第三方物流服務特點的基礎上，提出高端物流服務的概念，高端物流服務提供商是一種供應鏈服務提供商，與此同時服務提供者與客戶的關係已從交易型關係發展到戰略聯盟關係，從注重降低成本到注重創造價值，從短期關係到長期關係，從自己擁有資產到整合資源（見表十六）。

王勇、羅富碧、林略（二〇〇六）分析了第四方物流與第三方物流之間的關係，運用委託代理理論，研究了第四方物流分包時對多個第三方物流的激勵問題，得出了以下結論：第四方物流能力越強，付出的努力水

表十六 第四方物流層次協調模型

	高端物流服務提供商	普通物流服務提供商
提供物流服務的特徵	・廣泛的供應鏈專業知識 ・深厚的行業知識與咨詢技能 ・應用先進技術的能力 ・業務流程外包（物流之外） ・項目管理與分包方的協調 ・第三方物流技術整合 ・創新與持續改進能力	・傳統的物流服務 ・提供傳統的各環節服務 ・著重降低成本與改進服務 ・追求運作優秀
物流服務提供方與使用方關係特徵	・合作與合資 ・基於價值 ・風險分享 ・很少數的合作方 ・長期（五年以上） ・共同的核心價值 ・結盟和信任 ・合作競爭	・合約關係（短期） ・固定與可變成本 ・交易型關係導向 ・短期合作（一至五年）
擁有的核心能力	・戰略關係 ・供應鏈專業知識 ・以業務知識和資訊系統為基礎分擔風險和回報 ・高端技術能力 ・項目管理／合同管理 ・單點聯繫 ・第三方物流技術整合	・加強的服務能力 ・更為廣泛的物流服務內容 ・注重成本 ・單個環節的優勢

準越高；第三方物流能力越強，會更努力地工作；第四方物流給予能力強的第三方物流更多的激勵。

羅富碧、王勇（二〇〇七）進一步分析了第四方物流的協調機制，他們的研究指出，第四方物流的運作過程中，參與的企業多、物流任務多而複雜、各企業的文化差異等因素增加了物流任務完成的不確定性。為了使物流環節在時間和地理上精確配合，實現準時無縫連接、降低物流成本、提高物流服務水準，第四方物流需要對物流過程進行全面協調管理。基於此，研究提出了四層協調機制，即管理層、功能層、通信層和成員層（見圖五）。

吳程彧等（二〇〇五）、吳茜等（二〇〇八）以及朱彤（二〇一二）引用安達信諮詢公司的設計，提出了第四

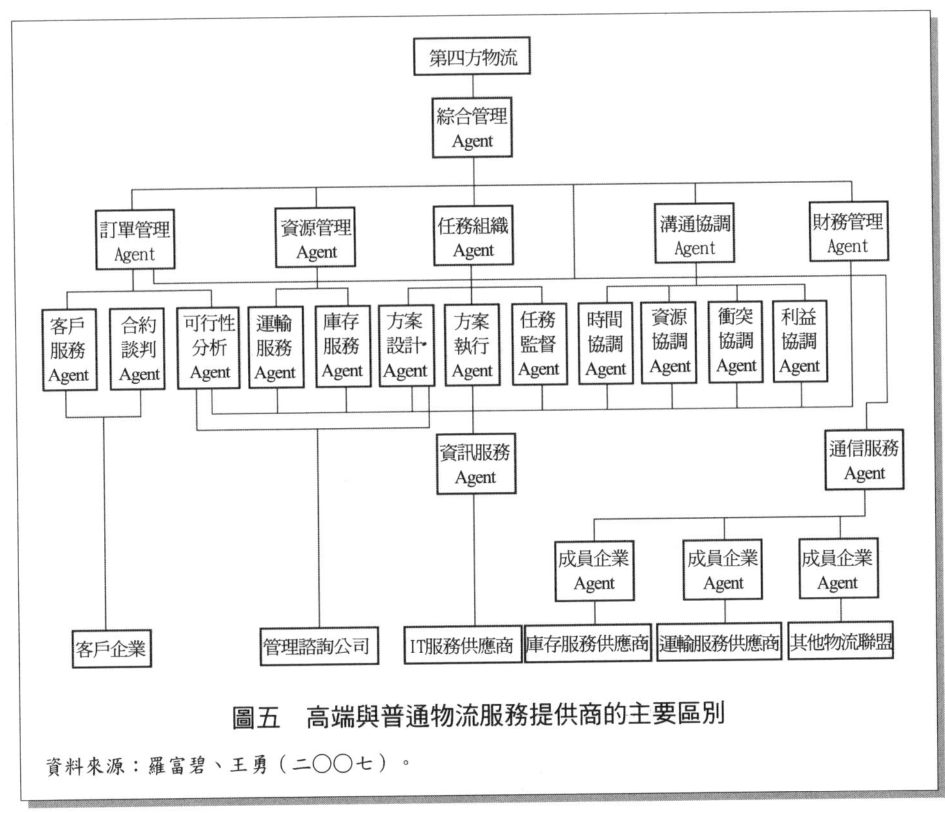

圖五　高端與普通物流服務提供商的主要區別

資料來源：羅富碧、王勇（二〇〇七）。

方物流與第三方物流之間三種協作模式：一是協調式運作模式，即二者之間透過對物流系統的解決方案進行規劃和整合，所得到的方案能夠充份利用雙方的能力和市場，達到雙贏的目的。第四方物流企業向第三方物流企業提供一系列的服務，包括：物流技術、供應鏈策略、進入市場的能力等。但是第四方物流供應商不直接與企業接觸，只是在第三方物流企業內部工作，它們之間的關係由合同確定或者以聯盟方式加以構建。二是方案整合運作模式，第四方物流作為企業客戶與第三方物流企業的紐帶，將客戶與第三方物流企業連接起來，可以整合多個物流服務供應商與企業客戶的能力。第四方物流企業對自身和第三方物流企業的資源、能力和技術進行綜合管理，藉助於第三方物流為企業客戶提供全面的、整合的供應鏈解決方案。三是行業創新模式，在這一模式中，第四方物流企業為同一個行業的多個客戶開發和提供供應鏈的解決方案，並以整合整個供應鏈的職能為重點。與方案整合運作模式相似的是，它也是作為第三方物流企業與企業客戶溝通的橋樑；不同之處是，行業創新模式中的企業客戶是同一行業的多個企業，而方案整合運作模式是對一個企業客戶進行的物流管理。

李新寧、吳春旭、李兆瓊（二〇〇八）從知識分享的角度研究了第三方與第四方之間的協調，研究在給予第三方物流報酬性激勵和非報酬性激勵雙重激勵的情況下，第四方物流激勵第三方物流共享顯性知識和隱性知識的問題。運用委託代理理論，研究認為報酬激勵係數與共享顯性知識努力以及非報酬激勵係數與共享隱性知識努力分別成正相關關係；第三方物流共享顯性知識成本與共享顯性知識努力成負相關關係，共享隱性知識的成本與努力的關係依賴於共享顯性知識的成本；非報酬激勵係數與第三方物流的分享係數成負相關關係。

另外一些學者則關注第四方物流在具體情境中的應用。何勇與任麗麗（二〇一三）提出了基於第四方物流逆向物流整合的供應鏈管理模式，即生產商按照一定的價格把產品批發給銷售商，銷售商根據市場價格把產品賣給消費者，第四方物流負責把退貨產品或積壓產品從消費者和零售商那裡收集起來，並進行加工處理，經過處理後的產品第四方物流有權在二級市場上銷售，如透過eBay進行網路行銷。趙廣華（二〇一三）則認為第四方物流的介入可以優化港口供應鏈，由於第四方物流可以提供綜合化的供應鏈服務，協調能力強，服務品質高，第四方物流能夠為港口供應鏈的發展提供有力支撐。加入第四方物流之後，港口供應鏈得以重新整合、拓展，運作流程可以得到優化。魏力（二〇一二）提出了綠色物流視角下的第四方物流運作模式，其中關鍵環節包括：(1)制定綠色供應鏈管理策略；(2)優化資訊流管理實現綠色物流；(3)構建物流服務平台實現綠色物流；(4)綠色包裝實現物流內部綠色。

述評

透過以上的研究綜述可以看出，目前有關第三方和第四方物流的研究發展較快，對這一領域的探索也較為深入。從研究的脈絡看，現行的研究主要是從三種視角來分析研究專業物流服務的狀況，所謂三種視角就是從第三方的視角、物流服務的客戶視角以及兩者的關係視角，即作為服務提供方的第三方物流所具備的能力，以及站在客戶角度所評價的績效。此外，供需之間的互動是從關係的視角來分析第三方物流發展的。應當講，這三種研究視角基本上反映了目前中國專業物流市場發展的狀況，以及面臨的問題。但是，從進一步研究發展的角度看，有些問題還需要進一步探索，這表現為三種視角是如何根據不同的第三方物流類型決定的，亦即從物流服務供需雙方來看，第三方物流的能力、客戶評價的重點以及供需關係是如何決定的。

根據以上的綜述可以看出，儘管此前的研究就這三個方面進行了詳盡細緻的研究，但是關於第三方物流能力或客戶績效評價大多站在單一方進行研究，即研究第三方物流能力時主要站在第三方物流的角度展開分析和探索，而涉及客戶績效評價時則更多地從單純的客戶視野展開分析，這種研究視角可能會忽略特定對應關係的特定能力和績效評價體系，諸如某一第三方物流面對眾多物流客戶，或者某一客戶面對眾多第三方物流時，顯然第三方物流的能力和客戶績效評價的要素不可能都是一致的，因此如何將物流服務供需雙方的特定對應關係結合起來研究能力和績效評價是需要進一步思考的問題。

此外，雖然此前的研究也探索了物流服務的供需關係，但是也有兩個方面需要研究。一是物流服務供需關係的合作具有多種形態，Dyer的研究指出供應商和客戶之間往往存在著兩種合作狀態：一種是準市場型，即這種合作是以時間軸為基礎的，供需之間雖然能夠長期交易，但是在資訊分享、流程整合等方面仍然較差；

另一種是準官僚型，這種合作的層次較高，供需之間不僅表現為長期的交易，更是在資訊分享、相互幫助、流程整合等方面具有很強的互動性。因此，不同對應的物流服務關係，究竟會採用哪一種合作形態需要進一步研究。二是由於物流服務的供需對應關係不同，也必然導致了經營風險的差異性，因此如何去規制物流服務中的潛在風險，或者用什麼樣的規制形式應對潛在的供需關係的不穩定，這些問題並沒有在既定的研究中得到關注。

第三方物流的動態演進也是一種需要繼續研究的課題。第三方物流作為一個專業物流服務的公司，其發展是一個動態的過程，這一過程不僅取決於物流企業自身的能力提升和發展，同時也取決於環境的變遷，亦即隨著環境的變化物流企業的能力如何順應發展。在此方面，此前的研究也進行了一些探索，諸如吳雋、王蘭義、李一軍（二〇〇九）的研究提出了第三方物流成熟度的概念以及發展的動態演進。然而需要進一步探索的問題在於成熟度的標準不是整齊劃一的，亦即只有具備了供應鏈運作和高級管理的第三方物流才能被稱為「規範」或「成熟」的，成熟或具備的能力一定是與第三方物流在行業和市場中的定位相關，不同定位或價值趨向的第三方物流有其內在的能力要求和成熟標準。與此同時如果一種定位特點的企業向另一種方向移動，在這一發展過程中，克服能力提升的障礙和關鍵要素是第三方物流成熟提升的核心。這些都是需要進一步探索的話題。

參考文獻

白雪潔，〈日本物流政策的特徵及其啟示意義〉，《現代日本經濟》，2007(3): 38-42。

北京市統計局、國家統計局北京調查總隊，《北京統計年鑒(2008)》，中國統計出版社，北京：2008。

中國財政部、國家稅務總局，《關於企業改制重組若干契稅政策的通知》，2008, 12。

中國財政部、國家稅務總局，《關於企業重組業務企業所得稅處理若干問題的通知》，2009, 4。

中國財政部、工業和信息化部，《物聯網發展專項資金管理暫行辦法》，2011。

中國財政部、國家稅務總局，《關於免徵蔬菜流通環節增值稅有關問題的通知》，2011, 12。

中國財政部、國家稅務總局，《關於物流企業大宗商品倉儲設施用地城鎮土地使用稅政策的通知》，2012。

中國財政部，《關於印發中央財政促進服務業發展專項資金管理辦法的通知》，2009, 5。

蔡雙立、蔡春紅，〈第三方物流企業顧客價值需求滿足模式研究〉，《北京工商大學學報》(社會科學版)，2006, 21(5): 41-45。

曹玉貴，〈不對稱信息下第三方物流中的委託代理分析〉，《管理工程學報》，2007, 21(2): 74-77。

柴欣，〈物聯網信息技術在現代食品物流中的應用——基於某企業內食品安全管理追溯系統的分析〉，《物流工程與管理》，2012(8): 45-46。

陳凱田、張吉國，〈我國農產品物流體系發展現狀、問題及對策〉，《山東工商學院學報》，2011(4): 5-19。

陳亮、趙寧，〈淺議我國第三方物流企業發展的問題與對策〉，《長沙鐵道學院學報》(社會科學版)，2013, 14(2): 24-25。

陳煒煜，〈第三方物流發展與物流業集聚動因分析〉，《中國流通經濟》，2008, 22(11): 29-31。

陳文玲、崔巍，〈十二五時期中國現代物流產業的深層挑戰與發展路徑〉，《江海學刊》，2011(2): 66-72。

陳文玲，〈我國建立和完善現代物流政策體系的選擇〉，《中國流通經濟》，2009(1): 8-12。

陳喜保，〈鐵路物流業發展中存在的稅收問題及對策〉，《鐵道運輸與經濟》，2007(8): 711。

陳雅萍，〈我國第三方物流的問題及其發展策略初探〉，《科技管理研究》，2007, 27(1): 252-254, 258。

陳志卷、肖建華，〈食品物流安全政府監管模式及對策研究〉，《對外經貿實務》，2011(3): 86-89。

陳治亞、陳維亞，〈第三方物流的規模經濟性和發展策略研究〉，《商業經濟與管理》，2007, 189(7): 37。

成耀榮、李吟龍，〈傳統道路貨運企業向現代物流企業轉化的模式和具體途徑的選擇〉，《物流技術》，2004(2): 31-33。

程慧燕、魏連雨，〈省域區域物流發展綜合評價指標體系研究〉，《物流科技》，2010(9): 48-51。

崔麗、張浩、馬龍雲、廉蓮，〈城市配送需求與經濟因素影響關係研究〉，《中國經貿導刊》，2012(5): 63-64。

戴定一，〈關於物流政策的幾個問題〉，《貨運物流》，2012(6): 28-29。

但斌、吳慶、張旭梅等，〈第三方物流服務提供商與客戶企業的共享節約合同〉，《系統工程理論與實踐》，2007, 27(2): 46-53。

丁俊發，〈農產品物流與冷鏈物流的價值取向〉，《中國流通經濟》，2010(1): 26-28。

董艷梅、朱傳耿，〈我國區域物流研究的現況與設想〉，《重慶社會科學》，2007(5): 8-12。

方昕，〈中國食品冷鏈的現狀與思考〉，《物流技術與應用》，2004(11): 55-59。

馮華、王振紅，〈生鮮食品物流存在的問題及解決方案——冷鏈物流〉，《研究與探索》，2009(6): 43-45。

馮艦軍，〈瀋陽保稅物流中心的戰略構想及發展〉，《企業經濟》，2010(6): 124-126。

高鳳蓮，〈綠色物流在發展循環經濟中的地位與對策〉，《中國流通經濟》，2008(8): 16-19。

高秀麗、王愛虎，〈廣東省區域物流與經濟的協整關係研究〉，《華南理工大學學報》(社會科學版)，2011(2): 15。

高雅，〈珠三角物流發展的低碳與後碳路徑研究〉，《中國物流與採購》，2012(3): 70-71。

工業和信息化部，《關於開展電子商務集成創新試點工程工作的通知》，2013, 5。

工業和信息化部，《關於推進物流信息化工作的指導意見》，2013, 1。

龔樹生、梁懷蘭，〈生鮮食品的冷鏈物流網絡研究〉，《中國流通經濟》，2006(2): 79。

顧敬岩，〈中國道路貨運業信息技術應用發展綜述〉，《物流技術與應用》，2004(4): 52-57。

郭金玲、樊碩，〈第四方物流在我國的發展對策研究〉，《中國管理信息化》，2013, 16(4): 41-42。

郭滕達、歐朝敏，〈中美第三方物流企業市場競爭力比較研究〉，《工業工程與管理》，2010, 15(6): 38-44。

中國國家發展和改革委員會、國土資源部、住房和城鄉建設部、交通運輸部、商務部、海關總署、科技部、工業和信息化部、鐵路局、民航局、郵政局、國家標準委，《關於印發全國物流園區發展規劃的通知》，2013, 8。

中國國家發展和改革委員會，《關於印發促進綜合交通樞紐發展的指導意見的通知》，2013, 3。

中國國家發展和改革委員會，《產業結構調整指導目錄(2011年本)》，2011。

中國國家發展和改革委員會，《關於印發物流業調整和振興專項投資管理辦法的通知》，2009, 3。

中國國家發展和改革委員會，《國家糧食安全中長期規劃綱要(2008-2020年)》，2008, 11。

中國國家發展和改革委員會，《農產品冷鏈物流發展規劃》，2010, 7。

中國國家經濟貿易委員會、財政部、勞動和社會保障部、國土資源部、中國人民銀行、國家稅務總局、國家工商行政管理總局、中華全國總工會，《關於國有大中型企業主輔分離輔業改制分流安置富餘人員的實施辦法》，2002, 11。

中國國家稅務總局，《關於試點物流企業有關稅收政策問題的通知》，2005, 12。

中國國家郵政局，《關於快遞企業兼併重組的指導意見》，2011, 6。

中國國務院，《關於深化流通體制改革加快流通產業發展的意見》，2012, 8。

中國國務院，《公路安全保護條例》，2011, 3。

中國國務院，《關於加快發展服務業的若干意見》，2007。

中國國務院，《國務院辦公廳關於促進物流業健康發展政策措施的意見》，2011, 8。

中國國務院，《國務院關於加快發展服務業的若干意見》，2007, 3。

中國國務院，《物流業調整和振興規劃》，2009, 2。

中國國務院辦公廳，《關於印發貫徹落實促進物流業健康發展政策措施意見部門分工方案的通知》，2011, 12。

中國國務院辦公廳，《關於印發降低流通費用提高流通效率綜合工作方案的通知》，2013, 1。

中國國務院辦公廳，《關於促進物流業健康發展政策措施的意見》，2011, 8。

中國國務院辦公廳，《關於印發深化流通體制改革加快流通產業發展重點工作部門分工方案的通知》，2013, 5。

韓超群、劉志學，〈VMI&TPL供應鏈集成化模型與策略空間〉，《工業工程與管理》，2011, 16(2): 97-102, 108。

韓宇紅，〈發展我國冷鏈物流的對策研究〉，《農產品加工》(學刊)，2006(6): 29-32。

何國華，〈區域物流需求預測及灰色預測模型的應用〉，《北京交通大學學報》(社會科學版)，2008(1): 33-37。

何勁，〈中外果蔬冷鏈物流比較與借鑒〉，《經濟師》，2008(12): 252-254。

何黎明，〈落實「國九條」促進物流業健康發展〉，《中國流通經濟》，2011(11): 11-14。

何黎明，〈穩中求進整合提升促進我國物流業持續健康發展〉，《中國流通經濟》，2012(3): 10-15。

何萍、張光明，〈江蘇省區域物流發展與區域經濟的關係〉，《工業工程》，2011(5): 146-149。

何添錦，〈區域物流對城市群經濟協調發展要素的作用機理〉，《中國物流與採購》，2010(2): 60-61。

何勇、任麗麗，〈基於4PL逆向物流整合的供應鏈管理模式〉，《東南大學學報》(哲學社會科學版)，2013, 15(4): 41-45。

賀登才，〈物流業面臨的政策問題及前景〉，《貨運物流》，2012(6): 70-71。

侯秀英、邱榮祖、劉娜翠，〈福建區域物流影響因素分析〉，《廈門理工學院學報》，2011(4): 59。

胡勇軍，〈基於Kano 模型的廣東第三方物流企業顧客滿意度實證分析〉，《物流技術》，2012(11): 79-82。

惠英、舒慧琴，〈長三角物流園區規劃佈局分析〉，《城市規劃學刊》，2008(3): 64-70。

霍紅、宋永超，〈黑龍江物流服務體系現狀分析〉，《物流技術》，2009(2): 38-40, 54。

姜理、楊運祥，〈公路交通物流企業信息平台的通用功能模型設計〉，《中山大學學報》，2005(4): 28-32。

蔣湧，〈廣西北部灣經濟區承接大珠三角物流產業轉移的探析〉，《沿海企業與科技》，2010(2): 81-83。

蔣有凌、周紅梅，〈第三方物流企業的核心競爭力評價〉，《經濟管理》，2007, 29(13): 67-71。

中國交通運輸部、國家發展和改革委員會，《關於進一步完善和落實鮮活農產品運輸綠色通道政策的通知》，2009, 12。

中國交通運輸部、公安部、國家發展和改革委員會、工業和信息化部、住房和城鄉建設部、商務部、國家郵政局，《關於加強和改進城市配送管理工作的意見》，2013, 2。

中國交通運輸部、國家發展和改革委員會、財政部、監察部、國務院糾風辦，《關於開展收費公路專項清理工作的通知》，2011, 6。

中國交通運輸部，《交通運輸部辦公廳關於促進航運業轉型升級健康發展的若干意見》，2013, 8。

中國交通運輸部，《交通運輸部關於改進提升交通運輸服務的若干指導意見》，2013, 8。

中國交通運輸部，《交通運輸部關於印發加快推進長江等內河水運發展行動方案(2013-2020年)的通知》，2013, 8。

中國交通運輸部，《交通運輸物流公共信息平台建設綱要》，2013, 11。

中國交通運輸部，《公路超限檢測站管理辦法》，2011, 8。

荊林波、王雪峰，〈我國流通業發展現狀、存在的問題及對策〉，《中國流通經濟》，2012(2): 15-20。

李丙剛，〈構建現代化中國石油物流體系〉，《中國市場》，2007(19): 50-51。

李佛賞，〈信息化環境下我國第三方物流企業發展策略的研究〉，《價值工程》，2014(1): 27-28。

李虹，〈關於我國區域物流競爭力的分析與評價——以遼寧為例〉，《技術經濟與管理研究》，2012(4): 108-111。

李維昌，〈我國食品物流的困境及發展對策研究〉，《物流工程與管理》，2010(8): 68。

李文懿、張梅青，〈京津冀經濟一體化下的區域物流發展優化研究〉，《綜合運輸》，2012(10): 38-44。

李新寧、吳春旭、李兆瓊等，〈第三方物流與第四方物流知識共享激勵機制研究〉，《科技管理研究》，2008, 28(1): 184-186。

李旭宏、李玉民、顧政華、楊文東，〈基於層次分析法和熵權法的區域物流發展競爭態勢分析〉，《東南大學學報（自然科學版）》，2004(3): 398-401。

李學工，〈我國農產品物流政策框架的建議——基於物流業調整與振興規劃背景下〉，《宏觀經濟管理》，2009(6): 19-22。

李婭嵐，〈我國第三方物流公共政策探討〉，《知識經濟》，2012(11): 104-105。

梁春梅，〈長三角區域物流發展的對策研究〉，《生產力研究》，2011(9): 122-123。

梁家豪、杜勝群、雷勳平，〈長三角物流產業總體發展水平分析〉，《中國物流與採購》，2008(9): 50-52。

林國龍，〈長三角物流產業聯動發展現狀，問題與對策〉，《中國遠洋航務公告》，2006(3): 37-39。

林文杰，〈發達國家物流服務產業發展政策的比較研究〉，《漳州職業技術學院學報》，2011(2): 57-61。

林勇、王健，〈我國現代物流政策體系的缺位與構建〉，《商業研究》，2006(18): 183-186。

劉秉鐮、劉玉海，〈交通基礎設施建設與中國製造業企業庫存成本降低〉，《中國工業經濟》，2011(5): 69-79。

劉秉鐮、王鵬姬，〈基於平衡計分卡的物流企業績效層次分析〉，《中國流通經濟》，2003, 17(7): 58-61。

劉璠、賈宇，〈第四方物流企業協同運作模式研究〉，《中國集體經濟》，2012(27): 102-103。

劉光，〈第三方物流績效評價管理體系研究〉，《物流技術》，2012, 31(7): 250-252。

劉紅梅、曹宏亮，〈兩型社會視角下的長株潭區域物流發展戰略構想〉，《物流工程與管理》，2011(10): 67。

劉利軍，〈我國製造業物流發展策略研究〉，《山東工商學院學報》，2009(4): 49-52。

劉培軍，〈共同配送將是整合的最佳形式——城市配送的問題與出路〉，《物流技術與應用》，2010(6): 42-43。

劉延海、張朗、張利華，〈食品物流行業安全管理探討〉，《物流技術》，2012(8): 138-140。

劉彥平，〈第三方物流的契約經濟理論分析〉，《學習與探索》，2006(2): 231-234。

劉妤，〈我國第三方物流發展現狀及對策研究〉，《中小企業管理與科技》(上旬刊)，2013(3): 165-166。

陸雪翡，〈從資源觀角度分析第三方物流企業的核心競爭力〉，《經營與管理》，2012(6): 108-110。

羅富碧、王勇，〈第四方物流的協調機制研究〉，《商業經濟與管理》，2007(4): 23-27, 61。

駱溫平，《高端物流服務》，北京：中國人民大學出版社，2012。

馬妙明，〈我國冷鏈物流發展現狀及財政支持政策研究〉，《鐵道運輸與經濟》，2012(11): 56-60。

馬士華、陳鐵巍，〈基於供應鏈的物流服務能力構成要素及評價方法研究〉，《計算機集成製造系統》，2007, 13(4): 744-750。

馬士華、孟慶鑫，〈供應鏈物流能力的研究現狀及發展趨勢〉，《計算機集成製造系統》，2005, 11(3): 301-307。

馬濤，〈論我國物流產業政策與法律制度的完善〉，《物流技術》，2009(9): 47。

繆小紅、周新年、巫志龍，〈生鮮食品冷鏈物流研究進展探討〉，《物流技術》，2009(2): 24-27。

牛正乾，〈我國醫藥物流市場發展趨勢及調整路徑〉，《中國物流與採購》，2004(21): 8-10。

歐陽強國、程肖冰、王道平等，〈歐美第三方物流發展對我國的啟示〉，《經濟師》，2010(1): 125-127。

彭本紅、羅明、周葉等，〈物流外包中的最優契約分析〉，《軟科學》，2007, 21(1): 26-28, 36。

彭仁貴、王利、楊志華，〈長三角物流業對經濟增長作用的實證分析〉，《市場論壇》，2007(10): 36-37。

齊立美、邢衛，〈基於灰色關聯度分析的第三方物流企業績效評價〉，《塔里木大學學報》，2013, 25(3): 48-52。

齊昕麗，〈基於拓展SCP框架下的長三角物流產業組織研究〉，《經濟論壇》，2009(23): 125-128。

邱劍，〈物流保險在現代物流業下的創新發展思路〉，《中國物流與採購》，2011(18): 70-71。

瞿亞森，〈運用現代物流理念發展道路貨運〉，《中國外資》，2011(19): 40。

中國全國現代物流工作部際聯席會議辦公室，《關於促進製造業與物流業聯動發展的意見》，2010, 4。

中國全國現代物流工作部際聯席會議辦公室，《關於開展製造業與物流業聯動發展示範工作的通知》，2010。

全英華，〈我國現代食品物流發展現狀和對策〉，《物流科技》，2011(5): 6768。

任博敬，〈第三方物流企業核心競爭力建設構想〉，《企業管理》，2013(11): 23-24。

榮海濤、寧宣熙，〈煤炭物流系統資源整合模式研究〉，《現代管理科學》，2008(8): 60-62。

中國商務部、工商總局、質檢總局、全國供銷合作總社，《關於加強農村市場體系建設的意見》，2008, 6。

中國商務部、國家發改委、全國供銷合作總社，《商貿物流發展專項規劃》，2011, 3。

中國商務部，《關於促進倉儲業轉型升級的指導意見》，2012, 12。

中國商務部，《關於加快國際貨運代理物流業監控發展的指導意見》，2013, 1。

上海市人民政府，《上海市現代物流業發展「十一五」規劃》，2007, 4。

中國十一屆全國人大四次會議，《國民經濟和社會發展「十二五」規劃綱要》，2011, 3。

舒輝、李欣蕃，〈區域物流發展模式選擇的工作機制與調控探析〉，《經濟問題探索》，2011(7): 33-37。

舒輝，〈區域物流發展模式選擇影響要素分析〉，《當代財經》，2010(12): 71-75。

司楊，〈發揮政府作用，推動北京物流業發展——《物流業調整和振興規劃》解析〉，《時代經貿》，2009(7): 50-53。

宋華、王嵐、王小劉，〈中國醫藥分銷信息化對績效影響的實證研究〉，《預測》，2008(5): 19-26。

宋華，〈第三方物流服務對客戶物流成本影響的實證研究〉，《商業經濟與管理》，2007, 184(2): 9-16。

宋華，〈整合供應鏈服務提供商——第四方物流〉，《經濟理論與經濟管理》，2003(8): 40-44。

宋華，〈中國醫藥分銷物流變革存在的問題與前景展望〉，《中國軟科學》，2005(6): 132-138。

宋遠方，〈中國醫藥行業物流運營模式研究〉，《中國工業經濟》，2005(12): 22-27。

宋則、孫開釗，〈中國應急物流政策研究(上)〉，《中國流通經濟》，2010(4): 19-21。

宋則、孫開釗，〈中國應急物流政策研究(下)〉，《中國流通經濟》，2010(5): 11-14。

蘇敬勤、王鶴春，〈第三方物流企業管理創新適配過程機制分析：多案例研究〉，《科學學與科學技術管理》，

2010, 31(10): 69-77。

孫美和、陳默，〈我國物流保險的發展對策〉，《水運管理》，2006(8): 25-27。

孫前進，〈基於產業結構的京津冀物流功能集聚區建設探討〉，《商業時代》，2011(23): 38-39。

孫前進，〈日本現代流通政策體系的形成及演變〉，《中國流通經濟》，2012(10): 13-18。

索滬生，〈公路運輸業發展物流服務的研究〉，《公路交通科技》，2000(3): 83-87。

田鳳權，〈東北物流市場的現狀分析與發展趨勢及政策導向研究〉，《改革與開放》，2009(6): 55-56。

田歆、汪壽陽、華國偉等，〈零售商供應鏈管理的一個系統框架與系統實現〉，《系統工程理論與實踐》，2009, 29(10): 45-52。

田宇、閻琦，〈物流外包關係中物流服務需求方信任的影響因素研究〉，《國際貿易問題》，2007, 293(5): 29-33。

田宇，〈從物流外包到物流聯盟：契約機制體系與模型〉，《國際貿易問題》，2007(2): 29-33。

中國鐵道部與交通運輸部，《關於加快鐵水聯運發展的指導意見》，2011, 9。

童明榮、薛恆新、林琳等，〈現代第三方物流供應商的選擇〉，《大連海事大學學報》，2006, 32(4): 14-18。

汪燕，〈武漢城市圈港口物流園區產業發展模式選擇〉，《物流工程與管理》，2008(11): 19-22。

王道平、翟樹芹，〈第三方物流企業競爭力評價指標體系構建及其評價〉，《財經理論與實踐》，2005, 26(6): 79-83。

王道平、趙耀、王愛霞等，〈第三方物流參與供應商管理庫存模型〉，《工業工程》，2011, 14(5): 17。

王海萍，〈第三方物流產業的政策性軟環境研究述評〉，《交通企業管理》，2012(4): 60-61。

王海燕、黃章樹、張岐山，〈區域物流與產業集群發展內在機理研究及其現實啟示〉，《物流技術》，2008(2): 57, 19。

王家祺、范丹，〈我國第三方物流的需求及其作用分析〉，《科技管理研究》，2005, 25(11): 251-252, 260。

王健，〈區域物流規劃理論框架的構建〉，《中國流通經濟》，2006(11): 12-15。

王健，〈現代物流發展中的政府作用〉，《中國流通經濟》，2004(10): 14-17。

王靜，〈中國農產品物流可持續發展模式的區位化創新戰略〉，《河北學刊》，2012, 32(4): 142-145。

王娟、封學軍、王偉，〈長三角物流產業發展現狀與可持續發展對策〉，《中國港口》，2010(11): 48-49。

王娜，〈關於我國第三方物流的現狀分析及對策的研究〉，《中國包裝工業》，2013(9): 28-28。

王瑞凱、欒貴勤，〈環渤海經濟圈區域物流中心的選擇〉，《山東社會科學》，2009(2): 68-70。

王曉萍，〈寧波港與上海港的互動合作初探〉，《寧波大學學報》(人文科學版)，2005(2): 130-134。

王選慶，〈我國商貿物流發展情況及政策取向〉，《中國物流與採購》，2012(2): 24-27。

王勇、羅富碧、林略等，〈第四方物流努力水平影響的物流分包激勵機制研究〉，《中國管理科學》，2006, 14(2): 136-140。

王鈺、鄭翔，〈簡論我國鐵路物流產業政策體系〉，《物流技術》，2010(9): 56, 33。

王之泰，〈商貿物流探析〉，《中國流通經濟》，2011(10): 8-11。

王子先，《深圳市供應鏈管理行業發展報告》，北京：經濟管理出版社，2012。

韋琦、黃利鋒，〈基於核心競爭力的珠三角物流聯盟構建〉，《廣東商學院學報》，2010(1): 73-77。

韋永福，〈低碳背景下物流業的發展路徑〉，《經濟導刊》，2012(2): 30-31。

魏際剛，〈促進我國醫藥物流發展的政策建議〉，《中國流通經濟》，2007(3): 15-17。

魏靜、崔文穎、趙英霞，〈東北地區兩業聯動的政策支撐體系研究〉，《江蘇商論》，2012(9): 83-85。

魏力，〈綠色物流視角下的第四方物流運作模式研究〉，《商業時代》，2012(2): 55-56。

文雅，〈珠三角物流業發展的戰略研究〉，《廣東經濟》，2009(11): 53-57。

毋慶剛，〈我國冷鏈物流發展現狀與對策研究〉，《中國流通經濟》，2011(2): 24-28。

吳程彧、張光宇，〈淺談第四方物流及其在我國的發展策略〉，《商業研究》，2005(22): 33。

吳雋、王蘭義、李一軍等，〈第三方物流企業能力成熟度模型研究〉，《中國軟科學》，2009(11): 139-146。

吳雋、王蘭義、李一軍等，〈基於模糊質量功能展開的物流服務供應商選擇研究〉，《中國軟科學》，2010(3): 145-151。

吳琳、張麗娟、和諧，〈基於顧客價值的第三方物流企業核心競爭優勢識別研究〉，《物流科技》，2014(1): 121-125。

吳柳，〈中國製造企業物流現狀及政策建議〉，《中國遠洋航務》，2007(3): 78-80。

吳茜、劉建亭，〈第三方物流與第四方物流的協作關係研究，《科技管理研究》，2008(1): 134-136。

吳曄，〈珠三角洲區域物流與區域經濟互動機理探討〉，《物流科技》，2009(2): 21-23。

武雲亮、黃少鵬，〈我國煤炭物流網絡體系優化及其政策建議〉，《中國煤炭》，2008(10): 27-33。

夏春玉，〈中國物流政策體系——缺失與構建〉，《財貿經濟》，2004(8): 45-50。

謝明、梁旭、關柏錞，〈我國醫藥物流發展的制約因素及對策分析〉，《中國市場》，2007(32): 40-41。

謝如鶴、劉廣海，〈生鮮食品物流安全問題調研分析〉，《中國物流與採購》，2012(22): 70-71。

謝曉燕、呂琳娜，〈國內外區域物流研究述評〉，《物流科技》，2012(1): 13-17。

徐劍、韓冬、劉丹，〈遼寧裝備製造業物流體系規劃研究〉，《瀋陽工業大學學報》(社會科學版)，2011, 4(3): 201-205。

徐炯輝、潘文軍，〈基於食品安全的物流保障體系分析〉，《綜合運輸》，2009(7): 52-56。

徐揚、王傳濤、申金升，〈論現代物流產業功能體系——兼論現階段物流政策改進的著眼點〉，《物流技術》，2010(1): 17-19。

徐耀芬、隋俊、童志龍，〈循環經濟模式下第三方物流服務商的評估與選擇〉，《商業經濟》，2012(11): 60-62。

許國兵、張文杰，〈基於平衡記分卡的第三方物流服務商績效綜合評價模型〉，《生產力研究》，2008(2): 119-121。

薛朝改，〈電子商務環境下第三方物流企業服務能力的評價〉，《物流技術》，2013, 32(5): 18-22。

楊國川，〈我國綠色物流發展中的制約因素及對策〉，《商業經濟與管理》，2011(2): 18-23。

楊銘，〈物流政策評價及體系構建——基於上海、深圳、寧波的對比〉，《企業經濟》，2011(5): 72-75。

楊三根、段鋼，〈現代物流業的發展和全球供應鏈管理——一個新興古典經濟學分析框架〉，《世界經濟研究》，2005(9): 48-52。

楊水華，〈基於電子商務環境下的第三方物流研究〉，《企業經濟》，2013(12): 152-155。

楊延海，〈瀋陽物流園區發展對策分析〉，《物流工程與管理》，2010(11): 22-23, 29。

楊志梁、張雷、程曉凌，〈區域物流與區域經濟增長的互動關係研究〉，《北京交通大學學報》(社會科學版)，2009(1): 38-40。

姚蓉樂、冰瀅，〈平衡計分卡下第三方物流企業績效評價指標構建〉，《商業會計》，2012(17): 57-58。

葉海燕，〈我國農產品冷鏈物流現狀分析及優化研究〉，《商品儲運與養護》，2007(3): 38-42。

葉勇、張友華，〈中國冷鏈物流的最新發展和對策研究〉，《華中農業大學學報》，2009(1): 69-72。

殷輝、張硯、李道芳，〈我國區域物流節點城市發展的統計評價分析〉，《現代管理科學》，2011(3): 43-45。

游佳，〈西部地區區域物流系統發展模式研究〉，《商業時代》，2010(3): 30-31。

于亦文、周榮虎，〈區域物流產業綜合實力評價研究——以中原城市群為例〉，《現代管理科學》，2007(11): 70-72。

袁治平、孫豐文、付榮華，〈我國城市綠色交通物流系統的構建及解析〉，《生態經濟》，2007(1): 35-38。

曾玉玲，〈基於相對熵的中小企業第三方物流供應商選擇方法研究〉，《科協論壇》(下半月)，2013(11): 142-143。

張誠、周敏，〈中部區域物流與區域經濟協同發展研究〉，《物流工程與管理》，2010(10): 76-78。

張鋒、肖吉軍，〈農產品物流信息平台規劃研究〉，《中國商貿》，2012(13): 145-146。

張建軍，〈基於物流決策三角形的城市配送體系優化研究〉，《物流技術》，2011(12): 72-75。

張建升，〈區域物流發展差異及其影響因素研究〉，《北京交通大學學報》(社會科學版)，2011(3): 48-53。

張杰，〈國外農產品物流經驗對我國發展農產品綠色物流的啟示〉，《宿州教育學院學報》，2012(3): 48-57。

張潛，〈環渤海區域物流發展現狀簡析〉，《經濟研究導刊》，2009(13): 128-129。

張晟義、張衛東，〈我國能源生物質供應物流面臨的運營——戰略與體制問題剖析〉，《生態經濟》，2012(5): 110-114。

張興東，〈東北物流園區體系建設研究〉，《商場現代化》，2011(33): 31。

張炎亮、胡琳琳、李亞東，〈基於神經網絡集成的第三方物流客戶滿意度測評〉，《工業工程》，2013, 16(3): 84-88。

張燕燕、陳博，〈區域物流需求的投入產出分析——以北京市為例〉，《物流技術》，2010(Z2): 13。

張中強，〈物流基礎與經濟基礎協調發展研究——以江蘇徐州地區為例〉，《中國流通經濟》，2010(5): 23-26。

趙廣華，〈基於第四方物流的港口供應鏈優化〉，《中國流通經濟》，2013(12): 29-36。

趙儉，〈中國物流發展現狀與展望〉，《交通運輸》，2004(1): 2022。

趙科翔、陸程程、張志超，〈中國區域物流資源利用情況的實證研究〉，《經濟研究導刊》，2012(6): 196-199。

趙啟蘭、王耀球、劉宏志，〈基於趨勢的區域物流規劃的定位分析〉，《北京交通大學學報》(社會科學版)，2006(3): 35-39。

趙嫻，〈我國物流業現行政策的分析與評價〉，《中國流通經濟》，2006(6): 710。

鄭兵、董大海、金玉芳等，〈第三方物流客戶滿意度前因研究——基於客戶視角〉，《管理工程學報》，2008, 22(2): 51-57。

支燕、劉秉鐮，〈我國物流產業組織的特徵分析——基於2002~2005數據的實證研究〉，《預測》，2007, 26(4): 10-14, 28。

鍾新周，〈發展低碳物流的影響因素及對策〉，《改革與戰略》，2012(1): 51-59。

周京華、王玲，〈第三方物流企業顧客滿意度影響因素分析〉，《物流技術》，2005(10): 99-102。

周雲，〈我國第三方物流發展現狀及趨勢分析〉，《價值工程》，2013(19): 26-27。

朱明德，〈世界糧食物流與中外糧食物流成本研究(續一)〉，《糧食流通技術》，2006(4): 12。

朱明德，〈世界糧食物流與中外糧食物流成本研究(續二)〉，《糧食流通技術》，2006(5): 14。

朱明德，〈世界糧食物流與中外糧食物流成本研究(續三)〉，《糧食流通技術》，2006(6): 13。

朱明德，〈世界糧食物流與中外糧食物流成本研究〉，《糧食流通技術》，2006(3): 12。

朱彤，〈論我國第四方物流發展困境及策略〉，《物流技術》，2012, 31(6): 36-38。

〈「最後一公里」——城市配送問卷調查分析報告〉，《物流技術與應用》，2011(11): 24-25。

代表性文獻

供應鏈柔性研究

作者：鄧寧

出版社：中國財政經濟出版社

出版時間：二〇〇八年八月

研究主題：該書以博弈論、優化理論以及動態規劃等理論為基礎，將供應鏈與彈性這兩個概念有機地結合在一起，並透過現有供應鏈營運案例揭示了供應鏈如何透過策略性的協調來增加整個鏈條的彈性。

研究方法：該書主要從決策的三個層面對供應鏈彈性進行了分類研究，這三個層面包括：戰略層面、戰術層面與執行層面。在戰略層面，作者主要針對供應鏈組織結構設計進行了研究，主要是從供應鏈長效機制的角度來分析。由於供應鏈是由多個利益主體所組成的複雜的網絡組織，組織成員之間的行為互動是影響其穩定的主要因素，所以作者採用了博弈論中的有關知識，同時也基於行為主義理論建立了其戰略層面的彈性決策架構；在戰術層面作者主要是從供應鏈系統中期運作程序、流程的具體安排入手，即具體到供應鏈系統彈性增加應從何處入手，這裡作者採用了優化理論，著重分析了前置時間、採購時間與營運時間的優化問題；在執行層面作者觀察了在供應鏈日常的營運中如何透過調整已有的營運計劃來增加適當的彈性問題。這裡主要採用了有關庫存論等相關理論，從執行層面研究了日常營運中調整一定的策略會提高整個供應鏈對外反應的速度以及應對不確定性環境變化的能力。

主要成果：(1)在對已有的有關彈性問題進行系統的研究後，將其與供應鏈緊密地結合在一起，同時根據已掌握的有關彈性的文獻資料，從決策的角度將供應鏈彈性進行了界定、分類，同時也揭示了已有相關研究內容的局限性，並對其進行了評價。(2)建立了供應鏈彈性的決策理論，利用分佈式決策系統研究了供應鏈成員之間、決策之間的互動性，從決策論的角度將供應鏈彈性分成了三個層面，並對供應鏈彈性測度架構要素進行了分析。(3)對供應鏈彈性三個層面的內容分別進行了闡述，戰略層面要使供應鏈內外環境保持長期的平衡，戰術層面的關注點是前置時間、採購時間、營運時間的最優設計以及內部價格之間的彈性設計，執行層面主要關注供應鏈各層次點之間存在的一些庫存、人力資源的配置以及供應鏈各成員之間彈性計劃的設計。

創新之處：該書將供應鏈與彈性這兩個概念有機地結合起來，同時從決策論的角度來分析供應鏈系統如何應用彈性增加其對外界環境不確定性反應的能力。供應鏈對彈性的應用不同於單一企業的應用，供應鏈系統不僅與單一企業一樣要面臨外界環境不確定性的風險，而且還要面對來自系統內部各成員之間關係的風險，所以需要從不同的層次來把握供應鏈彈性。從戰略、戰術與執行這三個層面的不同角度的研究有利於供應鏈系統的高效運作，這不僅在理論上具有高度的研究價值，而且對於供應鏈系統的實際操作也有許多可借鑒之處。

Alternative forms of fit in distribution flexibility strategies

分銷柔性戰略中的各種匹配類型

作者：于亢亢、Jack Cadeaux、宋華

發表期刊：*International Journal of Operations & Production Management*

發表時間：二〇一二年第三十二期第十卷

研究主題：在複雜多變的通路環境中，很多成員企業會透過實施各種彈性戰略來應對外界環境的變化，同時，也有很多研究者針對這一問題展開了深入探討。該研究聚焦在分銷彈性上，也就是與供應鏈下游流程相關的各種彈性，由此來分析分銷彈性的構成，以及解釋企業如何在各種不同的分銷彈性戰略中做出選擇。

研究方法：該研究採用了探索式的多案例研究方法，根據外部環境中的不確定性和異質性構成的四象限矩陣，選擇了處於不同產業中的私家中國製造商，廣泛涉及醫藥行業、固液分離機械行業、家用電器行業、製衣行業。並對各企業中的生產、行銷、營運部門的主管經理進行面對面的深入訪談，結合所蒐集的企業內部資料，對它們的分銷戰略、分銷網絡、分銷績效等方面進行了單獨分析和對比分析。

主要結論：研究結果表明，在給定的環境下，企業會選擇合適的分銷彈性戰略，包括：物資分銷彈性聚焦戰略、需求管理彈性聚焦戰略、協調彈性聚焦戰略，以及分銷彈性組合戰略。從權變理論的觀點來看，它們所選擇的戰略必須要與其所處的分銷環境相匹配。特別是，在實施過程中，它們會將分銷彈性戰略與其分銷網絡結構和分銷績效導向相匹配，而匹配的方式或者是聚焦，也或者是組合。

研究意義：該文章基於現有的文獻，透過案例研究的方法探索了分銷彈性的不同維度。同時，該文章還分析了企業如何選擇和制定分銷彈性戰略，從而適應特定的外部環境。此外，該文章還提出企業最終的績效是由各種不同的分銷彈性戰略決定的。最終，該文章得出以下的決策矩陣，以啟示企業的戰略決策：

環境不確定性 \ 環境多樣性	低	高
低	協調彈性聚焦戰略 網絡連接強度和密度居中 長期的效率和效益導向	物資分銷彈性聚焦戰略 網絡連接強度和密度較高 短期和長期的效率導向
高	需求管理彈性聚焦戰略 網絡連接強度和密度較低 短期和長期的效益導向	分銷彈性組合戰略 混合網絡結構 短期的效率和效益導向

供應鏈柔性測度的研究

作者：吳冰、劉義理、趙林度

發表期刊：《工業工程》

發表時間：二〇〇八年第十一卷第三期

研究主題：在研究供應鏈彈性測度現狀的基礎上，針對以往研究只關注特定的彈性測度這一現象，該研究從整個價值增值系統角度，系統完整地提出供應鏈彈性測度指標體系；根據指標體系的特點，比較研究了四種供應鏈整體彈性的模式。

方法比較：約束模式、加法模式和乘法模式都需要測度各子系統的彈性值，而黑箱模式只需要測度供應鏈的輸出彈性反應指標值，因而在計算量上黑箱模式遠小於前面三種模式而且可操作性較強；更為重要的是黑箱模式可以忽略供應鏈彈性系統內部結構，而透過測度供應鏈彈性反應指標來直接測度供應鏈整體彈性，從而使得用黑箱模式度量供應鏈彈性較前三種模式更為直接。因此，使用黑箱模式度量供應鏈整體彈性不僅相對簡單而且客觀。

研究方法：以某有限公司為算例分析對象，透過對其供應鏈現狀的調查研究與問卷調查相結合的方式，測度其二〇〇三至二〇〇五年供應鏈彈性水準。對於某有限公司的供應鏈彈性問卷調查，涉及供應鏈結構彈性、物流彈性、資訊技術彈性、採購彈性、製造彈性以及分銷彈性六個方面。

算例分析：供應鏈結構彈性、物流彈性、資訊技術彈性、採購彈性、製造彈性或分銷彈性的計算結果越大，則表明對應的彈性水準越高。同樣，供應鏈整體彈性的計算結果越大，則表明整體彈性水準越高。因此，根據計算結果，算例中的以某有限公司為核心的供應鏈整體彈性並不高，其原因可能是多種因素綜合造成的。

研究意義：供應鏈彈性測度問題不能很好地解決，是造成彈性的概念不能在供應鏈決策中受到重視的原因之一。因此，該研究從供應鏈彈性測度的研究現狀出發，建立了供應鏈彈性測度較完整的指標體系，並分析比較了四種可能的供應鏈整體彈性測度模式，提出用黑箱模式測度供應鏈整體彈性不僅相對簡單而且客觀。供應鏈彈性測度的重要目的是均衡彈性與效率，並結合環境特徵規劃供應鏈應當具備的彈性並保持與環境的匹配。進一步地，對於供應鏈彈性的經濟決策及其與環境動態匹配的研究，是有待進一步研究的方向。

CHAPTER 3

綠色供應鏈與可持續發展

撰寫人：張松波（首都經貿大學）
熱比婭・吐爾遜（新疆財經大學）
侯海濤（中國人民大學）

引言

綠色供應鏈管理的概念自二十世紀九〇年代提出以來，逐漸受到世界各國政府和企業的關注和重視，由一個抽象的概念逐步成為日常經濟活動的指南。二十世紀九〇年代中期以來，歐美和亞洲已開發國家的各類組織和企業都紛紛在理論和實踐上深入研究綠色供應鏈管理。綠色供應鏈管理是在整個供應鏈管理中綜合考慮環境影響和資源效率的一種現代管理模式，它以綠色製造理論和供應鏈管理技術為基礎，涉及供應商、生產商、銷售商和用戶。其目的是使得產品在從原材料的獲取、加工、包裝、倉儲、運輸、使用到報廢處理以及回收利用的整個過程中對環境的負面作用最小、資源效率最高。

綠色供應鏈把「綠色」理念融入到供應鏈當中，以達到綠色製造和綠色行銷為目的，充份利用具有綠色優勢的外部企業資源並與具有綠色競爭力的企業建立戰略聯盟，使各企業集中精力去鞏固和提高自己的綠色製造核心能力和業務。綠色供應鏈的提出使得製造業企業從傳統的單純靠技術解決環境問題轉為從產品整個生命週期的角度進行全面環境管理，這不僅在解決環境問題上取得了好的效果，也給企業帶來了潛在的效益。比如如果在設計產品時就考慮了環境因素，就可以避免未來環境治理的成本。它包含了傳統供應鏈的所有的元素，但是增加了包括產品及包裝回收再利用的環節和回收處理商要素，構成半閉合鏈條。

綠色供應鏈管理綜合了環境管理和供應鏈管理的思路，是近年來海內外的研究熱點。根據綠色供應鏈管理研究的三大主題：概念研究、運作研究和績效評價研究，借鑒國外的研究思路，在這裡對中國綠色供應鏈管理的研究進展進行評述。

綠色供應鏈的概念及內涵研究

但斌等（二〇〇〇）認為綠色供應鏈是一種在整個供應鏈內綜合考慮環境影響和綜合效力的現代管理模式，它以綠色製造理論和供應鏈管理技術為基礎，涉及供應商、生產廠、銷售商和用戶，其目的是使得產品在從物料獲取、加工、包裝、倉儲、運輸、使用到報廢處理的整個過程中對環境的影響最小、資源效率最高。他們強調了綠色供應鏈管理是由綠色製造理論與供應鏈管理技術兩個基本理論支持的，指出綠色供應鏈管理的基本目標是環境保護與資源優化利用。

蔣洪偉等（二〇〇〇）研究了供應鏈中各個環節的環境問題，指出綠色供應鏈管理是將環境保護和資源節約的思路注入供應鏈管理，並討論了供應鏈管理的六項具體內容：綠色設計、綠色材料選擇、綠色製造工藝、綠色回收、綠色包裝與綠色消費。朱慶華（二〇〇四）也認為：綠色供應鏈管理就是在供應鏈管理中考慮和強化環境因素，具體說就是透過與上、下游企業的合作以及企業內各部門的溝通，從產品設計、材料選擇、產品製造、產品銷售以及回收的全過程考慮整體效益最優化，同時提高企業的環境績效和經濟績效，從而實現企業和所在供應鏈的可持續發展。王洪剛等（二〇〇二）針對綠色供應鏈管理的具體內涵，從綠色設計、綠色材料和綠色行銷三個方面揭示了其實質，探討了中國企業實施綠色供應鏈管理的相關策略。

汪應洛等（二〇〇三）在前人的研究基礎上將綠色供應鏈進行了系統的細分，將其分為生產子系統、消費子系統、社會子系統及環境子系統，其構成要素包括：供應商、製造商、分銷者、消費者、回收商等，將綠色供應鏈營運的目標定義為環境友好、福利增進、資源的優化配置。王能民等（二〇〇五）認為，綠色供應鏈是指在以資源最優配置、增進福利、實現與環境相容為目標的，以代際公平和代內公平為原則的，從資源開發到產品消費過程，包括：物料獲取、加工、包裝、倉儲、運輸、銷售、使用到報廢處理、回收等一系列活動的集合，是由供應商、製造商、銷售商、零售商、消費者、環境、規則及文化等要素組成的系統，是物流、資訊流、資金流、知識流等運動的整合。

白慶茹（二〇〇八）認為綠色供應鏈管理是指以可持續發展理論與供應鏈管理的基本原理為指導，對整個綠色供應鏈內各參與行為主體之間的物流、資訊流與資金流進行計劃、組織、領導、協調與控制等，其目的是透過優化與提高相關活動的速度、確定性、與環境的友好程度等途徑來實現資源的優化配置、增進福利、實現與環境相容的目標。從綠色供應鏈管理的定義出發，提出其與傳統供應鏈管理存在一定的聯繫。具體表現為：兩者均強調系統觀念，不再孤立地看待各個企業或者各個業務部門，而是充份考慮所有相關的內外聯繫體——供應商、製造商、銷售商、零售商、承運商與顧客，並將整個供應鏈看成一個有機聯繫的整體；供應鏈的營運具有共同的戰略目標，供應鏈內成員與成員之間建立起戰略合作的夥伴關係。

劉明（二〇一〇）認為綠色供應鏈是指以供應鏈和環境管理科學為基礎，由供應商、製造商、銷售商、零售商、消費者、環境、規則及文化等要素組成的，符合經濟社會可持續發展總體要求的，安全、高效、經濟、協調、綠色的網鏈結構。它致力於以安全、經濟和被社會接受的方式充份利用資源，抑制供應鏈活動對環境的危害，涉及從資源開發到產品消費過程中的物料獲取、加工、包裝、倉儲、運輸、銷售、使用、報廢處理、回收及再利用等一系列活動。綠色供應鏈管理是指以社會和企業的可持續發展為宗旨，以環境相容為原則，利用環保技術與供應鏈管理手段，協調統一供應鏈上企業的環境管理，使環境、資源與供應鏈協調、可持續發展，以實現產品生命週期內環境負影響最小，資源、能源利用率最高和供應鏈系統整體效益最優的目標。

王東新（二〇一二）認為綠色供應鏈實質上是供應鏈思路和可持續發展思路結合的產物，在整個供應鏈過程中綜合考慮環境影響和資源效率，同時又在保護資源降低能耗的基礎上實現供應鏈成本的最小化，所以綠色供應鏈是一種致力於提高企業經濟績效和環境績效的一種科學的先進模式。作者還提出綠色供應鏈管理主要包括以下幾個方面：綠色設計、綠色供應、綠色生產、綠色物流（包括逆向物流）、綠色行銷和綠色回收。

王勇、游澤宇（二〇一三）認為綠色供應鏈對於節點企業的原材料、成品、半成品的物流要求不僅僅是單向由上游節點流向下游節點，而且在此基礎上增加了逆向物流或者說是回收物流，對於有利用價值的材料進行回收再利用，以達到降低生產成本、保護企業生產環境、實現可持續發展的目的。將正向物流與逆向物流兩者有機結合，構成閉環式的供應鏈。

綠色供應鏈的運作研究

綠色供應鏈的影響因素

葛曉梅（二〇〇六）指出供應鏈管理的戰略轉型問題，包括：局部效率低、市場制度不健全、缺乏激勵措施、綠色供應鏈技術缺失、企業對綠色供應鏈管理的認識不夠等因素，並提出了相應的對策，為石油企業實施綠色供應鏈管理的實踐提供參考。曲英等（二〇〇七）提出，由於環境意識相對不高以及國家相關法律法規不健全及執法不力，中國大多數企業還沒有實施綠色供應鏈管理戰略。徐學軍等（二〇〇八）也指出了中國綠色供應鏈營運中存在的主要障礙包括：法規制度不健全、消費者環境意識缺乏、技術障礙、企業成本提高等，並針對性地提出了中國現階段實施綠色供應鏈的對策和建議。

曹景山等（二〇〇七）提出綠色供應鏈營運的驅動因素分為合法要求、市場要求、協調相關者利益和企業社會責任等四類，並提出目前中國綠色供應鏈的發展尚處於合法要求和市場要求驅動之間，中國企業綠色供應鏈最終的驅動因素將是企業社會責任。

方煒等（二〇〇七）針對中國在實施綠色供應鏈管理中面臨的問題，提出了一個成功實施綠色供應鏈評價標準的層次模型，並在對有關綠色供應鏈的文獻進行分析的基礎上，建立了成功實施綠色供應鏈的關鍵因素概念模型，提煉出十二項關鍵因素，同時提出了相應的管理對策。

趙一平等（二〇〇八）根據系統動力學的基本原理，提出了綠色供應鏈管理的簡要動力機制模型，並從實證角度進一步論證了綠色供應鏈管理產生的動力因素和一般規律，討論了現階段中國綠色供應鏈管理發展緩慢的根本原因，並提出相應的對策建議。

朱慶華等（二〇〇九）從系統觀的思路出發，提出外部動力和內部資源對綠色供應鏈管理實踐影響的概念模型。研究結果表明，有形資源、無形資源和能力對綠色供應鏈管理外部動力轉化為實踐有調解影響，但對不同壓力調解影響的方向和程度各不相同。進一步地，朱慶華（二〇〇九）在獲得兩百八十九份問卷的基礎上，識別出制約中國企業實施綠色供應鏈管理的影響因素，包括：企業意識與能力、財務績效和成本、供應鏈影響及政府法規等。透過描述性統計分析、關聯分析和回歸分析發現：政府法規對綠色供應鏈管理的制約影響最大，而企業內部的意識和能力是企業實施綠色供應鏈管理的關鍵。因此，中國政府必須加強法規建設和執法力度，激發企業開展綠色供應鏈管理，而企業只有主動提高意識和能力，才能有效實施綠色供應鏈管理。

李英、朱慶華、夏西強（二〇一三）基於制度理論、資源基礎觀以及調查研究梳理出綠色食品可持續供應鏈實踐的障礙因素，採用Grey-DEMATEL方法對障礙因素進行了因果關係分析和重要性排序。結果表明，企業誠信和社會責任感缺失，以及政府監管不力是綠色食品可持續供應鏈障礙的最根本因素，而綠色食品的法規和標準的不完善是最重要的障礙因素。

朱慶華、楊起航（二〇一三）以複雜環境行為模型為理論基礎，運用實證研究的方法，首先識別出生態工業園建設過程中企業實施環境行為的影響因素，包括：政策法規、政府支持、供應鏈結構以及資訊資源與技術資源，隨後進一步透過關聯分析和回歸分析探討影響因素與企業環境行為之間的關係。結果顯示，政策法規、供應鏈結構和資訊技術資源對企業環境行為存在顯著正影響，而政府支持對企業環境行為的直接影響不明顯。因此，政府除了加強法規完善，更應該提供支持，幫助和激發企業實施環境行為；企業則應該提高自身的技術水準和能力，這樣才能有效促進環境行為實施。

綠色供應鏈的戰略決策

綠色供應鏈中包括多個環節，如綠色材料的選取、產品設計、對供應商的評估和挑選、綠色生產、運輸和分銷、包裝、銷售和廢物的回收等。在眾多環節中，如何選擇綠色供應鏈的戰略合作夥伴，特別是對供應商的選擇顯得極為重要，即綠色採購戰略。

▼綠色供應鏈整體戰略

朱慶華等（二〇〇五）提出，隨著環境壓力的增加及資源的限制，建設綠色環保型企業已成為中國企業發展面臨的迫切任務之一。綠色供應鏈管理即是綠色環保型企業建設的戰略指導。朱慶華（二〇〇七）透過建立對策模型來分析核心企業與政府在實施綠色供應鏈的過程中各自的成本與利益的關係。模型分析表明，核心企業執行綠色供應鏈管理的成本與利益受到政府政策的約束並對執行結果造成直接的影響。為了實現核心企業與政府之間長期共贏的策略，政府應該制定環境管理措施並嚴格監督管理，同時增加相關環境補貼以及制定相應懲罰的制度。核心企業必須提前執行相關環境管理以獲取經驗，進而影響供應鏈中與之相連的上下游企業以及整條供應鏈，最終實現綠色供應鏈的構建。

羅兵等（二〇〇五）分析了目前中國企業在供應鏈範圍內實施綠色化戰略的重要性，建立和完善了綠色供應鏈管理戰略決策的要素及相互關係，結合實例闡述了採用網絡分析法進行綠色供應鏈管理戰略決策的過程。

王怡、羅杰、孫裔德、王艷秋（二〇一三）提出了綠色供應鏈企業間知識共享戰略聯盟模式，從帕累托（Pareto principle）有效協同視角構建了知識共享戰略聯盟動態合作博弈模型。結果表明：知識共享戰略聯盟可以提高企業加入聯盟的積極性，有效激勵聯盟內的企業合作進行技術創新，降低聯盟運作的風險。

邱立國、趙薇（二〇一三）透過對綠色供應鏈背景下戰略夥伴關係的內涵闡述，對中小企業戰略夥伴關係建立的重要性及其戰略夥伴關係建立的現狀進行分析，從中小企業戰略夥伴選擇的綜合評價指標、選擇方法和應該注意的幾點問題三個方面來探究中國中小企業如何在綠色供應鏈背景下選擇戰略夥伴。

▼綠色採購戰略

朱慶華和耿勇（二〇〇二）對企業綠色採購進行分析，探討了綠色採購的關鍵因素，然後在給出研究方法和調查研究數據的基礎上，對各國企業的綠色採購進行了比較，並且對各國綠色採購提高企業環境績效和財務績效進行了簡要的案例分析。

姜繼嬌和楊乃定（二〇〇五）從提高顧客滿意度（CS）的視角，研究了生態供應鏈（ESC）環境下綠色採購決策優化問題，並建立了ESC綠色採購決策的隨機優化模型。

劉彬和朱慶華（二〇〇五）探討了綠色採購模式下如何選擇供應商的問題。綠色採購是綠色供應鏈管理實現的重要一環，供應商的選擇更是綠色採購中最為關鍵的內容，提出環境因素應作為評價指標體系的一個重要內容，鑒於其不確定性和模糊性，運用層次分析法對供應商的選擇進行模糊綜合評價。

易軍等（二〇〇六）對中、美採購企業在評估供應商標準方面做出分析，使企業瞭解如何透過「綠色採購」供應商的選擇，實現可持續發展。

劉彬等（二〇〇八）對進行中國製造業的綠色採購實踐以及對企業績效的影響，透過因子分析，得出企業綠色採購實踐有五個因子，將企業績效分為正向經濟績效、負向經濟績效、營運績效以及環境績效。研究發現，綠色採購實踐幾乎對所有績效均有正向作用，只有兩個因子對正向經濟績效有負向作用。

張松波和宋華（二〇一二）提到在綠色供應鏈管理的眾多環節中，綠色採購是減少環境問題產生的起點和根源，它將直接影響到企業和整個供應鏈的環境績效的提高。運用解釋結構模型方法進行分析，結果表明，企業實施綠色採購主要有十一個制約因素：缺乏綠色採購的價值認識、綠色需求資訊傳播障礙以及政府相關法規缺失或監管不嚴等。透過深入分析因素間相互影響關係，研究得到綠色採購制約因素的解釋結構模型圖以及歸類分析圖，並據此提出了相應的對策。

曹柬、吳曉波、周根貴（二〇一三）針對供應鏈採購環節中原材料綠色度隱匿的逆向選擇問題，基於綠色市場需求初顯的現實國情，研究了不對稱資訊下製造商的激勵契約設計過程。文章分別探討了基於一次性轉移支付和基於線性分成支付的次優契約的有效性，結論表明，基於線性分成支付的次優契約能有效實現供應商的類型甄別和高效度激勵，非線性協調契約實現了雙方收益的帕累托改進和系統整體收益的最優化。研究結論對綠色供應鏈的營運實踐具有一定的指導意義。

張松波、宋華、李輝（二〇一三）以深圳市企業綠色採購為例，在詳細剖析大量一手案例訪談資料的基礎上，深入分析企業綠色採購發生作用的內在機制，得出影響或者制約企業實施綠色採購的主要因素有企業的綠色意識以及綠色資訊的傳遞、供應鏈合作夥伴（主要是供應商）的不支持、有關綠色採購的法律法規實施標準以及激勵機制的缺失等三類。文章創造性地提出了綠色採購管理的政企聯動模式，對提升中國企業綠色採購水準，改善企業的可持續發展績效具有重要的啟發意義。

綠色供應鏈的管理實踐研究

申成霖等（二〇〇四）提出可採用基於差距分析法的標竿測評來評估供應鏈的綠色度，同時繪製蛛網圖反映當前供應鏈與目標供應鏈之間的綠色度差距；企業可以據此來優化供應鏈業務流程、合理配置資源。

曹杰等（二〇〇四）根據應用軟體的層次結構建立綠色供應鏈原型系統的架構模型，針對物流全過程建立相應的軟體開發流程，同時從資訊技術層面論述了原型系統實現的可行性，並結合實例對綠色供應鏈的生產過程進行了綜合評價。

徐琪（二〇〇六）建立了製造企業可持續發展的「資源生產力─環境影響─可持續發展」（PES）模型，並透過資源生產力、環境影響要素與Agent屬性、行為的映射，應用Agent技術獲取、處理高品質的共享資訊，從而為PES模型提供技術支持。

王能民等（二〇〇七）在對綠色供應鏈管理研究進展回顧的基礎上，借鑒供應鏈管理與環境管理模式演變的理論成果，研究了綠色供應鏈與綠色供應鏈管理的內涵、特徵，認為綠色供應鏈管理模式是全過程的環境管理模式。從戰略層、動機層、業務層探討了綠色供應鏈的實施問題，認為協調是綠色供應鏈實施的基礎，並就協調問題提出了具體策略。

胡繼靈等（二〇〇八）分析了綠色供應鏈營運過程中成員企業間可轉移知識的類型，探討了知識轉移中存在的主要障礙，從而從定性的角度提出了綠色供應鏈中企業間知識轉移的對策以及相關途徑。

于啟武（二〇〇九）認為如果不能對「綠色」進行科學和準確的定義，綠色供應鏈就會在實際上無法把握，導致混亂和不正當競爭。因此，需要針對綠色供應鏈的各項構成要素，制定一系列標準，即綠色供應鏈標準體系。綠色供應鏈標準體系的主體結構由以下五部份組成：(1)綠色產品標準；(2)綠色供應商選擇、評價和控制標準；(3)綠色設計標準；(4)清潔生產標準；(5)綠色物流標準。這五個方面標準所規定的環境特性是綠色供應鏈與普通供應鏈相區別的顯著特徵。

韓志新等（二〇〇九）借鑒軟體成熟度模型中的思路，提出了綠色供應鏈管理成熟度模型，研究綠色供應鏈管理從不成熟到成熟過程中的演變規律。該模型為評價綠色供應鏈管理現在的狀態和提升到更高的成熟度水準，提供了一個理論架構。

高洪岩（二〇一三）從綠色供應鏈成本管理角度分析了綠色物流體系成本管理，將灰色關聯數學模型引入到成本管理評價中，給出了基於灰色關聯數學模型的綠色物流成本管理的步驟和方法。

韓偉偉（二〇一三）從醫藥物流發展的現狀、物流中心選址的原則、選址的影響因素以及製藥企業物流中心的建模四個方面闡述了如何在綠色供應鏈的條件下實現物流中心的選址，論證了怎樣在選址中充份發揮綠色供應鏈的優勢，保證製藥企業物流中心長期有效的運作。

呂品（二〇一三）以多個廠商多個配送中心和多個客戶情況下的三層供應鏈網絡為研究對象，提出了考慮碳排放成本的供應鏈網絡設計模型，並利用Lingo9.0軟體進行問題求解。文章將CO_2排放量表示為貨車行駛路程與運輸途中載貨量的函數並整合進目標函數中，與只考慮開設配送中心的固定成本以及運輸與配送成本的傳統模型相比更具有現實意義。

綠色供應鏈在特定產業運作的研究——以食品行業為例

現代工業文明在為人類社會創造巨大物質財富的同時，也帶來了一系列的環境問題，對人類的生存構成了嚴重的威脅，而經濟的發展和社會的進步也使人們更加關注自身健康和生活環境。於是，在二十世紀七〇年代，全球掀起了一股「綠色浪潮」，「綠色」成了無污染、無公害、環保的代名詞，因直接關係到人們的身體健康，食品安全問題成為這一浪潮中的熱點。在此背景下，各國紛紛提出了有關的食品安全概念，如「有機食品」（organic food）、「綠色食品」（green food）等。作為一種能有效解決現代農產品品質問題的最佳途徑，綠色食品已引起世人的廣泛重視。認真思考中國綠色食品的發展，對於保護中國農業生態環境，提高農產品和食品品質，增加農民收入，促進農業和農村經濟可持續發展具有重要的現實意義。中國有關綠色食品供應鏈的研究主要集中在以下幾個方面：

▼綠色食品供應鏈概念、綠色食品供應鏈管理的動因

由於綠色食品品質是一個過程品質，食品的生產過程和物流過程都會影響食品的品質。雖然由一家企業實行縱向一體化的管理辦法可以保證產品品質，但由於綠色食品產業鏈過長，必然造成管理成本過高。目前透過市場購銷形成的鬆散型的一體化結構又很難對其品質進行控制。因此必須採用新的物流管理手段，即供應鏈管理。透過交易夥伴間的密切合作，以最小的成本為客戶提供最大的價值和最好的服務，從而提高整個供應鏈的運作效率和經濟收益，並透過一定的利益分配機制使供應鏈上所有交易夥伴的經濟效益得到提高。

張敏（二〇〇六）認為供應鏈管理理論運用到綠色食品產業，構建綠色食品供應鏈，透過供應鏈夥伴之間的產期合作的契約交易替代隨機性的市場交易，一方面可以降低交易成本，另一方面可以提高物流管理水準。

李潔（二〇一二）提出了中國綠色食品供應鏈發展的制約因素，比如，交通基礎設施建設滯後，食品冷藏運輸專用車輛投運率極其低下，港口冷藏設備和冷藏倉儲設施嚴重不足，食品綠色供應鏈的現代化資訊技術平台尚未形成等問題，並提出了相應的措施。

▼綠色食品供應鏈組織模式

冷志杰（二〇〇六）提出農產品供應鏈有四種組織模式：(1)以農產品企業為核心的供應鏈整合模式；(2)以農產品加工企業為核心的供應鏈整合模式；(3)以物流中心為核心的農產品供應鏈整合模式；(4)以行銷企業為核心的農產品供應鏈整合模式。

譚濤等（二〇〇四）提出兩種主要的農產品供應鏈組織模式：一種以加工企業為核心的供應鏈整合模式，另一種以物流中心為核心的供應鏈整合模式。

杜紅梅（二〇〇九）提出加工企業與下游零售商定價的綠色食品供應鏈決策模型，針對綠色食品與普通食品共存並且消費者對兩種產品有不同偏好的市場條件，研究了綠色食品定價及協調機制問題。透過建立綠色食品加工生產商零售商及整個供應鏈的利潤模型，就合作博弈與非合作博弈情況下的系統收益進行了討論，得出綠色食品加工生產商與零售商的協同合作不僅可以使消費者選擇綠色食品作為消費對象，並且能實現雙方利潤的帕累托改進，保證綠色食品供應鏈的穩定運作。採用討價還價模型，確定出最優的帕累托合作定價策略組合。

周榮征等（二〇〇九）提出綠色農產品封閉供應鏈的概念，認為綠色農產品封閉供應鏈在整個供應鏈中綜合考慮了環境影響和資源利用效率等因素，以供應鏈管理技術為基礎，透過對農產品供應商、生產商、銷售商和用戶組成的網絡進行管理，將綠色管理意識貫穿於農產品的產品設計、製造、包裝、運輸、使用和報廢處理的整個產品生命週期；透過綠色設計、綠色材料、綠色工藝、綠色生產、綠色包裝和綠色回收等技術手段，生產出綠色產品，使農產品供應鏈中各企業共同贏利並減小對環境的負面影響，使資源利用效率提高，核心競爭力增強。封閉供應鏈的管理，一方面可以提高農產品生產的市場反應速度，節約交易成本，降低庫存數量，縮短生產週期，提高服務水準，提升產品品質，增加產品銷售利潤，最大限度滿足客戶要求和社會需要；另一方面，也可以確保綠色農產品品質安全，確保生態環境安全，確保生物資源安全，提高農業企業綜合經濟效益。

▼封閉式物流

品質是綠色農產品的生命，綠色農產品的生產和流通必須建立起獨特的品質保證體系。從場地選擇、環境監測、勞動者素質、生產計劃制定和工藝技術規程的落實，乃至於產後的產品包裝、保鮮儲運和銷售等各個環節都要有嚴格的品質管理規範並落實到位，真正做到從種子到餐桌的全過程品質監控，以保護生態環境，保障食品安全，促進綠色農產品產業的可持續發展。

黃福華和周敏（二〇〇九）透過分析封閉供應鏈環境下如何實施共同物流來實現對綠色農產品的全供應鏈管理，設計了四種共同物流運作模式。共同物流模式是封閉供應鏈環境綠色農產品的必然選擇。根據綠色農產品物流的特點與要求，作者設計了封閉供應鏈條件下的共同物流模式：單點集中控制模式、全供應鏈綠色物流共同運作模式、綠色農產品物流區域整合模式、複合式綠色農產品共同物流模式。透過靈活綜合運用以上幾種模式實現綠色農產品共同物流。

▼供應鏈夥伴協調

杜紅梅和彭曦（二〇〇八）以綠色食品的生產加工商→零售商→消費者的間接通路模式為例，透過構建模型，得出綠色食品生產加工商與零售商之間的非合作關係。這種非合作關係會使雙方只考慮自身利益的最大化，而使供應鏈整體利益遭到損失，因此，生產加工商與零售商之間需要建立合作關係，共同拓展整體利益，那麼雙方的利益都可以得到拓展，形成共贏的局面。此外，生產加工商與零售商合作關係的建立還有助於緩解現實中存在的產銷矛盾，使整個供應鏈對市場做出快速反應，大大提高綠色食品產銷企業在市場中的競爭力。穩定綠色食品產銷企業之間的合作關係，關鍵在於合理的利潤分配方案，要使得合作後生產加工商與零售商各自獲得的利潤均大於未合作時各自獲得的最大利潤。

李曉英、朱慶華（二〇一三）採用多案例研究方法研究了餐飲企業在不對稱資訊下實施綠色供應鏈管理的實踐以及信任關係協調（即企業如何在供應鏈中有效地傳遞環境績效資訊協調、機會主義行為與信任合作之間的關係）。研究表明企業透過第三方獨立認證，可以構建綠色品牌聲譽，從而向利益相關者傳遞環境績效資訊；透過契約合同及縱向一體化可以實現綠色採購；不對稱資訊下企業面臨平衡信任合作與機會主義行為之間的矛盾問題，需要透過提高信任程度來實現綠色供應鏈管理的持續改進。

桑聖舉（二〇一三）研究了一個由供應商和零售商組成的兩級綠色供應鏈的協調機制問題，建立了兩級綠色供應鏈下的分散決策、集中決策和收益共享契約機制模型，並給出各模型下的最優均衡策略。結果表明，在綠色供應鏈中，隨著綠色產品綠色度的增加，綠色產品的價格上漲率會提高，零售商的產品訂購量將會減少，供應鏈各成員的利潤先減少後增加，而且各成員在收益共享契約機制下利潤相比其在分散決策時有明顯提高。

王能民等（二〇〇六）指出運行綠色供應鏈管理的基礎是供應鏈成員之間建立起合作的關係，成員之間協調機制的設計對綠色供應鏈管理的實施具有十分基礎性的作用，綠色供應鏈成員的協調機制被分為三個層次：戰略層協調、動機層協調、業務層協調，並分別針對這三個層次加以分析。

▼綠色食品供應鏈的績效

中國加入WTO以後，為了有效地突破國際農產品貿易中日趨森嚴的技術性貿易壁壘（TBT），綠色食品加快了國際發展戰略的步伐，取得了十分顯著的效果，產品出口保持了快速增長。

田慶林（二〇〇四）提出綠色食品在國際市場的競爭優勢主要體現在五個方面。一是品質標準優勢。由於綠色食品品質標準整體上達到了已開發國家食品衛生安全標準，出口能夠經受進口國嚴格的檢測檢驗。二是品質保障制度優勢。綠色食品實行兩端監測、過程控制、品質認證、標識管理的品質安全制度，增強了產品品質安全水準的可信度。三是企業和產品優勢。綠色食品龍頭企業、強勢企業多，精深加工產品多，市場開拓能力強。四是環保優勢。綠色食品實行對產地環境的監測和保護，易於打破涉及資源和環境保護領域的綠色壁壘。五是品牌和價格優勢。在國際市場競爭中，綠色食品出口產品的品牌和價格優勢逐步發揮出來。

王勇、游澤宇（二〇一三）將農產品供應鏈的評價體系分為三個層次、六個大類，主要是從業務成本營運狀況、生產品質、客戶服務、綠色環保和財務價值五個方面來對綠色供應鏈的綠色度進行評價。文章對「菜聯網」綠色供應鏈評價模型進行了整合與總結，在評價模型的建立中，集中解決了「菜聯網」綠色供應鏈評價中的兩個重要問題：指標的選擇方法和賦值方法。

綠色供應鏈管理與企業績效研究

綠色供應鏈管理研究的另一個重要領域是研究綠色供應鏈管理與企業績效（包括商業績效與環境績效）之間的關係，綠色供應鏈管理績效評價也是研究熱點之一。關於綠色供應鏈績效評價的研究，賈亞敏（二〇一三）指出，在全球變暖的背景下，綠色供應鏈績效評價的研究可以分為績效評價指標體系的構建研究和績效評價模型的建立方法研究兩個部份。

張敏順等（二〇〇五）透過對綠色供應鏈內涵的分析，在傳統基於成本、效益等指標的供應鏈績效分析的基礎上，根據綠色供應鏈的工5014000系列標準設計了綠色供應鏈績效評價指標體系，並討論了引入綠色水準評價後對其他傳統績效指標的影響關係。

周建忠（二〇〇八）借鑒了供應鏈績效的評價指標和綠色環保的指標，運用多級指標的模糊綜合評價法，建立指標體系的評價模型。該模型較準確、較客觀地度量了綠色供應鏈的整體績效。

董雅麗、薛磊（二〇〇八）設計了具體的綠色供應鏈管理績效評價指標體系，運用分析網路程序法（Analytic Network Process, ANP）對綠色供應鏈管理進行評價。該方法克服了評價因素之間的相關性，為綠色供應鏈管理績效提供了一種定量的評價依據。

周強、張勇（二〇〇八）針對現有多目標評價方法，如層次分析法、德爾菲法、模糊函數法、因子分析法等在綠色供應鏈績效評價中各目標因素權重難確定且主觀性大等不足，採用突變級數法對綠色供應鏈的績效進行評價。

柳鍵、葉影霞（二〇〇八）透過多投入、多輸出的指標的相對效率評價方法，即資料包絡分析法（Data Envelopment Analysis, DEA）對綠色供應鏈的績效進行綜合評價，並結合具體實例說明資料包絡分析法在綠色供應鏈績效評價中的應用具有合理性。

趙濤等（二〇一〇）在對綠色供應鏈內涵分析的基礎上，設計了相應的綠色供應鏈管理績效評價指標體系，並根據指標評價體系的特點，構建了綠色供應鏈管理績效灰色關聯分析評價模型，為綠色供應鏈管理績效評價提供了定量的分析方法，在實際運用時，可以根據具體情況進行適當調整。

吳窯等（二〇一二）在研究綠色供應鏈時利用了平衡計分卡與系統動力學相結合的方法，即動態平衡計分卡的方法。根據平衡計分卡的思路，對綠色供應鏈從財務、顧客、內部流程和學習與發展四個層面建立了一套績效評價指標體系，並根據該指標體系建立了相應的系統動力學模擬模型。最後對員工培訓與供應鏈內部流程、市場佔有率及利潤之間的關係利用模型進行了模擬。

初宇平、武瑩、金玉然（二〇一三）針對服裝行業目前的發展現狀，透過構建以服裝業業務流程、財務價值、可持續發展、客戶服務和環境績效為指標的綠色供應鏈績效評價指標體系，利用模糊綜合評價法，對中國服裝行業的綠色供應鏈績效進行了評價。

冀巨海、劉清麗、郭忠行（二〇一三）從經濟發展、技術進步、資源消耗、環境保護、節能減排和社會影響六個方面構建起鋼鐵企業綠色供應鏈管理績效評價體系。研究運用灰色關聯分析法，對武鋼、寶鋼、太鋼、鞍鋼四家鋼鐵企業的綠色供應鏈管理績效進行橫向和縱向的分析，結果表明，二〇〇五至二〇一〇年，四家鋼鐵企業的綠色供應鏈管理水準逐年提高，四家鋼鐵企業綠色供應鏈管理水準對比結果從優到劣依次為：寶鋼、鞍鋼、太鋼、武鋼。

童瑩、張宇（二〇一三）在綜合供應鏈運作參考模型、物流計分卡、平衡計分卡模型的基礎上，加入綠色環境保護指標，結合資料包絡分析法與供應鏈的特點構建了基於資料包絡分析法的綠色供應鏈績效評價體系，透過資料包絡分析對十五條綠色供應鏈進行測算，說明採用資料包絡分析對供應鏈進行績效評價是可行的。

朱慶華和耿勇（二〇〇六）對中國製造業的綠色供應鏈管理實施情況進行了調查研究，並定量分析了中國製造企業綠色供應鏈管理的實踐類型與績效之間的關係。該調查研究收集了二百四十五份有效問卷，並對調查研究結果進行了聚類分析，分析結果表明，依據綠色供應鏈管理實踐情況的不同可以把企業分為三類，即領先企業、起步企業和落後企業。綠色供應鏈管理實施後所取得的環境、經濟和營運績效的提升情況也與企業所屬類型不同有很大關係。

繆朝煒和伍曉奕（二〇〇九）認為，企業承擔社會責任，是參與國際競爭、順應國際標準化趨勢的必然要求。從供應鏈利益相關群體的角度，對社會責任的組成成份進行計量，並對企業社會責任與供應鏈管理績效的關係進行了實證檢驗。研究發現，企業社會責任包括：供應商責任、客戶責任、環保責任、員工權益保障、社會道義責任五個組成成份；企業承擔社會責任，會對供應鏈管理績效（客戶服務、內部效率和經濟效益）產生積極的影響。

參考文獻

白慶茹，《論中國製造業綠色供應鏈管理》，暨南大學，2008。

曹東、吳曉波、周根貴，〈不對稱信息下綠色採購激勵機制設計〉，《系統工程理論與實踐》，2013(1): 106-116。

曹杰、陳森發、吳剛，〈綠色供應鏈評價原型系統的研究〉，《東南大學學報》(自然科學版)，2004, 34(3): 406-409。

曹景山、曹國志，〈企業實施綠色供應鏈管理的驅動因素理論探討〉，《價值工程》，2007(10): 56-59。

初宇平、武瑩、金玉然，〈服裝行業綠色供應鏈績效評價體系研究〉，《物流工程與管理》，2013(3): 114-116。

但斌、劉飛，〈綠色供應鏈及其體系結構研究〉，《中國機械工程》，2000(11): 12321235。

董雅麗、薛磊，〈基於ANP理論的綠色供應鏈管理績效評價模型和算法〉，《軟科學》，2008(11): 56-63。

杜紅梅、彭曦，〈綠色食品供應鏈下游主體和諧合作的條件〉，《湖南農業大學學報》，2008(10)。

杜紅梅，〈加工企業與下游零售商定價決策模型——以綠色食品供應鏈為例〉，《物流技術》，2009(11)。

方煒、黃慧婷、劉新宇，〈實施綠色供應鏈的成功標準與關鍵因素分析〉，《科技進步與對策》，2007, 12(24)。

高洪岩，〈基於改進的灰關聯分析的綠色物流體系成本管理研究〉，《物流技術》，2013(17): 313-315。

葛曉梅、薛斌、王京芳等，〈基於ANP的綠色供應鏈管理動態評價〉，《企業管理》，2006(25)。

韓偉偉，〈基於綠色供應鏈的製藥企業物流中心選址的研究〉，《物流工程與管理》，2013(2): 85-86, 76。

韓志新、陳通，〈綠色供應鏈管理成熟度模型及評價研究〉，《科技進步與對策》，2009, 26(16)。

胡繼靈、范體軍、樓高翔，〈綠色供應鏈管理中的企業間知識轉移研究〉，《科技管理研究》，2008, 28(2): 214-216。

黃福華、周敏，〈封閉供應鏈環境的綠色農產品共同物流模式研究〉，《管理世界》，2009(10)。

冀巨海、劉清麗、郭忠行，〈鋼鐵企業綠色供應鏈管理績效評價〉，《科技管理研究》，2013(16): 53-57。

賈亞敏，〈綠色供應鏈績效評價研究的現狀與趨勢〉，《經濟研究導刊》，2013(20): 51-52。

姜繼嬌、楊乃定，〈基於顧客滿意度的綠色採購決策研究〉，《當代經濟管理》，2005(6): 57-60。

蔣洪偉、韓文秀，〈綠色供應鏈管理：企業經營管理的趨勢〉，《中國人口•資源與環境》，2000, 10(4): 90-92。

冷志杰，《集成化大宗農產品供應鏈模型及其應用》，北京：中國農業出版社，2006。

李廣華、段燦，〈綠色供應鏈中政府、企業和消費者的演化博弈模型分析〉，《商業時代》，2013(3): 49-51。

李潔，〈食品綠色供應鏈管理初探〉，《商品與質量》，2012(1)。

李曉英、朱慶華，〈不對稱信息下餐飲企業綠色供應鏈管理實踐多案例研究〉，《管理案例研究與評論》，2013(5): 406-417。

李英、朱慶華、夏西強，〈基於Grey-DEMATEL方法的綠色食品可持續供應鏈障礙分析〉，《當代經濟管理》，2013(6): 21-25。

劉彬、朱慶華、藍英，〈綠色採購下供應商評價指標體系研究〉，《管理評論》，2008, 20(9): 20-25。

劉彬、朱慶華，〈基於綠色採購模式下的供應商選擇〉，《管理評論》，2005(4): 32-36。

劉明，《綠色供應鏈核心製造企業供應商選擇與協調策略研究》，西南交通大學，2010。

劉清芝、劉文博、張宇、張歡、張小丹，〈企業實踐綠色供應鏈的環境效益初探〉，《環境與可持續發展》，2013(5): 64-66。

柳鍵、葉影霞，〈DEA方法在綠色供應鏈績效中的應用〉，《工業技術經濟》，2008(1): 63-65。

呂品，〈基於最小碳排放的綠色供應鏈網絡設計模型研究〉，《物流技術》，2013(7): 224-226。

羅兵、趙麗娟、盧娜，〈綠色供應鏈管理的戰略決策模型〉，《重慶大學學報》(自然科學版)，2005, 28(1): 105-109。

繆朝煒、伍曉奕，〈基於企業社會責任的綠色供應鏈管理——評價體系與績效檢驗〉，《經濟管理》，2009(2)。

邱立國、趙薇，〈綠色供應鏈視域下中小企業戰略夥伴研究〉，《物流工程與管理》，2013(8): 59-60, 58。

曲英、朱慶華、武春友，〈綠色供應鏈管理動力／壓力因素實證研究〉，《預測》，2007, 26(5)。

桑聖舉，〈綠色供應鏈下的收益共享契約機制研究〉，《北京郵電大學學報》(社會科學版)，2013(2): 95-100。

申成霖、汪波，〈基於差距分析的綠色供應鏈標竿測評〉，《南開管理評論》，2004, 7(5): 81-86。

譚濤、朱毅華，〈農產品供應鏈組織模式研究〉，《現代經濟探討》，2004(5): 24。

田慶林，〈綠色食品在國際市場的競爭優勢日益明顯〉，《甘肅農業》，2004(3)。

童瑩、張宇，〈基於DEA的綠色供應鏈績效評價分析〉，《企業導報》，2013(12): 40-41。

汪應洛、王能民、孫林岩，〈綠色供應鏈管理的基本原理〉，《中國工程科學》，2003(5): 82-87。

王東新，〈綠色供應鏈淺析〉，《物流科技》，2012(4)。

王洪剛、韓文秀，〈綠色供應鏈管理及實施策略〉，《天津大學學報》(社會科學版)，2002, 4(2): 97-100。

王能民、孫林岩、汪應洛，《綠色供應鏈管理》，北京：清華大學出版社，2005。

王能民、楊彤、喬建明，〈綠色供應鏈管理模式研究〉，《工業工程》，2007, 10(1)。

王能民、楊彤，〈綠色供應鏈的協調機制探討〉，《企業經濟》，2006(5): 13-15。

王怡、羅杰、孫裔德、王艷秋，〈綠色供應鏈企業間知識共享戰略聯盟動態博弈研究——帕累托有效協同視角〉，《工業技術經濟》，2013(3): 61-66。

王勇、游澤宇，〈「菜聯網」綠色供應鏈績效評價模型的構建〉，《物流技術》，2013(7): 227-230。

吳窯、穆東，〈基於動態平衡計分卡的綠色供應鏈研究〉，《物流技術》，2012(5)。

武春友、朱慶華、耿勇，〈綠色供應鏈管理與企業可持續發展〉，《中國軟科學》，2001(3)。

徐琪，〈綠色供應鏈PES模型及其基於Agent的支持系統〉，《東華大學學報》(自然科學版)，2006, 32(6): 26-32。

徐學軍、樊奇，〈對我國企業綠色供應鏈管理的思考〉，《科技管理研究》，2008(3): 47-49。

易軍、耿勇、朱慶華，〈選好你的「綠色採購」供應商〉，《中外管理》，2006(5): 94-96。

于啟武，〈綠色供應鏈標準體系探討〉，《中國流通經濟》，2009(11)。

張敏，〈綠色食品供應鏈淺析〉，《商場現代化》，2006(1)。

張敏順、吳洪波，〈模糊評價方法對綠色供應鏈績效的評價〉，《科技與管理》，2005, 7(3): 23-26。

張松波、宋華、李輝，〈綠色供應鏈管理新視角：基於政企聯動的綠色採購模式探索性研究——以深圳企業綠色採購為例〉，《理論界》，2013(3): 174-178。

張松波、宋華，〈企業綠色採購制約因素內部機理研究〉，《商業研究》，2012(2)。

趙濤、李小鵬，〈綠色供應鏈管理績效評價研究〉，《北京理工大學學報》，2010, 12(5)。

趙一平、朱慶華、謝英弟，〈綠色供應鏈管理的系統動力機制研究〉，《科技管理研究》，2008(2): 152-155。

鄭超奔，〈需求不確定下綠色供應鏈決策設施的分析〉，《現代營銷》(學苑版)，2013(2): 53。

周建忠，〈基於模糊理論的綠色供應鏈績效評價〉，《商場現代化》，2008(4): 108-109。

周強、張勇，〈基於突變級數技術法的綠色供應鏈績效評價研究〉，《中國人口・資源與環境》，2008(18)。

周榮征、嚴余松、張焱、何迪，〈綠色農產品封閉供應鏈構建研究〉，《科技進步與對策》，2009(11)。

朱慶華、竇一杰，〈綠色供應鏈中政府與核心企業進化博弈模型〉，《系統工程理論與實踐》，2007(12): 85-89。

朱慶華、耿勇，〈綠色採購企業影響研究〉，《中國軟科學》，2002(11): 7174。

朱慶華、耿勇，〈中國製造企業綠色供應鏈管理實踐類型及績效實證研究〉，《數理統計與管理》，2006(25): 392-399。

朱慶華、耿勇，〈基於統計分析的中國製造業綠色供應鏈管理動力研究〉，《管理學報》，2009, 6(8): 1029-1034。

朱慶華、耿勇，〈綠色供應鏈管理動力轉換模型實證研究〉，《運作管理》，2009(21): 113-120。

朱慶華、楊啟航，〈中國生態工業園建設中企業環境行為及影響因素實證研究〉，《管理評論》，2013(3): 119-125, 158。

朱慶華，《綠色供應鏈管理》，北京：化學工業出版社，2004。

朱慶華，〈企業綠色供應鏈管理實證研究〉，《數理統計與管理》，2005(6)。
朱慶華，〈影響企業實施綠色供應鏈管理制約因素的實證分析〉，《中國人口・資源與環境》，2009, 19(2)。

CHAPTER 4
供應鏈風險

撰寫人：張　彥（山東財經大學）
宋　華（中國人民大學）

引言

近年來，隨著經濟全球化的發展，科學技術進步不斷加快，市場競爭不斷加劇，企業之間的競爭由過去單個企業之間在產品品質、性能方面的競爭轉向企業之間透過合作形成的供應鏈網絡的競爭（Lambert and Cooper, 2000）。作為管理企業及企業關係的新方式，供應鏈管理方式在企業管理活動中得到了廣泛應用（Miller, 2001）。不可否認，在穩定的環境裡，有效的供應鏈設計和供應鏈管理活動能夠使企業營運更加精益、高效。但供應鏈管理方式因其與生俱來的內在脆弱性也給企業帶來了不可避免的風險，特別是為了適應環境的動態性和競爭性，供應鏈中的企業越來越多地採用生產和研發活動對外發包、全球低成本採購、精益生產、零庫存、服務外包等方式，透過與供應鏈其他企業更加緊密的合作使企業內部流程和供應鏈更加有效率（Fisher, 1997;Lee, 2002; Wisner, 2003;Tang and Musa, 2011）。這些供應鏈管理創新活動使供應鏈中的企業更加依賴於外部環境和合作企業，從而使供應鏈變得更加脆弱。與單個企業經營方式不同的是，供應鏈系統內在的脆弱性對供應鏈系統造成破壞，給供應鏈上下游企業甚至整個供應鏈網絡帶來危害和損失。因此，供應鏈風險管理正日益成為眾多學者和管理者所關注的熱點和焦點問題（Tang and Musa, 2011）。

儘管風險問題早已為決策理論、金融學、管理學、心理學等多個學科領域的學者和管理者們廣為關注（March and Shapira, 1987;Wagner and Bode, 2008），但直到近些年，供應鏈風險才被作為一個特有的領域加以研究。相對於在海內外日益完善和成熟的供應鏈管理理論，供應鏈風險管理仍然是一個嶄新的、有待於進一步探索的管理學研究領域（Sodhi, Son and Tang, 2012）。特別是在中國國內，對這一領域的研究尚處於起步階段。因此，研究供應鏈企業如何在動態性和競爭性環境下識別各種供應鏈風險驅動因素、規避和控制風險以提高企業競爭力，從而改善企業績效對深入拓展供應鏈管理、風險管理和戰略管理等理論和管理實踐具有重要的理論和現實意義。

關於供應鏈風險相關概念的界定

供應鏈風險管理是一個較新的、有待進一步探索的管理學研究領域。儘管近年來關於風險管理的研究大量存在，但以供應鏈為背景的風險管理研究卻並不多見。現有關於供應鏈風險的研究可以分為兩大類：一類是概念上的探索性研究，這類研究試圖對供應鏈風險進行規範的概念界定，並對供應鏈風險來源及其危害性加以說明；另一類研究則是關於供應鏈風險的管理決策研究，主要關注企業如何防範、規避和減少供應鏈風險（Rao and Goldsby, 2009）。我們認為供應鏈風險管理的首要因素是風險識別，界定供應鏈風險涵義、分析供應鏈風險來源及其對供應鏈績效的影響是供應鏈風險研究的起點與重點。

企業管理領域中的風險

風險是一個多維度的概念，在不同的研究領域具有不同的涵義、測量和解釋（Jemison, 1987）。風險研究涉及決策理論（Arrow, 1965）、財務（Altman, 1968）、行銷（Cox, 1967）、管理（March and Shapira, 1987）、心理學（Kahneman and Tversky, 1979）等多個學科領域。但是迄今為止，仍然缺乏對風險清晰、準確、統一的界定（Holton,2004;Chiles and McMackin, 1996）。總的來看，研究者對風險的理解現有兩種不同的觀點，一種是將風險完全理解為威脅，另一種則認為風險既是威脅也是機會（Mitchell, 1995）。

風險研究最初起源於古典決策理論（March and Shapira, 1987;Borge, 2001;Peck, 2006）。古典決策理論將風險定義為「因不確定性而導致的預期結果的偏離、分佈及其機率」（March and Shapira, 1987）。顯然這裡所指的風險既包括威脅也包括機會。作為管理學領域最早研究風險的學者之一的Markowitz（1952）研究了投資者在建立投資組合時如何平衡風險和收益，這裡的收益即預期回報，而風險採用了決策理論中的界定，即預期的偏差。

企業管理研究領域對風險的理解與決策理論有所不同（March and Shapira, 1987）。這一領域的研究者，特別是後來的研究者們普遍認為在企業管理中風險是指威脅或不利影響。例如，Rowe（一九八〇）將風險定義為事件或活動導致負面結果的可能。Lowrance（1980）認為風險是對負面影響的可能性與嚴重程度的測度。March和Shapira（1978）認為風險是指企業經營結果，如收入、成本、利潤的不利偏差。Yates和Stone（1992）指出風險是固有解釋損失可能性的主觀構念。Chiles與Mackin（1996）直接將風險定義為損失的可能性。Simon等（一九五七）在其研究中對風險也進行了界定，即風險是不確定事件或特定情景發生的可能性，這種事件或情景的出現會對管理活動的成功產生負面影響。Mitchell（1999）認為風險是對出現損失的主觀預期，出現損失的可能性越大，風險就越大。在此基礎上，Holton（2004）進一步對風險做了更為詳細的界定，指出風險產生要包括兩個必要條件，即導致風險的事件發生，同時事件發生所帶來的結果不確定。

不僅是理論研究領域的學者，實踐領域的企業管理者也同樣認為企業管理中的風險指的是負面影響。MacCrimmon 和 Wehrung（1986）以問卷調查和訪談的方式就企業管理者對風險的認識和態度進行了調查，研究對美國和加拿大企業的五百零九名高層管理者進行了問卷調查，並對其中的一百二十八名加拿大企業的高層管理者進行了訪談。Shapira（1986）也就同樣的問題對美國和以色列的五十名企業高層管理者進行了訪談研究。二者的研究結果均表明，絕大多數的企業管理實踐者認為風險是特指不利結果（March and Shapira, 1987）。

綜上可知，無論是管理學領域還是其他研究領域，研究者們均認為風險來源於不確定性，但在管理學領域更加注重研究這種不確定性所導致的不利影響。

供應鏈風險

儘管風險問題早已為研究者和管理者們廣為關注，但直到近些年，供應鏈風險才被作為一個特有的領域加以研究。環境不確定性的增加給供應鏈管理帶來了更多的挑戰，特別是二〇〇八年全球性金融危機的爆發，導致人們對供應鏈風險管理的研究熱情不斷高漲。儘管這一研究的數量在不斷增加，但從研究的深度而言，對供應鏈風險的研究仍處於剛剛起步的階段（Sodhi,Son and Tang, 2012）。為了更好地進一步探討供應鏈風險問題，眾多供應鏈研究者首先對什麼是供應鏈風險進行了探索性研究。

Svensson（2002）認為供應鏈風險是指因其負面影響導致無法實現企業目標的狀況。特定事件所引起的風險程度取決於風險發生可能性及其預期的負面影響大小。具體的講，供應鏈風險是由於供應鏈對供應鏈企業活動在時間和關係上的依賴，供應鏈內外部因素所帶來的對供應鏈及其企業的嚴重干擾。

Harland、Brenchley和Walker（2003）等認為供應鏈風險是危險、損害、損失、傷害或其他任何不利結果發生的可能性。

Zsidisin（2003）提出供應鏈風險是指進貨物流潛在的問題，這一問題將導致採購企業不能滿足客戶需求，Zsidisin的觀點更多地是強調了商品實體的流動。

Wagner和Bode（2008）指出供應鏈風險是指因預期績效水準的負向偏差給供應鏈企業帶來的不良後果。供應鏈風險包括兩個方面：風險是由供應鏈或環境中的意外事件所引起的；這一事件會對供應鏈中企業的正常營運產生不良影響。

寧鍾（二〇〇四）認為供應鏈風險是指供應鏈內部風險因素和外部風險因素可能對供應鏈造成的破壞性。付玉、張存祿、黃培清和駱建文（二〇〇五）將供應鏈風險定義為供應鏈偏離預定目標的可能性。

朱懷意、朱道立和胡峰（二〇〇六）提出供應鏈風險是因供應鏈的各種不確定性而導致供應鏈整體機能失調（指偏離供應鏈預期績效目標），甚至中斷的可能性及其危害，其直觀表現就是供應鏈上物流、資訊流、資金流的遲緩甚至中斷。

田春明和杜習英（二〇〇七）認為供應鏈風險是供應鏈在運作過程中，由於受到各種事先無法預測的不確定因素的影響，使供應鏈企業實際收益與預期收益發生偏差，從而有受損的風險和可能性。

晚春東、齊二石和索君莉（二〇〇七）認為供應鏈風險是供應鏈各節點企業在生產經營過程中，由於事先無法準確預測的不確定因素帶來的影響，使供應鏈實際績效與預期目標發生偏差，甚至造成供應鏈的失敗，從而給供應鏈系統整體造成損失的可能性。

汪賢裕、肖玉明和鍾勝（二〇〇八）提出凡是能引起供應鏈資源組合與市場需求不匹配以致供應鏈資源組合競爭力下降的可能性都可以定義為供應鏈風險。

肖艷、宋輝和余望梅（二〇〇九）認為供應鏈風險是指對一個或多個供應鏈成員產生不利影響，從而降低供應鏈運作效率，甚至導致供應鏈中斷和失敗的不確定性因素或意外事件。

朱新球和蘇成（二〇一〇）認為供應鏈風險是指供應鏈企業在生產過程中，由於各種事先無法預測的不確定因素帶來的影響，使供應鏈企業實際收益與預期收益發生偏差。

郭茜、蒲雲和李延來（二〇一一）將供應鏈風險定義為因突發意外事件導致的供貨量與客戶需求量、成本或品質與供應鏈預定管理目標的顯著偏離。

雖然不同研究者對供應鏈風險的定義不同，但可以確定，研究者對供應鏈風險的界定在很大程度上借鑒了管理控制理論中對「風險」的界定，並強調了兩個方面：一是風險是由於供應鏈內外部環境的不確定性而產生的；二是風險會對供應鏈及其企業成員的績效產生不利影響。綜合現有研究對供應鏈風險的界定，「供應鏈風險」是指供應鏈內外部環境中可能會對供應鏈及其企業帶來不利影響的事件或因素。

供應鏈風險管理

正如前面所提到的，儘管近年來湧現了大量關於供應鏈風險問題的研究，但這些研究並沒有就什麼是「供應鏈風險」給出統一的、規範性的界定，因此也缺乏對「供應鏈風險管理」的一致界定。儘管如此，一些研究者還是做了一些嘗試性的努力。

Christopher（2004）認為供應鏈風險管理是指透過整合供應鏈成員來管理外部風險從而降低供應鏈整體的脆弱性。

Norrman和Lindroth（2002）將供應鏈風險管理定義為與供應鏈成員企業合作，運用風險管理方法降低因物流活動與資源帶來的風險和不確定性。

Juttner等（二〇〇三）認為供應鏈風險管理的目的是識別潛在的供應鏈風險來源、實施相應的措施規避或控制供應鏈風險。

Tang（二〇〇六）提出供應鏈風險管理是透過供應鏈企業間的協調與合作來管理供應鏈風險，確保企業盈利能力和可持續發展。

Manuj和Mentzer（2008a,b）從供應鏈全球化的角度對供應鏈風險管理進行了界定，即供應鏈風險管理是透過識別並評價全球化供應鏈的風險和相應的損失，並透過整合供應鏈成員實施相應的戰略來降低風險，最終實現真正的成本節約和盈利目標。

王燕和劉永勝（二〇〇八）認為供應鏈風險管理是透過識別、度量供應鏈風險，並在此基礎上有效控制供應鏈風險，用最經濟合理的方法來綜合處理供應鏈風險，並對供應鏈風險的處理建立監控與反饋機制的一整套系統而科學的管理方法。

侯梅媛和李永先（二〇一二）認為供應鏈風險就是從供應鏈整體角度考慮在風險環境裡對各成員企業進行協調，採用有效的方法處理由供應鏈內外部不確定因素或相關活動引起的風險事件並將風險減至最低，其重心在於加強對供應鏈成員企業間的管理、監督與控制。

這些學者從不同角度對供應鏈風險管理進行了界定，雖然沒有形成系統、完整的定義，但已經初步形成對供應鏈風險管理大致的理解，即供應鏈風險管理就是企業識別、評價並控制供應鏈風險的過程。

供應鏈風險相關文獻的主要研究內容

現有對供應鏈風險的研究大致可以分為兩大類：一類是概念上的探索性研究，這類研究試圖透過對供應鏈風險進行規範的概念界定，從而對供應鏈風險來源及其危害性加以說明；另一類研究則是關於供應鏈風險的管理決策研究，主要關注企業如何防範、規避和減少供應鏈風險（Rao and Goldsby, 2009）。從具體研究內容上來看，現有關於供應鏈風險的研究主要是從三個維度進行的：

(1)供應鏈風險驅動因素及其分類（風險識別）；

(2)供應鏈風險對企業或供應鏈績效的影響（風險危害）；

(3)供應鏈風險管理與控制戰略（風險管理）。

風險識別研究以供應鏈風險驅動因素為研究對象，試圖探討產生供應鏈風險的因素有哪些，即供應鏈風險來源研究。這類研究在方法上主要採用了前面所提到的案例研究、概念性研究、綜述研究等定性研究方法。風險危害研究主要探討供應鏈風險對企業績效或供應鏈績效的影響，並有少量研究試圖運用實證方法驗證這種影響關係。風險管理研究則涉及供應鏈風險管理與控制問題，這類研究尚屬於探索性研究，案例研究是目前該研究採用的主要方法之一。需要說明的是，這三個維度並非各自孤立，而往往是結合在一起進行的，因此很難將其完全分割開來。

供應鏈風險驅動因素研究——風險識別研究

供應鏈風險管理研究的首要問題是供應鏈風險識別。風險識別主要解決兩大問題：一是風險來源，二是風險歸類。供應鏈風險研究者們提出以「供應鏈風險來源」（supply chain risk sources）或「供應鏈風險驅動因素」（supply chain risk drivers）為起點，探索企業在供應鏈中可能遇到的各種潛在威脅及其對企業營運的影響。供應鏈風險來源是指供應鏈風險類型（Wagner and Bode, 2008），供應鏈風險驅動因素則是指可能給供應鏈中的企業帶來風險的各種潛在因素。嚴格來講，二者並不完全相同。但透過文獻梳理可以看到，現有研究並未將供應鏈風險來源與供應鏈風險驅動因素加以嚴格區分，而是相互替代使用。根據研究現狀，本研究將其統一稱之為供應鏈風險驅動因素，用來指根據供應鏈風險來源劃分的供應鏈風險類型。

根據研究視角的不同，國外學者關於供應鏈風險驅動因素的探討可以分為三大類：

第一類，從企業職能角度看供應鏈風險驅動因素。這類研究從供應鏈企業內部的職能要素出發，立足於核心企業的內部營運控制和流程，討論供應鏈管理方式下的企業風險來源。比如Hallikas等（二〇〇四）將供應鏈風險驅動因素分為需求過低、客戶交貨問題、成本管理和定價、資源、開發和彈性不足四大類；Svensson（2000）則將供應鏈風險來源分為經營過程中的定性風險和定量風險；Chopra和Sodhi（2004）將供應鏈風險來源分為中斷、延遲、系統、預測、知識財產權、採購、應收賬款、存貨與能力九大類；Speckman和Davis（二〇〇四）則提出供應鏈風險來源分為物流、資訊流、資金流和企業間資訊系統安全性四類。

第二類，從供需匹配角度看供應鏈風險驅動因素。該類研究立足於供應鏈核心企業，著重從上游供應商、下游客戶角度來看供應鏈風險來源。如Mason-Jones和Towill（1998）將風險驅動因素分為需求風險、供應風險、流程風險和控制風險；Juttner（2005）在此基礎上加入了環境風險；Manuj和Mentzer（2008a, 2008b）則將供應鏈風險驅動因素分為供應風險、需求風險、營運風險和其他風險，並進一步指出，國際供應鏈的風險驅動因素在此基礎上還包括：宏觀風險、政策風險和資源風險等；Wagner和Bode（2008）認為供應鏈風險包括：供應風險、需求風險、規制風險、災難性風險及基礎設施風險。

第三類，從供應鏈網絡層次看風險驅動因素。該類研究立足於供應鏈核心企業，從組織層面、組織間層面和供應鏈外部層面三個不同的供應鏈網絡層面研究供應鏈風險驅動因素。Juttner等（二〇〇三）提出了環境風險、網絡風險和組織風險三種風險來源，Rao和Goldsby（2009）在綜合前人研究的基礎上提出了環境風險、產業風險及組織風險三大風險來源的劃分方法。

需要指出的是，雖然有如此多的研究在關注供應鏈不確定性的來源及其所帶來的風險問題，但迄今為止並沒有形成一個明確、穩定的，為大家所共同認可的風險來源劃分及識別方法。

中國國內學者在借鑒國外已有研究的基礎上，也對供應鏈風險驅動因素進行了探討。

首先，中國國內學者對供應鏈風險驅動因素的研究並未跳出國外學者研究的範疇，但是與國外學者更加強調某一具體的供應鏈風險驅動因素不同，中國國內研究的一個顯著特點是試圖把所有可能的供應鏈風險驅動因素概括在內，給出一個大而全的劃分方法。例如，寧鍾、孫薇和石香妍（二〇〇六）提出供應鏈風險可以分為自然災害和人為因素引致的兩大類風險。前者主要指洪水、地震、火山爆發、大規模的傳染病傳播以及其他各種不可抗拒的因素所引致的風險，後者包括：獨家供應商、資訊傳遞、企業文化、經濟波動、物流配送及其他不可預見的因素帶來的風險。由此帶來的問題是，這些研究中的大多數未能將供應鏈管理方式下的風險問題與傳統企業經營方式下的經營風險相區分，未能反映供應鏈管理方式下特有的風險問題。

其次，中國研究的另外一個特點是更加注重從供應鏈內部和外部來研究供應鏈風險驅動因素。比較有代表性的如，馬士華（二〇〇三）將供應鏈企業面臨的風險劃分為內生風險和外生風險兩大類。寧鍾（二〇〇四）將供應鏈風險劃分為供應鏈內部風險和外部風險兩類，並指出供應鏈內部風險來自供應鏈系統構成要素之間的互動關係，而外部風險來自供應鏈與外部環境之間的互動。汪賢裕、肖玉明和鍾勝（二〇〇八）基於企業資源視角將供應鏈風險分為內部風險和外部風險。供應鏈外部風險來自供應鏈外部環境的異常不確定性，由於供應鏈資源組合的協調與控制，無法適應市場需求劇烈的不確定性變化而導致的不匹配所帶來的風險，如匯率風險、政策風險、自然災害風險、戰爭風險等。供應鏈內部風險是由於供應鏈資源組合不合理和低效率而導致的供給與市場需求不匹配所帶來的風險，包括鏈風險和節點風險。

基於對海內外學者研究的分析，可以將供應鏈風險驅動因素分析的環境層次歸納如下，供應鏈風險驅動因素可以分為三類：環境風險因素、供需風險因素和供應鏈整合風險因素。

供應鏈風險對企業或供應鏈績效的影響研究——風險危害研究

供應鏈風險危害研究主要探討供應鏈風險對企業績效或供應鏈績效的影響。現有研究更多地集中於供應鏈風險識別研究，對供應鏈風險危害性的研究，研究者往往是將其和風險識別研究結合在一起進行，即在對供應鏈風險驅動因素加以分析和識別的基礎上，指出或驗證供應鏈風險對於供應鏈或企業績效具有負面影響。

這類研究數目較多，如Svensson（2000）以汽車產業供應鏈中的進貨物流為研究對象，提出供應鏈風險的概念及分析架構，指出供應鏈風險研究包括兩個維度：風險來源與供應鏈風險分類，並根據風險程度將供應鏈風險來源分為直接風險和間接風險，在此基礎上探討風險對於供應鏈及企業績效的影響。

Zsidisin（2003）則運用深度案例研究，指出影響供應鏈管理方式下供應風險的三個因素：商品因素、市場因素、供應商因素，並據此將供應風險來源分為三類：商品風險、市場風險、供應商風險。

Finch（2004）以資訊系統風險問題為研究對象，從應用、組織、組織間三個層面探索大型企業與中小企業合作是否會增加供應鏈風險。

Wagner和Bode（2008）指出供應鏈風險驅動因素包括：供應風險、需求風險、規制風險、災難性風險及基礎設施風險，在此基礎上運用實證分析檢驗各類風險驅動因素是否對供應鏈企業績效產生負面影響。

供應鏈風險管理與控制戰略——風險管理研究

供應鏈風險管理研究涉及供應鏈風險管理與控制問題。首先，這類研究尚屬於探索性研究，無論是在國外還是在國內，目前尚都缺少系統的研究，案例研究成為目前該研究採用的主要方法之一。例如，Norrman和Jansson（2004）認為供應鏈風險管理包括兩個方面的內容：一是風險管理活動，即從風險識別到風險評估再到風險控制的過程；二是風險發生後如何減小其不良後果，也稱為業務持續管理。研究以愛立信公司在二〇〇〇年所經歷的供應鏈風險為例，介紹其供應鏈風險管理的實施流程，包括：風險識別、風險評估、風險處理、風險監控、事故處理及業務持續規劃。

其次，現有研究較少就如何實施供應鏈風險管理與控制進行詳細專門的探討，往往和前兩類研究內容特別是風險來源分析結合在一起進行，即在分析供應鏈風險來源及其對企業及供應鏈績效影響的基礎上，指出風險管控的必要性，並就不同的風險來源提出相應的戰略措施。

Manuj和Mentzer（2008b）運用扎根理論，以全球化生產供應鏈為研究對象，透過深度訪談，提出六種全球化供應鏈風險管理戰略：延遲、選擇性風險承擔、風險轉移、對沖、安全保證、迴避。並強調在不同的供應鏈風險情境下，企業將採取不同的風險管理戰略。

倪燕翎、李海嬰和燕翔（二〇〇四）透過比較供應鏈風險與企業風險在風險來源、特點上的不同，提出企業可以透過優化供應鏈合作夥伴的選擇，加強合作夥伴間的資訊溝通與理解，加大供應鏈資訊共享力度，建立成員間的信任機制，保持供應鏈彈性等措施防範和應對供應鏈風險。

汪賢裕、肖玉明和鍾勝（二〇〇八）基於企業資源視角將供應鏈風險分為外部風險、鏈風險和節點風險，並指出供應鏈風險管理的關鍵是建立具有一定彈性的供應鏈。

熊恆慶（二〇一三）用正常事故理論來解釋供應鏈風險，並根據價值鏈將供應鏈風險分為供應風險、生產風險和需求風險，針對每種風險選擇恰當的延遲策略，作為供應鏈風險管理的重要手段。

供應鏈風險的研究方法

從研究方法上看，海內外現有關於供應鏈風險的研究主要採用的方法包括：案例研究、概念性研究、綜述研究、二手數據的實證研究和問卷調查研究。其中多數為概念性研究、綜述研究或案例研究等定性研究。在為數不多的定量研究中，採用二手數據的研究（如Hendricks and Singhal, 2003;Hendricks and Singhal, 2005a;Hendricks and Singhal, 2005b;Hendricks,Singhal and Zhang, 2009）佔了相當大的比例；極少數研究者透過問卷調查方法進行了一手數據的實證研究（如Wagner and Bode, 2006;Wagner and Bode, 2008；陳敬賢、施國洪和馬漢武，2009；陳敬賢和陳黎卿，2009；Thun and Hoenig, 2011）。以下將重點對供應鏈風險中的實證方法進行梳理。

供應鏈風險對企業或供應鏈績效影響的實證研究梳理

實證研究的研究內容與結論

由於對供應鏈風險的研究尚處於探索階段，因此，無論是風險識別研究、危害研究還是風險管控戰略研究，無疑都缺乏實證研究的支撐。目前僅少數研究運用實證方法分析供應鏈風險與企業或供應鏈績效之間的關係，就所能查閱到的文獻來看，主要包括：Hendricks和Singhal（2003、2005a、2005b），Wagner和Bode（2006、2008）和Hendricks、Singhal和Zhang（2009）以及陳敬賢、施國洪和馬漢武（二〇〇九）、陳敬賢和陳黎卿（二〇〇九）所進行的研究。

Hendricks和Singhal（2003）採用事件研究法，選取一九八九至二〇〇〇年間《華爾街日報》和道瓊斯新聞服務社所刊出的五百一十九起企業關於供應鏈風險的公告為樣本，以供應鏈風險公告事件為自變量，以風險公告所引起的企業異常股票收益變動為因變量，運用回歸分析得出結論：供應鏈風險公告導致企業股票價值大幅波動，股東財富減少百分之十‧二八，從而驗證了供應鏈風險在短期對企業財務績效的負面影響。研究同時指出，風險對於股票價格的影響程度取決於企業的規模，企業規模越大，受風險的影響相對越小。

Hendricks和Singhal（2005a）運用事件研究法，選取一九八九至二〇〇〇年間《華爾街日報》和道瓊斯新聞服務社所刊出的八百二十七起企業關於供應鏈風險的公告為樣本，以公告前一年至公告兩年後的這三年為研究時程，研究供應鏈風險對企業長期股票價格的影響。研究表明在此期間，樣本企業的平均異常股票收益下降了接近百分之四十，而且企業很難在短期恢復。研究同時指出，供應鏈風險會導致企業股票風險的上升。

Hendricks和Singhal（2005b）以《華爾街日報》和道瓊斯新聞服務社所刊出的公告及標準普爾公司會計資料庫為數據來源，選取一九九二至一九九九年間上市公司所宣告的八百八十五起供應鏈風險公告為樣本，透過樣本組與對照組的比較，分析供應鏈風險公告前後企業經營績效的改變，研究供需不匹配對企業績效的影響。研究表明供應鏈風險公告對上市公司經營績效有顯著的負面影響（Hendricks and Singhal, 2005b）。與Hendricks和Singhal（2003）的研究結果不同的是，Hendricks和Singhal（2003）認為早期的供應鏈風險公告比近期的公告對企業經營績效的影響要小，而Hendricks和Singhal（2005b）的研究表明，較早的風險對企業經營績效的影響沒有差別。

Wagner和Bode（2006）以德國企業的七百六十位高管為研究對象，採用問卷調查形式，運用回歸方法探索供應鏈特點與供應鏈風險之間的關係。研究主要涉及三類風險來源：供應、需求和自然災害。供應鏈特點涉及企業對客戶的依賴、對供應商的依賴、供應商數量及是否採用全球採購戰略等。研究表明，上述供應鏈特點會加大供應鏈風險，企業應避免對供應商或客戶的依賴；單一採購和全球採購在穩定的環境下會提高供應鏈效率，但在動態環境下會加大供應鏈風險（Wagner and Bode, 2006）。

Wagner和Bode（2008）將供應鏈風險來源分為兩大類：一類是供應鏈內部的供需不協調所引起的風險，包括需求風險、供應風險；另一類是供應鏈外部的環境因素所引起的風險，包括：政策與管制風險、基礎設施風險和自然災害風險。Wagner和Bode（2008）以德國企業為研究對象，選取七百六十位物流或供應鏈主管為樣本，採用問卷調查方式研究不同供應鏈風險驅動因素所引起的風險對供應鏈績效的影響，並運用權變理論探索不同供應鏈風險驅動因素作為情景變量在制定供應鏈戰略中的作用。研究結論表明，需求風險、供應風險對供應鏈績效具有顯著的負面影響，但政策、法律和管制所帶來的風險以及自然災害風險對供應鏈績效沒有產生顯著影響。因此，企業在制定供應鏈戰略時，不必考慮政府政策、基礎設施及自然災害因素所帶來的潛在風險，但是供需協調是供應鏈管理中需要考慮的關鍵問題（Wagner and Bode, 2008）。

Hendricks、Singhal和Zhang（2009）以《華爾街日報》和道瓊斯新聞服務社所刊出的公告及標準普爾公司會計資料庫為數據來源，選取一九八七至一九九八年間的三百零七起上市公司供應鏈風險公告為樣本，運用事件研究法研究經營滯阻、多樣化戰略、一體化戰略對供應鏈風險後果的緩解效果，驗證不同供應鏈戰略應對供應鏈風險的效果。研究結果表明：企業的精益化程度越低，受風險的影響就越小；業務多樣化程度對抵禦供應鏈風險無顯著影響，地點多樣化反而會增加供應鏈風險；垂直相關性程度越高，企業受供應鏈風險的影響就越小（Hendricks et al., 2009）。

陳敬賢和陳黎卿（二〇〇九）基於現有文獻研究，從供應風險、需求風險、製造風險和資訊風險四個維度反映供應鏈運作風險，構建了供應鏈運作風險作用於企業競爭能力的關係模型，基於對中國製造企業的調查研究數據，對模型進行了驗證。研究結果表明，製造風險和資訊風險直接作用於企業競爭能力，呈現顯著的負向影響，而供應風險和需求風險並不直接影響企業競爭能力，它們透過與製造風險和資訊風險強相關關係間接影響企業競爭能力。

陳敬賢、施國洪和馬漢武（二〇〇九）將供應鏈運作風險歸納為供應風險、需求風險、製造過程風險和資訊風險四類，選擇供應鏈可靠性、彈性、服務品質和財務績效四個變量描述供應鏈績效，構建了供應鏈運作風險對供應鏈績效影響的概念模型。透過對中國製造業企業的問卷調查研究，利用結構方程模型對概念模型進行了統計檢驗。研究結果表明製造過程風險和資訊風險對供應鏈績效有顯著的直接影響，供應風險和需求風險對供應鏈績效無顯著的直接影響，但透過與製造過程風險和資訊風險的相關關係間接影響供應鏈績效。

許德惠、李剛和孫林岩（二〇一三）透過對一百七十六家製造企業的調查研究數據進行實證分析，檢驗了供應鏈運作風險對企業競爭能力及績效影響的模型，結果表明企業的供應風險會對競爭能力有顯著的負向影響，而需求風險和技術風險不僅不存在負向作用，反而有一定的促進作用。此外，企業的競爭能力對於企業的績效也有一定影響，但文章並未對供應鏈風險對於企業績效的直接影響進行檢驗。

郭毅、豐樂明和劉寅（二〇一三）將國際貿易夥伴是否提出社會責任要求作為企業供應鏈風險的度量，採用實證方法檢驗了企業規模及資本結構與所面臨的供應鏈風險之間的關係，即國際貿易夥伴更傾向於對規模較大的企業以及對純本土企業提出企業社會責任要求，從而使這兩種企業面臨更大的供應鏈風險。

陳敬賢、薛梅和施國洪（二〇一三）以企業品質管理實踐和供應鏈風險管理績效為研究對象，構建了品質管理基礎實踐對於供應鏈風險管理績效的直接效應、部份中介效應和完全中介效應三個模型，根據統計檢驗採納了完全中介模型，即認為品質管理核心實踐在品質管理基礎實踐對供應鏈風險績效的影響中產生了完全中介作用。該研究不同於以往定性研究單純對供應鏈風險管理提出應對策略，而從實證角度探索了關於供應鏈風險管理的績效及其影響因素。

對供應鏈風險相關構念測量工具的開發

供應鏈風險的探索性研究階段及實證研究的缺乏，是供應鏈風險相關構念測量工具不成熟的根本原因。由於現有實證研究的主要內容是探討供應鏈風險對企業或供應鏈績效的影響，因此供應鏈風險相關的測量主要集中於兩個方面：供應鏈風險與績效的測量。對於績效的測量沿用了物流領域、供應鏈領域已經成熟的測量工具。對於供應鏈風險的測量，更多的研究只是提出了測量供應鏈風險的維度，並未給出完整的測量量表。現有的供應鏈風險測量工具主要以Wagner和Bode（2006、2008）的研究為代表。Wagner和Bode（2006）在文獻回顧基礎上開發出包含供應、需求、自然災害三個維度的供應鏈風險量表。在此量表基礎上，Wagner和Bode（2008）進一步提出包括：供應風險、需求風險、政策環境風險、自然環境風險、基礎設施風險五個構念在內的供應鏈風險測量量表，成為現有可查閱到的較為完善的供應鏈風險測量工具，從而為進一步展開該領域的研究奠定了基礎。

陳敬賢、施國洪和馬漢武（二〇〇九）將供應鏈運作風險歸納為供應風險、需求風險、製造過程風險和資訊風險四類，並提出用這四個風險變量測度供應鏈運作風險的供應鏈風險測量量表。

李錦飛和向洪玉（二〇一一）將平衡計分卡作為供應鏈中非核心企業的風險管理工具，透過參考平衡計分卡的財務、客戶、內部流程以及學習與成長四個方面，設計出風險平衡計分卡，試圖以此分析非核心企業面臨的風險，並建立非核心企業供應鏈風險的指標體系。

呂素萍、李小娜（二〇一一）試圖從供應鏈運作過程中的風險因素來探析供應鏈風險與供應鏈績效的關係，提出可以用供應風險、需求風險、製造過程風險和資訊風險四個風險變量測量供應鏈風險，但測量工具的信度和效度有待理論和實踐的進一步檢驗。

林紅梅（二〇一三）對旅遊服務供應鏈風險進行了考察，將風險劃分為內部與外部風險兩類，並細化出六個二級指標，透過構建旅遊服務供應鏈風險評價指標體系，運用模糊綜合評價模型對總體風險進行量化分析，根據結果對旅行社應採取的措施提出了建議。

小結

眾多的海內外學者嘗試從各種不同的研究角度對供應鏈風險加以研究（Sodhi and Son, 2012），並取得了卓有成效的進展，豐富和拓展了已有的供應鏈管理理論和風險管理理論。應當看到，供應鏈風險仍然是一個有待開發的管理研究領域，尚有不少問題有待進一步解決、充實和演進。

(1)研究角度。雖然眾多海內外學者對供應鏈風險因素進行了探索性研究，但更多的是關注某個特定領域或某個特定環節的風險問題，如供應風險、外包風險、需求風險等，以及農產品供應鏈風險以及煤炭行業供應鏈風險等，鮮有人從供應鏈網絡角度來識別風險因素。供應鏈是由多個企業組成的複雜網絡，它與單個企業的經營有著顯著的不同，忽略供應鏈的網絡特點來研究供應鏈風險問題顯然是不夠的。

(2)研究內容。首先，雖然眾多的海內外學者在關注供應鏈不確定性的來源及其所帶來的風險問題，但也只是從形成原因或來源對供應鏈風險進行了初步分類，迄今為止並沒有形成一個明確、系統的為大家所共同認可的供應鏈風險來源識別及劃分方法。其次，儘管有少數學者開始從供應鏈的三個環境層面探討供應鏈風險驅動因素，但研究過於孤立地分析各類供應鏈風險驅動因素，未就不同層面風險驅動因素之間的關係、不同層面風險驅動因素對企業績效影響的差異性，以及不同情境下供應鏈風險對企業績效影響的差異性予以闡述說明。

(3)研究方法。已有研究更多地是以概念性研究、案例研究或綜述研究為主的定性研究，更多地是探討供應鏈風險來源問題，對供應鏈風險危害及其防範的研究側重於理論上的分析、探討，只有少數研究運用實證研究方法分析了供應鏈風險對供應鏈穩定性及企業績效的影響，且多為國外企業數據。

綜上所述，雖然近年來特別是二〇〇八年金融危機席捲全球經濟以來，大量有關供應鏈風險的研究湧現出來，但供應鏈風險管理仍然是一個有待開發的管理研究領域，特別是該領域實證研究欠缺，有待進一步充實與發展。

參考文獻

陳敬賢、陳黎卿，〈供應鏈運作風險影響企業競爭能力的實證分析〉，《價值工程》，2009(12)。

陳敬賢、施國洪、馬漢武，〈供應鏈運作風險影響供應鏈績效的實證研究〉，《工業工程與管理》，2009(4)。

陳敬賢、薛梅、施國洪，〈應用質量管理實踐提高供應鏈風險管理績效——基於三個結構模型的實證研究〉，《工業工程與管理》，2013, 18(2)。

付玉、張存祿、黃培清、駱建文，〈基於案例推理的供應鏈風險估計方法〉，《預測》，2005(1)。

郭茜、蒲雲、李延來，〈供應鏈中斷風險管理研究綜述〉，《中國流通經濟》，2011(3): 48-52。

郭毅、豐樂明、劉寅，〈企業規模、資本結構與供應鏈社會責任風險〉，《科研管理》，2013, 34(6)。

侯梅媛、李永先，〈供應鏈風險管理研究綜述〉，《科技信息》，2012(11)。

胡金環、周啟蕾，〈供應鏈風險管理探討〉，《價值工程》，2005(3)。

李錦飛、向洪玉，〈基於平衡計分卡的非核心企業供應鏈風險分析〉，《科技與管理》，2011, 13(5)。

林紅梅，〈旅遊服務供應鏈運作風險分析及其量化〉，《企業經濟》，2013(7)。

劉朝剛、馬士華，〈大規模定制供應鏈的風險與控制〉，《中國物流與採購》，2008(8)。

呂素萍、李小娜，〈供應鏈風險與供應鏈績效關係研究——評價指標選擇與問卷設計〉，《新會計》，2011(5)。

馬士華，〈如何防範供應鏈風險〉，《中國計算機用戶》，2003(3)。

倪燕翎、李海嬰、燕翔，〈供應鏈風險管理與企業風險管理之比較〉，《物流技術》，2004(12)。

寧鍾、戴俊俊，〈期權在供應鏈風險管理中的應用〉，《系統工程理論與實踐》，2005(7)。

寧鍾、林濱，〈供應鏈風險管理中的期權機制〉，《系統工程學報》，2007(2)。

寧鍾、孫薇、石香妍，〈供應鏈風險的情景分析與管理〉，《物流科技》，2006(11): 56-60。

寧鍾，〈供應鏈脆弱性的影響因素及其管理原則〉，《中國流通經濟》，2004(4)。

田春明、杜習英，〈供應鏈風險與生產製造領域直接損失問題研究〉，《價值工程》，2007(4)。

晚春東、齊二石、索君莉，〈供應鏈風險產生根源的理論分析〉，《天津大學學報》(社會科學版)，2007(6)。

汪賢裕、肖玉明、鍾勝，〈基於資源的供應鏈風險分析〉，《軟科學》，2008(7)。

王玲、褚哲源，〈供應鏈脆弱性的研究綜述〉，《軟科學》，2011(9)。

王燕、劉永勝，〈供應鏈風險管理概述〉，《物流技術》，2008(8)。

肖艷、宋輝、余望梅，〈供應鏈風險來源及風險管理探討〉，《物流工程與管理》，2009(4)。

熊恆慶，〈基於延遲策略的供應鏈風險管理〉，《科技管理研究》，2013(19)。

許德惠、李剛、孫林岩，〈供應鏈運作風險對企業競爭能力及績效影響的實證研究〉，《科研管理》，2013, 34(6)。

許志瑞，〈供應鏈戰略聯盟中的風險因素分析〉，《科研管理》，2003(4)。

楊華、汪賢裕，〈供應鏈風險系統研究〉，《軟科學》，2007(6)。

張存祿、朱小年，〈基於知識管理的供應鏈風險管理集成模式研究〉，《經濟管理》，2009(6)。

張寧、劉春林，〈應對供應鏈突發事件風險的企業協作應急策略〉，《商業經濟與管理》，2011(3)。

張爽，〈企業供應鏈風險管理研究〉，《商業經濟》，2010(15)。

周艷菊、邱莞華、王宗潤，〈供應鏈風險管理研究進展的綜述與分析〉，《系統工程》，2006(3)。

朱懷意、朱道立、胡峰，〈基於不確定性的供應鏈風險因素分析〉，《軟科學》，2006(3)。

朱新球、蘇成，〈應對供應鏈風險的彈性供應鏈機制研究〉，《北京工商大學學報》(社會科學版)，2010(6)。

ALTMAN E. I., "Financial ratios, discriminant analysis and the prediction of corporate bankruptcy". *The Journal of Finance*, 1968, 23(4): 589-609.

AREND R. J. and WISNER, J. D., "Small business and supply chain management: is there a fit". *Journal of Business Venturing*, 2005(20): 403-436.

ARROW K. J., *Aspects of the theory of risk-bearing*. Yrjö Jahnssonin Säätiö, 1965.

BLOS, M. F., QUADDUS, M., WEE, H. M. and WATANABE, K., "Supply chain risk management: a case study on the automotive and electronic industries in Brazil". *Supply Chain Management: An International Journal*, 2009, 14(4): 247-252.

BORGE, D., *The Book of Risk*. John Wiley & Sons, Chichester (2001).

CAMERER C. F., "Taking risks: the management of uncertainty". *Administrative Science Quarterly*, 1988, 33(4): 638-640.

CHILES, T. H. and MCMACKIN, J. F., "Integrating variable risk preferences, trust and transaction cost economics". *Academy of Management Review*, 1996, 21(1): 73-99.

CHOPRA, S. and SODHI M. S., "Managing risk to avoid supply-chain breakdown". *Sloan Management Review*, 2004, 46(1): 53-61.

CHRISTOPHER, M. and LEE, H., "Mitigating supply chain risk through improved confidence". *International Journal of Physical Distribution & Logistics Management*, 2004, 34(5): 388-396.

COOPER, M. C., LAMBERT, D. M. and PAGH, J. D., "Supply chain management: more than a new name for logistics". *The International Journal of Logistics Management*, 1997a, 8(1): 1-13.

COOPER, M. C. and ELLRAM L. M., "Characteristics of supply chain management and the implications for purchasing and logistics strategy". *The International Journal of Logistics Managemen*, 1993, 4(2): 13-24.

COX D. F., "Risk handling in consumer behavior-an intensive study of two cases". *Risk Taking and Information Handling in Consumer Behavior*, 1967: 34-81.

DAS, T. K. and TENG, B. S., "Instabilities of strategic alliances: an internal tensions perspective". *Organization Science*, 2000, 11(1): 77-101.

DESS, G. G. and BEARD, D. W., "Dimensions of organizational task environments". *Administrative Science Quarterly*, 1984,

29(1): 52-73.

DUNCAN, R. B., "Characteristics of Organizational Environments and Perceived Environmental Uncertainty". *Administrative Science Quarterly*, 1972, 17(3): 313-327.

ELLRAM, L. M., "Supply chain management: the industrial organization perspective". *International Journal of Physical Distribution & Logistics Management*, 1991, 21(1): 13-22.

FINCH, P., "Supply chain risk management". *Supply Chain ManagementAn International Journal*, 2004, 9(2): 183-196.

FISHER, M. L., "What is the right supply chain for your product". *Harvard Business Review*, 1997, 75(2): 105-116.

FRY, L. W. and SMITH, D. A., "Congruence, contingency, and theory building ". *Academy of Management Review*, 1987, 12(1): 117-132.

HALLIKAS, J., KARVONEN I., PULKKINEN U. et al., "Risk management processes in supplier networks". *International Journal of Production Economics*, 2004, 90(1): 47-58.

HARLAND, C., BRENCHLEY, R. and WALKER, H., "Risk in supply networks". *Journal of Purchasing and Supply Management*, 2003, 9(2): 51-62.

HENDRICKS, K. B., SINGHAL, V. R. and ZHANG, R. R., "The effect of operational slack, diversification, and vertical relatedness on the stock market reaction to supply chain disruptions". *Journal of Operations Management*, 2009, 27: 233-246.

HENDRICKS, K. B. and SINGHAL, V. R., "An empirical analysis of the effect of supply chain disruptions on long-run stock price performance and equity risk of the firm". *Production and Operations Management*, 2005a, 14(1): 25-53.

HENDRICKS, K. B. and SINGHAL, V. R., "Association between Supply Chain Glitches and Operating Performance". *Management Science*, 2005b, 51(5): 695-711.

HENDRICKS, K. B. and SINGHAL, V. R., "The effect of supply chain glitches on shareholder value". *Journal of Operations*

Management, 2003, 21(5): 501-522.

HOLTON G. A., "Defining risk". *Financial Analysts Journal*, 2004: 19-25.

JEFFREY, H. D. and HARBIR, S., "The relational view: cooperative strategy and sources of interorganizational competitive advantage". *Academy of Management Review*, 1998, 23(4): 660-679.

JEMISON, D. B., "Risk and the relationship among strategy, organizational processes, and performance". *Management Science*, 1987, 33(9): 1087-1101.

JÜTTNER, U., PECK, H. and CHRISTOPHER, M., "Supply chain risk management-outlining an agenda for future research". *International Journal of Logistics: Research and Applications*, 2003, 6(4): 197-210.

JÜTTNER, U., "Supply chain risk management-understanding the business requirements from a practitioner perspective". *International Journal of Logistics Management*, 2005, 16(1): 120-141.

KAHNEMAN D., TVERSKY A., "Prospect theory: an analysis of decision under risk". *Econometrica: Journal of the Econometric Society*, 1979: 263-291.

KHAN, O., CHRISTOPHER, M. and BURNES, B., "The impact of product design on supply chain risk: a case study". *International Journal of Physical Distribution & Logistics Management*, 2008, 38(5): 412-432.

KHAN, O. and BURNES, B., "Risk and supply chain management: creating a research agenda". *International Journal of Logistics Management*, 2007, 18(2): 197-216.

LAMBERT, D. M. and COOPER M. C., "Issues in supply chain management". *Industrial Marketing Management*, 2000, 29(1): 65-83.

LEE H. L., "Aligning supply chain strategies with product uncertainties". *California Management Review*, 2002, 44(3): 105-119.

LOWRANCE W. W., The nature of risk *Societal Risk Assessment*. Springer US, 1980: 5-17.

MACCRIMMON K. R., WEHRUNG D. A., *Taking risks*. New York: The Free Press, 1986.

MANUJ, I. and MENTZER, J. T., "Global supply chain risk management strategies". *International Journal of Physical Distribution & Logistics Management*, 2008a, 38(3): 192-223.

MANUJ, I. and MENTZER, J. T., "Global supply chain risk management". *Journal of Business Logistics*, 2008b, 29(1): 133-156.

MARCH, J. G. and SHAPIRA, Z., "Managerial perspectives on risk and risk taking". *Management Science*, 1987, 33(11): 1404-1418.

MARKOWITZ H., "Portfolio selection". *The Journal of Finance*, 1952, 7(1): 77-91.

MASON-JONES, R. and TOWILL, D. R., "Shrinking the supply chain uncertainty circle". *Control*, 1998: 17-22.

MILLER, E., "Tying it alltogether". *Manufacturing Engineering*, 2001, 127(1): 38-46.

MITCHELL V. W., "Consumer perceived risk: conceptualisations and models". *European Journal of Marketing*, 1999, 33(1/2): 163-195.

MITCHELL, V. W., "Organizational risk perception and reduction: a literature review". *British Journal of Management*, 1995, 6(2): 115-133.

NORRMAN, A. and JANSSON, U., "Ericsson's proactive supply chain management approach after a serious sub supplier accident". *International Journal of Physical Distribution and Logistics Management*, 2004, 34(5): 434-456.

NORRMAN, A. and LINDROTH, R., "Supply chain risk management: purchasers'vs. planners'views on sharing capacity investment risks in the telecom industry". *Proceedings of the 11th International Annual IPSERA Conference, Twente University, 2527*, March, 2002: 577-595.

PECK, H., "Reconciling supply chain vulnerability, risk and supply chain management". *International Journal of Logistics: Research and Applications*, 2006, 9(2): 127-142.

RAO, S. and GOLDSBY, T. J., "Supply chain risks: a review and typology". *The International Journal of Logistics*

Management, 2009, 20(1): 97-123.

ROWE W. D., “Risk assessment approaches and methods”. *Society, Technology and Risk Assessment*, 1980: 3-43.

SODHI, M. S., SON, B. G., TANG, C. S., “Researchers’ perspectives on supply chain risk management”. *Production and Operations Management*, 2012(1): 1-13.

SHAPIRA. Z., *Risktaking*. Russel Sage Foundation, NewYork: 1986.

SIMON H. A., “Rationality and administrative decision making”. *Models of Man*, 1957, 196: 196-198.

SPECKMAN, R. and DAVIS, E., “Risky business-expanding the discussion on risk and the extended enterprise”. *International Journal of Physical Distribution & Logistics Management*, 2004, 34(5): 414-433.

SVENSSON, G., “A Conceptual framework for the analysis of vulnerability in supply chains”. *International Journal of Physical Distribution & Logistics Management*, 2000, 30(9): 731-749.

SVENSSON, G., “A Conceptual framework of vulnerability in firms’ inbound and outbound logistics flows”. *International Journal of Physical Distribution & Logistics Management*, 2002, 32(2): 110-134.

TANG C. S., “Perspectives in supply chain risk management”. *International Journal of Production Economics*, 2006, 103(2): 451-488.

TANG, O. and MUSA, S. N., “Identifying risk issues and research advancements in supply chain risk management”. *Int. J. Production Economics*, 2011, 133: 25-34.

THUN, J. H. and HOENIG, D., “An empirical analysis of supply chain risk management in the German automotive industry”. *International Journal of Production Economics*, 2011, 131(1): 242-249.

WAGNER, S. and BODE, C., “An empirical investigation of supply chain performance along several dimensions of risk”. *Journal of Business Logistics*, 2008, 29(1): 307-325.

WAGNER, S. M. and BODE, C., “An empirical investigation into supply chain vulnerability”. *Journal of Purchasing & Supply*

Management, 2008, 12(6): 301-312.

WILLIAMSON, O. E., "Outsourcing: transaction cost economics and supply chain management". *Journal of Supply Chain Management*, 2008, 44(2): 5-16.

WISNER J. D., "A structural equation model of supply chain management strategies and firm performance". *Journal of Business Logistics*, 2003, 24(1): 1-26.

YATES J. F., STONE E. R., "The risk construct". *Risk-Taking Behavior*, 1992: 1-25.

ZSIDISIN, G. A., "Managerial perceptions of supply risk". *The Journal of Supply Chain Management*, winter, 2003: 14-25.

CHAPTER 5

創業供應鏈與產業群聚

撰寫人：劉　會（中國人民大學）
宋　華（中國人民大學）
楊　璇（中國人民大學）

引言

傳統供應鏈中，供應鏈管理戰略的形成過程是由一個核心企業主導的，供應鏈成員在交換他們創造的價值同時，遵循核心企業對於生產投入、產品品質標準、生產流程以及產量、配送時間和地點等多方面的要求。這種不均衡的權力分佈導致了機會主義的盛行（Amanor-Boadu and Starbird, 2005）。並且當供應鏈參與方感覺到沒有權力時，這種治理機制還可能引起道德風險（Amanor-Boadu、Trienekens and Williams, 2002; Starbird、Amanor-Boadu and Roberts, 2008）。相比於傳統供應鏈中機會主義或道德風險無法得到有效的控制，創業供應鏈則提供了另外一種解決思路。

創業供應鏈將創業與供應鏈管理進行了整合，兩個不同研究領域的交叉結合，使得創業供應鏈兼具創業和供應鏈管理的特徵。本章前半部份總結了中國國內與創業供應鏈相關的研究領域，即中小企業供應鏈的研究成果。一方面，根據中國工業和信息化部的統計數據，截至目前，中小企業貢獻了中國百分之六十以上的國內生產總值、百分之五十以上的稅收，並創造了中國百分之八十的城鎮就業；中小企業也是中國國民經濟發展中不可或缺的組成部份，是推動國民經濟發展、促進社會穩定的基礎力量。另一方面，中小企業在特定領域具有大企業所不具備的專長，其本身的異質性導致了其管理是具體的，且受多種不同因素的影響（Gross and Jones,1997;Hannon, 1999），因此基於大型組織的管理方法則不能完全適用於中小企業（Westhead and Storey, 1996）。Harland等學者在二〇〇七年的研究指出，中小企業的供應鏈管理發展遠慢於其供應鏈合作的大企業（Harland et al., 2007）。因此針對中小企業的供應鏈研究對於促進中國中小企業發展、提高國民經濟增長具有重要意義。

供應鏈群聚是將供應鏈管理和產業群聚進行了有效結合，同時具備產業群聚以及供應鏈的網絡特徵，其構成主體為相近產業的中小企業群（吳群、諶飛龍，二〇〇七）。本章後半部份回顧了中國供應鏈群聚的研究。

創業供應鏈

創業供應鏈的內涵

對於創業供應鏈（entrepreneurial supply chains）的內涵界定，Amanor-Boadu等學者（二〇〇九）指出，創業供應鏈將創業與供應鏈進行有效整合，指出創業供應鏈是一種企業間的關係，它來源於企業之間互相認可彼此對某種資產的需求和依賴——這種有價值的資產，它不會耗竭，但會因誤用或濫用而發生貶值。他們將創業供應鏈分為區域資產（place assets）、區域／產品資產（place/product assets）以及區域／產品／流程資產（place/product/process assets）驅動的三種創業供應鏈。區別於傳統供應鏈中核心企業的主導作用，Granovetter（2005）認為創業供應鏈中各方對社會關係網絡中嵌入性資產的保護和增值承擔共同責任。Lee等（二〇一二）指出創業供應鏈不僅像傳統供應鏈那樣注重成本節約、產品品質以及配送速度，還注重企業的變革以及成長。他認為創業供應鏈將供應商的供應商與客戶的客戶聯繫在一起，他還認為創業供應鏈可透過以下三種「途經」建立，即在新客戶、新市場和新區域中提供現有產品和服務，為現有客戶和市場開發新產品和新服務，以及為新客戶和新市場開發新產品和新服務。

由此可見，創業供應鏈並不是創業與供應鏈的簡單組合，與傳統供應鏈相比，創業供應鏈通常更為複雜，參與企業對所依賴的價值資產形成了共同需求和依賴，這種企業間的關係已不再是像傳統供應鏈那樣主要圍繞一個核心主導企業。在創業供應鏈中，參與企業一方面根據共享的資產組織營運活動，另一方面有意識地管理其資產以達到績效最大化。創業供應鏈參與方滿足客戶異質需求的獨立能力以及保持共同的多樣化能力，最終使創業供應鏈獲得了共同成功（Amanor-Boadu et al., 2009）。

創業研究與供應鏈管理研究的交叉融合

過去幾十年，有關創業方面的研究在不斷增加，而供應鏈管理作為管理研究的重要領域，自二十世紀八〇年代其概念被正式提出以來，有關的研究和應用也在不斷發展。然而，目前有關創業與供應鏈兩個交叉領域的研究則少得多。創業供應鏈是創業和供應鏈兩個研究領域的融合，是一個新的研究領域。一方面，創業供應鏈強調分別把創業研究和供應鏈管理研究作為獨立研究領域的重要意義；另一方面，又注重這兩個領域在整合層面的共有要素和研究內容，具體表現了創業與供應鏈研究共同的管理實踐目標。如包括供應鏈管理在內的營運管理和創業均能夠促進行業以及企業創造新價值（Aldrich and Fiol, 1994; Busenitz et al., 2000; Balakrishnan et al., 2007），且二者都十分強調在動態環境中企業創新與操作化的能力（Gans et al.,2008; Oke et al., 2007）。並且，供應鏈企業以及創業導向的企業均日益加大對企業間協作的依賴（Larson, 1992; Madhok and Tallman, 1998; Wagner et al., 2010）。創業研究注重的創新性、風險承擔性和行動超前性或者說創業導向水準，將創業研究與供應鏈研究整合，有利於發現企業構建優勢的機會進而創造價值和財富。如製造商外包其製造或設計業務時，供應商的創新可以提升製造商能力（Freeman and Cavinato, 1990; Choi et al., 2001; Frohlich and Westbrook, 2001; Gawer and Cusumano, 2002; Vickery et al., 2003; Choi and Krause, 2006;Wu and Choi, 2005; Schiele, 2006）。而營運管理和供應鏈管理有利於企業產生可持續競爭優勢，進一步促使企業進行業務創新以及發展（Guinan et al., 1998; Lowe and Ziedonis, 2006;Zott and Raphael, 2007）。**表一**總結了有關營運管理（包括供應鏈管理）與創業的交叉領域。總之，整合了創業研究和供應鏈管理研究的創業供應鏈研究，不僅能夠展現創業研究和供應鏈管理研究的各自特點，更為重要的是，還能形成兩者的交叉面，從更高層次體現創業供應鏈研究自身的特色與目標。

有關創業供應鏈的研究

中國國內目前尚無正式研究創業供應鏈的成果，但由於大部份的中小企業均為創業企業，中小企業供應鏈在一定程度上與創業供應鏈緊密相關，因此中國國內與創業供應鏈相關的研究主要集中在對中小企業供應鏈領域的研究，主要關注中小企業如何透過供應鏈提升自身的競爭能力。對於大多從零開始的中小企業來說，透過加入創業供應鏈，與供應鏈其他參與方形成正式的戰略網絡，可提升其創新競爭力。Van Gils以及Zwart（2009）認為這些戰略網絡之所以能夠有益於中小企業的發展是因為透過網絡，企業間可以分享、綜合相關資訊、技能以及資源，進而實現開發先進創新技術、降低成本並分擔風險。可以看出，中小企業可以藉助創業供應鏈形成的戰略網絡作為其提升創業能力的平台。基於此，本章從構建中小企業供應鏈、提升內部供應鏈管理以及增強外部合作夥伴協同能力等三個方面總結了中國國內有關中小企業供應鏈的研究成果。

▼有關中小企業供應鏈構建的研究

徐惠堅（二〇〇九）研究了中小印刷企業供應鏈管理模型的構建。文章提出中小印刷企業的供應鏈應從

表一　營運管理與創業交叉研究領域

運營管理與創業交叉領域	研究主題	所用理論／主要視角
1.供應鏈戰略與創業	・高效率型供應鏈vs.反應型供應鏈 ・精益型供應鏈vs.敏捷型供應鏈	・競爭戰略 ・運營戰略 ・費雪供應鏈戰略矩陣 ・學習曲線
2.供應鏈網絡設計與創業	・創業階段的外包 ・集中化vs.分散化 ・供應鏈整合vs.分拆 ・供應鏈協作（3PL、4PL） ・創業企業的全球化	・交易成本理論 ・資源基礎觀 ・動態能力 ・資源依賴理論 ・網絡嵌入性理論 ・國家競爭優勢
3.企業間關係與創業	・創業企業的關係管理 ・供應商創新 ・供應商發展	・制度理論 ・關係視角 ・社會資本理論 ・關係生命週期 ・開放式創新
4.服務運營與創業	・能力與需求管理 ・服務過程中有效性和效率 ・對服務接觸的管理 ・效益管理	・市場和客戶導向 ・服務質量 ・服務盈利鏈
5.可持續性與創業	・綠色供應鏈 ・逆向供應鏈 ・生態足跡 ・創業範圍內的企業社會責任	・利益相關者理論 ・企業社會責任視角 ・三重底線視角
6.風險管理與創業	・創業者風險緩解工具 ・創業者連續性業務決策 ・相互依賴 ・風險收益權衡	・風險管理過程 ・高可靠性理論 ・常態意外理論 ・複雜系統理論
7.行為運作與創業	・運營管理中人的行為 ・領導特徵 ・員工激勵 ・獎勵制度	・創業導向 ・認知心理學 ・領導理論 ・激勵理論 ・團體動力學
8.績效測量與創業	・運營有效性與效率評估 ・創業公司運營活動評估分析 ・績效測量系統設計	・績效測量框架 ・系統理論 ・決策理論 ・代理理論

資料來源：Editorial, Journal of Operations Management, 29(2011).

傳統的單一鏈條供應鏈模式轉變為網狀供應鏈模型，將虛擬化企業即外包企業引入到供應鏈中，充份利用網絡資源，增強中小印刷企業的競爭力。

劉敏（二〇一三）透過對中小企業不同合作方式的分析，構建了適合中小企業競爭的三種團隊式供應鏈模式。由於中小企業在供應鏈中很難充當主要角色，如果要在激烈的市場中生存競爭，中小企業在面對供應鏈問題上必須主動面對供應鏈建構與管理問題，建構團隊式供應鏈。文章提出了直線團隊式供應鏈、三角矩陣團隊式供應鏈和水平團隊式供應鏈三種中小企業團隊式供應鏈。

▼有關中小企業供應鏈管理的研究

馬林（二〇〇八）針對中小製造業供應鏈一體化風險管理進行了實證研究。文章在對浙江省部份中小企業進行調查分析的基礎上，識別出供應鏈計劃、採購、製造、配送及退貨等五個業務流程的關鍵風險因素，計算出關鍵風險因素的水平綜合指數並進行排序，以此作為依據構建了中小製造企業供應鏈一體化風險管理體系結構模型。

李承贇（二〇一〇）分析了中國中小企業採購管理的問題。在供應鏈環境下，中國中小企業在採購過程中存在供需雙方競爭多於合作，採供雙方資訊共享程度低，企業事前控制能力差，企業內部的生產部門與採購部門脫節，採購過程缺乏科學的分析和評價等問題。中小企業需要在供應鏈環境下實現採購模式的轉變，從庫存採購轉向訂單採購，從內部採購管理向外部資源管理轉變，建立戰略協作夥伴關係。在降低採購風險方面，採取集中採購、綜合評估供應商、建立採購資訊平台系統等措施。

李嵐（二〇一〇）針對中小企業供應鏈成本管理進行研究。中小企業供應鏈成本管理觀念薄弱，成本控制具有盲目性；對外部依賴性強，沉沒成本較高；資訊共享困難，交易成本高；中小企業往往在交易中處於弱勢地位，存在利潤分配不均勻問題；且中小企業的供應鏈整體協同性差，與節點企業尚未形成一體化機制，導致組織成本高。文章提出不同供應鏈管理模式下對應的節點企業間關係和成本特徵（如表二所示）。針對上述中小企業供應鏈成本管理中存在的問題，研究提出中小企業應轉變經營觀念，積極融入到供應鏈；建立適合自身的資訊平台以及協同式供應鏈，減少交易成本與組織成本；有效利用第三方物流，節約作業成本等改進供應鏈成本管理的對策。

朱偉華（二〇一一）分析了金融危機衝擊對中小企業供應鏈的影響。中小企業供應鏈由於企業本身的特點，在其進行供應鏈管理過程中，很難成為供應鏈上的核心企業，而從供應鏈競爭中獲得的支持與利益十分有限，與上下游供應鏈節點企業關係方面存在著不穩定性，供應鏈中的各節點企業之間資訊傳遞系統效率低下，很難做到數據分析與輔助決策。在金融危機的衝擊下，中小企業容易被其服務的核心企業所拋棄，與上下游供應鏈企業的合作關係受到影響，短期內無法把握市場需求的變化以及採取相應的措施。在此基礎上，作者認為應從提升中小企業在供應鏈中的地位、強化與上下游企業的關係，並提升資訊化水準等三個方面出發，強化中小企業供應鏈。

蔡冬曉（二〇一二）分析了供應鏈競爭環境下中小企業物流管理問題。文章基於約束理論，總結出中國中小企業供應鏈競爭環境的變化而要求企業建立穩固的供應鏈合作關係，發展自身的核心競爭業務，增強資訊技術利用的水準，更有效地獲

表二　不同供應鏈管理模式節點企業關係及其成本特徵

供應鏈管理模式	各節點企業的關係	成本特徵	供應鏈總成本
分散式供應鏈	相互之間完全獨立	交易成本高	高
集中式供應鏈	相互之間高度集成	組織成本高	較高
協同式供應鏈	既相互競爭又相互協作	交易成本和組織成本均較低	

資料來源：蔡彬清、陳國宏：《複雜網絡視角下鏈式產業集群競爭優勢分析——以柳市低壓電器產業集群為例》，載《經濟地理》，二〇一二（一〇）。

取用戶體驗和需求資訊等現狀；分析了供應鏈競爭環境變化條件下中小企業物流管理組織化程度不高，物流成本普遍偏高，各部門之間的銜接不暢，資源整合能力差，企業物流改進制度缺乏，資訊化程度普遍較差，資訊平台建設落後等問題；提出中小企業要把握約束條件的動態變化，即時審視物流系統的變化，發現、分析和解決企業物流系統中存在的問題，同時注重建立緩衝庫存制度和員工參與的方案改進制度，以此不斷優化企業的物流系統，提升物流系統的效率。

金燕波等（二〇一二）從中小企業採購管理現狀入手，分析了現階段中小企業採購管理中存在的問題，並結合供應鏈環境下採購管理的特點，提出供應鏈環境下中小企業採購管理的策略，包括：樹立供應鏈管理思路、優化組織結構、採用即時供應系統（Just In Time, JIT）的採購方式、建立資訊化的採購管理系統，並與供應商建立戰略夥伴關係等方法。

王娟與倪衛紅（二〇一三）認為選型失敗是中國中小企業ERP（企業資源規劃，Enterprise Resource Planning）實施失敗的一個重要因素，做好系統的選型，是企業更換系統時的首要任務。選型時，企業需要結合行業特點，分析自身需求，藉助於服務商的力量選取合適的產品。文章分析了在供應鏈背景下中小電子企業ERP選型的要點，並運用AHM模型（屬性層級模型，Attribute Hierarchical Model）對企業ERP選型進行初步探討。

▼有關中小企業與外部合作夥伴協作的研究

易東波與鄧麗明（二〇〇七）在企業供應鏈協同的有關研究基礎上，以交易成本理論的視角引入了對協同式供應鏈的分析；並以中小企業為對象，對基於協同式供應鏈的中小企業從其供應鏈協同的優勢、相關複雜性以及協同的路徑等方面進行了分析。文章中認為中小企業應透過相互尋求聯盟形成「聯盟節點」，再分別以各級「鏈節」整合為協同式供應鏈聯盟網絡。

蘇應生與汪賢裕（二〇〇九）研究在資訊不對稱的情況下，零售業中小企業如何運用資訊資源優勢向供應鏈上游企業獲得資訊租金。文章討論了供應商在對中小零售商的銷售能力以及銷售努力均未知時，激勵契約的制定。研究結果還表明資訊的優勢保證了處於劣勢地位的中小零售商獲得租金的能力；中小零售商提高自身的銷售能力，不僅能夠提高自身的租金，也能提高供應商的租金。

王麗杰與馮岩岩（二〇一〇）研究了中小企業供應鏈成員資訊共享問題。供應鏈資訊是中小企業供應鏈節點企業聯繫的紐帶，其資訊共享包括：需求、庫存、預測、物流配送、生產製造計劃等方面資訊的共享，由於存在資訊保護、資訊動態失真、資訊傳遞失真、信任缺失以及利益衝突等方面的因素，供應鏈節點企業間的資訊很難實現共享。針對這一問題，文章提出提高資訊共享的策略，即合理分配資訊共享帶來的利潤、採取適當的資訊共享激勵方式、建立共享資訊準確度的調查反饋體系，並增強資訊洩露的防範措施。

王麗杰與宋福玲（二〇一〇）研究了中小企業供應鏈利益分配的問題。文章中認為影響供應鏈利益分配的因素包括：供應鏈企業在生產過程、技術水準、人力資源等方面的固定投入、企業對整個供應鏈的貢獻、企業本身的努力以及風險因素等四個方面。其中，企業對整個供應鏈的貢獻是企業應對環境變化付出的額外成本。企業對供應鏈的投入、努力程度及風險因素影響固定收益，而供應鏈合作企業為應對市場變化付出的額外成本、努力程度及風險因素影響供應鏈的額外收益，供應鏈利益的分配根據供應鏈合作企業的貢獻和風險共擔原則來確定。

楊洪濤（二〇一一）基於關係交易理論，針對關係文化對創業供應鏈合作關係穩定性的影響進行了實證研究。研究結果表明，「關係」基礎的強弱程度對創業供應鏈企業合作關係的資源貢獻度和運作協調度具有正向作用；「關係」原則的強弱程度對合作關係的三個層次的穩定性均具有正向的作用；「關係」效益的強弱程度對合作關係的資源貢獻度和關係成熟度有正向作用。

宋茜茜（二〇一三）在分析供應鏈協同中中小企業進行知識轉移的重要性及知識轉移對中小企業作用的基礎上，總結了中小企業供應鏈協同知識轉移的動機，進而提出了中小企業供應鏈協同的知識轉移模式，並且從顯性與隱性兩種知識方面分別提出具體的知識轉移方式，分析了供應鏈協同知識轉移的效果，進一步完善了中小企業供應鏈協同知識轉移模式的研究。

陰國富與王進峰（二〇一三）透過分析供應鏈企業協同工作的特點，提出了中小企業供應鏈調度模型。該模型的實現以互聯網技術作為系統架構，以XML（可延伸標記式語言，eXtensible Markup Language）協議作為數據交換標準，在此模型基礎上，開發了基於甲骨文公司（Oracle）數據庫的WEB應用程式，實現供應鏈企業協作的規劃和調度。

產業群聚

產業群聚的定義及內涵

群聚（集群）是指特定領域內一定數量的企業和機構在一定地域範圍內的集中分佈，包括相互關聯的行業以及其他重要競爭實體（Porter,1998），是介於市場和組織之間的一種組織形式（崔煥金，二〇〇五）。黎繼子等（二〇〇四）認為群聚是基於核心產業中核心企業在某個區域具有擴展和創新功能的有向網絡供應鏈系統——群聚式供應鏈系統。陳嬈、蔡根女等（二〇〇八）認為供應鏈式產業群聚是以供應鏈管理理論為基礎、以提高效率為手段、以提高效益為目的的網絡結構。供應鏈式產業群聚作為群聚網絡和供應鏈網絡耦合而形成的群聚類型，具有網絡組織和供應鏈系統特徵，但與供應鏈系統和其他類型的群聚存在顯著差異，其基本特徵如表三所示。

有關群聚供應鏈的研究

群聚供應鏈整合了群聚和供應鏈兩個領域的特色，給企業的發展帶來了不同於傳統供應鏈的優勢。並且，由於群聚供應鏈的主體為相近產業的中

表三　群聚供應鏈與供應鏈系統和其他類型群聚的差異

基本特徵	特徵描述	與供應鏈系統和其他類型群聚的區別
有向性	以供應鏈為主導關係，包含了某一產業或某一產業中某類產品從上游企業的原始投入到下游企業最終產出的產業鏈或產品鏈，表現為整體流向的方向性。	有向的供應鏈是形成供應鏈式產業群聚結構的基礎，是供應鏈式群聚與水平型群聚的主要區別之一。
網絡性	企業高度專業化分工使其與周圍企業形成縱橫向聯繫，呈現縱橫交叉的協作網絡。網絡中不僅存在多個傳統式線狀供應鏈系統，供應鏈系統內企業分工協作，而且不同供應鏈系統間企業存在競爭與合作。	由單個供應鏈系統的網鏈結構發展為多個供應鏈系統的網絡結構，是其與傳統線狀式供應鏈系統最本質的區別之一。
核心性	核心企業（組織）在供應鏈系統中發揮著銜接作用，通過自身優勢將上下游企業聯繫起來；在群聚系統中發揮著聚集作用，以其優勢吸引相關組織加盟聚集，形成具有自我擴展功能的網絡。	核心企業（組織）的存在和其銜接聚集作用的發揮是供應鏈式群聚區別於水平型群聚的重要特徵之一。
組織異質性	除核心企業和其上下游企業外，在群聚地域之中還存在著大量供應鏈之外的與專業化配套相關的中小企業和組織，配合和補充供應鏈生產。規模和功能相異的多樣化組織是供應鏈式群聚網絡重要的結構要素。	供應鏈系統和其他類型群聚中企業（組織）類型較少，作用較為單一。
網絡關係多樣性	各組織基於契約建立市場聯繫，基於聯盟建立交易聯繫，基於信任建立社會聯繫，組織聯繫方式多樣而複雜。群聚網絡是群聚經濟網絡、生產網絡、社會網絡的集合。	供應鏈網絡主要是通過契約和聯盟所形成的市場交易關係網絡。
供應鏈雙重性	群聚中核心企業與上下游企業之間的產品交易關係構成產品供應鏈;群聚中服務機構與企業之間的服務交易關係構成服務供應鏈。	供應鏈和其他類型群聚側重於產品供應鏈；服務供應鏈是群聚效應發揮的重要基礎，是鏈式群聚的重要特徵之一。

資料來源：蔡彬清、陳國宏。《複雜網絡視角下鏈式產業集群競爭優勢分析——以柳市低壓電器產業集群為例》，載《經濟地理》，2012(10)。

小企業群（吳群、諶飛龍，二〇〇七），群聚供應鏈本身所具有的競爭優勢是中小企業獲得資源和能力的來源。本部份回顧了中國國內有關群聚供應鏈的研究。

▼有關群聚供應鏈與營運管理的研究

黎繼子等（二〇〇七）研究了群聚式供應鏈跨鏈間的庫存協調模型，運用系統優化理論來尋求被補充供應鏈的正常通路訂貨量和緊急補充量，以降低庫存水準，提高整體利潤。透過實例分析發現：商品零售價格和庫存費率較高，以及訂貨間隔期短，緊急庫存補充價格較低時，有促使群聚供應鏈跨鏈間庫存協作的傾向。

李柏勳、黎繼子（二〇〇七）發現群聚式供應鏈跨鏈間庫存合作有較大的優勢，研究建立了跨鏈間庫存合作與不合作情況下的供應鏈總成本模型，結合實例分析的結果表明跨鏈間庫存合作使供應鏈總成本減少百分之十一。

陳嬈、蔡根女等（二〇〇八）透過研究認為供應鏈式群聚化實現了橫向一體化和縱向一體化的交融，從橫向和縱向方面均進一步降低交易成本和由機會主義所帶來的資訊失真，較為有效地控制供應鏈中的「長鞭效應」。

黃純輝等（二〇一二）以兩單鏈組成的群聚式供應鏈為研究背景，引入了產品物料清單（Bill Of Material, BOM），分析了供應鏈的上游供應商存在的多層次和多對象性，建立了基於物料清單耦合的供應商庫存互補模型，並運用系統動力學的方法進行分析。研究結果表明，不同程度的供應商緊急庫存互補，都能有效地從供應源頭抑制顧客需求波動，減少供應鏈系統的庫存總量和總物流成本，減弱「長鞭效應」，提高顧客服務水準，其中以三對供應商庫存互補模式最優。

朱海波與李向陽（二〇一三）以群聚式供應鏈為背景，針對客戶需求不確定性，考察一供應鏈零售商的緊急庫存補充通路，來自於另一供應鏈零售商的跨鏈間庫存協作問題。提出了跨鏈間庫存協作機制，並將縱向正常補貨的經濟訂購批量策略與橫向緊急補貨的庫存協作機制相結合建立了數學模型，給出了模型有解的判別式和模型存在最優解的條件，提出求最優解的搜索算法。模擬結果表明：庫存協作機制顯著提高協作各方的利潤，同時有效降低了庫存成本。

王嵐（二〇一三）透過構建群聚特點、服務整合與供應鏈績效的理論模型，研究了產業群聚的特點對供應鏈績效的影響路徑和機制。研究發現，群聚中企業間地理位置鄰近、緊密的鏈接與核心競爭力有利於促進供應鏈成員的服務整合，說明在群聚條件下上下游的供應鏈夥伴更容易產生成本和收益協同效應，進一步提升了供應鏈績效。並且，服務整合在企業間鏈接與供應鏈績效，以及核心競爭力與供應鏈績效等兩組關係中分別都起到了中介的作用。

徐玲玲等（二〇一三）在群聚式供應鏈的基礎上引入A-J模型（Averch-Johnson model），分析了兩條供應鏈在同一區域的博弈關係。在群聚式供應鏈的競合過程中引入擁擠效應和知識溢出，採用逆序歸納法分析了合作博弈和非合作博弈條件下，距離對核心企業的產量、創新水準和利潤的影響，並總結供應鏈中企業決策條件和決策結果。

張玉春等（二〇一三）採用扎根理論（Grounded theory）研究方法，以溫州泵閥產業群聚作為研究對象，以詳細調查和深度訪談搜集的數據為基礎，透過進行開放性譯碼分析、主軸譯碼分析和選擇性譯碼分析，對企業群聚環境下供應鏈快速反應能力影響因素進行實證研究，得出影響因素為：群聚網絡協同基礎、流程一體化程度、資訊與物流整合水準、顧客需求導向性。文章還提出應整合群聚資源，實現顧客需求的快速反應，提高供應鏈快速反應能力。

▼有關群聚供應鏈與經營模式的研究

Huang和Xue（二〇一二）指出，產業群聚面臨的新挑戰使得新型的商業模式出現，使中小企業進行商業活動的方式從自給自足轉變為相互依賴。透過對京城控股集團公司（JCH）進行案例研究，發現中小企業選擇群聚供應鏈的時機有管理、經濟和組織三個層面，中小企業對於群聚供應鏈的實現主要呈現在時間節約、品質改進、成本減省、彈性增加和能力提升幾個方面，同時，群聚供應鏈對於中小企業的意義在於增加了其水平與垂直兩個方向的合作。

范瀟允（二〇一三）以遼寧紡織行業產業群聚為例，利用經營模式理論為基礎，以探索性研究方法探討了產業群聚效應、產業群聚形成原因與企業經營模式的關聯性。文章構建並界定了產業群聚效應和企業經營模式相關變量，進行了實證研究，研究結果表明產業群聚效應與企業經營模式具有關聯性，而且紡織產業群聚的形成與發展可以有效帶動群聚紡織企業快速發展。

▼有關群聚供應鏈促進企業創新的研究

蔡猷花等（二〇一〇）研究了群聚環境中兩條由單一核心企業與單一上游企業構成密切合作的兩級供應鏈系統中研發不合作以及研發合作的博弈形式下，各供應鏈的選擇策略及利潤函數。研究結果顯示增加創新投資，會增加該創新型產品在整個市場上的競爭能力；雙寡頭進行研發合作時的利潤會明顯高於非合作時的情況；研究合作博弈情形下，各參與主體在決策時應根據組織短期和長期的戰略目標做出不同的決策。

劉春玲等（二〇一一）分析了群聚式供應鏈技術創新的三種模式，即技術推動創新模式、需求拉動創新模式以及綜合作用創新模式。研究認為群聚式供應鏈的技術創新發展是一個漸進的過程，先後分為線性合作階段、交互協作階段以及縱向整合階段，且每個階段中技術知識的傳導方式存在差異。

潘瑞玉（二〇一三）認為供應鏈組織為群聚企業建立本地和超本地知識網絡提供了有效的途徑。文章基於浙江省群聚企業的問卷調查數據，實證考查了本地和超本地供應鏈知識協同對群聚企業創新績效的影響以及組織學習能力的中介作用。結果表明：本地供應鏈知識協同對群聚企業創新績效有顯著正向影響，且隱性知識協同的效果更佳；超本地供應鏈知識協同對群聚企業創新績效有顯著正向影響，且顯性知識協同的效果更佳；組織學習能力在供應鏈知識協同與群聚企業創新績效的關係中發揮完全的中介作用。

左志平等（二〇一三）認為群聚供應鏈技術創新行為實質上是一個多維度的動態演化發展過程。文章中建立了群聚供應鏈橫向同質性企業群體和縱向異質性企業群體創新合作的演化博弈模型，分析了不同維度下的群聚供應鏈技術創新行為的演化路徑和影響因素。研究結果，表明基於橫向和縱向兩個不同維度的群聚供應鏈技術創新行為的演化結果主要受創新合作收益、創新投入成本、補償收益和創新網絡收益四個要素的影響。

何彬斌等（二〇一三）探討了群聚供應鏈企業的供應鏈協同決策。透過建立一個由群聚中的製造商和供應商組成的兩級供應鏈，分析了製造商的市場力量對製造商和供應商的R&D活動和收益共享契約的影響。結果表明，群聚中製造商市場力量過大會降低製造商的創新動力而增加供應商的創新動力，同時雙方簽訂的收益共享契約決定製造商給供應商支付數額的收益共享係數也會降低。

吉敏與謝慶紅（二〇一三）從群聚供應鏈內涵、群聚知識創新、供應鏈知識創新、群聚供應鏈知識創新熱點問題等方面，對海內外群聚供應鏈知識創新的研究進行論述，拓展了中國群聚供應鏈知識管理的研究領域，並對群聚發展、企業知識創新實踐提供切實的指導。

吉敏等（二〇一三）基於群聚供應鏈企業知識創新過程的特徵，從供應鏈企業橫向合作、縱向本鏈合作、縱向跨鏈合作視角，研究了戰略性新興產業群聚供應鏈知識創新過程與路徑。在此基礎上，基於知識轉化螺旋模型（SECI模型），建立了群聚供應鏈知識創新雙S模型。以新材料產業群聚為例，分析了這一戰略性新興產業群聚供應鏈知識創新過程和傳導路徑。

蔡彬清與陳國宏（二〇一三）探討了鏈式群聚企業多維網絡關係，透過二元式組織學習影響創新績效的作用機理，對福建省三個鏈式產業群聚數據的實證研究表明：鏈式群聚網絡關係廣度、關係強度及關係品質對企業創新績效均有顯著的影響；組織學習在企業網絡關係和創新績效之間起著重要的中介作用，但探索式學習和利用式學習在不同作用路徑中的中介效應存在較大的差異。文章因此認為鏈式群聚網絡背景下企業應重視多維網絡關係的建立和調整，加強及平衡二元式組織學習，並適時透過網絡關係和組織學習的雙向動態調整，提高其創新績效。

▼有關群聚供應鏈推動競爭優勢建立的研究

Xiao Xue等學者（二〇一〇）提出群聚供應鏈將產業群聚以及供應鏈的優勢結合在一起，能夠使得中小企業取得價值鏈上某個關鍵環節的突破（如戰略發展、關鍵技術以及優化工作流程），甚至在國際市場上開展競爭活動。

蔡彬清、陳國宏（二〇一二）對複雜網絡視角下，基於供應鏈的產業群聚競爭優勢進行了分析，研究表明，基於供應鏈的產業群聚網絡具有平均路徑短、度分佈不均勻、聚集係數高的網絡結構特徵，在生產、創新和抗風險等方面具有明顯競爭優勢。

薛霄等（二〇一三）認為群聚式供應鏈包括三個主要部份，即：群聚式供應鏈的靜態模型、群聚式供應鏈聯盟的動態模型和服務系統的架構及支撐技術。文章以京城控股集團公司為案例，詳細闡述群聚式供應鏈的實施全過程。案例研究表明，群聚式供應鏈將推動購買者—中間商—銷售商相互之間關係的結構化轉變，並加速中小型企業的全球化發展。

胡偉與劉宇（二〇一三）從供需角度研究了企業在製造業產業群聚知識服務體系建設中的作用，在探討服務供應鏈基本理論的基礎上，結合知識服務需求特徵，構建了製造業產業群聚知識服務供應鏈模型。對知識的服務主體、服務流程、管理要素和供應鏈整合運作進行了分析，提出從市場角度進行知識要素的有效創新及應用，以提高製造業產業群聚知識資源配置能力，促進產業群聚綜合競爭力的提升。

此外，楊瑾（二〇一三）在分析了影響大型複雜產品供應鏈網絡結構內在機制的基礎上，運用社會網絡分析理論與方法，對群聚環境下某航空產品供應鏈網絡結構進行了實例研究，提出了改進供應鏈網絡結構的具體策略，為群聚環境下大型複雜產品供應鏈網絡結構進行定量化研究奠定了一定的理論基礎。

小結

本章總結和梳理了中國有關創業供應鏈和產業群聚方面的主要研究成果。由於目前中國國內尚無正式研究創業供應鏈的成果，考慮到大部份的中小企業均為創業企業，因此本章主要關注中小企業如何透過供應鏈提升自身的競爭能力，從中小企業構建供應鏈、管理供應鏈以及與供應鏈參與方的合作等三個方面回顧了近年來中國的研究成果。群聚供應鏈方面，本章從群聚供應鏈對企業經營管理、營運模式、創新發展以及競爭優勢建立等幾個方面的影響進行了文獻總結回顧。其中，值得注意的是，近兩年有關群聚供應鏈內企業創新發展方面的中國研究呈現出大幅增長的趨勢。

參考文獻

蔡彬清、陳國宏，〈複雜網絡視角下鏈式產業集群競爭優勢分析——以柳市低壓電器產業集群為例〉，《經濟地理》，2012(10)。

蔡彬清、陳國宏，〈鏈式產業集群網絡關係、組織學習與創新績效研究〉，《研究與發展管理》，2013(4)。

蔡冬曉，〈供應鏈環境競爭下中小企業物流管理問題探討〉，《商業時代》，2012(20)。

蔡猷花、陳國宏、向小東，〈集群供應鏈間技術創新博弈分析〉，《中國管理科學》，2010(1)。

陳嬈、蔡根女、楊為民，〈供應鏈式產業集群初探〉，《商業時代》，2008(3)。

崔煥金，產業集群網絡式供應鏈演進機理研究〉，《中國科研信息》，2005(2)。

范瀟允，〈產業集群效應與企業經營模式關聯性的探討〉，《技術經濟與管理研究》，2013(5)。

何彬斌、劉芹、蘇朝文、王禹驍，〈基於收益共享契約的集群供應鏈合作創新研究〉，《資源開發與市場》，2013(7)。

胡偉、劉宇，〈基於服務供應鏈的製造業產業集群知識服務研究〉，《科技進步與對策》，2013(7)。

黃純輝、張慶年、周興建、劉春玲，〈集群式供應鏈供應商間的庫存互補優化〉，《武漢理工大學學報》，2012(2)。

吉敏、胡漢輝、陳金丹、謝慶紅，〈基於雙S模型的戰略性新興產業集群供應鏈知識創新過程與路徑研究——以CS新材料產業集群為例〉，《科技進步與對策》，2013(12)。

吉敏、謝慶紅，〈集群供應鏈知識共享與創新機制研究綜述〉，《經濟問題探索》，2013(2)。

姜彥福、沈正寧、葉瑛，〈公司創業理論：回顧、評述及展望〉，《科學學與科學技術管理》，2006(7)。

金燕波、趙立新、徐培鑫，〈淺析供應鏈環境下中小企業採購問題〉，《長春工業大學學報》(社會科學版)，

2012(6)。

黎繼子、蔡根女、魯德銀，〈基於集群網絡式供應鏈變遷演化規律研究〉，《情報技術》，2004(2)。

黎繼子、劉春玲，〈集群式供應鏈大規模定制化的計劃管理模式〉，《工業工程與管理》，2007(3)。

李柏勳、黎繼子，〈集群式供應鏈多週期隨機庫存系統模型與仿真〉，《統計與決策》，2007(2)。

李承贊，〈淺析供應鏈下中小企業採購管理〉，《科技信息》，2010(25)。

李嵐，〈中小企業供應鏈成本管理研究〉，《中國商貿》，2010(2)。

劉春玲、袁琳、郭君、黎繼子，〈集群式供應鏈技術創新模式研究——以寧波海天集團為例〉，《科技進步與對策》，2011(8)。

劉敏，〈抱團生存中小企業團隊式供應鏈建構模式研究〉，《物流工程與管理》，2013(7)。

馬林，〈中小製造企業供應鏈一體化風險管理實證研究〉，《寧波大學學報》，2008(2)。

潘瑞玉，〈供應鏈知識協同與集群企業創新績效關係的實證研究——基於組織學習的中介作用〉，《商業經濟與管理》，2013(4)。

宋潔，〈組織變遷的動力——基於組織場域的視角〉，《中國物價》，2011(12)。

宋茜茜，〈中小企業供應鏈協同知識轉移模式研究〉，《物流科技》，2013(1)。

蘇應生、汪賢裕，〈供應鏈中小零售企業信息價值分析〉，《統計與決策》，2009(11)。

王娟、倪衛紅，〈供應鏈上中小電子企業ERP選型分析〉，《商業時代》，2013(18)。

王嵐，〈集群式供應鏈網絡下集群特點、服務集成與供應鏈績效〉，《中國流通經濟》，2013(9)。

王麗杰、馮岩岩，〈中小企業供應鏈成員信息共享策略研究〉，《吉林金融研究》，2010(10)。

王麗杰、宋福玲，〈中小企業供應鏈利益分配問題探究〉，《吉林金融研究》，2010(12)。

魏江、戴維奇、林巧，〈公司創業研究領域兩個關鍵構念——創業導向和公司創業的比較〉，《外國經濟與管理》，2009(1)。

吳群、諶飛龍，〈集群供應鏈結構競爭力的體現與提升〉，《經濟問題探索》，2007(6)。

徐惠堅，〈中小印刷企業供應鏈管理模型的構建〉，《包裝工程》，2009(7)。

徐玲玲、劉春玲、劉金，〈基於擁擠效應和知識溢出下集群式供應鏈鏈間博弈分析〉，《物流科技》，2013(3)。

薛霄、魏哲、曾志峰，〈基於集群式供應鏈的企業協作聯盟及其服務支持系統〉，《小型微型計算機系統》，2013(1)。

楊洪濤、石春生、姜瑩，〈「關係」文化對創業供應鏈合作關係穩定性影響的實證研究〉，《管理評論》，2011(4)。

楊瑾，〈集群環境下大型複雜產品供應鏈網絡結構研究〉，《華東經濟管理》，2013(9)。

易東波、鄧麗明，〈基於協同式供應鏈的中小企業供應鏈協同研究〉，《中國市場》，2007(41)。

陰國富、王進峰，〈基於互聯網的供應鏈中小企業協作模式研究〉，《製造業自動化》，2013(7)。

張玉春、申風平、余炳、郭寧，〈企業集群環境下供應鏈快速響應能力影響因素研究——基於扎根理論〉，《蘭州大學學報》，2013(1)。

朱海波、李向陽，〈集群式供應鏈跨鏈間庫存協作模型〉，《系統管理學報》，2013(1)。

朱偉華，〈金融危機衝擊下中小企業供應鏈管理問題及對策研究〉，《改革與開放》，2011(4)。

左志平、黃純輝、夏軍，〈基於兩維的集群供應鏈技術創新行為演化分析〉，《工業技術經濟》，2013(1)。

Africa Ariño et al., “Alliance Dynamics for Entrepreneurial Firms ”. *Journal of Management Studies* 45: 1 January 2008: 0022-2380.

ALDRICH H. E., FIOL C. M., “Fools rush in? The institutional context of industry creation”. *Academy of Management Review*, 1994, 19(4): 645-670.

AMANOR-BOADU, V., MARLETTA P., BIERE A., “Entrepreneurial supply chains and strategic collaboration: the case of Bagoss cheese in Bagolino, Italy”. *International Food and Agribusiness Management Review*, 2009, 12(3).

AMANOR-BOADU, V., STARBIRD S. A., “ In search of anonymity in supply chains”. *Journal on Chain and Network Science*, 2005, 5(1): 5-16.

AMANOR-BOADU, V., TRIENEKENS J., WILLIAMS S., “Ameliorating power structures in supply chains using information and communication technology tools”. *Chain Management in Agribusiness and the Food System*, 2002: 908-918.

BALAKRISHNAN J., ELIASSON J. B., SWEET T. R. C., “Factors affecting the evolution of manufacturing in Canada: an historical perspective”. *Journal of Operations Management*, 2007, 25 (2): 260-283.

BIQING HUANG, XIAO XUE., “An application analysis of cluster supply chain: a case study of JCH, ” *Kybernetes*, 2012, 41(1): 254-280.

BUSENITZ L. W., GOMEZ C., SPENCER J. W., “Country institutional profiles: unlocking entrepreneurial phenomena”. *Academy of Management Journal*, 2000, 43(5): 994-1003.

CHOI T. Y., DOOLEY K. J. and Rungtusanatham M., “Supply networks and complex adaptive systems: control versus emergence”. *Journal of Operations management*, 2001, 19(3): 351-366.

CHOI T. Y., KRAUSE D. R., “The supply base and its complexity: implications fortransaction costs, risks, responsiveness, and innovation”. *Journal of Operations Management*, 2006, 24: 637-652.

COVIN, JEFFREY G, and SLEVIN, DENNIS P., “Strategic management of small firms in hostile and benign environments”. *Strategic Management Journal*, 1989, 10(1): 75-89.

ELLRAM L. M. and COOPER M. C., “The relationship between supply chain management and keiretsu”. *International Journal of Logistics Management*, 1993, 4(1): 1-12.

FREEMAN V. T., CAVINATO J. L., “Fitting purchasing to the strategic firm: frameworks, processes, and values”. *Journal of Purchasing & Materials Management*, 1990, 26(1): 6.

FROHLICH M. T., WESTBROOK R., “Arcs of integration: an international study of supply chain strategies”. *Journal of Operations Management*, 2001, 19(2): 185-200.

GANS J. S., HSU D. H., STERN S., "The impact of uncertain intellectual property rights on the market for ideas: evidence from patent grant delays". *Management Science*, 2008, 54(5): 982-997.

GAWER, ANNABELLE and MICHAEL A. CUSUMANO., *Platform leadership*. Harvard Business School Press, Boston, MA 316 (2002).

GRANOVETTER M., "The impact of social structure on economic outcomes". *Journal of Economic Perspectives*, 2005, 19(1): 33-50.

GROSS, D. and JONES, R., "Organization structure and SME training provision" . *International Small Business Journal*, 1997, 10(4): 13-25.

GUINAN P. J., COOPRIDER J. G., FARAI S, MOSAKOWSKI E., "Entrepreneurial resources, organizational choices, and competitive outcomes". *Organization Science*, 1998, 9(6): 625-643.

HAGEDOORN J. and SCHAKENRAAD J., "The effect strategic technology alliances on company performance". *Strategic Management Journal*, 1994, 15(4): 291-309.

HANDFIELD R. B. and NICHOLS E. L., *Introduction to supply chain management*. Prentice Hall, 1991.

HANNON, P., "A summary of the literature on the way that management development processes in growth SMEs leads to demand". *Small Firms Training Impact Assessment, Phase 1*, Small Firms Enterprise Development Initiative, 1999.

HARLAND, C. M., N. D. CALDWELL, et al., "Barriers to supply chain information integration: SMEs adrift of eLands". *Journal of Operations Management*, 2007, 25(6): 1234-1254.

HITT, M. A., IRELAND, R. D., CAMP, S. M. and SEXTON, D. L., *Strategic entrepreneurship: creating a new mindset*, Blackwell, Oxford, 2002.

HUANG B., XUE X., "An application analysis of cluster supply chain: a case study of JCH". *Kybernetes*, 2012, 41(1/2): 254-280.

HUMAN S. E. and PROVAN K. G., "An emergent theory of structure and outcomes in small firm strategic manufacturing networks". *Academy of Management of Journal*, 1997, 40(2): 368-403.

JEFFREY J. REUER et al., "Entrepreneurial alliances as contractual forms. "*Journal of Business Venturing*, 2006(21): 306-325.

LARRY C. GIUNIPEROA, DIANE DENSLOW, REHAM ELTANTAWY., "Purchasing/supply chain management flexibility: moving to an entrepreneurial skill set ". *Industrial Marketing Management*, 2005(34): 602-613.

LARSON A., "Network dyads in entrepreneurial settings: A study of the governance of exchange relationships". *Administrative Science Quarterly*, 1992: 76-104.

LEE B. WILLIAM., "Creating entrepreneurial supply chains". *Supply Chain Management Review*, 2012(5/6).

LEE, WILLIAM B., "Creating entrepreneuriai supply chains". *Supply Chain Management Review*, 2012, 16(3): 20-27.

LIFANG WU, et al., " Global entrepreneurship and supply chain management: a Chinese exemplar. "*Journal of Chinese Entrepreneurship*, Vol. 2 Iss, 2010: 36-52.

LIYONGQIANG, DAI WEI, ARMSTRONG ANONA, CLARKE ANDREW and DU MIAOLI., Developing an integrated supply chain system for small Businesses in Australia: a Service-oriented PHOENIX Solution. 15th International Conference on Network-Based Information Systems, 2012.

LOWE R. A., ZIEDONIS A. A., "Overoptimism and the performance of entrepreneurial firms". *Management Science*, 2006, 52(2): 173-186.

LUIZ CESAR RIBEIRO CARPINETTI, MATEUS CECILIO GEROLAMO, etc., "Continuous innovation and performance management of SME clusters". *Creativity and Innovation Management*, 2007, 16(4): 376-385.

MADHOK A., TALLMAN S. B., "Resources, transactions and rents: Managing value through interfirm collaborative relationships". *Organization Science*, 1998, 9(3): 326-339.

MICHAEL E. PORTER, "Cluster and the new economics of competition". *Harvard Business Review*, 1998(1112): 77-90.

MILLER, DANNY, "The correlates of entrepreneurship in three types of firms". *Management Science*, 1983, 29(7): 770-791.

OKE A., BURKE G, MYERS A., "Innovation types and performance in growing UK SMEs". *International Journal of Operations & Production Management*, 2007, 27(7): 735-753.

PORTER M. E., Clusters and the new economics of competition. *Boston: Harvard Business Review*, 1998.

ROBERT HANDFIELD, et al., "An organizational entrepreneurship model of supply management integration and performance outcomes. " *International Journal of Operations & Production Management*, Vol. 29 No. 2, 2009: 100-126.

SCHIEIE H., "How to distinguish innovative suppliers? Identifying innovative suppliers as new task for purchasing". *Industrial Marketing Management*, 2006, 35(8): 925-935.

SHARON A. ALVAREZ and JAY B. BARNEY, "How entrepreneurial firms can benefit from alliances with large partners. "*Academy of Management Executive*, 2001, Vol. 15, No. 1.

STARBIRD S. A., AMANOR-BOADU V., ROBERTS T., "Traceability, moral hazard, and food safety". *Ghent*, Belgium, 2008.

THAKKAR JITESH, KANDA ARUN, DESHMUKH S. G., "Supply chain management in SMEs: development of constructs and propositions". *Asia Pacific Journal of Marketing and Logistics*, 2008, 20(1): 97-131.

THORGREN S., WINCENT J. and ORQVIST D., "Designing interorganizational networks for innovation: an empirical examination of network configuration, formation and governance". *Journal of Engineering and Technology Management* , 2009, 26(3): 148-166.

VAN GILS A. and ZWART P. S., "Alliance formation motives in SMEs: an explorative conjoint analysis study". *International Small Business Journal*, 2009, 27(1): 5-37.

VICKERY S. K., et al., " The effects of an integrative supply chain strategy on customer service and financial performance: an analysis of direct versus indirect relationships". *Journal of Operations Management*, 2003, 21(5): 523-539.

WAGNER B., SVENSSON G., "Sustainable supply chain practices: research propositions for the future". *International Journal of Logistics Economics and Globalisation*, 2010, 2(2): 176-186.

WESTHEAD, P. and STOREY, D., "Management training and small firm performance: why is the link so weak? ". *International Small Business Journal*, 1996, 14(4): 13-24.

WINCENT J., ANOKHIN SA, and BOTER H., "Network board continuity and effectiveness of open innovation in Swedish strategic small firm networks". *R & D Management*, 2009, 39(1): 55-57.

WINCENT J., ANOKHIN SA, ORTQVIST D. and AUTIO E., "Quality meets structure: generalization reciprocity and firm-level advantage in strategic multi-partner networks". *Journal of Management Studies*, 2010, 47(4): 597-624.

WINCENT J., "An exchange approach on firm cooperative orientation and outcomes of strategic multilateral network participants". *Group & Organization Management*, 2008, 33(3): 303-329.

WU Z., CHOI T. Y., "Supplier-supplier relationships in the buyer-supplier triad: building theories from eight case studies". *Journal of Operations Management*, 2005, 24(1): 27-52.

XIAOQING HAN., "Research on relevance of supply chain and industry cluster". *International Journal of Marketing Studies*, 2009, 1(2): 127-130.

XUE XIAO, ZHANG JIBIAO, HUANG BIQING. Analysis of service-centric cluster supply chain alliance: a case study of JCH. 2010 IEEE Asia-Pacific Services Computing Conference.

ZANNIE GIRAUD VOSS et al., "An empirical examination of the complex relationships between entrepreneurial orientation and stakeholder support. " *European Journal of Marketing*, Vol. 39 No. 9/10, 2005: 1132-1150.

ZOTT C, RAPHAEL A., "Business model design and the performance of entrepreneurial firms". *Organization Science*, 2007, 18(2): 181-199.

代表性文獻

集群供應鏈管理網絡組織共治研究

作者：吳群

出版社：經濟管理出版社

出版時間：二〇一一年十一月

研究主題：從一定意義上說，產業群聚本質上即是各個企業主體所在的供應鏈的集合，而「群聚式供應鏈」是一種產業群聚與供應鏈耦合的新型網絡組織，它不僅包括產品生產型供應鏈，也包括服務供應鏈。針對整合效應提升與風險規避的需要，有必要進行群聚供應鏈網絡組織治理。透過共治網絡的建立，自組織治理與他組織治理進行互動，群聚式供應鏈組織中各活動主體相互作用和影響。最後，透過評價模型，治理活動的效果得以檢驗。

主要內容：總結起來，該書的內容主要有如下：(1)群聚供應鏈與網絡組織的理論與問題的提出；(2)群聚式供應鏈網絡組織與治理的研究；(3)群聚式供應鏈網絡組織的治理架構構建與實例分析。

在第一部份中，作者對相關文獻進行了評述，主題涉及群聚供應鏈、供應鏈網絡、服務供應鏈、供應鏈風險與網絡治理幾大類。透過梳理，可以發現前人的研究主要集中在產業群聚與供應鏈，對網絡治理的研究主要有交易成本、社會網絡及資源、網絡治理機制以及治理結構與應用幾大視角。在此基礎上，作者提出了完整的研究架構。

在第二部份中，作者充實了群聚供應鏈與網絡組織治理的概念內涵，作為研究的鋪墊。在該書中，群聚供應鏈網絡不同於單純的供應鏈網絡，並且由核心網絡與支持網絡構成。因此，在核心網絡中，各類企業靠自身博弈尋求平衡，這是一種不斷提高自身的結構有序度和自適應、自發展功能的自組織過程；相對而言，支持網絡中的一些政府機構、科學研究機構與中介機構等，發揮力量對系統功效做出共享，則是一種他組織的過程。

第三部份屬於全書的主體，由於群聚供應鏈網絡運作中存在各種風險，治理是規範群聚供應鏈網絡運作的可行性選擇。該書將群聚供應鏈網絡治理活動分為群聚供應鏈核心網絡的「自組織治理」與支持網絡的「他組織治理」兩種形式：前者的核心是合作、博弈與協商，並透過多方博弈實現網絡結構的優化、結構競爭力的提升與群聚的升級；後者透過支持網絡中的各種組織與機構發揮作用，對自組織治理機制進行補充。二者透過互動，構成供應鏈網絡組織的共治結構，多方力量協調溝通，能夠提高群聚效率。評價指標體系的建立與評價方法的選取，為治理活動的最終開展指明了方向。在最後，該書加入了對於浙江餘姚模具群聚的案例研究，從實踐方面為理論研究提供了佐證。

主要成果與創新：(1)在已有的大量文獻基礎上，對群聚供應鏈與網絡組織治理等概念進行了界定，並展開詳細描述和說明，充實了對群聚供應鏈網絡組織的研究；(2)提出群聚供應鏈網絡治理是自組織治理與他組織治理共同完成的共治過程，並從橫向、縱向和跨鏈三個維度對群聚供應鏈網絡自組織競合機制進行了研究；(3)作者加入了一個案例，案例與理論的結合使該書的可讀性增強，更加直觀地證明了群聚式供應鏈網絡組織治理的實踐意義。

基於服務供應鏈的製造業產業集群知識服務研究

作者：胡偉、劉宇

發表期刊：《科技進步與對策》

發表時間：二〇一三年第七期

研究主題：製造業產業群聚隨著經濟的發展，企業間關係由原先的製造型轉為服務型，知識資源在其中的流動促使了以知識經濟為主的現代服務業的逐步形成。而當製造業產業群聚發展到一定階段後，群聚內的知識服務會走向聯合，形成一個知識服務供應鏈整合模式。該論文主要以供應鏈研究理論為基礎，提出在製造業產業群聚背景下的知識服務供應鏈模型，從服務供應鏈的角度研究產業群聚內的知識服務體系。

研究內容：透過對已有文獻的梳理和提煉，該論文在界定了服務供應鏈與知識服務內涵的基礎上，提出製造業產業群聚知識服務供應鏈的特徵主要在於滿足客戶需求、強調核心競爭力、追求協作共贏與重視價值的增值。進一步地，作者搭建了製造業產業群聚知識服務的模型，由知識要素流動的四個環節，即生成、流通、分配、消費，聯繫起供應鏈中的節點企業。知識服務供應鏈網絡平台作為聯繫知識服務客戶和知識服務提供商的媒介，被知識服務整合商用於支配資源，以及作為技術支撐。同時，製造業產業群聚服務供應鏈作為一種整合式的管理方式，還包括了諸如需求管理、人力資源管理、客戶關係管理以及知識存量管理等一系列管理要素。在對各種要素整合的基礎上，知識服務供應鏈可以實現知識服務的整合與運作，主要分為龍頭企業知識服務運作與第三方企業知識服務運作兩類。

研究意義：該論文將知識服務供應鏈的概念應用於製造業產業群聚中，構建了以市場需求為導向的製造業產業群聚知識服務供應鏈模型。這一模型的運用有助於促進製造業產業群聚中知識資源的共享與創新成本的降低，並能夠實現節點企業知識資源的價值增值與經濟效益的提升，最終促進產業群聚的發展。

中小企業供應鏈協同知識轉移模式研究

作者：宋茜茜

發表期刊：《物流科技》

發表時間：二〇一三年第一期

研究主題：知識是企業持續競爭優勢的來源之一，透過知識在企業之間轉移，供應鏈能夠不斷創造新的價值。然而，多數研究集中在對於核心企業的知識協同、轉移和利用，而忽視了對大量存在的中小企業之間知識轉移的考察。由於中小企業自身資源較為薄弱，知識轉移能力不強以及知識管理尚不完善，知識轉移有著特定的模式，由此，該論文以中小企業為對象，對中小企業供應鏈的知識轉移進行了研究。

研究內容：在已有文獻的基礎上，該論文界定了中小企業供應鏈協同知識轉移的內涵，並將中小企業供應鏈協同知識轉移動機分為取得競爭優勢、體現企業戰略和彌補知識缺口三類。知識轉移主要包括兩大行動，即將知識轉移給潛在的接受者以及由接受者加以吸收利用。由於中小企業在整個供應鏈的協同過程中處於相對非核心的位置，因此供應鏈知識轉移的四種情境，即知識的同階、臨階、跨階和跨級轉移，會同時出現在中小企業之間。這四種轉移方式對應著不同的信任類型和知識類型，並產生於不同的原因。具體來說，知識的同階和跨級轉移一般是由工作關係導致的通用型知識的轉移，並需要利用基於權威的信任機制，透過制度發揮作用。而知識的臨階轉移以市場為導向，進行顯性程度較高的核心和專有知識的轉移，謀算信任發揮了主要作用。知識的跨級轉移建立在彼此的認同感之上，因此透過認同信任，隱性程度較高的核心和專有知識得以轉移。此外，中小企業對於顯性和隱性知識的轉移方式也存在著差別，最終實現經濟性、有用性和速度三種效果。

研究意義：中小企業是推動中國經濟發展的重要力量，但由於其在供應鏈中的劣勢地位，經濟轉移具有不同於鏈中核心企業的特點。該論文對中小企業供應鏈知識轉移進行了研究，提出中小企業進行知識轉移的動機，劃分了中小企業供應鏈知識轉移的四種方式，並對中小企業進行知識轉移的效果進行了分析，能夠引起對中小企業進行知識轉移研究的興趣，也有助於中小企業提高知識轉移的效率，在市場中實現有力的競爭。

鏈式產業集群網絡關係、組織學習與創新績效研究

作者：蔡彬清、陳國宏

發表期刊：《研究與發展管理》

發表時間：二〇一三年第二十五卷第四期

研究主題：鏈式產業群聚是由群聚網絡和供應鏈網絡耦合而形成的基於供應鏈的產業群聚，而企業的創新模式逐漸轉變為網絡創新。在產業群聚的環境中，企業的創新需要同一供應鏈上上下游企業間的合作，而且透過組織學習，跨鏈的競合關係也有助於企業的創新和研發。因此，考慮到整個網絡的結構，網絡中關係的廣度、強度和品質，透過二元式組織學習，能夠對企業的創新績效產生一定影響。

研究方法：該論文構建了鏈式產業群聚中網絡關係對企業創新績效作用的模型。在回顧文獻的基礎上，假設網絡中關係廣度、關係強度與關係品質三者對於企業創新績效產生正向的影響，同時，加入企業利用式學習和探索式學習的中介作用，建立了六條完整的路徑。該研究的數據來自於福建三個科技型企業產業群聚，在進行了效度與信度檢驗之後，採用SPSS軟體進行實證檢驗，主要透過回歸分析得出結果，由係數的顯著性考察假設是否得到支持。

主要結論：當企業所處的鏈式群聚中網絡組織種類及數量豐富，即企業的關係廣度大時，企業的創新績效就越高；當網絡中成員間交互頻率及互惠程度很高時，則企業的關係強度很大，此時企業的創新績效也就越高；當群聚中網絡成員間關係穩定、信任和一致性程度很高，企業的關係品質很高時，則有助於企業獲得知識，從而創新績效提高。在此之中，企業的探索式學習和利用式學習產生了中介作用，由於關係嵌入會影響企業的兩種學習機制，而透過學習，企業的創新績效得以提升。透過檢驗，利用式學習在關係廣度和創新績效之間不存在中介作用，而其他五條中介路徑均得到驗證。

研究意義：多數文獻在關注企業網絡關係對於創新績效的影響時，對關係的評價較為單一，而該論文從關係的廣度、強度和品質三個角度進行分析，完善了網絡關係的維度，有助於企業對於多維網絡關係的重視。同時，企業在探索式學習和利用式學習二者間尋求平衡，實現有限資源的合理利用，也能夠提升創新的效率。因此，鏈式群聚中的企業可以根據企業網絡關係狀況和組織學習能力，適時進行企業網絡關係和組織學習的雙向動態調整，實現提高創新績效的目的。

CHAPTER 6

產業服務化與服務供應鏈

撰寫人：喻　開（中國人民大學）
陳金亮（中央財經大學）
宋　華（中國人民大學）

引言

服務

服務作為全球經濟新的增長點，日益引起實業界和學術界的重視。在全球，服務支出在企業成本中的比率越來越大。一項研究成果表明：二〇〇四年，全球二千家企業費用支出的百分之五十是用於採購服務，全球五百強企業的服務採購在二〇〇一年時已達到了二兆美元的規模，並將繼續以百分之二十左右的速度增長。現代消費需求的多樣化和越來越注重服務品質的趨勢，使提供優質服務和降低服務成本成為企業經營的重要內容。同樣，服務業在社會就業和國際貿易中的比率越來越大。一九九八至二〇〇〇年，美國就業增長的百分之九十七來自於服務部門，以二〇〇一年為例，服務部門創造了九千五百萬個就業機會。在國際貿易中，二〇〇二年，全球服務貿易額是一兆六千億美元，佔全球貿易的百分之二十。全球正在逐漸形成各種服務供應網絡，服務生產和消費在全球進行的趨勢已越來越明顯（袁航，二〇〇八）。服務經濟的興起使得人們將目光從工業轉向了服務業。目前的研究主要從服務的定義、服務的特徵兩個方面展開對服務的透析。

首先是關於服務的定義。Quinn、Baruch和Paquette（1987）認為服務是輸出為非實體產品的所有經濟活動。Murdick、Render和Russell（1990）認為服務是以節省顧客時間、提供地點的便利、以有用的形式和心理的效用來滿足顧客需求的經濟活動。Zeithaml和Bitner（1996）認為服務是行為、過程和效果，是不斷滿足客戶既定需求的過程。Vargo和Lusch（2004）認為服務是為了其他主體和自身的利益，運用各種專業能力（包括知識和技能）而進行的各種行為和活動。Grönroos（2008）認為服務是與客戶的互動過程中，直接或間接地利用各種資源進行的一系列活動。

其次是服務的特徵。王守法（二〇〇七）指出服務不同於產品的特殊性，使得服務具有很多不同於物質商品的特徵。首先，服務是無形的，服務不同於一般的物質商品，服務通常不具備非常具體的實物形態。與有形的工業與消費品相比，服務在很多情況下都不可觸摸和透過肉眼看到，服務在被購買之前無法像有形產品一樣，被消費者看到、嚐到或感知到。其次，服務具有即時性，服務的即時性表現在不可分割性和不可儲存性。不可分割性是指服務的生產和消費過程通常是同時發生的，不像實物產品那樣在到達消費者之前，需要經歷一系列的中間環節。不可儲存性是指服務無法像有形產品一樣，在生產之後可以存儲待售，服務不能被存儲。再次，服務具有高度的異質性，即同一種服務受到服務的時間、地點及人員等因素的影響很大。最後是服務的綜合性，即服務與商品存在著一定的替代性和統一性，產品與服務往往都是連為一體、不可分離的結合體。正因為服務擁有如此的特性，因此涉及服務供應與採購的方式、流程與產品有許多不同之處，而正是這些差異引起了眾多學者的研究興趣。

服務導向

服務導向的出現開啟了市場思潮的新一輪變革。伴隨著服務經濟的興起與發展，市場重心逐漸從以有形產品輸出和交換為中心的產品導向（goods dominant），轉向了以無形產品交換和消費為中心的服務導向（service dominant）。楊善林等（二〇一一）指出在經濟全球化體系中，服務型製造模式受到了廣泛的關注。服務化的總體趨勢要求企業在一定程度上進行服務外包，而服務外包為服務供應鏈的形成和發展奠定了堅實的基礎（張寶友、孟麗君、黃祖慶，二〇一二；盧忠東，二〇一二）。

劉繼國、李江帆（二〇〇七）認為服務化有兩個層次：一是投入服務化，即服務要素在製造業的全部投入中佔據著越來越重要的地位；二是業務服務化，也可稱為產出服務化，即服務產品在製造業的全部產出中佔據越來越重要的地位。

世界各國產業服務化的趨勢非常明顯，表現在：(1)服務業在三次產業結構中的比重不斷增大，產業結構呈服務化趨勢；(2)第一、第二產業中與服務業相關的業務比重不斷增加，生產活動呈現服務化趨勢；(3)服務業在產業轉移、資本市場異常活躍，跨國直接投資呈現服務化趨勢（蔡柏良，2010）。

服務化帶來的實質上是社會生產組織方式的變革，即由工業生產方式轉變成為服務生產方式。具體來說：(1)服務生產方式促成了經濟平面化結構。服務生產方式是建立在工業化基礎上的，服務經濟打破了三個產業的界限，使第一、第二產業具有了服務功能，第三產業具有了製造功能。(2)服務生產方式促成全球服務生產立體網狀化。服務生產方式需要經濟全球化的支撐。服務生產方式越來越密切地將各國經濟和產業連接起來，各國經濟的相互依存度越來越高，全球服務生產立體網狀化發展成為不可逆轉的趨勢。(3)服務生產方式使交易的重點由產品轉向服務（姜義茂，二〇〇九）。

服務供應鏈的定義與網絡結構

由於當今企業間競爭的日益加劇，特別是管理活動的流程化、網絡化發展，服務活動本身所創造的價值，已逐漸超越了產品供應鏈，服務供應鏈成為供應鏈管理領域進一步發展變革的新方向。然而究竟什麼是服務供應鏈？服務供應鏈的結構究竟是什麼樣的？中國國內學者對此開展了大量的研究。一些學者著力於研究抽象的、一般的服務供應鏈，並與之相對應開發了服務供應鏈的一般模型。另外一些學者從具體行業出發定義服務供應鏈，並開發了具有行業特點的服務供應鏈。

國外的學者對服務供應鏈的研究起步較早，他們的成果為中國學者研究服務供應鏈奠定了堅實的基礎。中國的許多學者梳理了國外學者對於服務供應鏈的一般認識，認為大致可分為三類：

第一類認為服務供應鏈是傳統供應鏈中與服務相關聯的環節和活動，在此基礎上試圖尋找到兼顧最優服務和最低成本的方式來經營服務供應鏈。代表學者為Edward、Anderson、Douglas（2000），Waart、Steve（2004）以及Poole（2005）。

第二類將服務供應鏈理解為與製造業或製造部門的供應鏈相對應的服務業或服務部門的供應鏈。代表學者為Jack（2000），Akkermans、Vos（2003），Ellram（2004），Kaushik、Sengupta等（2006）。

第三類認為服務供應鏈是以服務為主導的整合供應鏈，代表學者為Baltacioglu（2007）。

中國國內大量學者對於服務供應鏈的定義與認識均屬於第二類，並從具體的服務行業視角出發去認識和理解服務供應鏈，對行業的具體實踐有很強的指導作用。

物流服務供應鏈（Logistics Service Supply Chain, LSSC）是最受學者關注的領域之一。關於物流服務供應鏈的研究早在二〇〇三年就有學者開始涉及。田宇（二〇〇三）指出，在實際營運中，尤其是電子商務環境下的企業營運中，還存在一種以整合（集成）物流服務供應商為主導的物流服務供應鏈模式，即整合物流服務供應商的供應商→整合物流服務供應商→製造、零售企業模式。閆秀霞、孫林岩、王侃昌（二〇〇五）則認為物流服務供應鏈模式是指圍繞物流服務核心企業，利用現代資訊技術，透過對鏈上的物流、資訊流、資金流等進行控管來實現用戶價值與服務增值的過程。這種管理模式是將鏈上的物流服務業如物流採購、運輸、倉儲、包裝、加工、配送等和物流最終用戶連成一個整體的功能網鏈結構，鏈上的加盟物流服務企業在協同作戰、競爭取勝的過程中，共享資訊、共擔風險、共同決策、互相受益、共同發展。申成霖等（二〇〇五）認為物流服務供應鏈是以整合物流服務企業為核心企業的新型供應鏈，它的作用是為物流需求方提供全方位的物流服務。

任杰（二〇〇六）在以上學者研究的基礎上提出了如下圖一a所示的物流服務供應鏈運作模式，也為之後大量的研究打下了基礎。李肇坤、郭貝貝、楊贊（二〇〇九）在港口物流服務供應鏈的研究中也提出了一個相似的模型（見圖一b）。

以劉偉華為代表的學者在物流服

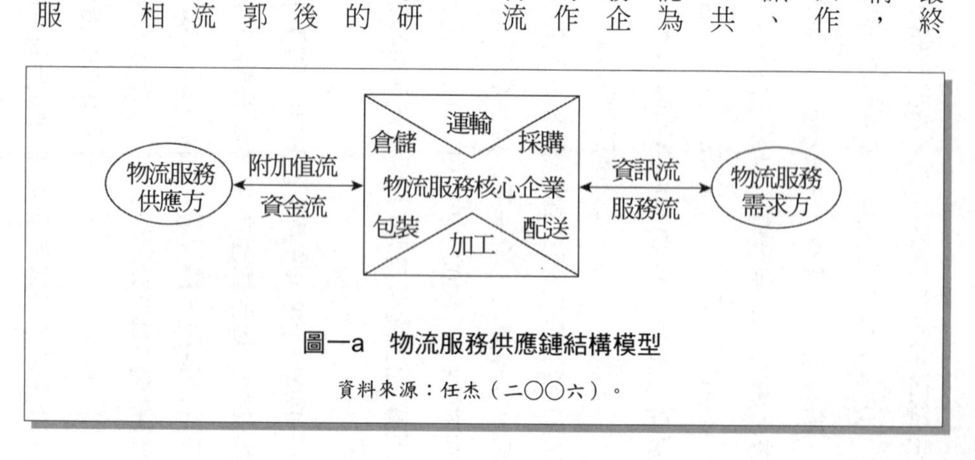

圖一a　物流服務供應鏈結構模型

資料來源：任杰（二〇〇六）。

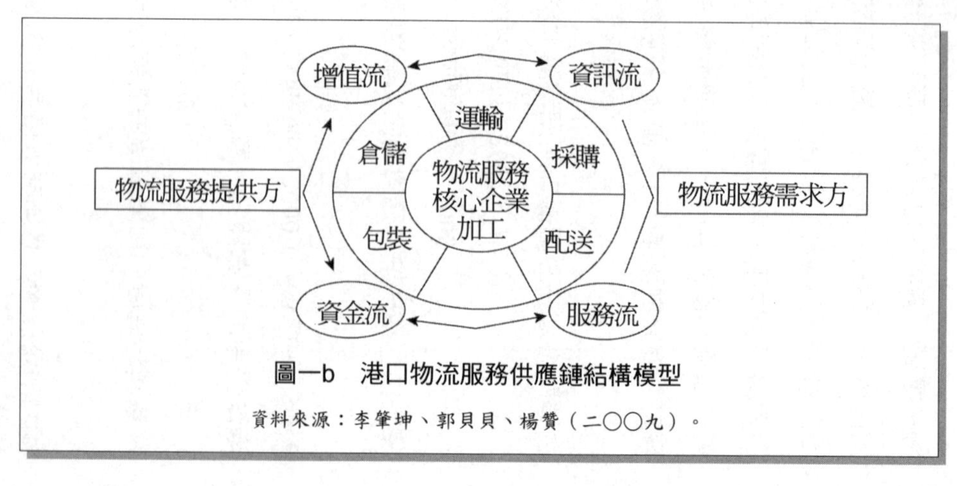

圖一b　港口物流服務供應鏈結構模型

資料來源：李肇坤、郭貝貝、楊贊（二〇〇九）。

務供應鏈領域有許多研究，他們肯定了田宇（二〇〇三）對物流服務供應鏈基本結構的認定（劉偉華、季建華、張濤，二〇〇八；馬翠華，二〇〇九；何美玲、張錦、武曉暉，二〇一〇）。劉偉華（二〇一〇）還指出，與產品供應鏈的協調機制不同，物流服務供應鏈具有兩個基本特徵：(1)物流能力的不可儲存特性；(3)在整個物流服務供應鏈中，整合商居於主導地位，直接與終端市場接觸，因此對於物流服務供應鏈的研究應著眼於這兩點。他的許多研究都是運用統計方法確定物流服務供應鏈最優收益共享係數，或如何分配任務等。

鍾波蘭（二〇一〇）研究了航空物流服務供應鏈，她認為航空物流服務供應鏈是指在航空物流服務中，以滿足客戶需求為目的，從貨源的組織開始，經過地面運輸服務、機場貨站服務及空中運輸服務等作業環節，最終將貨物送到客戶手中而形成的服務供應鏈，透過這條服務供應鏈實現貨物的流動、貨物保管責任的轉移以及相互之間的資訊交流。王妮莎（二〇一二）在鍾波蘭的研究基礎之上提出中國航空物流企業服務供應鏈的整合模型，如圖二所示。

桂壽平、丁郭音、張智勇、石永強（二〇一〇）將物流服務供應鏈的定義區分為狹義和廣義。狹義的物流服務供應鏈可理解為，為提供一體化的整合物流服務，從上游的功能型物流服務供應商到整合物流服務供應商，再到末端的客戶所形成的網鏈供需合作結構，而廣義的物流服務供應鏈則可以延伸至更上游的物流設施設備、資訊技術等提供商，並包含中間所有為實現一體化物流服務需求而互相配合的企業或部門所組成的合作結構，如圖三所示。

王勇、于海龍（二〇一〇）考慮到物流服務供應鏈中的售後問題，以此為研究出發點，提出了一個物流服務供應鏈的模型，如圖四所示。

王勇、姜意揚、鄧哲鋒（二〇一一）強調能力是整個物流服務供應鏈的基礎，認為物流服務供應鏈是由

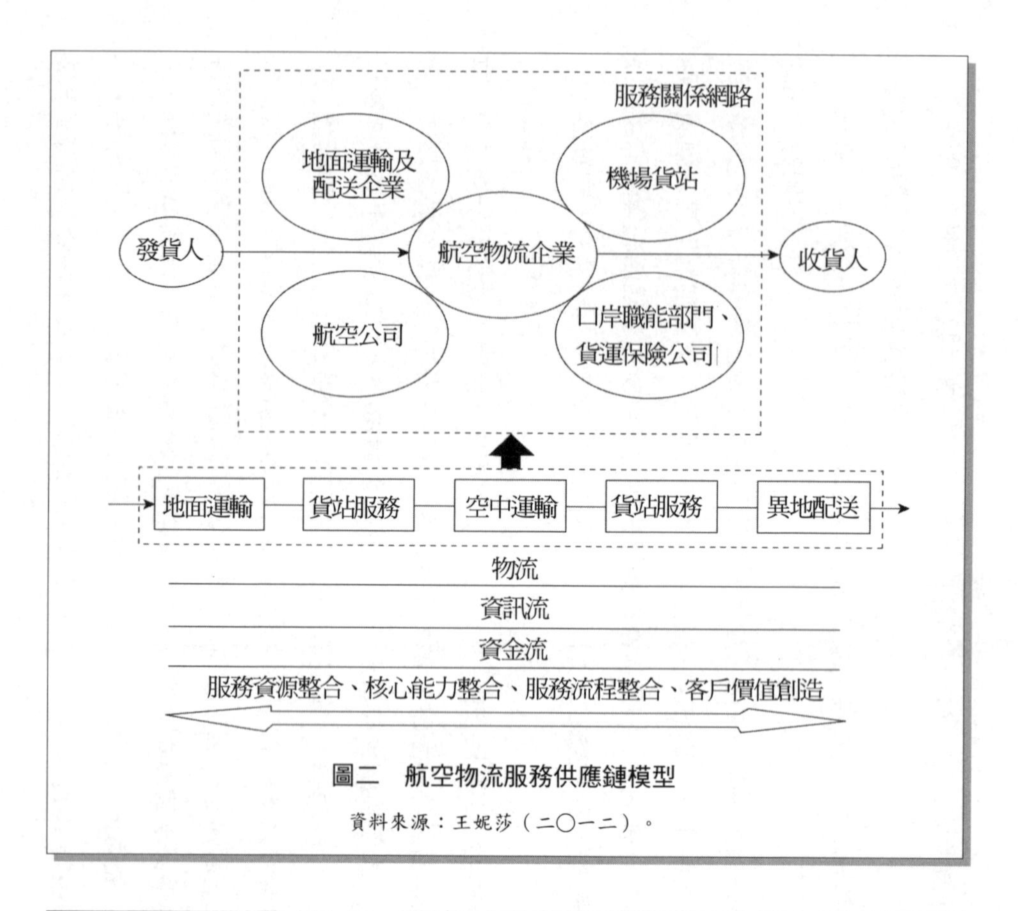

圖二　航空物流服務供應鏈模型

資料來源：王妮莎（二〇一二）。

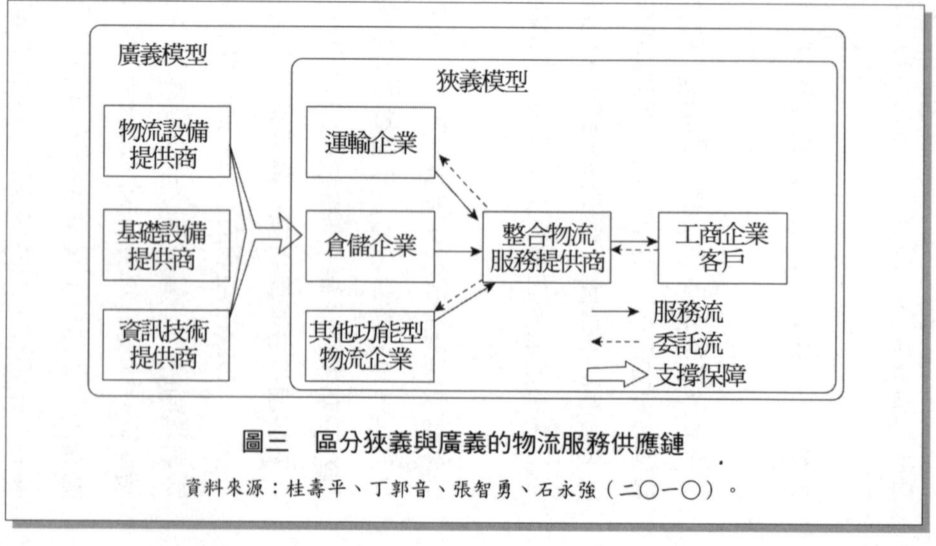

圖三　區分狹義與廣義的物流服務供應鏈

資料來源：桂壽平、丁郭音、張智勇、石永強（二〇一〇）。

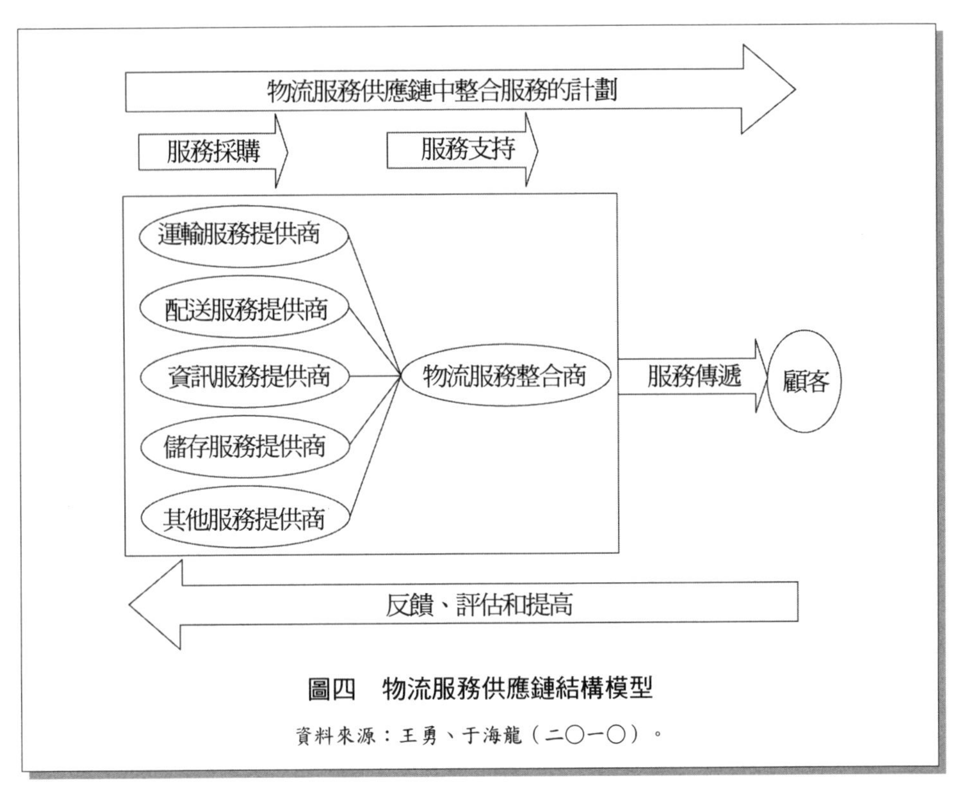

圖四　物流服務供應鏈結構模型

資料來源：王勇、于海龍（二〇一〇）。

物流能力整合所形成的以物流服務整合商為核心、顧客物流服務需求為動力，透過節點企業之間所訂立的契約對整個鏈條上的服務流、資訊流和資金流進行有效的控制，整合鏈上所有的物流資源，將服務能力、服務流程、服務績效與顧客價值進行綜合整合所形成的從單一物流服務分包商或複合物流服務分包商到物流服務需求方的功能網鏈型結構模型。

倪霖、王偉鑫（二〇一一）則不同，他認為物流服務供應鏈是以物流服務整合商為核心，透過提供彈性化的物流服務，保證產品供應鏈物流運作的一種新型供應鏈。在這種定義中，物流服務供應鏈是包含於產品供應鏈的。陳虎、葛顯龍、蔣霽雲（二〇一一），陳玉鎮、趙一飛（二〇一二）等學者也持有同樣看法。

劉偉、高志軍（二〇一二）在分析了關於物流服務供應鏈的多種定義後認為，雖然這些定義存在導向上的差異，但在本質上具有一定的相同點。主要包括：(1)強調物流服務供應鏈本質上是對物流資源的整合與共享，對物流服務供應鏈的研究以物流網絡為基本單元展開，物流網絡的互動與整合機制是重要的研究內容；(2)強調物流服務供應鏈具有一個主導型的企業來對整個鏈條進行控制，進而整合鏈條上的物流、服務流、資金流和資訊流；(3)強調物流服務供應鏈的價值創造。

旅遊服務供應鏈也受到許多學者的關注。張英姿（二〇〇五）認為，旅遊服務組合產品實際上是一條由一個分工協作的系統，提供給旅遊者的服務供應鏈，同時指出供應鏈管理的理念與旅遊服務系統的特徵相形相應，並且闡述了與產品供應鏈的相同點。路科（二〇〇六）總結Ellram（2004）和張英姿二者的觀點，認為目前旅遊業的運作是以旅行社為核心，各相關行業企業為節點而聯結成的服務於旅遊者的供應鏈模式。

黃小軍、甘筱青（二〇〇六）認為旅遊業內存在一個相關企業以旅行社為核心，聯結成一個服務於旅行者的服務系統。這種對旅行者的、以旅行社安排的旅遊活動順序為依據的旅遊服務系統，實際上就是一條服務於旅行者的服務供應鏈。

張曉明、張輝、毛接炳（二〇〇八）則認為旅遊服務供應鏈的本質，是整合所有的旅遊服務資源來共同創造顧客價值，或者說將各類旅遊服務供應商（食、宿、行、遊、購、娛等供應商）有效結合在一起來共同創造顧客價值。

陳瑩、張席洲（二〇〇九）認為旅遊服務供應鏈的核心企業系統整合各種資訊資源，相關企業共同合作，形成戰略聯盟，達到共贏與共同增值，指出建立有效的旅遊服務供應鏈可促進中國旅遊業的發展及提高旅遊企業的競爭力。

林紅梅（二〇一二）認為旅遊服務供應鏈和一般供應鏈一樣，同樣是由功能型服務供應商、服務整合商、顧客組成的網絡，其中功能型服務供應商為最終顧客提供功能服務，服務整合商為功能型服務供應商或顧客提供中間橋樑支持性服務。

陳濤和李佼（二〇一三）認為，旅遊供應鏈可以概括為從基礎設施生產商匯集到食、住、行、遊、購、娛六類旅遊供應商，再透過旅遊中介商到旅遊者，或是由供應商直接面向旅遊者的一條以旅遊產品為主線的供應鏈，在此過程中，伴隨著資金流、資訊流的交互。因此，可以將大數據應用於旅遊需求預測、產品收益分析以及服務績效評價，逐步走向「智慧旅遊」。

有些學者關注醫療服務供應鏈。邵菁寧（二〇〇四）認為，醫療服務供應鏈是由最終顧客的需求開始，醫院透過對從採購醫療設備、器械及藥品到提供醫療服務這一過程的資訊流、物流和資金流的控制，從而將供應商、醫院和最終顧客連成一個整體的功能網鏈結構模型。

賈清萍、甘筱青（二〇〇九）認為農村醫療服務供應鏈是指從患者（農民）的需求出發，圍繞醫藥企業，透過對醫療服務流、醫療資訊流、醫療資金流等實行有效的控制，為農民患者提供各種形式的醫療服務產品的複雜系統。其服務目標是以人為實體流的服務，服務特徵是為農民患者提供各種形式的服務產品，如治療、護理等。

王振鋒、丁清旭、崔岩、應紀來（二〇一二）認為醫療服務供應鏈是由患者和其他醫療保健需求者的需求開始，醫院透過對採購藥品、醫用材料、醫療器械及給患者提供醫療服務這一過程的資訊流、物流和資金流的控制，形成供應商、醫院和患者相連的網鏈結構，並提出了**圖五**所示的模型。

還有一些學者關注港口服務供應鏈，在這方面學者的認識比較統一。陽明明（二〇〇六）在研究香港港口的基礎上將港口服務供應鏈定義為：以港口為核心企業，將各類服務供應商（包括：裝卸、加工、運輸、倉

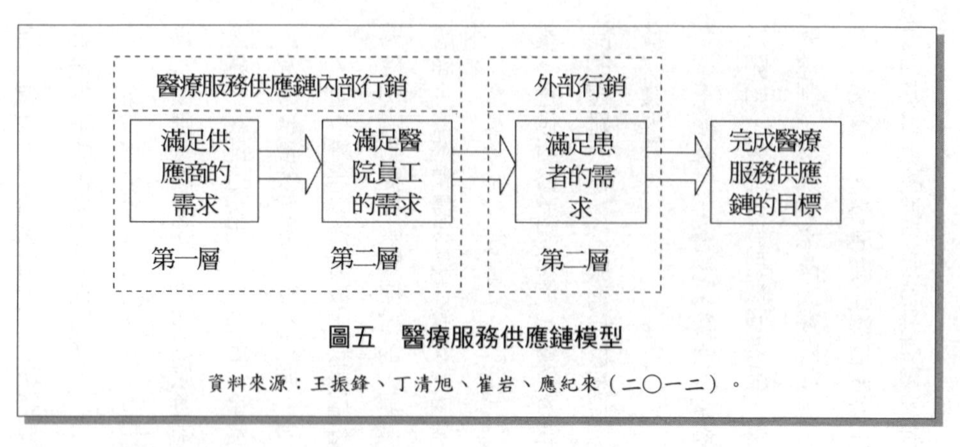

圖五　醫療服務供應鏈模型

資料來源：王振鋒、丁清旭、崔岩、應紀來（二〇一二）。

儲、保管、配送、金融、商業服務等）和客戶（包括付貨人和船公司等）有效結合成一體，並把正確數量的商品在正確的時間配送到正確地點，實現系統成本最低。邢文鳳等（二〇〇七）、李肇坤等（二〇〇九）、成灶平（二〇一二）在研究中也同樣採用了陽明明的定義。高潔、真虹、沙梅（二〇一二）認為港口服務供應鏈是以資訊技術為支撐，並在港口與其服務供應商及客戶建立起長期而穩定的合作夥伴關係的基礎上，形成的以服務供應商、港口和客戶為節點的多級供應鏈結構。他們也提出了一個港口服務供應鏈的模型（見圖六）。

在資訊科技行業同樣存在服務供應鏈。李新民、廖猋武、陳剛（二〇一一）發現在應用軟體行業發展迅速的應用軟體服務供應商（Application Service Provider, ASP）模式事實上就是一種基於網絡的從最初的服務使用商到應用軟體服務供應商再到客戶的服務供應鏈結構。郭彥麗、嚴建援（二〇一二）引用了Postmus於二〇〇九年在其著作中對企業軟體供應鏈架構的定義，把企業軟體分為基礎設施軟體、應用軟體和嵌入式軟體三類；從節點企業從事的業務過程的角度將軟體供應鏈的節點企業劃分為基礎設施提供商、組件服務提供商、軟體服務提供商、代理商或實施商（通路）以及客戶。軟體供應鏈也有水平結構和垂直結構之分，水平結構指沿著供應鏈上下游節點的數量（tiers），而垂直結構指每一個節點企業的數量

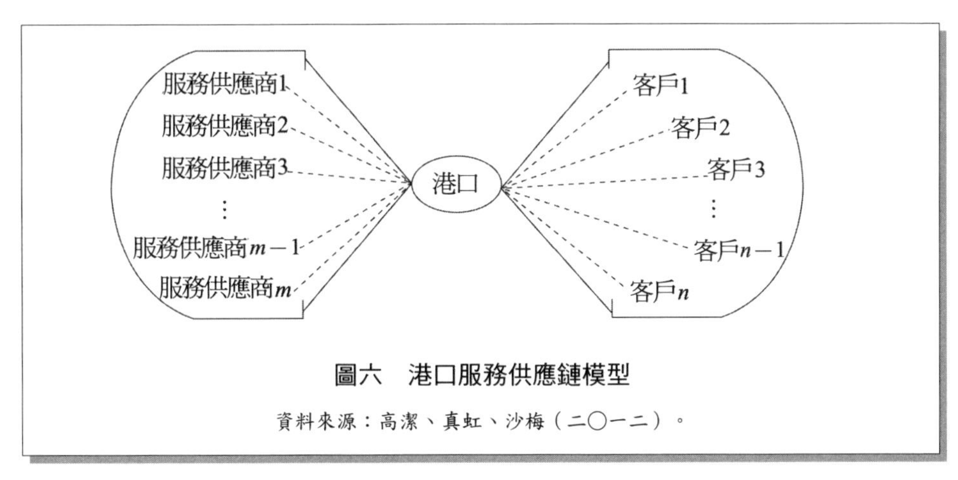

圖六　港口服務供應鏈模型

資料來源：高潔、真虹、沙梅（二〇一二）。

（actors）。水平結構是一種鏈條式的結構，可能會很長，而垂直結構中，有時一個節點的合作夥伴可能很少，也可能很多。多個節點及活動主體構成的水平結構和垂直結構，就構成了供應鏈網絡結構。郭彥麗、嚴建援（二〇一二）還嘗試提出軟體服務供應鏈的結構模型。在鏈式結構中，他們借鑒了IUE-SSC的基本思路，其中供應商與資訊科技服務提供商之間的關係存在兩種形式，即功能組合式和流程嵌入式。在網絡結構中，沒有上下游之分，各個服務提供商透過統一的中間平台為客戶提供服務，傳統的鏈式結構「一對一」服務演變成「一對多」服務。

相似地，丁邡（二〇一二）提出了電信營運服務供應鏈的概念。他認為，電信營運服務供應鏈（**telecom operating service supply chain, TOSSC**）是以提供滿足客戶需求的電信業務為目的，從上游供應商到最終客戶所發生的資訊管理、流程管理、能力管理、服務績效管理和資金管理。相應於服務供應鏈的結構內涵，電信營運服務供應鏈的結構也包含兩方面的內容：一是以滿足客戶需求為目的而協作互動的企業所對應的角色定位；二是以上角色各自的分工如何，各自需要完成的工作量包含哪些活動以及如何將各自所完成的活動與其他角色的活動對接（見**圖七**）。

付秋芳、林琛威（二〇〇八）研究了金融服務供應鏈。他們認為金融證券服務供應鏈（monetary and security service supply chain），就是透過整合金融證券服務資源優勢和核心競爭力，形成以證券交易所（上海證券交易所和深圳證券交易所）為核心企業的一條服務於最終投資者（個人投資者與機構投資者）的服務供應鏈，金融證券交易市場中的上市公司、證券公司、證券交易所、投資者等相關企業基於契約而形成一個立體化、多層次合作夥伴組織。

章怡（二〇一〇）研究的是培訓行業的服務供應鏈。她認為培訓服務供應鏈傳遞了核心服務和支持性服務。前者由培訓服務提供商和其他少數供應商提供，後者由其他供應商提供。模型提出了培訓服務供應鏈的管理策略：上游關注培訓能力及資源管理、供應商關係

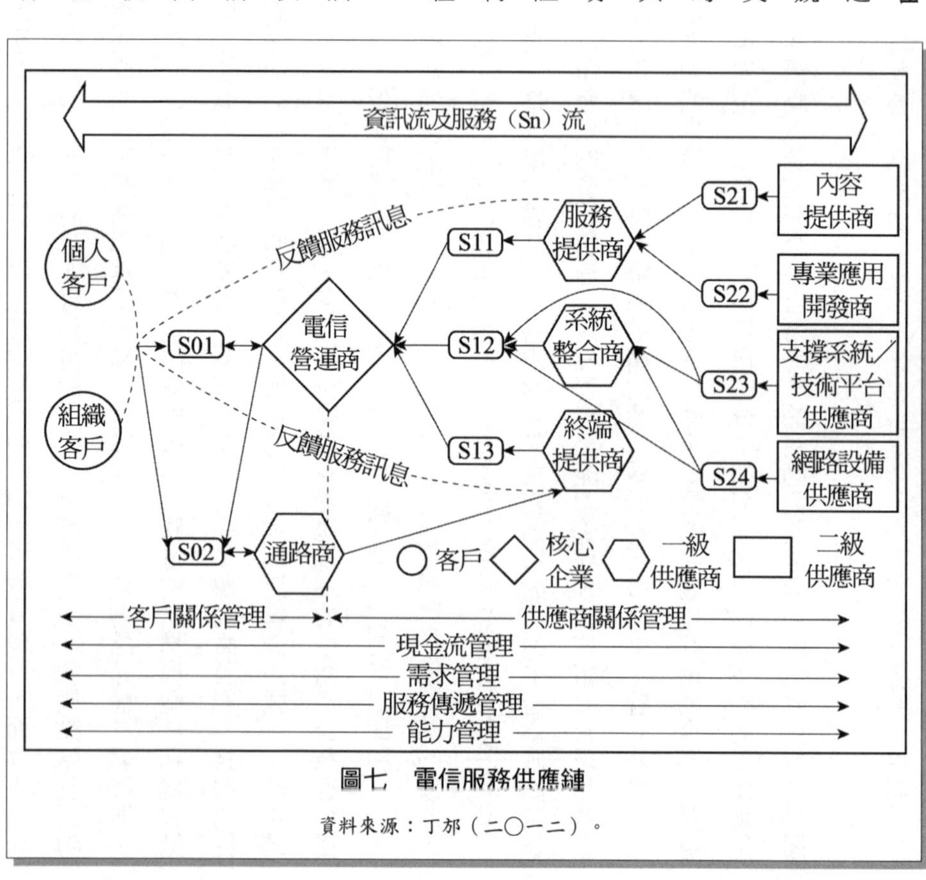

圖七　電信服務供應鏈

資料來源：丁郝（二〇一二）。

管理，下游關注客戶關係管理，而資訊管理、服務績效管理、流程管理以及需求管理則貫穿於整個服務傳遞的全過程。她提出的培訓服務供應鏈的管理模型如**圖八**所示。

郭春榮、李麒（二〇一一）認為外貿服務供應鏈的結構往往比產品供應鏈的結構簡單，一般為整合型外貿服務供應商與功能型外貿服務供應商組成的二級供應鏈結構。產品供應鏈是將供應商、製造商、分銷商、零售商直到最終用戶連成一個整體的系統性功能網鏈結構模式，因此結構複雜，通常為多級供應鏈結構。

俞海宏（二〇一一）從工程服務外包出發研究了工程服務供應鏈，認為在工程外包中服務供應商、製造商與客戶之間的合作關係構成服務供應鏈，並提出了**圖九**的模型。

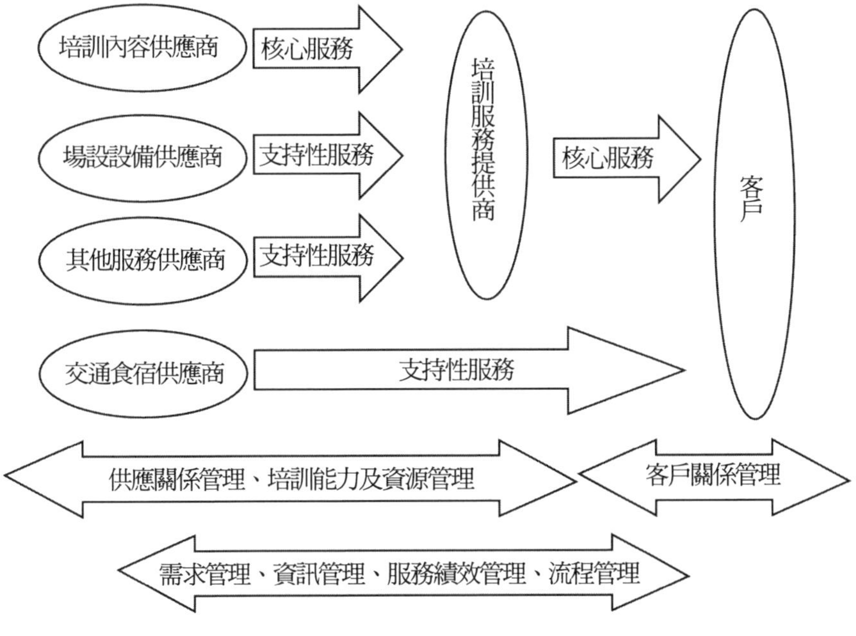

圖八　培訓服務供應鏈管理模型

資料來源：章怡（二〇一〇）。

中國國內以于亢亢（二〇〇七）、Song等（二〇一一）為代表的學者將服務供應鏈理解為第三類，即以服務為主導的整合供應鏈。這種理解將服務供應鏈的外延進行了拓展，生產性服務業的供應鏈也被納入服務供應鏈的範疇。于亢亢提出的服務供應鏈模型（SSCF）如下：在服務供應鏈中，當客戶向一個服務整合商提出服務請求後，服務整合商立刻反應客戶請求，向客戶提供系統整合化服務，並且在需要的時候分解客戶服務請求，向其他服務提供者外包部份的服務性活動。這樣從客戶的服務請求出發，透過處於不同服務地位的服務提供者對客戶請求逐級分解，由不同的服務提供者彼此合作。於是就構成一種供應關係，同時服務整合商承擔各種服務要素、環節的整合和全程管理。

王振鋒、王旭、卓翔芝、鄧蕾（二〇〇九）認為服務供應鏈管理是以計算機網絡技術為基礎，對從初級供應商到最終客戶服務的網絡中，對資訊、服務、關係、人力資源等方面進行管理的過程。他們提出的模型是以Baltacioglu（2007）的模型為基礎的，強調資訊中心在服務供應鏈中所起的作用。

付秋芳、王文博（二〇一〇）認為所謂服務供應鏈，是指從接受顧客需求開始，透過需求分析和協同運作，服務整合商以服務解決方案的形式將自身及服務供應商的服務傳遞給顧客，最終滿足顧客需求，由顧客、服

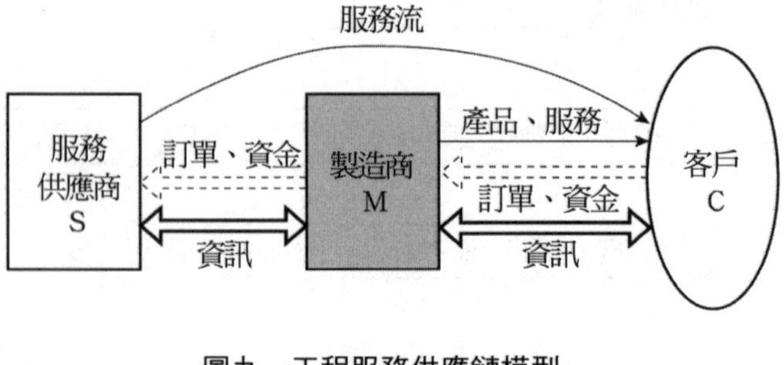

服務流
服務供應商 S
訂單、資金
資訊
製造商 M
產品、服務
訂單、資金
資訊
客戶 C

圖九　工程服務供應鏈模型

資料來源：俞海宏（二〇一一）。

務整合商和服務供應商組成的環式功能結構。

宋丹霞、黃衛來（二〇一〇）認為一個典型的生產性服務供應鏈是以生產性服務整合供應商為核心，以服務間接提供商、服務直接供應商和服務發包方為節點企業的，包括：服務資訊管理、服務能力管理、服務需求管理、客戶關係管理、服務供應商關係管理、服務採購管理、服務交付管理，以及現金流量管理，融合服務流和資訊流的服務供應鏈管理模式。各節點服務的傳遞和彙集都依賴於資訊的流動和共享，整條供應鏈中流動的並非實物產品，而是生產性服務，這一點和宋遠方、宋華（二〇一二）、于亢亢（二〇〇七）等人的研究觀點相一致。

魯其輝（二〇一一）認為服務供應鏈是由服務提供商、支持服務供應商和顧客組成的網絡，服務提供商為最終消費者生產核心服務，支持服務供應商為服務提供商或顧客提供支持性服務。

丁邡（二〇一二）綜合對Ellram服務供應鏈模型、IUE-SSC模型、SSCF模型和基於服務組件的面向服務供應鏈的模型這四種模型的比較分析，提出了如圖七所示的服務供應鏈模型。該模型為從客戶到上游供應商的四級鏈型結構，各角色中的企業以滿足客戶需求為目的協同合作，力求達到整條供應鏈上的總成本最小。其中，各企業透過為客戶提供綜合服務解決方案滿足客戶需求，即為客戶提供個性化的一攬子服務產品。服務供應鏈上的企業協同完成客戶和供應商關係管理、現金流管理、需求管理、服務傳遞管理和能力管理等流程中的活動，並且所有的活動都離不開資訊和服務的流通與傳遞。

綜合以上學者的討論，我們發現，學者們對於一般服務供應鏈的認識具有一定的統一性，都肯定服務整合供應商在服務供應鏈中所起的核心作用，只是強調的方面各有不同。同樣，多位學者所提出的服務供應鏈模型大致可以用**圖十**來概括：

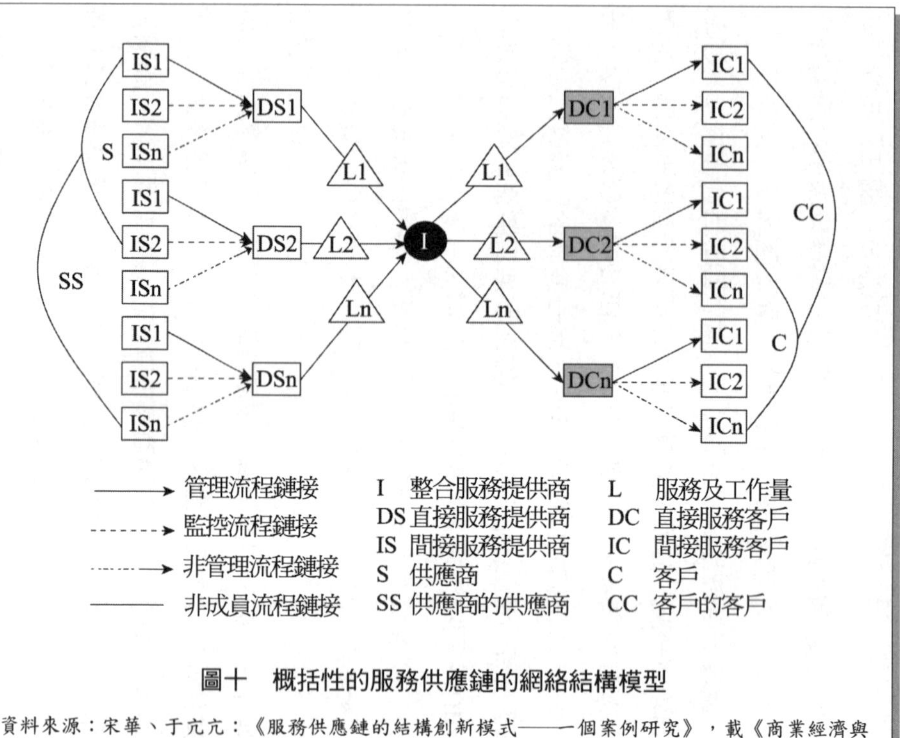

圖十　概括性的服務供應鏈的網絡結構模型

資料來源：宋華、于亢亢：《服務供應鏈的結構創新模式——一個案例研究》，載《商業經濟與管理》，2008,(7)：3-10。

服務供應鏈業務流程的研究

在既定的網絡結構下，成功的服務供應鏈營運還需要各種業務流程的有效整合。資訊流在識別需求和共享資訊等方面發揮著關鍵作用，也表現在服務水準、工作狀態、工作邊界、服務技能、績效反饋等方面。資訊流是任何有效供應鏈的基礎，可以降低所有類型供應鏈面對的風險和不確定性。現有研究除了關注技術上的資訊系統和網路平台的支持，由於整條服務供應鏈的高效和持久運作還依賴於相關的業務流程，因此現有研究還關注了服務採購與服務能力管理、客戶與供應商關係管理、服務供應鏈關係治理等主要流程的整合與協調。

服務供應鏈中的資訊交換與資訊平台

在服務供應鏈中依靠資訊平台展開資訊交換，有助於服務供應鏈內部的資訊整合。楊善林、程飛、楊昌輝（二〇一一）研究了服務供應鏈中的資訊共享機制以及其帶來的績效，透過建立數學模型，研究發現基於資訊聯盟的協同策略是一個有效的分散化機制，能夠取得整個供應鏈績效的最大化。張德海、劉德文（二〇〇八）指出，激勵物流服務供應鏈合作夥伴進行充份的資訊共享，對提高客戶滿意度和忠誠度尤其關鍵。高潔等（二〇一二）在研究港口服務供應鏈的資訊整合模式時發現，整合管理模式（輪型）適合港口服務供應鏈所提出的彈性和快速反應的需要，因此將其作為港口服務供應鏈的資訊管理模式。在此基礎上，設計了港口服務供應鏈三層的資訊管理結構：戰略層、控制層、操作層來保障資訊的共享。沈惠璋、趙繼娣等（二〇一〇）研究了基於SOA的分佈式服務供應鏈資訊共享平台，在技術層面分析了分佈式服務供應鏈資訊共享平台的服務建模過程，並設計和開發了一個分佈式服務供應鏈資訊共享平台。

服務供應鏈中的服務採購與服務能力

服務採購是服務供應商獲取提供服務所需資源的重要方式，是服務供應鏈的重要業務流程，然而有關服務採購的研究還比較有限。

服務能力在服務採購中扮演著極其重要的角色，它不僅是價值創造的基礎，也是服務供應鏈中的緩衝機制（桂壽平等，二〇一〇）。王曉立、馬士華（二〇一一）研究了在供給和需求不確定條件下物流服務供應鏈中的能力匹配問題。其研究指出為了協調風險，實現供應鏈協同，服務整合商可採用收益共享的方式激勵服務供應商。這也印證了馬翠華（二〇〇九）的研究成果，即物流服務供應鏈各節點企業間能力協同的實現有多種途徑，包括：進行關係性專用資產投入，實現企業間資訊與知識的共享，促進資源的互補融合，對物流服務供應鏈中的企業行為進行規制，減少物流能力合作的層數，即時做好回顧與評價工作等。而桂雲苗、龔本剛、程幼明（二〇〇九）則驗證了服務供應鏈中能力協調的優勢。他們的研究發現，「整合商與提供商相互協商，使得整合商願意採購的物流能力大小與提供商願意提供的物流能力大小一致」，能實現集中協調供應鏈的績效水準，且優於Stackelberg主從協調方法。宋華、陳金亮（二〇〇九）認為由於服務是一種難以形式化的資源和能力，這就需要服務整合商能將資源供應能力、需求管理能力和供需戰略匹配能力外在化，或者創造一種可以驗證的服務要素。大型企業對服務整合商提供的資源和供應能力、與下游企業的戰略匹配顯著依賴，小型企業對服務整合商提供的資源和供應能力、需求管理顯著依賴。

服務供應鏈中的客戶與供應商關係

服務供應鏈中的客戶與供應商關係管理包括客戶關係管理和供應商關係管理兩個方面。王影（二〇〇八）著重研究工程機械的售後服務供應鏈管理問題。針對工程機械存在的售後服務體系不完善、供應鏈各節點企業協同差等問題，提出構建以客戶為中心的售後服務體系，整合售後服務供應鏈系統的解決措施，以便維護良好的客戶關係。鄭四渭、王玲玲（二〇一〇）研究了會展旅遊服務供應鏈，識別出促進顧客價值創新的三個因素：把握會展顧客需求探索新的價值空間、建立供應鏈資訊共享機制不斷溝通顧客需求資訊、測量會展顧客滿意度對顧客意見迅速做出反饋。

服務供應商關係管理始於對服務供應商的選擇。目前，關於供應商選擇的評價決策模型有作業基礎成本法（Activity Based Costing）、線性規劃方法（Linear Programming）、層次分析法（The analytic hierarchy process, AHP）、模糊綜合評價法、神經網絡法、理想解類似度偏好順序評估法（Technique for Order Preference by Similarity to an Ideal Solution, TOPSIS）法、資料包絡分析法、主成份分析法、灰色關聯分析法以及這些方法的整合應用等。田宇（二〇〇三）在總結整合物流服務供應商特徵的基礎上，綜合運用層次分析法和線型規劃方法，結合實例探討了它的多源供應商選擇以及最優採購量分配的問題。陳虎、葛顯龍（二〇一一）從客戶滿意度、服務品質、服務成本、企業資質、協同能力和綠色競爭力六個方面構建了比較全面客觀的物流服務供應商評價指標體系。透過熵權計算出物流服務供應商權值向量，專家評分計算出各個二級指標的權重，構建定性和定量相結合的供應商評價模型。喻立（二〇一〇）從利潤貢獻、資源性質和核心業務契合三個維度對服務供應鏈內部客戶價值進行了描述，並對核心價值客戶的特徵給予刻畫。建立了內部客戶價值評價指標體系。運用灰色關聯分析法進行核心價值內部客戶的評價。

對客戶來說他們也需要選擇合適的服務整合商，在這個方面也有很多研究。任杰（二〇〇六）建立了以四個一級指標（物流服務品質、成本、協同發展能力、綠色物流能力）為核心的整合物流服務商選擇指標體系。林紅梅（二〇一二）建立了選擇服務整合商的一級評價指標體系，包括：服務彈性、服務價格、服務品質、服務能力、協同合作能力。宋丹霞、黃衛來（二〇一〇）構建了包含服務品質、服務價格、服務彈性、服務能力、合作能力和發展潛力六個二級指標以及十八個三級評價指標的生產性服務供應商評價體系。在此基礎上用層次分析法和熵值法對供應商做出了評價。

服務供應鏈中的協調問題

服務供應鏈需要參與服務生產和消費的各方主體彼此協作和相互協調，因此需要加強對服務供應鏈關係治理。只有服務供應鏈中服務提供商、服務整合商與客戶之間的協調與互動，才能真正在整個服務供應鏈中創造價值。協調是指服務供應鏈中各個企業相互匹配以實現共同目標以及服務供應鏈效益最大化的行為。服務供應鏈中的協調能帶來成本和利潤優勢（劉偉華等，二〇〇八），同時也能在服務企業與客戶企業之間形成制度上的合法性（宋華、陳金亮，二〇〇九）。孫朝苑、郭西蕊（二〇一一）將成都神鋼作為研究對象，深層次研究了服務供應鏈中的協作。他們認為服務供應鏈中的協作包含合作和協調兩個層次，合作包括長期合作關係、科學有序的管理體系以及一定程度的資訊知識共享，協調包括服務能力的協調與服務計劃的協調。協作機制包括：縱向協作（上下游）、橫向協作（服務供應鏈中服務流、物流、資金流、資訊流之間的關係）。付秋芳、王文博（二〇一〇）則以整個廣東省服務業為研究對象，分析發現廣東省服務業存在著企業經營管理方式老化、效率不高和競爭力不強的問題。研究中提出了四個服務供應鏈協同的關鍵運作因素：應對市場彈性的能力、服務人員的專業性因素、服務傳遞系統的效率與傳遞方式、服務整合商對服務資源與服務能力的分配與控制能力。

此外，也有學者透過建模試圖解決服務供應鏈中上下游的協調問題。王振鋒等（二〇一一）以Shapley值為基礎，考慮影響服務供應鏈系統利益分配的投入因素、努力因素和風險因素，提出了基於Shapley值修正的服務供應鏈系統利益分配策略，使服務供應鏈系統利益分配的結果更加科學合理，從而對服務供應商進行激勵。汪傳旭、蔣良奎（二〇一〇）關注的是在運輸服務供應鏈中如何透過運輸價格策略實現對服務提供商

（即承運人）的關係管理，從而實現服務供應鏈中的協同。朱衛平、劉偉、高志軍（二〇一二）對雙向道德風險下的物流服務供應鏈委託代理關係進行了分析，透過數學模型計算發現：整合商最優投入水準與激勵係數負相關，能力提供商最優投入水準與激勵係數正相關；二者最優投入比例與產出係數之比正相關，與投入的邊際負效用之比負相關；二者最優邊際收益與投入效率、產出係數成正比；最優激勵係數與整合商的成本係數正相關，與能力提供商成本係數負相關。羅靖宇（二〇一三）認為基於流程管理的物流服務供應鏈運作協同的關鍵是處理好利益分配問題，保證分配的公平性和效率性。何嬋和劉偉（二〇一三）針對由一個功能單一的物流服務分包商和一個物流服務整合商構成的物流服務供應鏈的協調問題，提出一種承諾契約協調模型。在此承諾契約中，整合商提供一個需求預測，並承諾至少購買一定比例的預測需求量；物流服務分包商基於整合商的預測進行物流能力投資決策，然後得到物流服務分包商的最優物流能力投資量和整合商預測值的取值集合，並將結果擴展到考慮引入回購因子的情況。研究表明在選取合理參數的條件下，提出的預測承諾契約能夠鼓勵分包商多備貨投資，進而能夠使物流服務供應鏈實現系統收益帕累托改進，提高供應鏈系統和整合商的期望利潤，從而實現系統協調。楊姝琴（二〇一四）在Stackelberg博弈模型、報童模型（Newsvendor Model）以及合作性競爭模型基礎上，引入了二維風險分擔因子以對由剩餘成本和缺貨成本引起的系統風險進行差別化處理，透過對二維風險分擔因子合理取值可以實現系統利潤在服務供應商與平台提供商之間的恰當分配，有效地解決了供應鏈協調契約的實施阻力。

服務供應鏈管理要素的研究

整合和管理服務供應鏈業務流程的水準正比於向鏈中加入管理要素的數量，因此加入更多的管理要素或提高管理要素的水準，能夠提高服務供應鏈流程管理的水準。管理要素主要包括：計劃與控制、組織結構、管理方法、領導力、風險與收益、企業文化等。對營運的計劃與控制是使組織或者供應鏈向理想的方向前進的關鍵，聯合計劃的程度被認為對供應鏈的成功有很大影響，而控制方面則是衡量供應鏈成功與否最好的績效工具。組織結構涉及個人、企業和供應鏈，其中交叉功能小組的運用更多地體現了一種流程方法。當這些小組跨越組織邊界時，也就從更大程度上整合了供應鏈。此外，權力的運用、風險和收益的共享都會影響到通路成員的長期承諾，對於員工評價以及如何使他們參與到企業管理過程中的文化方面也很重要。目前，有關服務供應鏈中的管理要素研究，主要集中在服務供應鏈構建、契約設計、任務分配、服務供應鏈控制與風險管理幾個方面。

服務供應鏈的構建

服務供應鏈的構建是服務供應鏈管理的開始。鍾波蘭（二〇一〇）從宏觀層面入手探討了航空物流服務供應鏈整合的模式。雖然有行業的限制，但是她敏銳地指出核心企業的確定、資源的獲取與選擇、整合的方式與途徑、合作方式的協調是服務供應鏈整合模式分析的四個維度。對於航空業，整合模式包括：以航空貨代為核心，契約聯盟與股權合資或併購（M&A）相結合，橫向與縱向相結合，短期目標型與戰略合作型相結合。梁蓓蓓、劉奮偉（二〇一〇）的著眼點是旅遊服務供應鏈，他們以浙江舟山為例，設計了當地的旅遊服務供應鏈，舟山旅遊集散服務中心作為供應鏈鏈主和資源整合的平台，遊客透過集散中心和資訊平台向集散中心發出各種定制化的需求，舟山旅遊集散服務中心透過資訊平台獲取遊客的需求，對進入舟山的遊客集散提供換乘服務、推薦旅遊線路、旅行社及各集散站點專線車的服務。舟山旅遊集散中心實行定制化、一體化的運作模式。劉偉華、季建華、王振強（二〇〇八）研究了服務供應鏈的設計過程，包括服務供應鏈構建的需求分析：顧客需求研究、服務供應鏈目標的確定、營運特點分析；三種不同類別的服務產品的設計服務：一般服務、模組式選擇服務、定制化設計服務；服務供應鏈類型的確定：一般服務對應精益供應鏈，模組式選擇服務和定制化設計服務對應精益敏捷型供應鏈；服務供應鏈成員的選擇與確定；服務供應鏈的形成與運作。

服務供應鏈的契約設計

服務供應鏈的契約設計是服務供應鏈構建過程中不可或缺的內容。良好的契約應當滿足參加約束（IR）與激勵相容約束（IC）。契約設計的基本思維是為了實現服務供應鏈效益最優化，服務整合商需要對服務供應商提供努力激勵；收益分享契約下含有激勵機制的服務供應鏈能夠實現協調且具有良好的利潤分配彈性（俞海宏、劉南，二〇一一）。魯其輝（二〇一一）提出的契約模型也反映了這一思路。在該契約中，服務的收益由服務提供商收取，然後在服務提供商與支持服務供應商之間進行分配，在一定條件下成本共擔策略能使整個供應鏈收益達到最大化。崔愛平、劉偉（二〇〇九）提出了一種期權契約，該契約可實現物流服務供應鏈完美協調，並提高雙方的期望利潤。而且，物流服務供應鏈進行實現協調時，期權契約參數——期權價格與期權執行價格之間存在負相關關係，而作為契約核心決策要素的期權價格必須在一個合理的範圍內。陳志松（二〇〇八）基於Stackelberg主從對策決策方法建立了第三方物流服務供應鏈中的批發價契約和收益分享契約，分析了供應鏈整體最優的服務訂購量。李新民、廖貅武、陳剛（二〇一一）在分析應用服務供應鏈時指出，將應用軟體服務供應商服務能力建設過量或不足的風險以風險共擔的方式加入收入共享契約，可以有效協調應用服務供應鏈並使其達到最優績效。劉偉華、季建華、張濤（二〇〇八）運用委託代理理論建立了物流服務整合商和功能型物流服務提供商之間的優化模型，該模型的優化目標是整合商的利潤最大化。在該契約模型下，物流服務整合商給提供商的分配係數與提供商的努力水準正相關，與提供商的風險規避程度呈負相關；物流服務整合商的努力水準與提供商的單位努力成本負相關，且外生不確定因素越多，整合商的努力水準越低。

服務供應鏈的任務分配

服務供應鏈的任務分配主要關注服務供應鏈中的任務如何分配的問題。李肇坤、郭貝貝、楊贇（二〇〇九）研究了港口物流服務供應鏈中多任務分配問題，其在考慮物流服務供應鏈的服務總成本、服務總時間以及各個物流服務供應商滿意度等因素的基礎上，建立了多目標規劃模型，並使用Lingo軟體對實例進行求解。陳玉鎮、趙一飛（二〇一二）研究了模糊優化的物流服務供應鏈任務分配，認為在物流服務供應鏈中，物流服務整合商應充份重視物流服務供應商的滿意度對物流服務供應鏈的穩定和效率的重要性，並在任務分配過程中予以體現。決策者不能太過於偏好品質、價格和供應商滿意度三個目標中的某一個目標，否則最終會導致供應商為了獲取更多任務量盲目追逐單一目標而犧牲其他目標。

任務分配處理是否恰當將帶來一系列後果。劉偉華、季建華、周樂（二〇〇八）設計了一個兩級物流服務供應鏈的任務分配模型，隨著不確定程度的增大，物流服務整合商的總成本將增大，功能型物流服務供應商的總體滿意度將降低，而總體的懲罰強度將增大；物流服務整合商關係成本係數對功能型物流服務供應商總體滿意度和懲罰強度有緊密的關係，關係成本係數（關係投入）越大，功能型物流服務供應商的總體滿意度越大，懲罰強度則越小。劉偉華等（二〇一二）將自己的研究推進一步，設計了隨機環境下的三級物流服務供應鏈任務分配模型。運算結果發現：不確定程度的增大，將使物流服務整合商的總成本增大、物流服務提供商的總利潤增加、物流服務提供商的總體滿意度降低。但是，提供商各自的總利潤卻沒有呈現出一致性增大或減小的特徵，提供商各自分包商的總滿意度也未呈現出一致性增大或減小的特徵。

服務供應鏈的控制

服務供應鏈中的控制主要體現在對服務供應鏈績效的評價。多位學者從不同角度，運用不同方法設計了服務供應鏈的績效考評體系。閆秀霞、孫林岩、王侃昌就運用層次分析法和熵值法得到了由顧客滿意、物流能力狀況、成本狀況、協同發展能力、綠色競爭力五個一級指標組成的指標體系。之後，郭梅、朱金福（二〇〇七）提出了基於模糊粗糙集的物流服務供應鏈績效評價。宋丹霞、黃衛來（二〇一〇）借鑒了集成化供應鏈績效評價體系和平衡計分卡體系，針對服務供應鏈自身的特點，建立了針對服務供應鏈營運過程的績效評價的三級指標體系。劉偉華等（二〇一一）設計了物流服務供應鏈綜合績效評價指標體系。該指標體系由結果層、運作層和戰略層三個層次構成，共有七個二級指標和三十個三級指標。結果層指標包括：客戶滿意度、盈利能力；運作層指標包括：組織管理水準、資訊管理水準、客戶管理水準；戰略層指標包括：協同能力、發展潛力。陳虎、蔣霽雲（二〇一一）與倪霖、王偉鑫（二〇一一）均運用層次分析法得到了類似的指標體系，包括：顧客滿意度、物流能力、協同能力等。陳虎（二〇一二）突破前人研究，用馬柯夫（Markov）預測法得到了物流服務供應鏈績效動態評價模型。

風險管理

在製造供應鏈中，供應鏈風險與脆弱性一直是研究的熱點問題。服務的無形性以及不可儲存性，更加劇了服務供應鏈的風險程度。羅博、孫林岩、閆秀霞（二〇〇六）從物流服務供應鏈模式的可靠性出發，建立了服務商數量確定的最優化模型，該模型綜合考慮了市場的競爭、資源約束和物流服務供應鏈系統配置的費用最小化，並對所建立的模型設計了相應的算法。該模型和算法能夠為物流服務供應鏈的運作確定合適數量的供應商，從而可以減少因為過多選擇供應商而花費大量的維持成本。張德海、劉德文（二〇〇九）則選擇故障樹分析（fault tree analysis, FTA）來分析供應商的最小數量。陳香、龔本剛、胡朝忠（二〇一二）發現，故障樹分析對物流服務供應鏈可靠性進行診斷不僅可以起到節約成本、快速診斷的作用，同時還可以用於確定物流服務供應鏈系統的薄弱環節、指導物流服務供應鏈系統故障的檢查順序。其他學者從其他角度進行了研究。但斌等（二〇一〇）研究了需求不確定下兩階段應用服務供應鏈市場風險分擔機制。他們發現當由獨立軟體開發商（Independent Software Vendor; ISV）承擔風險時，應用軟體服務供應商將向獨立軟體開發商訂購其所分配服務需求的上限；應用軟體服務供應商承擔風險時，獨立軟體開發商將向應用軟體服務供應商提供一個軟體許可銷售計劃，並透過提高軟體開發品質及維護升級服務水準來提高應用軟體服務供應商訂購軟體許可的積極性；應用軟體服務供應商作為盟主的風險分擔機制較獨立軟體開發商作為盟主的風險分擔機制對應用服務供應鏈的協調效果好。李陽珍、張明善（二〇一二）研究的重點是風險的傳遞。他們發現服務供應鏈不可靠性（即所謂風險）是沿著物流能力供需的路徑來進行傳遞，其影響與節點間的相互關係係數大小有關係。當物流服務供應鏈沒有冗餘物流能力，不可靠性會由節點企業傳遞到客戶，若物流服務供應鏈存在冗餘的物流能力，有冗餘物流能力的節點企業能吸收運作中的不可靠性。

參考文獻

蔡柏良，〈世界產業服務化背景下江蘇沿海地區服務業發展的戰略思考〉，《蘭州學刊》，2010(7): 54-57。

陳虎、葛顯龍，〈集成化服務供應鏈的物流服務商選擇研究〉，《計算機應用研究》，2011, 28(3): 1034-1041。

陳虎、蔣霽雲，〈基於AHP的集成化物流服務供應鏈績效評價〉，《中國物流與採購》，2011(17): 66-67。

陳虎，〈物流服務供應鏈績效動態評價研究〉，《計算機應用研究》，2012, 29(4): 1241-1244。

陳濤、李佼，〈基於大數據的旅遊服務供應鏈管理研究〉，《電子政務》，2013(12): 32-40。

陳香、龔本剛、胡朝忠，〈物流服務供應鏈可靠性診斷的 FTA 模型及應用〉，《計算機工程與應用》，2012(29): 243-248。

陳小峰、李從東，〈住宅區多元物業服務與供應鏈管理的整合研究〉，《工業工程》，2004, 7(4): 41-45。

陳瑩、張席洲，〈服務供應鏈對旅遊服務的啟示〉，《物流技術》，2009, 28(8): 127-129。

陳玉鎮、趙一飛，〈基於模糊優化的物流服務供應鏈任務分配研究〉，《中國經貿導刊》，2012(1): 42-43。

陳志松，〈第三方物流服務供應鏈契約模型〉，《統計與決策》，2008(15): 58-60。

成灶平，〈港口物流服務供應鏈問題研究〉，《交通企業管理》，2012(11): 53-54。

崔愛平、劉偉，〈物流服務供應鏈中基於期權契約的能力協調〉，《中國管理科學》，2009, 17(2): 59-65。

但斌、唐國鋒、宋寒、張旭梅，〈需求不確定下兩階段應用服務供應鏈市場風險分擔機制研究〉，《中國管理科學》，2010, 18(6): 45-52。

丁邡，〈電信產業融合趨勢下的服務供應鏈模型研究〉，《學理論》，2012(30): 78-83。

丁邡，〈電信業服務供應鏈結構影響因素研究〉，《學理論》，2012(29): 93-98。

付秋芳、林琛威，〈我國金融證券服務供應鏈體系結構研究〉，《國際經貿探索》，2008, 24(11): 15-19。

付秋芳、王文博，〈服務業企業的新型運作模式：服務供應鏈協同——以廣東省服務業為例〉，《國際經濟探索》，2010, 26(3): 24-29。

高潔、真虹、沙梅，〈港口服務供應鏈信息集成模式及協作機制〉，《水運工程》，2012(2): 148-153。

桂壽平、丁郭音、張智勇、石永強，〈基於Anylogic的物流服務供應鏈牛鞭效應仿真分析〉，《計算機應用研究》，2010, 27(1): 138-144。

桂雲苗、龔本剛、程幼明，〈需求不確定下物流服務供應鏈協調〉，《計算機集成製造系統》，2009, 15(12): 2412-2416。

郭春榮、李麒，〈基於對外貿易視角的服務供應鏈管理模式〉，《中國物流與採購》，2011(5): 68-69。

郭梅、朱金福，〈基於模糊粗糙集的物流服務供應鏈績效評價〉，《系統工程》，2007, 25(7): 48-52。

郭彥麗、嚴建援，〈SaaS服務供應鏈的創新結構研究〉，《商業時代》，2012(11): 30-32。

何嬋、劉偉，〈基於預測承諾契約的物流服務供應鏈協調〉，《計算機應用》，2013, 33(11) : 3271-3275。

何美玲、張錦、武曉暉，〈物流服務供應鏈能力協調研究〉，《鐵道運輸與經濟》，2010: 52-56。

胡正華、寧宣熙，〈服務鏈概念、模型及其應用〉，《商業研究》，2003(7): 111-113。

黃小軍、甘筱青，〈旅遊服務供應鏈管理初探〉，《商業時代》，2006(25): 91-93。

賈清萍、甘筱青，〈農村醫療服務供應鏈的系統反饋與對策——基於宣風鎮中心衛生院的調查分析〉，《南昌大學學報》(人文社會科學版)，2009(6): 44-50。

姜義茂，〈論服務經濟社會的實質及中國經濟發展戰略〉，《國際貿易》，2009(5): 21-26。

李新民、廖貅武、陳剛，〈基於ASP模式的應用服務供應鏈協調分析〉，《系統工程理論與實踐》，2011, 31(8): 1490-1496。

李陽珍、張明善，〈物流服務供應鏈不可靠性傳遞分析〉，《西南民族大學學報》，2012(9): 151-154。

李肇坤、郭貝貝、楊贊，〈港口物流服務供應鏈中多任務分配問題研究〉，《水運工程》，2009(5): 39-43。

梁蓓蓓、劉奮偉，〈旅遊集散中心服務供應鏈構建研究——以浙江舟山為例〉，《特區經濟》，2010(1): 154-155。

林紅梅，〈服務供應鏈中旅遊服務集成商的選擇及量化分析〉，《企業經濟》，2012(7): 98-101。

劉繼國、李江帆，〈國外製造業服務化問題研究綜述〉，《經濟學家》，2007(3): 119-126。

劉偉、高志軍，〈物流服務供應鏈：理論架構與研究範式〉，《商業經濟與管理》，2012(4): 19-25。

劉偉華、季建華、包興、顧巧論，〈物流服務供應鏈兩級能力合作的協調研究〉，《武漢理工大學學報》，2008, 30(2): 149-153。

劉偉華、季建華、王振強，〈基於服務產品的服務供應鏈設計〉，《工業工程》，2008, 11(4): 60-65。

劉偉華、季建華、張濤，〈基於物流服務組合的兩級物流服務供應鏈利潤分配模型〉，《武漢理工大學學報》，2008, 32(4): 589-592。

劉偉華、季建華、周樂，〈兩級物流服務供應鏈任務分配模型〉，《上海交通大學學報》，2008, 42(9): 1524-1528。

劉偉華、曲思源、鐘石泉，〈隨機環境下的三級物流服務供應鏈任務分配〉，《計算機集成製造系統》，2012, 18(2): 381-388。

劉偉華、周麗珍、劉春玲、葛美瑩，〈基於網絡層次分析方法的物流服務供應鏈綜合績效評價〉，《工業工程》，2011, 14(4): 52-57。

劉偉華，〈三級物流服務供應鏈最優收益共享係數確定方法〉，《西南交通大學學報》，2010, 45(5): 811-816。

盧忠東，〈服務供應鏈本質剖析及運作框架概念模型構建〉，《商業時代》，2012(24): 24-25。

魯其輝，〈基於成本共擔策略的服務供應鏈協調研究〉，《控制與決策》，2011, 26(11): 1649-1653。

路科，〈旅遊業供應鏈新模式初探〉，《旅遊學刊》，2006, 21(3): 30-33。

羅博、孫林岩、閆秀霞，〈一種考慮物流服務供應鏈可靠性的服務商數量確定研究〉，《生產力研究》，2006(1): 181-182。

羅靖宇，〈基於流程管理的物流服務供應鏈運作協同探析〉，《物流工程與管理》，2013, 35(11): 88-89。

馬翠華，〈基於能力合作的物流服務供應鏈協同機制研究〉，《中國流通經濟》，2009(2): 24-27。

倪霖、王偉鑫，〈基於灰色AHP的物流服務供應鏈績效評價研究〉，《計算機工程與應用》，2011, 47(32): 236-238。

任杰，〈基於物流服務供應鏈模式的集成物流服務商選擇的研究〉，《商場現代化》，2006(9): 111-112。

邵菁寧、尤建新、杜祥，〈醫療服務供應鏈及其改進模式〉，《上海質量》，2004(11): 36-37。

申成霖、汪波，〈基於 AHP 方法的物流服務供應商選擇決策研究〉，《西北農林科技大學學報》(社會科學版)，2005(3) : 70-73。

沈惠璋、趙繼娣，〈QIU ROBIN，基於SOA的分佈式服務供應鏈信息共享平台研究與實踐〉，《計算機應用研究》，2010, 27(2): 606-610。

宋丹霞、黃衛來、徐楊，〈服務供應鏈管理模式特性及績效評價體系研究〉，《物流技術》，2009, 28(1): 115-118。

宋丹霞、黃衛來，〈服務供應鏈視角下的生產性服務供應商評價〉，《武漢理工大學學報》，2010, 32(3): 473-477。

宋華、陳金亮，〈服務供應鏈戰略互動與協同價值對合法性的影響〉，《管理科學》，2009, 22(4): 211。

宋華、陳金亮，〈服務供應鏈中服務集成商競爭優勢影響因素的案例研究〉，《中國軟科學》，2009，增刊(上): 296-300。

宋華、于亢亢，〈服務供應鏈的結構創新模式——一個案例研究〉，《商業經濟與管理》，2008(7): 310。

宋遠方、宋華，〈協同價值創造能力對服務供應鏈關係績效的影響研究〉，《經濟理論與經濟管理》，2012(5): 91-102。

孫朝苑、郭西蕊，〈服務供應鏈視角下企業協作的內涵與機理研究：以成都神鋼為例〉，《管理案例研究與評論》，2011, 4(3): 184-191。

田宇，〈物流服務供應鏈構建中的供應商選擇研究〉，《系統工程理論與實踐》，2003(5): 49-53。

汪傳旭、蔣良奎，〈運輸服務供應鏈協調的承運人運輸價格折扣策略〉，《上海海事大學學報》，2010, 31(3): 63-67。

汪傳旭，〈運輸服務供應鏈中承運人選擇和貨載分配的優化決策〉，《系統工程理論方法應用》，2005, 14(4): 308-312。

王東艷、蔣麗艷，〈信息服務業供應鏈管理模式的理念研究〉，《圖書館學研究》，2003(9): 53-56。

王妮莎，〈中國航空物流企業服務鏈整合研究〉，《經營管理者》，2012(18): 11-12。

王守法，《現代服務產業基礎研究》，北京：中國經濟出版社，2007。

王曉立、馬士華，〈供應和需求不確定條件下物流服務供應鏈能力協調研究〉，《運籌與管理》，2011, 20(2): 44-48。

王影，〈工程機械售後服務供應鏈管理〉，《設備管理與維修技術》，2008(6): 78-80。

王勇、姜意揚、鄧哲鋒，〈不確定環境下的物流服務供應鏈風險分析〉，《商業研究》，2011(7): 179-184。

王勇、于海龍，〈基於售後服務問題的物流服務供應鏈研究〉，《現代管理科學》，2010(7): 118-119。

王振鋒、丁清旭、崔岩、應紀來，〈醫療服務供應鏈服務體系構建〉，《價格理論與實踐》，2012(2): 83-84。

王振鋒、王旭、鄧蕾，〈基於Shapley值修正的服務供應鏈系統利益分配研究〉，《計算機工程與應用》，2011, 47(26): 235-237。

王振鋒、王旭、卓翔芝、鄧蕾，〈基於信息中心的服務供應鏈管理的模型〉，《統計與決策》，2009(8): 169-171。

邢文鳳、李增軍，〈天津東疆保稅港區港口物流服務供應鏈的構建〉，《物流技術》，2007, 26(12): 88-90。

閆秀霞、孫林岩、王侃昌，〈物流服務供應鏈模式特性及其績效評價研究〉，《中國機械工程》，2005, 16(11): 969-973。

陽明明，〈香港的港口服務型供應鏈〉，《中國物流與採購》，2006(10): 56-58。

楊善林、程飛、楊昌輝，〈服務供應鏈的信息共享機制及績效研究〉，《中國工程科學》，2011, 13(8): 80-86。

楊姝琴，〈基於R2(α, β)風險分擔的服務供應鏈協調研究〉，《統計與決策》，2014(3): 61-64。

于亢亢，〈服務供應鏈的模型與構建〉，《現代商業》，2007(21): 156-158。

俞海宏、劉南，〈激勵機制下服務供應鏈的收益分享契約協調性研究〉，《數學的實踐與認識》，2011, 41(12): 69-79。

喻立，〈服務供應鏈中核心價值內部客戶評價方法〉，《武漢理工大學學報》(信息與管理工程版)，2010, 32(5): 853-856。

袁航，〈服務供應鏈與服務外包關係研究〉，《經濟研究導刊》，2008(4): 14-15。

張寶友、孟麗君、黃祖慶，〈物流服務承包商評價指標體系研究〉，《西安電子科技大學學報》(社會科學版)，2012, 22(1): 17。

張德海、劉德文，〈物流服務供應鏈的故障樹分析及優化〉，《統計與決策》，2009(14): 175-177。

張德海、劉德文，〈物流服務供應鏈的信息共享激勵機制研究〉，《科技管理研究》，2008(6): 214-216。

張曉明、張輝、毛接炳，〈旅遊服務供應鏈中若干環節的協調〉，《城市發展研究》，2008(5): 139-144。

張英姿，〈初探旅遊服務供應鏈管理〉，《雁北師範學院學報》，2005, 22(1): 22-24。

章怡，〈基於IUESSC模型的中國培訓業服務供應鏈管理研究〉，《中國商貿》，2010(23): 79-80。

鄭四渭、王玲玲，〈會展旅遊服務供應鏈的顧客價值創新〉，《商業研究》，2010(12): 202-205。

鍾波蘭，〈航空物流服務供應鏈整合模式探討〉，《物流技術》，2010(10): 115-117。

朱衛平、劉偉、高志軍，〈雙向道德風險下的物流服務供應鏈委託代理分析〉，《天津財經大學學報》，2012(5): 105-112。

AKKERMANS H., VOS B., “Amplification in service supply chains: an exploratory case study from the telecom industry”. *Production and Operations Management*, 2003, 12(2): 204-223.

BALTACIOGLU T., ADA E., KAPLAN M. D., “ A new framework for service supply chains”. *The Service Industries Journal*, 2007, 27(2): 105-124.

EDWARD G., ANDERSON J. R., DOUGLAS J. M., “A simulation game for teaching service oriented supply chain management: does information sharing help managers with service capacity decisions". *Production and Operations Management*, 2000, 9(1): 40-55.

ELLRAM L. M., TATE W. L. & BILLINGTON C., "Understanding and managing the service supply chain". *Journal of Supply Chain Management*, 2004, 40(4): 17-32.

GRÖNROOS C., "Service logic revisited: who creates value? And who co-creates". *European Business Review*, 2008, 20(4): 298-314.

JACK S. C., KATHY D., AMIE F., "From raw materials to customers: supply chain management in the service industry". *Advanced Management Journal*, 2000, 66(4): 14-21.

MURDICK R. G., RENDER B., RUSSELL R. S., *Service operations management*. Boston: Allyn and Bacon, 1990.

POOLE K., "Seizing the potential of the service supply chain". *Supply Chain Management Review*, 2003, 7(4): 54-61.

QUINN J. B., BARUCH J. J., PAQUETTE P. C., "Technology in services. " *Scientific American*, 1987, 257 (6): 50-58.

SENGUPTA K., HEISER D. R., COOK L. S., "Manufacturing and service supply chain performance: a comparative analysis". *Journal of Supply Chain Management*, 2006, 42(4): 4-15.

SONG H., CHATTERJEE S. R., CHEN J., "Achieving competitive advantage in service supply chain: evidence from the Chinese steel industry". *Chinese Management Studies*, 2011, 5(1), 68-81.

VARGO S. L., LUSCH R. F., "Evolving to a new dominant logic for Marketing". *Journal of Marketing,* 2004, 68(1): 1-17.

WAART D., STEVE K., "5 steps to service supply chain excellence. " *Supply Chain Management Review* 2004, 8(1): 28-35.

ZEITHAML V. A., BITNER M. J., *Services marketing*. New York: McGraw-Hill, 1996.

代表性文獻

服務供應鏈

作者：宋華

出版社：中國人民大學出版社

出版時間：二〇一二年四月

主要內容：全書共分為七章，以下是各章的主要內容。

第一章闡述了產品供應鏈的概念以及產品供應鏈面臨的挑戰與變革的環境，在此基礎上引入了服務供應鏈的概念。透過對比幾類對服務供應鏈的不同認識，此書提出應將服務供應鏈理解為以服務為主導的整合供應鏈。

第二章梳理了學術界對服務供應鏈管理模型認識的演進過程。早期對服務供應鏈管理模型的認識是從產品製造供應鏈管理模型中遷移而來的，因此該章的前半部份探討了產品製造供應鏈的管理模型，從H-P模型、供應鏈運作參考模型到GSCF模型。Ellram（2004）比較了以上三個模型以及用於描述服務供應鏈的優缺點後提出了真正意義上的服務供應鏈管理模型。Baltacioglu（2007）在Ellram的研究基礎上改進了服務供應鏈模型，認為服務供應鏈包括：需求管理、能力與資源管理、供應商關係管理、服務績效管理、訂單流程管理、客戶關係管理、資訊流與技術管理。由於Ellram與Baltacioglu提出的模型均側重服務供應鏈的流程，缺乏從拓撲結構和戰略要素上完整地反映服務供應鏈的內在機理，該章的後半部份著重分析服務供應鏈的管理模型的三個要素——服務供應鏈的結構、管理流程和管理要素。

第三章詳細介紹了服務供應鏈中的互動，包括互動主體、互動行為。互動的主體包括：服務整合商、客戶、微專業服務商以及利益相關者。四個互動主體之間有六種互動關係：一是服務整合商與客戶之間的互動，主要是協同產生價值訴求；二是服務整合商與微專業服務商之間的互動，雙方存在著價值解構、理解和要素交換的過程；三是微專業服務商與客戶之間的互動，即透過微專業服務商的專業化運作，幫助客戶實現特定的價值要素；第四和第五種是服務整合商、微專業服務商與社會利益相關者之間的互動，利益相關者決定了微專業服務商與服務整合商的合法性，對其資源能力的獲取與整合提供了約束或支撐的架構體系，而微專業服務商與服務整合商也會進行制度創業，消除制度環境中對其不利的因素和阻礙；第六種是社會利益相關者與客戶的互動，利益相關者間接影響了客戶的價值訴求，客戶也會能動地作用於利益相關者，強化有利於其價值實現的環境。

第四章立足服務整合商面向客戶的視角，分析了服務供應鏈戰略類型和行為的決定因素。根據制度理論、產業組織理論和資源基礎觀，供應鏈風險類型和供應鏈收益目標應當由制度特徵、產業特徵、資源和能力決定。而這兩者又決定了服務結構和服務交互，最終影響企業績效。不同的服務整合商面臨不同類型的供應鏈風險，有不同的供應鏈收益目標，應選擇不同類型的服務供應鏈戰略。透過多案例的對比研究，此章闡釋了四種服務供應鏈戰略，分別為嵌入互補式服務、無縫連接式服務、流程一體式服務、綜合模組式服務。

第五章同樣立足於服務供應鏈整合商，但考慮的是其面對微專業服務商所採用的外包戰略。海內外學者對外包有大量的研究，對外包也有多種分類，但作者認為現有的研究缺乏對決策依據、管理要素、外包活動選擇的探討。作者認為服務外包決策的驅動因素是服務供應商在外包中希望獲得的資源類型（操作資源還是被操作資源）與資源層級（組合型資源還是互連型資源）。

第六章以國際知名的供應鏈管理企業——利豐有限公司為例，詳細講述了利豐的商業模式演進過程，即利豐如何從初創時單一業務的進出口貿易公司一步步發展壯大為一體化供應鏈解決方案提供商，並詳細分析了利豐服務供應鏈的流程、結構和要素。

第七章主要探討了供應鏈金融的內涵與要素、供應鏈金融的模式和風險控制，並援引中信銀行的供應鏈金融實踐，闡述了中信銀行金融供應鏈運作與風險控制管理方式。根據國外的研究，提出基於經濟附加價值（Economic Value Added, EVA）的供應鏈金融績效衡量體系，主要從三個維度進行考察：成本盈利指數、資本融資率以及業務融資週期比。在章節的最後部份，作者分析了供應鏈金融面臨的挑戰和供應鏈金融未來的發展。

創新之處：(1)本書中提出應將服務供應鏈理解為以服務為主導的整合供應鏈，即不將服務供應鏈局限為傳統供應鏈中與服務相關聯的環節和活動，也不認為它僅僅是服務業的供應鏈。(2)詳細分析了服務供應鏈中三大要素——結構、管理流程以及管理要素。(3)從供需雙方的角度進行對比研究，探討服務外包和服務供應戰略。(4)探討了服務供應鏈中各主體之間的互動關係。

服務供應鏈研究綜述

作者：程建剛、李從東

發表期刊：《現代管理科學》

發表時間：二〇〇八年第九期

研究主題：該文是一篇綜述文章，梳理了服務供應鏈的理論背景、研究現狀與研究趨勢。

主要內容：作者梳理了服務供應鏈的研究現狀。

(1)服務供應鏈的定義。作者識別了三類對服務供應鏈的定義：一是認為服務供應鏈是傳統供應鏈中與服務相關聯的環節和活動，以Dirk、Steve為代表；二是認為服務供應鏈是在服務行業中應用供應鏈思路管理有形產品，以Jack、Richard等人為代表；三是認為服務供應鏈是在服務行業中應用供應鏈思路管理無形服務，以Ellram、金立印為代表。

(2)服務供應鏈的模型。中國代表性的研究有：張大陸、陸建對服務供應鏈的模型研究；田宇、申成霖等對物流服務供應鏈開展的研究；李萬立、張英姿、黃小軍等對旅遊服務供應鏈開展的研究；陳小峰對物業服務供應鏈開展的研究等。國外這一方面的代表性學者有Ellram、Dirk、Steve等。

(3)服務供應鏈服務能力研究。代表學者有Edward、H. Akkemans。主要研究內容分別是如何用能力管理訂單堆積和服務供應鏈的長鞭效應問題。

(4)服務供應鏈管理與企業績效的關係研究。金立印以中國民航服務業為研究對象，發現服務供應鏈戰略管理活動、運作管理活動和顧客資訊系統的構建，透過有效提升顧客滿意度，能為企業帶來利潤、增加企業績效；于亢亢以電子製造服務供應商為對象，研究發現服務供應鏈管理與企業績效有極大相關性。

(5)服務供應鏈的應用領域。作者認為，物流服務供應鏈研究的代表學者有田宇、申成霖；旅遊服務供應鏈的代表學者有張英姿、李萬立、伍春等人；港口企業服務供應鏈研究的代表學者有陽明明、王玖河、張年等人。

主要結論：作者認為今後服務供應鏈的研究有以下三大趨勢：(1)對服務供應鏈的概念、屬性及模型的進一步明確化，為系統研究服務供應鏈基本理論奠定基礎。(2)從研究範圍來說，一類是開展對不同行業的服務供應鏈共性研究，在此基礎上構建通用模型；另一類是針對不同服務行業，展開行業服務供應鏈特性研究。(3)將服務的特性與製造供應鏈相結合，逐步完善服務供應鏈理論。

研究意義：該篇文章較為系統地梳理了二〇〇八年之前中國服務供應鏈的研究狀況，對服務供應鏈研究中的基本問題進行了釐清，並識別出未來的研究趨勢，對之後中國服務供應鏈的研究起到了良好的啟示作用。

兩級物流服務供應鏈任務分配模型

作者：劉偉華、季建華、周樂

發表期刊：《上海交通大學學報》

發表時間：二〇〇八年第四十二卷第九期

研究主題：本文研究的主要內容是在由物流服務整合商（LSI）和功能型物流服務供應商（FLSP）組成的兩級物流服務供應鏈中，物流服務整合商在各功能型物流服務供應商之間如何分配訂單的問題。

主要內容：在Jukka、Wang、楊紅紅等人研究的基礎之上，作者構建了一個兩級物流服務供應鏈任務分配模型。之後作者根據建立的模型，使用Lingo 8.0對算例進行了求解，並結合計算結果探討了不確定程度和關係成本係數對任務分配結果的影響。

主要結論：(1)不確定程度對任務分配結果的影響。需求不確定程度對物流服務整合商的總成本影響很大，需求不確定程度越大，物流服務整合商的總成本也越大；需求不確定程度對功能型物流服務供應商總體滿意度和懲罰強度有一定的相關關係，隨著需求不確定程度的增大，功能型物流服務供應商的總體滿意度降低，而總體的懲罰強度逐步增大。

(2)關係成本係數對任務分配結果的影響。物流服務整合商關係成本與物流服務整合商的總成本呈正相關關係，關係成本係數越大，物流服務整合商的總成本也越大；物流服務整合商關係成本係數對功能型物流服務供應商總體滿意度和懲罰強度有緊密的關係。關係成本係數越大，功能型物流服務供應商的總體滿意度越大，懲罰強度則越小。

需求不確定下兩階段應用服務供應鏈市場風險分擔機制研究

作者：但斌、唐國鋒、宋寒、張旭梅

發表期刊：《中國管理科學》

發表時間：二〇一〇年第十八卷第六期

研究主題：本文主要研究在資訊服務供應鏈中的市場風險分擔問題。

主要內容：在總結了Brodsky（2003）、Madhuchhanda（2009）、Focacci（2003）、Wendy（2003）等人研究的基礎上，基於Stackelberg博弈模型及報童模型，在考慮(a)應用軟體服務供應商透過服務競爭獲得市場需求，(b)應用軟體服務供應商所獲得的市場需求量受長期市場佔有率和短期外界隨機因素的影響，(c)應用軟體服務供應商的機會成本和剩餘成本的基礎上，以期望利潤最大化為目標函數建立應用軟體服務供應商及獨立軟體開發商的優化模型。透過模型計算，分析了以獨立軟體開發商作為盟主的風險分擔機制和應用軟體服務供應商作為盟主的風險分擔機制。

主要結論：(1)在獨立軟體開發商作為盟主承擔風險的機制下，由於機會成本的消失，應用軟體服務供應商應向獨立軟體開發商購買軟體租賃服務市場需求的上限；在應用軟體服務供應商作為盟主承擔風險的機制下，獨立軟體開發商應向應用軟體服務供應商提供一個價格與訂購量關聯的軟體許可銷售計劃，同時提高軟體開發品質及維護升級服務水準以激勵應用軟體服務供應商的訂購積極性。

(2)利用數值分析的方法對市場容量、均勻分佈範圍參數兩個外生變量對應用服務供應鏈協調效果的影響進行分析，並得出應用軟體服務供應商作為盟主承擔風險的機制較獨立軟體開發商作為盟主的承擔風險的機制好。因此從系統最優的角度來看，應推廣應用軟體服務供應商作為盟主承擔風險的機制以降低市場需求不確定所帶來的風險。

CHAPTER 7
供應鏈管理彈性

撰寫人：于亢亢（中國人民大學）

供應鏈管理中存在高度的不確定性，從市場情況、消費需求的多變到系統內部的各項運作管理，都是管理的難點，其中一些因素是可以透過人為努力將其化解的，而另外一些則無法預測，只能採取一些措施和設計相應的管理模式加以規避，以取得最好的效果（張志文，二〇〇五）。傳統的供應鏈管理是以製造商為核心，透過市場預測制定生產計劃，一般採用提高庫存量的方法來滿足市場需求。由於市場預測的結果往往與實際需求不一致，容易造成產品庫存的積壓與浪費，出現企業資金周轉不靈的現象。傳統供應鏈上各企業之間的庫存狀態、生產計劃等重要數據資料分佈在不同的節點，由於各節點企業資訊的相對閉塞以及整個供應鏈資訊系統的不完善，使得一些關鍵的管理資訊無法迅速、準確地傳遞，影響了供應鏈的整體運作效率（戴勇，二〇〇五）。隨著消費者需求、供應鏈結構、社會環境、經濟發展水準和生產技術等方面不確定性的增加，產品的生產複雜性和生產成本很高，產品從設計階段就要滿足顧客的需求，企業的主要目標是在降低成本的同時，提高客戶的反應速度，最大化滿足定制化需求（覃燕紅等，二〇一三）。在這種情況下，傳統供應鏈管理日益顯示出不能即時滿足消費者需求及其變化等方面的不足，因此要求供應鏈的管理要靈活、開放、有效、動態和敏捷，而建立彈性供應鏈就是解決問題的重要途徑之一。

供應鏈彈性的重要性

很多研究者從實踐角度，分析了供應鏈企業為什麼要提高所處供應鏈的彈性。例如，劉利猛（二〇〇九）認為經濟和技術的迅猛發展導致了供應鏈內外部環境的極大不確定性，金融危機的來臨導致了服裝產業的蕭條，由此讓中國的棉農大受其害，蕭條的汽車行業讓全球的橡膠行業備受煎熬，美國經濟的蕭條讓中國沿海的眾多企業陷入困境。供應鏈中的企業要想在競爭中取勝，就必須游刃有餘地處理這種內外部環境的不確定性。還有的學者分析了一些典型行業中的供應鏈企業如何透過供應鏈彈性來獲得競爭優勢。例如，羅衛（二〇〇九）的研究表明，伴隨著「快速反應型」服裝企業的出現，客戶也迫切需要一個高效的供應鏈系統。由於時裝市場變化迅速，時裝工業成敗取決於供應鏈的彈性和反應性。反應性意味著企業的產品進入市場時間短、能快速轉換生產能力並把消費者的偏愛體現到設計過程中。傳統供應鏈企業組織結構和需求預測驅動的供應鏈，已不能應對滿足以多變和混亂需求為特徵的時裝市場的挑戰。為有效應對挑戰，要在時裝工業中建立基於快速反應戰略的敏捷供應鏈。此供應鏈既能保證速度，又能控制成本，若考慮隱藏和非彈性等不同的成本，時裝供應鏈系統的彈性、敏捷性和反應性優勢將更加突出。張偉和井峰岩（二〇一一）認為面對汽車供應鏈之間日益激烈的競爭，提高汽車供應鏈彈性，增強供應鏈對內部和外部環境變化因素的應變能力已成為未來汽車產業發展的方向。

還有的研究者探討了供應鏈彈性對企業績效影響的研究，主要關注成本和收益的權衡方面。例如，張翠華和黃小原（二〇〇二）研究了彈性供應鏈優化問題，確定了供應鏈總成本的結構，考慮了供應鏈生產和分銷的各種約束條件，建立了彈性供應鏈優化模型，應用進化規劃方法對一家農機公司彈性供應鏈模型進行了模擬，分析了總成本對彈性的敏感程度。該研究結果表明，該模型採用生產能力彈性和分銷能力彈性指標反映了生產和分銷的不確定性，能夠更綜合地評價供應鏈的運作績效，有助於設計出高效率、高效益的彈性供應鏈系統，而且對於數據量龐大的混合整數線性模型求解，進化規劃方法是適用的。又如，張凱、高遠洋、孫霆（二〇〇六）建立了一種帶彈性的批量訂貨契約模型，並透過模擬驗證了模型能夠節約訂貨成本，實現供應鏈中風險的重新分配。魏波和符卓（二〇〇八）透過多目標規劃法，在兼顧供應鏈整體效益和企業自身利益的前提下對構建供應鏈彈性與成本最佳化模型進行了探討。但是，也有學者主張供應鏈彈性太高或者太低對供應鏈運作都是不利的，所以彈性建設必須考慮適度性。例如，劉利猛（二〇〇九）就提倡用彈性建設的成本收益分析和約束條件來衡量其適度性，同時在供應鏈彈性建設中，考慮各子系統之間的彈性匹配，並且讓其最終服務於供應鏈戰略。

也有研究學者指出，在供應鏈管理成功的影響因素中，供應鏈彈性是非常關鍵的一個維度。洪江濤和聶清（二〇一一）對中國外貿企業的研究結果顯示，外貿企業供應鏈管理要得到成功，比較大的因素取決於「供應鏈合作關係的建立與協調」、「供應鏈彈性能力」和「資訊系統的建立與使用」，相對較次要的影響因素包括「供應鏈業務流程優化」和「高層管理者的理念、態度和支持」。但是，更多的實證研究表明，供應鏈彈性的影響不是直接的，而是透過一些具體的績效指標來間接實現的。一類是關係品質，如王力虎和盛昭瀚（二〇〇四）從顧客滿意度出發，研究滿意度在供應鏈結構中的特殊表現，認為企業滿意度是供應鏈結構穩定的重要參數，它與供應鏈結構的彈性密切相關。徐健（二〇〇六）提出的供應鏈彈性的概念性架構中，表明供應鏈彈性包括：採購彈性、生產彈性、物流彈性、新產品彈性，最終會影響顧客的滿意度。另一類是供應鏈服務品質，如胡本勇、王性玉和彭其淵（二〇〇七）對於易逝品供應鏈合作契約的數量彈性問題，建立了兩種不同期權模式的彈性契約模型。他們認為兩種期權契約均可以提高銷售商總的訂貨量，但在具體契約參數下，兩者在接近供應鏈最優訂貨量上存在差異。隨後，胡本勇、王性玉和彭其淵（二〇〇九）又引入了單向及雙向期權機制，論證了單向及雙向期權機制均可以提高銷售商總的訂貨量，但在接近供應鏈最優訂貨量上存在差異。最後一類關於企業能力，如楊衛豐等（二〇〇九）從群聚式供應鏈視角出發對群聚企業的彈性與物流能力的關係進行了實證分析，得出結論：群聚式供應鏈彈性的三個維度（對不確定環境的適應能力、創新能力、群聚式供應鏈企業的溝通能力）對物流能力的兩個維度（交貨能力、反應能力）都顯著正相關。

供應鏈彈性的概念界定

準確地界定供應鏈彈性是展開對供應鏈彈性深入研究的前提條件，一些研究者透過全面述評與供應鏈彈性相關文獻的方式嘗試給出供應鏈彈性的定義。例如，吳冰和劉仲英（二〇〇七）闡述了供應鏈彈性的概念，在此基礎上綜述了目前對供應鏈彈性的定義、分類與測度研究，並指出目前研究中存在的問題，最後提出了供應鏈彈性的未來研究方向。王嵐（二〇一一）提出，儘管彈性管理已成為企業適應環境變化戰略調整的一部份，但現有研究多集中於對單個企業的生產彈性分析，沒有動態地考察企業間視角下不同外部條件的彈性影響因素差異性。在供應鏈的情景下，彈性的邊界從企業內部外延到企業之間，對於彈性的要求不再局限於單個企業內部的生產能力，而且涉及到整個供應鏈的節點企業的互動。

績效觀

利用彈性理論對供應鏈不確定來源分析，績效觀強調如何以經濟的方式，將正確的產品，在正確的時間、正確的地點以正確的數量交到顧客手中。有的學者給出了更加具體的陳述，如劉蕾、唐小我和丁奕翔（二〇〇五）認為供應商彈性要求供應商以較小的成本、時間增量、花費較小的工作消耗和組織損耗實現對下游需求變化的快速反應。又如，戴勇（二〇〇五）認為供應鏈的彈性化管理即是以客戶訂單拉動生產，使企業的生產經營真正建立在消費者的實際需求之上，給客戶提供個性化的產品和服務，從而使資源更好地在供應鏈上合理流動，降低庫存數量，縮短交貨期，降低資金佔用率，提高企業的競爭優勢。還有的學者將供應鏈彈性視為一種績效的體現，如劉莉（二〇一〇）在製造企業問卷調查的基礎上，開發了供應鏈績效的量表，將供應鏈績效分為供應商績效、顧客反應速度、供應鏈彈性和供應鏈成本等四個維度。傅紅等（二〇一一）認為，供應鏈彈性也是分析供應鏈物流績效的一個關鍵因素，它可以透過供應鏈整體適應外界環境變化的能力（既包括主動適應外界環境變化的能力也包括被動抵禦外界風險的能力）及供應鏈物流企業之間的整合創新（即透過多方企業發揮自身優勢而形成的外在創新合力）予以體現。

還有一種分類方式，很多中國學者比較認同，即按照彈性的特徵進行拆解。例如，方明和鄧明然（二〇〇二）總結供應鏈應具有如下三種彈性：(1)產品彈性，指供應鏈在一定時間內引進新產品的能力；(2)時間彈性，指供應鏈反應顧客需求的速度；(3)數量彈性，指供應鏈對顧客需求數量變化的能力。王在龍和許民利（二〇〇六）進一步對供應鏈彈性指標進行分解，如產品彈性又可分解為成本彈性、品質彈性、銷售彈性和價格彈性；時間彈性又可分為反應速度彈性和交貨彈性等；資源彈性分為物料彈性、能源彈性、設備彈性、人力資源彈性、資訊彈性、技術彈性、資金彈性；數量彈性分為缺貨比率、平時延遲訂單比率、平時提前交貨比率和平均等待訂單。

能力觀

能力觀認為供應鏈彈性是一種以較低成本對不確定性做出反應的能力。例如，柏順、宋國防和陳順正（二〇〇四）將供應鏈的彈性定義為整個供應鏈以盡可能低的成本和盡可能高的服務水準，快速反應市場和顧客需求的變化。張偉和井峰岩（二〇一一）定義供應鏈彈性，即供應鏈的靈活性，是供應鏈透過改變自身的組織結構或者輸入來應對不確定性的能力。肖久靈和汪建康（二〇〇六）認為供應鏈彈性是對市場中顧客需求變動的反應能力，包括因顧客需求變化而引發供應鏈的速度、目標、容量的調整程度和即時性，而這些變化可能來自於顧客對產品數量的變化、對定制產品的需求、對新產品的需求和新顧客區域的增加等情況。但是，有的研究者會強調供應鏈彈性是包括所有供應鏈成員在內的整個供應鏈系統應對顧客需求變化的能力，這種能力不僅取決於每個成員所具備的組織彈性水準，而且取決於供應鏈上下游之間的資訊流、物流和資金流協調的彈性水準（徐健，二〇〇六）。例如，侯玉蓮（二〇〇四）定義的供應鏈彈性是組織與其上下游成員面對環境變化的應變能力，是企業採購過程原料價格、數量和供應商結構的適應性與可調整性，具體包括能處理困難及非常態的訂單，來滿足顧客的特殊需求的能力、在一段時間中製造數種產品的能力、能有效率地改變產出數量以適應顧客忽高忽低需求量的能力、快速製造出新產品並發表至市場的能力、有效率地將產品廣泛配送至各地的能力、迅速處理特殊訂單與顧客要求的能力。

根據能力觀，一些研究者將供應鏈彈性的各種維度劃分為不同的層次來進行分析。雖然早期對製造彈性的研究多聚焦在內部維度上，但是供應鏈彈性不僅包含了內部和外部維度，而且更加強調外部維度。例如，中國國內學者劉蕾、唐小我和丁奕翔（二〇〇五）將供應商彈性評價分為外在彈性和內在彈性兩方面，其中外在彈性表現為生產彈性、產品彈性、混合彈性和時間彈性幾個方面；而內在彈性包括：基於彈性的資源儲備、基於彈性的技術、基於彈性的協調機制、基於彈性的資訊系統幾個方面。除了縱向視角，一種新的橫向視角試圖詮釋供應鏈上的每個流程，包括：採購彈性、製造彈性和遞送彈性。例如，徐健（二〇〇六）指出供應鏈管理主要涉及四個領域：供應、生產計劃、物流和顧客需求，與這四個領域存在的不確定性相對應，供應鏈彈性的基本類型可以分為採購彈性、生產彈性、物流彈性和新產品彈性。又如馬麗娟（二〇〇九）總結供應鏈系統彈性可以從四個方面加以考察：(1)供貨彈性，指供應鏈系統根據顧客需求，改變產品供應而重構供應鏈的能力；(2)研發彈性，指供應鏈系統能夠低成本、快速地開發各種新產品設計，並靈活配置相關資源的能力；(3)製造彈性，指低成本、快速地生產不同類型、不同數量產品的能力；(4)配送彈性，指低成本、快速地配送不同類型、不同數量產品的能力。

系統觀

系統觀將供應鏈彈性看作一個混合系統的產出。有的研究者從「軟體」和「硬體」的角度來詮釋這個系統，如張雲波和武振業（二〇〇三）定義的供應鏈彈性是指供應鏈具有的在合作夥伴核心能力有機整合的基礎上，軟、硬體系統協同所具備的靈活應對內外部環境變化、利用變化並能創造變化的競爭能力。這裡，軟體系統包括：企業文化、組織結構、管理思路方法，以及資訊系統所運用的軟體、協議、操作平台等在內的有形或無形的「軟」件；硬體系統包括機器設備、固定設施及一切為經營服務的有形物質實體集合。還有的研究者從「內部」和「外部」的角度來區分這個系統的功能，如張敏（二〇〇七）認為供應鏈實質上是一種「價值聚焦戰略」，而一個價值網絡所具有的彈性應該包括：價值網絡的彈性競爭力和價值網絡的彈性能力。其中，彈性競爭力是面向供應鏈內部的，它為供應鏈成員企業達到預期的彈性能力提供一個過程或一種進程；彈性能力則是外向的，是連接供應鏈成員企業、市場和製造戰略的紐帶。要真正實現供應鏈的價值網絡彈性，供應鏈戰略管理的分析過程就必須轉向整合、建立及重新配置供應鏈內外部競爭力以應對環境變化的動態能力，也就是說，必須達至供應鏈價值網絡彈性競爭力和彈性能力的有機結合。

持系統觀的學者認為供應鏈彈性是一種系統產出，既包含縱向維度又包含橫向維度。例如，張雲波和武振業（二〇〇三）根據供應鏈進行的主要活動，將供應鏈彈性系統分為八個彈性子系統，分別是：研發彈性子系統、資源彈性子系統、彈性製造子系統、物流彈性子系統、資訊彈性子系統、彈性決策子系統、供應彈性子系統、文化彈性子系統。隨後，他們運用系統分析方法，根據供需原理分析了供應鏈在其生命週期內彈性產生和發展的動力以及供應鏈彈性的動態特性，根據各子系統之間的內在聯繫建立了供應鏈彈性系統整合模型。還有的學者從提升顧客價值以及企業供應鏈資產的角度，拓寬了供應鏈彈性的邊界。例如肖久靈和汪建康（二〇〇六）總結供應鏈彈性組件可以從營運系統組件、物流過程組件、供應網絡組件、組織設計組件、資訊系統組件等五個方面體現。而孟軍和張若雲（二〇〇七）特別提到了資金彈性，他們認為供應鏈彈性應包含四個方面：產品彈性、產出彈性、資金彈性、資訊彈性。從供應鏈的流程及經營管理的角度，張偉和井峰岩（二〇一一）將供應鏈彈性分為研發彈性、生產彈性、物流彈性、資金彈性、資訊系統彈性和組織彈性六個子系統。

影響供應鏈彈性的內部因素

影響供應鏈彈性的企業內部因素有很多，很多研究者並沒有就單一因素進行深入分析，而是綜合各種可能的內部因素進行了述評。例如，張光明等（二〇〇七）提出具有彈性的造船供應鏈可以有效地應對環境變化和不確定性，主要可以採取以下幾種途徑來增強其彈性：實施供應商管理庫存、實施模組化造船及延遲策略、建立高效的供應鏈資訊系統、組建知識聯盟、加強預測、構建供應鏈文化。王玖河和葛鵬（二〇〇九）結合大規模定制供應鏈的特點，提出了影響大規模定制供應鏈彈性收益的六個要素：新產品推出比率、保質完成率、即時交貨率、產品價格因子、模組化應用程度比率、資源改善投入資金比率。在此基礎上，他們利用灰色關聯方法科學地計算出影響大規模供應鏈彈性關鍵因子，並以某家電企業實際數據為例進行實證分析。黃尚海（二〇一〇）認為企業可以透過提高供應鏈的彈性去降低供應鏈風險，有兩種途徑來達到這個目標：一是透過相關的措施來降低脆弱性，如降低蓄意衝擊的可能性、進行安全性合作、保持適當冗餘；二是透過企業有效的反應來降低衝擊產生的影響，從斷裂中迅速恢復過來，如延遲戰略、靈活的供應商策略、靈活的企業文化。蔣婷婷和張揚（二〇一二）將品質功能展開方法運用到對供應鏈彈性優化的研究，借鑒相關的研究成果，首先找出影響供應鏈的彈性屬性，再利用品質機能展開（Quality Function Deployment, QFD）方法識別出實際可行的彈性策略，從而提高供應鏈彈性。他們總結出具體的彈性策略包括：資訊管理、供應商管理、生產設計、拉式生產、消除浪費、持續改進、即時供應系統生產和品質管理。

知識和資訊系統

中國學者如劉義理（二〇〇八）分析了知識對於供應鏈運作效率的影響，以及基於知識的供應鏈特徵，在此基礎上，研究了供應鏈彈性與環境不確定性的關係，並提出基於知識的供應鏈彈性概念模型，研究表明供應鏈中的知識存量與創新能力直接決定了供應鏈的彈性能力。又如劉婷和鍾芳偲（二〇一二）認為基於知識共享與知識創新的供應鏈彈性，是現代社會發展的主流管理方式。因此，核心企業在逐漸完善知識管理系統的基礎上，鼓勵員工進行知識創新，應用科學手段對外部環境合理預測，進行計劃決策的準確制定，快速反應供應鏈所面臨的市場考驗。此外，還有的學者認為資訊技術和資訊系統對提高供應鏈整體彈性非常關鍵，如劉緋（二〇〇九）認為資訊技術的合理使用可以優化供應鏈管理，利用影響供應鏈彈性的因素構建測度模型，改善影響供應鏈彈性的不利因素，包括：使用供應商管理庫存降低供應鏈成本、提高客戶服務水準，使用協同規劃、預測及補貨模組（Collaborative Planning Forecasting and Replenishment, CPFR）削弱「長鞭效應」並透過自動揀貨系統（Automatic Picking System, APS）和無線射頻辨識系統來改善供應鏈彈性能力。基於對湘鋼現狀的分析，時遇輝（二〇〇七）認為湘鋼原來的供應鏈對環境的變化缺乏即時調整能力，出現「僵化」現象，從而導致供應鏈運作成本增加、效率低下，甚至脫節、失效等弊端，而在實施基於企業資源規劃（ERP）平台的彈性優化後，使供應鏈能在適應性、協調性、可操控性之間獲得一個最佳平衡，進而實現供應鏈運作管理和控制的優化。盧冰原和黃傳峰（二〇一三）針對電子商務環境下城市社區逆向物流環節中存在的問題，借鑒供需網理念，建立了包括：逆向物流管理中心、逆向物流回收中心、逆向物流區域回收站、逆向物流社區回收點等多種角色的逆向物流彈性聯合體協作模式，並針對彈性聯合體中的各種角色，分別給出相應的資訊平台，以滿足不同層級資訊處理與資訊共享的需要。

營運與物流

中國國內學者如潘景銘和唐小我（二〇〇四）研究了需求不確定條件下彈性供應鏈生產決策優化問題。他們以供應鏈期望總成本最小化為目標函數，考慮生產彈性為約束條件，建立了彈性供應鏈生產決策模型，並且透過優化分析，給出了供應鏈生產彈性有效邊界的定義和經濟意義，在此基礎上引入成本彈性係數最小化的判斷標準，從而得到最優方案的確定方法。張雲波（二〇〇五）認為傳統的決策支持系統（DSS）的決策機制和系統結構缺乏足夠的彈性，難以適應處於動態變化環境條件下供應鏈系統的決策支持。因此，他提出智慧代理技術的運用在很大程度上提高了傳統決策支持系統的結構彈性和決策彈性，並建立了基於智慧代理的供應鏈彈性決策支持系統（IA-SCFDSS）及其彈性決策機制和決策流程。

中國很多研究者都聚焦在供應商管理庫存對供應鏈彈性的影響上，認為供應商管理庫存透過將供需雙方的資訊和職能活動整合，提高了供應鏈彈性。例如柏順、宋國防和陳順正（二〇〇四）從成本、客戶服務水準和提前期三個方面論證了供應商管理庫存對提升供應鏈彈性的有效性。李雷和張于賢（二〇〇八）指出在供應商管理庫存系統下，供應商直接根據銷售數據進行需求預測及自行安排生產和配送計劃，因此當需求異常波動時，供應商能夠即時獲取需求資訊，並快速調整補貨策略；同時，生產、運輸部門也同步做出快速反應，調整作業計劃。此外，鄒安全、劉志學、劉迎（二〇〇八）透過對採購提前期的分析得出，由於採購提前期的大大縮短，採購人員有了即時準確的生產計劃資訊，就能有充份的時間集中精力進行價值分析、選擇貨源、研究談判策略、瞭解生產問題。因此，在發生變化時有更充份的時間做出調整反應，同時採用資訊化技術，可增加彈性。

組織設計

組織設計，也即內部整合。張雲波（二〇〇三）從系統的角度研究了在敏捷製造哲理指導下實現供應鏈彈性管理，在分析供應鏈彈性系統構成及各個彈性子系統的基礎上，認為中國企業應該首先轉變過去單純為顧客提供產品的思路，努力提供讓顧客滿意的解決方案，讓市場和顧客推動整個企業系統；其次，企業要努力培養具有敏捷性的、適應彈性管理的員工隊伍；第三，努力推進組織結構變革；第四，建立合理規劃的彈性的資訊系統。馮華等（二〇一三）構建了一個五階供應網絡能力架構體系，對與供應網絡能力相聯繫的網絡架構、協調機制和資訊同步進行了深入剖析，將供應鏈內部帶有主動性特徵的能力構建與外部帶有被動性特徵的彈性應對研究相結合，為學者與實踐者立足供應網絡探討彈性環境下的供應鏈能力提供了一種思路。

影響供應鏈彈性的外部因素

彈性一直被視為對環境不確定性的一種反應。中國國內學者如侯玉蓮（二〇〇四）認同對不確定性因素的控制為推行供應鏈管理成功的關鍵因素之一。她認為現代的供應鏈管理把供貨商、子供貨商、生產製造商、批發商、零售商和客戶聯繫起來，龐大的供應鏈網絡系統存在著複雜性和各種不確定性，如價格波動、資訊傳遞誤差，現代企業靈敏的製造方式也加劇了這些不確定性。還有的學者研究了隨機需求情況下，供應商彈性分析和選擇問題。例如，戶恩帥、王文杰和張勇（二〇〇七）考慮供應商的供貨能力限制，將需求數量增加和減少，需求時間減少的不確定性納入供應商彈性的評價指標，建立了一個供應商選擇的模型。丁胡送和徐曉燕（二〇〇九）認為壓縮提前期可以使供應鏈彈性增大、庫存成本減少和供應鏈收益增加，建立了基於收益共享協調機制下的Stackelberg博弈模型，在製造商投資彈性設備、壓縮訂貨提前期給零售商帶來的額外效益在供應鏈上下游間分享的情形下，分析了提前期壓縮和零售商庫存管理的決策問題。也有的學者認為環境不確定性體現在多個維度。中國國內學者如肖久靈和汪建康（二〇〇六）提出供應鏈彈性管理中所面臨的環境不確定性主要體現在顧客、供應商、技術和競爭者等方面。

關係強度

供應鏈網絡和關係也被認為是彈性供應鏈的兩個重要組成部份。例如，宋華和王嵐（二〇〇八，二〇〇九）透過對一百九十四家企業的實證研究，發現關係緊密度對於物流供應彈性和採購供應彈性的提升有積極的促進作用，而關係能力只對採購供應彈性有正向影響作用，與物流供應彈性沒有顯著的關係。宋華和于亢亢（二〇〇九）的研究表明分銷彈性除了受到企業間信任的影響，同時還受到夥伴合法性的影響，並且透過分銷彈性，最終影響分銷績效。劉林艷和宋華（二〇一〇）的實證研究結果表明，只有企業內、企業間協調才能對供應彈性及企業績效有積極作用，且供應彈性才能在協調對企業績效影響的關係中起部份中介作用。李春杰和張卓遠（二〇一三）從企業間關係的緊密程度和關係能力兩個維度分別考察物流供應系統和採購供應系統彈性，透過對大量數據樣本資訊的實證分析，他們發現企業間關係緊密程度對於企業的採購供應彈性和物流供應彈性均具有積極的促進和提升作用，企業間的關係能力僅對採購供應彈性具有正相關關係，與物流供應彈性不存在顯著的相關性。

關係契約

還有一些研究者主要從關係契約的角度來分析其與供應鏈彈性的關係。例如，吳冰、劉仲英和趙林度（二〇〇八）分析了供應鏈成員制定的採購契約，研究了採購契約的主要參數，並建立了測度供應鏈彈性的模型。他們的研究表明，採購契約是供應鏈成員共同分擔供應鏈環境不確定性責任的重要途徑，有效的採購契約能夠使得供應鏈採購在採購時間、採購範圍、採購成本組成的三維空間中達到最佳點。在分析了回購契約模型的基礎上，劉晉和段毅（二〇〇八）進一步研究了基於期權的供應鏈模型，結果表明該模型在增強供應鏈彈性、提高供應鏈整體利潤以及協調供應鏈成員之間關係方面都可以發揮重要作用。針對需求不確定性大、生產提前期長、銷售季節短的產品供應鏈合作問題，胡本勇、王性玉和彭其淵（二〇〇八）建立了基於雙向期權的單期兩級供應鏈數量彈性契約模型，研究得出了雙向期權契約能夠提高銷售商的採購彈性、降低市場風險，但也減少了部份收益。最近的研究還有，李江、姚儉和楊善祥（二〇一〇）的研究表明期權的引入對於供應鏈降低市場風險，增強供應鏈彈性，提高供應鏈整體利潤具有重要作用。羅美玲等（二〇一二）的研究也表明在考慮現貨市場影響和供應商風險規避的條件下，實物期權契約可以實現供應鏈協調。

關係結構

除了關係的強度以外，還有研究者從關係的結構角度，分析包括網絡、整合等因素對供應鏈彈性的影響。中國國內學者如張光明等（二〇〇七）在對造船供應鏈彈性的定義中，就包含了由造船廠加工成各製造級的組件、部件、模組，並最終生成完整船舶產品交到船東手中所涉及到的企業、機構而形成的供需網絡。馬東和宋炳良（二〇〇八）認為橫向併購後的企業為避免原有的兩條供應鏈各自為戰，並且為整合外部供應鏈打下基礎，必須進行內部供應鏈的整合。透過運用業務流程再造、採用先進的預測方法、採用供應商管理庫存以及延遲產品差異化等策略可以實現提高內部供應鏈效率和反應速度，提升供應鏈彈性的內部供應鏈整合目的。而更多的研究者認同關係強度和結構兩方面同等重要，中國國內學者如徐健（二〇〇六）認為供應鏈彈性不僅受到每個供應鏈成員彈性的影響，而且受到供應鏈成員之間協調水準的影響。他認為要增強供應鏈彈性，可以考慮建立最終客戶需求牽引的「牽引式」供應鏈系統，在供應鏈成員之間實現知識共享和合作創新，在供應鏈成員之間建立整合、高效的資訊系統，利用模組化的產品設計來推動供應鏈的彈性化，以及建立彈性的供應網絡。

小結

本章節系統闡述了關於彈性，從製造彈性到供應鏈彈性的研究脈絡，探討了供應鏈彈性的定義、維度和測量，並歸納和總結了影響供應鏈彈性的因素，以及供應鏈彈性可能產生的績效和產出，以期對理論研究和提升企業的彈性管理實踐具有借鑒意義。首先明確供應鏈彈性的重要性，供應鏈彈性既會影響企業成本、收益方面的績效，也會影響滿意度、服務品質、企業能力方面的供應鏈整體績效。然後將供應鏈彈性視為一種應對外部環境變化的能力。最後分析這種能力受到來自企業內部的如資訊、知識系統、營運、控制系統、內部物流和組織設計等方面因素的影響，同時也受到來自企業外部的如環境不確定性、關係強度和結構等方面因素的影響。

參考文獻

柏順、宋國防、陳順正，〈運用VMI有效提升供應鏈柔性〉，《工業工程》，2004, 7(4): 26-28。

陳楚嵐，〈基於管理集成的供應鏈競爭力分析〉，《商業時代》，2012(6): 36-37。

戴勇，〈大規模定制模式下供應鏈的柔性化管理研究〉，《現代管理科學》，2005(8): 45-46。

丁胡送、徐曉燕，〈收益共享協調機制下兩階段供應鏈提前期壓縮的博弈分析〉，《系統管理學報》，2009, 18(5): 544-549。

方明、鄧明然，〈供應鏈柔性綜合評價的探討〉，《武漢理工大學學報》(信息與管理工程版)，2002, 24(6): 23-25。

馮華、張密、馮麗，〈基於供應鏈柔性化的供應網絡能力研究框架〉，《中國地質大學學報》(社會科學版)，2013, 13(6): 112-118。

傅紅等，〈基於變權層次分析的企業供應鏈物流績效評價方法〉，《現代管理科學》，2013(5): 38-39。

洪江濤、聶清，〈我國外貿企業供應鏈管理成功影響因素的實證研究〉，《科學學與科學技術管理》，2011, 32(1): 165-171。

侯玉蓮，〈基於不確定性的戰略柔性類型區分〉，《生產力研究》，2004(2): 154-156。

胡本勇、王性玉、彭其淵，〈供應鏈單向及雙向期權柔性契約比較分析〉，《中國管理科學》，2007, 15(6): 92-97。

胡本勇、王性玉、彭其淵，〈基於雙向期權的供應鏈柔性契約模型〉，《管理工程學報》，2008, 22(4): 79-84。

胡本勇、王性玉、彭其淵，〈供應鏈柔性契約與單向及雙向期權模式選擇〉，《系統管理學報》，2009, 18(2): 165-170。

戶恩帥、王文杰、張勇，〈隨機需求條件下的供應商柔性分析和選擇模型〉，《商業研究》，2007(12): 26-30。

黃尚海，〈提高供應鏈柔性途徑研究〉，《物流科技》，2010(1): 81-84。

蔣婷婷、張揚，〈基於質量功能展開的供應鏈柔性優化研究〉，《物流科技》，2012(7): 89-93。

李春杰、張卓遠，〈基於企業關係的採購供應物流系統柔性問題研究〉，《物流技術》，2013, 32(13): 29-31。

李峰、劉澄、聶鑫，〈基於剩餘收益RI的企業價值評估模型的研究〉，《商業研究》，2007(12): 26-30。

李江、姚儉、楊善祥，〈基於期權的回購供應鏈契約模型研究與應用〉，《商業經濟》，2010(2): 21-23。

李雷、張於賢，〈供應鏈環境下VMI策略的研究〉，《大眾科技》，2008(1): 207-208。

劉緋，〈信息技術與供應鏈的柔性能力的協同研究〉，《中國科技信息》，2009(11): 122-125。

劉晉、段毅，〈基於期權的供應鏈夥伴關係管理〉，《統計與決策》，2008(14): 62-64。

劉蕾、唐小我、〈丁奕翔，供應鏈管理模式下的供應商柔性評價〉，《商業研究》，2005(15): 68。

劉莉，供應鏈績效、〈競爭優勢與企業績效的實證研究〉，《中國軟科學》，2010(增刊): 307-312。

劉利猛，〈論供應鏈柔性的適度性〉，《商場現代化》，2009(7): 66-67。

劉林艷、宋華，〈供應鏈企業間、企業內協調對供應柔性和企業績效影響的實證研究〉，《經濟管理》，2010, 32(11): 147-155。

劉婷、鍾芳偲，〈基於知識共享與知識創新的供應鏈柔性研究〉，《湘潭大學學報》(哲學社會科學版)，2012, 36(4): 65-68。

劉義理，〈基於知識的供應鏈柔性研究〉，《科技進步與對策》，2008, 25(11): 16-18。

盧冰原、黃傳峰，〈電子商務下的城市社區逆向物流柔性聯合體平台〉，《中國流通經濟》，2013(2): 46-51。

羅美玲等，〈基於實物期權的雙源供應鏈柔性採購協調策略〉，《運籌與管理》，2012, 21(4): 125-136。

羅衛，〈基於快速響應的敏捷時裝供應鏈的研究〉，《商業經濟》，2009(9): 88-92。

馬東、宋炳良，〈企業橫向併購後的內部供應鏈整合〉，《物流科技》，2008(4): 57-59。

馬麗娟，〈供應鏈系統的柔性評價〉，《中國管理信息化》，2009, 12(3): 68-70。

孟軍、張若雲，〈供應鏈柔性綜合評價體系研究〉，《中國管理信息化》，2007, 10(9): 56-59。

潘景銘、唐小我，〈需求不確定條件下柔性供應鏈生產決策模型及優化〉，《控制與決策》，2004, 19(4): 411-415。

時遇輝，〈湘鋼企業集團基於ERP的供應鏈系統分析〉，《企業活力》，2007(4): 76-77。

宋華、王嵐、賀鋒，〈企業間關係對採購與物流供應鏈柔性的影響研究〉，《管理科學》，2009, 23(2): 58-65。

宋華、王嵐，〈關係緊密度與關係能力對供應柔性的影響〉，《清華大學學報》(哲學社會科學版)，2008, 23(2): 61-69。

宋華、于亢亢，〈夥伴關係合法性和信任是如何通過分銷柔性影響績效的〉，《營銷科學學報》，2009, 5(1): 35-45。

孫丁力、丁利民，〈基於零售業連鎖經營的供應鏈柔性探析〉，《經濟與管理》，2012, 26(8): 65-67。

覃燕紅、耿元芳、吳慶，〈基於成本與定制水平組合的生產方式與供應鏈匹配〉，《物流技術》，2013, 32(1): 13。

王桂花，〈基於可拓物元模型的供應鏈柔性評價〉，《計算機應用研究》，2010, 27(10): 3724-3730。

王玖河、葛鵬，〈大規模定制下供應鏈柔性灰關聯度量分析〉，《科技管理研究》，2009(6): 415-416。

王嵐，〈基於企業關係的供應鏈柔性影響因素研究〉，《商業研究》，2011(10): 69-74。

王力虎、盛昭瀚，〈供應鏈利益下的顧客滿意度〉，《廣西社會科學》，2004(4): 54-57。

王慶喜，〈供應鏈柔性評價研究〉，《中國集體經濟》，2012(4): 96-97。

王在龍、許民利，〈模糊評價理論在供應鏈柔性評價中的應用〉，《湖南經濟管理幹部學院學報》，2006, 17(2): 34-36。

魏波、符卓，〈供應鏈柔性與成本最佳化模型初探〉，《長沙鐵道學院學報》(社會科學版)，2008, 9(1): 85-86。

吳冰、劉義理、趙林度，〈供應鏈柔性測度的研究〉，《工業工程》，2008, 11(3): 68-72。

吳冰、劉仲英、趙林，〈基於供應鏈柔性的採購契約研究〉，《商業研究》，2007(1): 11-15。

吳冰、劉仲英，〈供應鏈柔性研究現狀與展望〉，《科技進步與對策》，2007, 24(2): 190-195。

吳冰、劉仲英，〈知識聯結的供應鏈結構柔性研究〉，《復旦學報》(自然科學版)，2007, 46(4): 464-469。

肖久靈、汪建康，〈供應鏈柔性組件及特性〉，《上海海事大學學報》，2006(27): 142-147。

辛濤，〈按生產彈性和數量柔性契約的最小訂貨量設置〉，《科學技術與工程》，2010, 10(7): 1815-1817。

徐健，〈供應鏈柔性的增強途徑研究〉，《物流技術》，2006(2): 52-54。

楊衛豐等，〈集群式供應鏈柔性、信息共享和物流能力的實證研究〉，《物流技術》，2009, 28(8): 103-107。

張翠華、黃小原，〈具有柔性的供應鏈模型優化問題及其應用〉，《東北大學學報》(自然科學版)，2002, 23(4): 341-344。

張光明等，〈造船供應鏈柔性增強途徑研究〉，《造船技術》，2007(6): 10-13。

張凱、高遠洋、孫霆，〈供應鏈柔性批量訂貨契約研究〉，《管理學報》，2006, 3(1): 81-84。

張玲玲、張乃偉、王亮東，〈用Fuzzy-AHP評價南水北調東線水資源供應鏈柔性管理水平〉，《水利經濟》，2005, 23(3): 22-24。

張敏，〈戰略管理範式的轉變與供應鏈柔性模型〉，《商業經濟與管理》，2007(7): 50-54。

張偉、井峰岩，〈汽車供應鏈柔性控制探析〉，《中國外資》，2011(9): 140-147。

張雲波、武振業、楊成連，〈供應鏈柔性系統集成模型〉，《西南交通大學學報》，2004, 39(2): 243-247。

張雲波、武振業，〈供應鏈柔性評價系統〉，《管理科學》，2003, 25(5): 87-90。

張雲波，〈基於智能代理的供應鏈柔性決策支持系統〉，《科技管理研究》，2005(2): 141-143。

張雲波，〈面向敏捷製造的供應鏈柔性管理〉，《經濟體制改革》，2003(3): 55-58。

張志文，〈供應鏈的發展趨勢研究〉，《台聲：新視角》，2005(10): 194-195。

鄒安全、劉志學、劉迎，〈鋼鐵企業採購物流流程再造及案例分析〉，《工業工程》，2008, 11(2): 76-80。

CHAPTER 8

供應鏈金融

撰寫人：王　嵐（北京語言大學）
宋　華（中國人民大學）
喻　開（中國人民大學）

引言

二〇〇八年爆發的金融危機期間，因為嚴峻的經濟形勢帶來企業經營環境及業績的不斷惡化，無論是西方國家還是中國，商業銀行都在實行信貸緊縮，但供應鏈融資在這一背景下卻呈現出逆勢而上的趨勢（《供應鏈金融》，二〇〇九）。《歐洲貨幣》雜誌將供應鏈金融形容為近年來「銀行交易性業務中最熱門的話題」。一項調查顯示，供應鏈融資是國際性銀行二〇〇七年度流動資金貸款領域最重要的業務增長點。根據二〇〇九年第一季度數據，中國六家上市銀行（工行、交行、招行、興業、浦發和民生）第一季度新增貼現四千五百五十八・二五億元，較去年底增長百分之六十六・四，充份顯示出中小企業對貿易融資的青睞及商業銀行對供應鏈結算和融資問題的重視（《供應鏈金融》，二〇〇九）。

近來，供應鏈中的資金流正日益受到人們的關注。很多學者探討供應鏈融資服務的商業模式（楊紹輝，二〇〇五；鄭鑫、蔡曉雲，二〇〇六；閆俊宏、許祥秦，二〇〇七），復旦大學管理學院的陳祥鋒、石代倫等（二〇〇五，二〇〇六）連載了一系列關於倉儲與物流中的金融服務創新模式——融通倉的介紹，包括：融通倉的概念特徵、結構、運作模式及其應用等。下面就供應鏈金融的內涵、供應鏈金融的模式與風險和供應鏈金融的發展與挑戰，梳理目前中國國內供應鏈金融的研究現狀。

供應鏈金融的概念和內涵

隨著中國的金融機構開始產品創新，利用供應鏈給原本岌岌可危的中小企業融資之後，供應鏈與金融相結合的問題也漸漸出現在中國學者的研究領域之中。供應鏈融資作為一種立足於供應鏈內部關係，透過結構性貿易融資以解決供應鏈資金流問題的有效手段，已經在理論和實踐方面得到廣泛認可。

然而對此類問題的研究並沒有一個準確的定義，供應鏈金融、供應鏈融資、供應鏈貿易融資等名稱都出現在學者的研究中。雖然這其中也有一些學者引入國外大金融的概念，然而大多數中國學者的研究還僅僅局限於供應鏈融資這個範圍內，與國外供應鏈金融概念相比，只能算作是供應鏈金融研究的一部份。

在供應鏈中，雖然所有成員企業的績效與供應鏈整體水準息息相關，但是由於成員間資源和能力的差異、交易地位的不同以及各種歷史原因，核心企業與中小企業在供應鏈中的表現差別巨大。胡躍飛、黃少卿（二〇〇九）認為，和傳統縱向一體化製造模式相比，供應鏈模式有可能在以下兩個方面大大提高整個生產過程的財務成本：(1)由於更多的生產工序是透過市場來協調，貿易總量和交易頻率都提高了；(2)已經成為供應鏈主要模式的賒銷方式雖然表面上降低了核心大企業的財務成本，但卻將資金需求壓力推給中小企業。

供應鏈金融中的核心企業，通常是在供應鏈中佔據主導地位，具有其他公司不可替代的影響力和話語權的公司，它們或是掌握了優勢資源，或是在供應鏈和市場中佔據優勢地位，是供應鏈正常運轉的基礎和核心。這些核心企業，因為其不可替代的地位和雄厚的實力，通常掌握了更多的金融資源。在供應鏈金融中，核心企業可以藉助銀行的供應鏈融資為供應商提供增值服務，使資金流比較有規律，減少支付壓力。同時也擴大了自身的生產和銷售，而且可以壓縮自身融資，增加資金管理效率。雖然中小企業的資金實力和影響力不足，但它們卻像供應鏈的血肉，是供應鏈正常運轉不可或缺的一部份。對於銀行來說，因為核心企業本來就已經對自己的供應鏈有很強的過濾效果，所以銀行可以透過原有的優質客戶開發新的優質客戶群體。並且供應鏈管理與金融的結合，能促使新金融工具的需求產生，如中國的信用證、網上支付等，使得銀行的中間業務收入增長，當然對銀行也提出了更高要求。物流公司在供應鏈金融中也起到不可替代的作用。首先，物流公司是供應鏈中至關重要的組成部份，起著協調流轉和控制中心的作用；其次，在很多供應鏈融資模式中，質押物儲存在供應鏈中的物流中心，物流企業在這個過程中起著保有和監管質押物的作用。

唐少藝（二〇〇五）運用供應鏈金融的思路檢驗了中小型企業在新的融資模式下的可行性。楊紹輝（二〇〇五）從商業銀行的角度出發，給出供應鏈金融的定義：供應鏈金融是為中小型企業量身定做的一種新型融資模式，它將資金流有效地整合到供應鏈管理中來，既為供應鏈各個環節的企業提供商業貿易資金服務，又為供應鏈弱勢企業提供新型貸款融資服務。

閆俊宏（二〇〇七）在總結深圳發展銀行開展供應鏈金融業務運作經驗的基礎上，對供應鏈金融進行了定義：供應鏈金融是對一個產業供應鏈中的單個企業或上下游多個企業提供全面的金融服務，以促進供應鏈核心企業及上下游配套企業「產—供—銷」鏈條的穩固和流轉暢順，並透過金融資本與實業經濟協作，構築銀行、企業和商品供應鏈互利共存、持續發展、良性互動的產業生態。

胡躍飛（二〇〇七）認為供應鏈金融就是銀行根據特定產品供應鏈上的真實貿易背景和供應鏈主導企業的信用水準，以企業貿易行為所產生的確定未來現金流為直接還款來源，配合銀行的短期金融產品和封閉貸款操作所進行的單筆或額度授信方式的融資業務。

閆俊宏、許祥秦（二〇〇七）研究了基於供應鏈金融的中小企業融資，分析其在解決中小企業融資難等問題上的優勢。閆俊宏（二〇〇七）提出供應鏈金融的三種基本模式，即應收賬款融資模式、存貨融資模式和預付賬款融資模式，並對各模式的特點、流程進行了介紹。

蔣婧梅、戰明華（二〇一二）認為中小企業由於其自身缺乏抵押物、資訊不透明等問題長期以來遭遇融資難的發展瓶頸。隨著科技水準、物流業、供應產業鏈的發展，供應鏈金融這一創新產品以其獨特的優勢成為商業銀行新的業務領域，同時，引起了海內外學者對供應鏈金融研究的重視。透過梳理海內外學者從不同角度對供應鏈金融進行的研究，發現海內外學者對供應鏈金融的研究側重點不同。國外的研究主要從對供應鏈的管理延伸到對供應鏈上資金流的管理，從而關注供應鏈金融對整個產業鏈價值提升的作用與影響；而中國國內學者基於中小企業發展現狀，更注重供應鏈金融對中小企業的有效性分析。根據中國目前各大商業銀行的供應鏈金融業務，中國國內學者對供應鏈金融的內涵、模式、風險、優勢等進行了研究。

由於供應鏈金融的應用與行業密切相關，中國學者也對各類行業下的供應鏈金融特點進行了研究。例如，閆琨（二〇〇七）透過結合農業發展和需求的基本情況，提出了應用於農業供應鏈體系的金融服務產品架構。

供應鏈金融模式

在供應鏈中，核心企業因為規模大、競爭力強、市場地位高而具有較為強勢的地位。這種地位優勢通常使其在交貨價格、時間、賬期等貿易條件等方面對上下游配套企業要求苛刻，給企業造成巨大壓力。上下游企業通常是資源和能力匱乏的中小企業，後備資源不足而且銀行資信差，在核心企業的時間、賬期壓力下，通常導致資金鏈緊張，影響其在供應鏈中的正常功能，最終導致整個供應鏈失衡。

伊志宏、宋華、于亢亢（二〇〇八）對中信銀行進行單案例研究，探索商業銀行供應鏈金融管理模型，分別闡述了汽車、鋼鐵和家電行業金融供應鏈的運作模式及其風險。研究發現中信「銀貿通」是中信銀行按照物流金融的理念，利用各產業的物流特點，圍繞產業鏈中的核心生產商，為銷售通路中的貿易及物流客戶提供的綜合性金融服務方案。把原本互不相關的銀企之間的信貸關係和生產企業、經銷商之間的買賣關係，衍變為「生產商—經銷商—銀行」的三方合作，甚至是「生產商—經銷商—第三方物流—銀行」的四方合作。透過商業信用和銀行信用的結合，有效地解決了中小貿易企業的融資問題，為買賣雙方加快資金周轉和提高市場競爭力提供了有力支持，同時也協助生產企業加強銷售網絡管理，提高其整體銷售能力，擴大市場份額。

趙道致、白馬鵬（二〇〇八）以加速中小型物流企業的資金周轉和費用結算為研究目標，提出了一種基於應收票據管理的物流金融創新模式（NRF-LC服務模式），設計了該融資模式的結構和關鍵流程，分析了相應的利益相關者的角色作用，研究了投資與融資過程的策略分析，建立了資金需求方與供應方的投融資博弈模型，得到了NRF-LC物流金融模式的可行域。該文研究物流金融模式創新的嘗試，為物流與資金流的整合營運提供了可行的方案，可以有效地提升物流業務利益相關者的綜合經濟效益。

熊熊、馬佳、趙文杰、王小琰、張今（二〇〇九）認為以往銀行對中小企業的信用風險評價主要是把單個企業作為主體，關注企業的財務數據，而在供應鏈金融融資模式中，對中小企業風險的認識和評價則轉換了一個新的視角。其研究了在供應鏈金融模式下的信用風險評價，提出了考慮主體評級和債項評級的信用風險評價體系，用主成份分析法和Logistic回歸方法建立信用風險評價模型，減少目前對供應鏈金融業務評價大多依靠專家評價的局限性，並透過比較供應鏈金融融資模式和傳統銀行授信模式下的中小企業守約機率的不同，揭示了供應鏈金融在一定程度上緩解了中小企業的融資困境，並提出應加強對客戶基礎資料庫的建制。

何宜慶、郭婷婷（二〇一〇）認為供應鏈融資是從供應鏈角度對中小企業開展綜合授信，並將針對單個企業的風險管理轉變為對供應鏈的風險管理。透過運用博弈模型，分別對三種供應鏈基本融資模式——信用擔保融資模式、存貨質押融資模式以及應收賬款質押融資模式下的中小企業融資行為進行分析並比較各模式的優勢，進而認為銀行和企業均更傾向於採用應收賬款質押融資模式。

李霞（二〇一〇）認為對於短期資金流轉困難的企業，可以運用保兌倉業務對其某筆專門的預付賬款進行融資，從而獲得銀行的短期信貸支持。中小企業在中國國民經濟中發揮著越來越重要的作用，因此大力發展中小企業是加快中國經濟發展、緩解勞動力就業壓力、縮小城鄉差距的有效途徑。然而，融資難始終是中國中小企業在其發展過程面臨的主要問題。

賈蔚、張紅方、蔡李毅（二〇一一）認為供應鏈融資的有效運用需要較高的供應鏈管理水準，而不同行業供應鏈管理水準參差不齊，造成供應鏈融資在不同行業的應用效果差別較大。石化設備業由於產品品質的同質化，貿易對象的隨機性很強，行業供應鏈管理水準不高，供應鏈融資的運用效果就不顯著，應結合行業特點運用供應鏈金融模式。

鍾遠光、周永務、李柏勳、王聖東（二〇一一）認為已有零售商訂貨與定價問題的研究大都忽略了零售商的初始資金。作者在考慮零售商初始資金的情況下，研究零售商面對初始資金不足時，如何藉助外部的融資政策做出最優的訂貨與定價決策。因此，該文分別討論了零售商在無融資服務、供應鏈中核心製造商擔保下的外部融資服務及核心製造商提供商業信用的內部融資服務下的訂貨與定價問題，並建立了相應的決策模型。透過對模型的分析，給出了零售商在不同初始資金情形下的最優訂貨決策。最後，結合數值例子，分析了不同融資服務模式下的訂貨與定價問題，研究發現融資服務能夠增加零售商的訂貨量和利潤，為零售商創造新的價值，並且還發現資金約束的零售商在大多數情形下，藉助供應鏈核心製造商提供的商業信用融資優於金融機構等提供的外部融資這一點。

石永強、屈晶、楊磊、石園、張智勇（二〇一二）認為目前汽車產業正在關注如何使用供應鏈金融提升供應鏈效率並降低成本。在綜合分析汽車供應鏈金融現有研究成果的基礎上，對保理、訂單融資、存貨融資和保兌倉四種基本的融資模式進行了分析，為汽車供應鏈上游的零部件供應商和下游的經銷商選擇融資模式進行指導，具有非常重要的實際意義。

周敏、黃福華（二〇一一）針對茶葉物流金融運作模式選擇中的複雜性以及傳統優化方法的局限性，將BP神經網絡理論（Back Propagation）和模擬方法引入茶葉物流金融模式優化，考慮樣本數量不足的實際問題採用B樣條函數插值方法擴充數據量，構建BP神經網絡模型並加以訓練。結果表明：BP神經網絡具有精度較高的智慧學習能力，適合於茶葉物流金融模式選擇優化。

陳一洪（二〇一二）認為基於供應鏈金融的行業金融模式，旨在透過核心企業與上下游供、銷小微企業或個體工商戶的信用共同體，實現對特定行業小微企業的批量開發與商圈聲譽風險控制，解決傳統小微業務開展過程的成本與風險控制問題；同時，立足供應鏈貿易融資模式及綜合金融「解決方案」的商業服務理念，為小微企業提供全方位、專業化、精確指導的金融服務。當然，中國城商行還需在組織架構、產品管理體系等方面進行完善，以更好地推行基於供應鏈金融的行業小微企業金融服務模式。

柯東、張潛、章志翊、張浩（二〇一三）認為供應鏈金融作為新型商業模式，在中小企業融資和打造產業鏈競爭力方面具有獨到的優勢，然而在風險評估上仍缺乏統一完善的評估標準。該文從供應鏈金融業務模式入手，透過分析風險因素，運用模糊綜合評價法，建立了系統風險評估模型，並透過分析某企業開展有色金屬質押融資的案例，量化了供應鏈多方企業的風險影響程度，並據此建立了金融機構、物流企業、融資企業三者之間的風險控制平台。

供應鏈金融風險控制

供應鏈金融的理念，是在供應鏈中明確一個能力和資源充足的核心企業，以此核心企業為出發點，促使供應鏈中的金融服務提供商，對供應鏈提供更加精準的金融服務支持。現有的金融支持模式，通常是透過穩定的供應鏈申請到更多的銀行資信，將銀行信用融入原本融資困難的中小企業的賒銷等行為。在解決中小企業融資困難和供應鏈失衡問題的同時，促使核心企業、中小企業、金融服務提供商和物流公司建立起長期穩定的戰略協同關係，提升供應鏈的競爭力。核心企業的資信實力較強，卻沒有很強的融資需求，中小企業的綜合實力差，卻有較強的融資需求，並且難以獲得銀行的信貸支持。這種資源和需求的不對稱性，給銀行解決供應鏈融資問題帶來了啟發：如果將信貸的風險分散到整個供應鏈中，那麼急需資金的中小企業就有機會獲得更多的融資機會。當然，這種供應鏈結構性融資的前提，是透過風險控制保證供應鏈運作的暢通、穩定性。

李毅學（二〇一一）基於金融系統工程的思路，構建了物流金融風險來源的識別架構，將複雜的物流金融風險歸納為系統和非系統兩大類風險，並對其風險來源進行了詳細的識別分析。研究結果將物流金融的系統風險分為宏觀與行業系統風險和供應鏈系統風險，將物流金融的非系統風險分為信用風險、存貨變現風險和操作風險，並對這些風險的產生根源進行了經驗總結，從而為物流金融進一步的風險評估和控制提供了技術支持。

何明珂、錢文彬（二〇一〇）認為物流金融的發展對於應對金融危機、緩解中國中小企業資金壓力具有重要意義，同時對於提高物流企業盈利能力具有積極作用。文章按照風險識別、評估和處理的三階段模型展開研究。在風險識別環節，本文研究歸納出十五個物流金融業務風險影響因子，建立起具有較一致性和穩定性的物流金融風險指標體系；在風險評估環節，運用BP神經網絡模型構建了評估模型，採集了七組物流金融風險樣本，經過模擬和檢驗，建立起物流金融風險評估模型；在風險處理環節，該文歸納並研究了管理型和財務型風險處理方法在物流金融風險處理上的運用。

楊林（二〇一二）認為商業銀行作為社會經濟活動中資金流的承擔者，可以在貿易鏈條的延續中承載更多的功能，透過向供應鏈條中的成員提供結算、授信等服務，更緊密地參與到供應鏈之中。供應鏈金融形成的銀企關係會給銀行帶來包括：授信、存款、結算等在內的綜合經濟效益。因此，各家銀行紛紛將供應鏈金融作為優先發展的業務之一。但在實踐中，銀行開展供應鏈金融時要保持清醒的頭腦，特別應注意防控相關風險。

謝江林、何宜慶、陳濤（二〇〇八）認為供應鏈金融是近年來金融機構針對供應鏈上下游企業提供的一種全新的金融業務，這項業務在銀行方面也存在一定的風險。針對由經銷商造成的還款風險，利用資料探勘技術獲得一組低還款能力經銷商的特徵屬性。金融機構能據此識別不同還款能力的經銷商，並針對不同經銷商制定不同的金融政策以控制和規避金融風險。

林飛、閆景民、史運昌（二〇一〇）認為第三方物流作為供應鏈融資中控制風險的關鍵要素，較好地解決了銀企間的資訊不對稱問題。首先，第三方物流憑藉專業技能對動產進行監管，使之成為銀行願意接受的抵押品；其次，第三方物流作為銀行的代理人，為銀行提供更多的有關中小企業的資訊；最後，第三方物流為中小企業提供信用擔保，中小企業以動產進行反擔保，這三條措施減輕了銀企間的資訊不對稱。在理論分析的基礎上透過數理模型證明第三方物流在消解資訊不對稱方面發揮的重要作用，並提出相關政策建議。

程辰子（二〇一一）指出近年來，第三方物流從最初僅提供物流服務的「傳統角色」，過渡到既提供物流服務又提供金融服務的「代理角色」和「控制角色」。代理角色和控制角色的出現推動了人們對外部與內部兩種融資方式的認知。該文在海內外相關領域的研究基礎上，透過介紹第三方物流在供應鏈企業融資中扮演的角色和供應鏈融資風險等理論，從融資企業的收益和最優訂貨量的角度，運用無風險和存在風險的資金約束報童模型分析供應鏈企業的內外部融資。該文的研究結論對於那些資本規模小、償債能力差、信用評級低的供應鏈內中小型企業有著一定的借鑒和參考價值。

白少布（二〇一〇）認為供應鏈融資中的企業信用違約風險主要來自於融資企業自身、運作項目、核心企業、產品供應鏈等諸多融資參與對象。作者採用有序多分類logistic模型，建立了企業供應鏈融資信用違約機率模型，並提出了不同等級的信用違約機率估計方法。基於違約貢獻度，建立了企業信用違約風險預警模型，設計並詳細說明了風險預警流程。透過實證舉例，論證了預警模型的可行性，為企業風險預警研究提供了新的研究思路。

周學農（二〇一〇）透過引入「雙方共同決定市場」的想法，分析描述了在由用戶、商業銀行和製造商組成的供應鏈上抵押擔保的金融管理問題。假設該金融市場是雙方共同決定的，商業銀行決定貸款利率，製造商決定風險承擔比例。透過進行機制設計建立了由製造商作為先行決策者的Stackelberg博弈模型，並運用逆向歸納法求得子博弈精煉納許均衡（Nash equilibrium）解。在對該子博弈精煉納許均衡解進行分析的基礎上，「雙方共同決定市場」的市場交易空間要比「單方決定市場」時大，也就是提高了市場的交易機會，實現了該金融市場帕累托改進。因此，「雙方共同決定市場」的機制是一種更加合理和更加有效的市場機制。

畢毅、莊毓敏（二〇一〇）認為，中小企業信貸配給成因——銀行視角中小企業之所以成為信貸市場的配給對象，其原因可以從銀行的貸款收入和貸款成本兩個方面來考慮。就貸款收入而言，由於中小企業營運風險較高，收入的隨機性強，違約情況較多，銀行的收入沒有保障。研究表明，企業規模和風險水準之間呈現明顯的負相關。

張璟、朱金福、栗媛（二〇一〇）指出，物流金融為中小企業提供融資便利的同時，在具體實務中也面臨諸多風險，如何規避風險以提高資金利用率已成為物流金融領域及理論界迫切需要解決的問題之一。該文以授信融資模式為例，首次利用可拓學的理論與方法對物流金融可能存在的風險進行分析，建立可拓模型，並對其進行可拓分析及可拓變換，找出矛盾問題的規律，最後提出運作主體各自及共同規避物流金融風險的有效方法和策略。

楊林（二〇一二）認為商業銀行作為社會經濟活動中資金運動的承擔者，可以在貿易鏈條的延續中承載更多的功能，透過向供應鏈條中的成員提供結算、授信等服務，更緊密地參與到供應鏈之中。供應鏈金融形成的銀企關係會給銀行帶來包括：授信、存款、結算等在內的綜合經濟效益。因此，各家銀行紛紛將供應鏈金融作為優先發展的業務之一。但在實踐中，銀行開展供應鏈金融要保持清醒的頭腦，特別應注意防控相關風險。

宋華（二〇一二）在《服務供應鏈》一書第七章「服務供應鏈中的資金流：供應鏈金融」中闡述供應鏈金融的內涵、模式和風險後，結合對於海內外經濟環境差異的認識，將國外經濟附加價值視角下的供應鏈金融模型調整為適合中國國內環境的供應鏈融資評價模型。該文透過綜述和研究發現，Moritz Leon Gomm提出的融資量、融資週期和資本成本率三個維度，因其考察對象是單一供應鏈主體而具有孤立性，而且選擇的是靜態絕對量的考察指標，不利於實際中進行操作，在供應鏈金融風險更強的中國環境中更是這樣。在從供應鏈層面進行考慮，並借鑒財務指標的設置後，該文將原本具有孤立性、絕對量的資本量、融資週期和資本成本率三個靜態維度調整為具有系統性、相對量的業務融資週期率、資本融資率和成本盈利指數三個動態維度，使之更加適合國內供應鏈融資風險大、融資條件苛刻的經濟環境。透過單案例研究的方法，對成都某石油貿易公司的案例進行分析。透過案例分析和對此供應鏈中某企業業務主管人員的訪談整理和要點歸納，證實了上述提出的基於經濟附加價值視角的供應鏈融資三個維度的合理性。

由此不難看出，供應鏈中的財務與金融問題主要表現在：一方面供方需要掌握即時配送的訂單情況和服務條件，並且當訂單產品為需方接受時，產生支付要求，而且這種支付的價格需要與合約的規定相一致。此外，為了保障資金的安全性，供方需要瞭解財務和金融風險，知曉上下游企業的財務實力和財務狀況，同時保持足夠的運作資金，以支撐自身的供應鏈運作；另一方面作為需方需要明確自身的資金狀況以支付所配送的商品，同時保持足夠的營運資金支持自身的經營。供應鏈管理的發展伴隨的是高度的財務和金融管理的發展，從供應鏈財務和金融管理的角度看，這一領域內的發展主要反映在三個方面：

(1)如何將供應鏈整合管理與財務績效管理結合起來，利用財務管理的手段和指標有效地監控供應鏈運作的各類活動，找出其中的差距，推動供應鏈整合的發展與優化。

(2)整體供應鏈運作過程中的財務和風險管理。根據威士達（VISA）公司的研究，供應鏈管理過程中容易產生的財務風險包括：財務流程緩慢（由於人工或孤立的流程造成）、現金流不可靠或不可預測（缺乏即時的資訊告知）、高成本的流程作業（缺乏員工授權和認可）、較高的未結賬款（DSO，支付條款延長造成）以及欠佳的信用決策（人為設置最優限制造成），所有這一切需要採用整合、一體化和自動化的端對端的財務和風險管理體系。

(3)實現供應鏈融資，即以為企業解決在項目及訂單取得、原材料採購、生產經營和貨物銷售等供應鏈管理各環節上的各種問題為主要服務目的，為企業集中提供信用服務、採購支付、存貨周轉及賬款回收等多方面的業務支持。這種融資推動了供應鏈的發展，在供應鏈的產品形態不斷被加工製造轉化的同時，融資方透過為供應鏈參與企業安排優惠融資，實際上也就擴大了核心企業的生產和銷售；同時，核心企業還可以壓縮自身融資，從供應鏈整體增值的部份直接獲利，實現「零成本融資」甚至「負成本融資」。

供應鏈金融的挑戰及其發展

儘管供應鏈金融的概念相對較新，但已有一些趨勢開始顯現。阿伯丁組織在供需雙方之間進行的名為「二〇〇八供應鏈金融市場的狀態」的調查顯示出四項應對供應鏈金融的方法，如圖一所示。

缺乏相關財務活動的知識將會是供應鏈金融實踐所面臨的最大挑戰。具體來說，包括：缺少管理終端對終端流程的合作技能、內部資訊技術在反應需求系統上的局限性、難以預計實施供應鏈金融項目給大家帶來的潛在節約等。然而，調

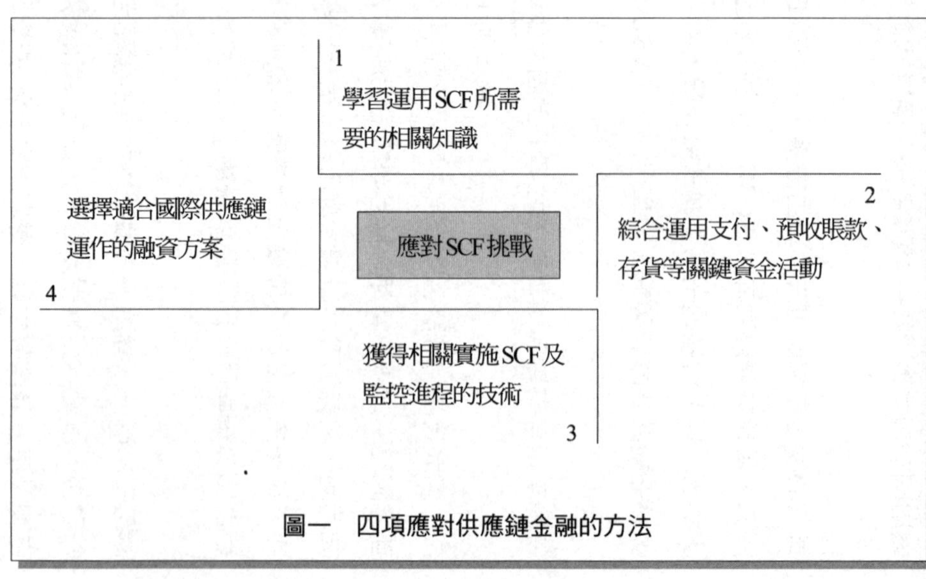

圖一　四項應對供應鏈金融的方法

查中也有一些非常成功的企業，其特點如下：最好的需方企業都擴展了支付的方式，增加了對供應商管理庫存的應用，尋找到了比較「便宜」的融資方式；最好的供方企業都使用採購批量績效轉折點（purchase order performance milestone）政策來引發買方的支付行為，同時增加了對賒賬交易條件的使用。報告同時總結出四個與供應鏈金融有關的績效指標：平均資金周轉期、過去一年現金周轉期的相對改進量、應付賬款天數、應收賬款天數。綜合使用好應收、應付賬款以及存貨從而減少營運資金，這將會成為最便宜最好的可用資金來源。

然而對於越加國際化的供應鏈，挑戰不僅僅在於鏈中的存貨，還在於企業需要預測海外市場的需求。供應商管理庫存近年來應用比較廣泛，透過供應商管理庫存可以實現需求及存貨的可見性，企業從而更好地管理庫存、應收及預付賬款天數來降低整條鏈上的成本。

技術對於將供應鏈金融戰略付諸實踐以及監測其運作的進程來說非常重要，包括：像電子票據以及支付平台（EIPP）、ERP支付模組、往來賬戶的自動管理、信用水準的自動標注、在線支付等。此外，使得物流和資金流都可視化的技術顯得尤為重要，這是因為金融機構可以透過次平台更好地預測風險，從而企業獲得資金的可能性也會大大提高。

對於新興的供應鏈金融來說，儘管物流和金融服務提供商正日益反應這種需求，但提供這種服務的市場還處於起步階段。協作金融流程外包的有效性取決於公司對於開放其大部份金融體系的準備程度及意願。不過，可以預測的是，供應鏈金融將會越來越重要，其應用也會越來越廣泛，而抓住這一機遇的法寶在於獲得相關知識、綜合運用關鍵融資活動、掌握（運用）相關技術、採用適合國際環境的融資方案。

參考文獻

白少布，〈基於有序logistic模型的企業供應鏈融資風險預警研究〉，《經濟經緯》，2010(6): 66-71。

畢毅、莊毓敏，〈基於供應鏈金融的中小企業融資〉，《中國金融》，2010(14): 85。

陳祥鋒、石代倫、朱道立、鍾頡，〈融通倉的由來、概念和發展〉，《物流技術與應用》，2005(11): 134-137。

陳祥鋒、石代倫、朱道立、鍾頡，〈融通倉系統結構研究〉，《物流技術與應用》，2005(12): 103-106。

陳祥鋒、石代倫、朱道立、鍾頡，〈融通倉運作模式研究〉，《物流技術與應用》，2006(1): 97-99。

陳一洪，〈試論小微企業行業供應鏈金融模式——城市商業銀行小微金融服務模式探析〉，《重慶郵電大學學報》(社會科學版)，2012(5): 107-112。

程辰子，〈基於報童模型的供應鏈企業內外部融資研究〉，《金融發展研究》，2011(2): 17-22。

何明珂、錢文彬，〈物流金融風險管理全過程〉，《系統工程》，2010(5): 30-35。

何宜慶、郭婷婷，〈供應鏈融資模式下中小企業融資行為的博弈模型分析〉，《南昌大學學報》(工科版)，2010(2): 183-187。

胡躍飛、黃少卿，〈供應鏈金融：背景、創新與概念界定〉，《財經問題研究》，2009。

胡躍飛，〈供應鏈金融極富潛力的全新領域〉，《中國金融》，2007。

賈蔚、張紅方、蔡李毅，〈石化裝備企業供應鏈融資模式探析〉，《中國物流與採購》，2011(24): 52-53。

蔣婧梅、戰明華，〈中小企業供應鏈金融研究綜述〉，《經營與管理》，2012。

柯東、張潛、章志翔、張浩，〈供應鏈金融模式及風險控制的案例分析〉，《中央民族大學學報》(自然科學版)，2013(1): 36-43。

李霞，〈中小企業供應鏈融資模式及比較研究〉，《中國物流與採購》，2010(16): 72-73。

李毅學，〈基於金融系統工程的物流金融風險識別分析〉，《華東經濟管理》，2011(10): 35-39。

立金銀行培訓中心，《銀行供應鏈融資、貨權質押融資培訓》，北京：中國金融出版社，2012。

林飛、閆景民、史運昌，〈供應鏈融資模式下第三方物流消解信息不對稱研究〉，《金融發展研究》，2010(11): 13-16。

深圳發展銀行—中歐國際工商學院「供應鏈金融」課題組，《供應鏈金融》，上海：上海遠東出版社，2009。

石永強、屈晶、楊磊、石園、張智勇，〈汽車供應鏈金融模式初探〉，《物流工程與管理》，2012(7): 47-49。

宋華，《服務供應鏈》，北京：中國人民大學出版社，2012。

唐少藝，〈物流金融實務研究〉，《中國物流與採購》，2005。

謝江林、何宜慶、陳濤，〈數據挖掘在供應鏈金融風險控制中的應用〉，《南昌大學學報》，2008(3): 278-281。

熊熊、馬佳、趙文杰、王小琰、張今，〈供應鏈金融模式下的信用風險評價〉，《南開管理評論》，2009(4): 92-98。

閆俊宏、許祥泰，〈基於供應鏈金融的中小企業融資模式分析〉，《上海金融》，2007(2): 14-16。

閆琨，〈供應鏈金融：銀行中小企業金融產品的經營模式〉，《農業發展與金融》，2007。

楊林，〈商業銀行供應鏈金融風險管理〉，《中國金融》，2012(19): 72-73。

楊紹輝，〈從商業銀行的業務模式看供應鏈融資服務〉，《物流技術》，2005(10): 179-182。

伊志宏、宋華、于亢亢，〈商業銀行金融供應鏈創新與風險控制研究——以中信銀行的金融創新服務為例〉，《經濟與管理研究》，2008(7): 54-60。

張璟、朱金福、栗媛，〈規避物流金融風險的可拓策劃研究〉，《金融理論與實踐》，2010(4): 38。

趙道致、白馬鵬，〈解析基於應收票據管理的NRF－LC物流金融模式〉，《西安電子科技大學學報》(社會科學版)，2008(2): 45-52。

鄭鑫、蔡曉雲，〈融通倉及其運作模式分析——中小企業融資方式再創新〉，《科技創業》，2006(12): 40-41。

鍾遠光、周永務、李柏勳、王聖東，〈供應鏈融資模式下零售商的訂貨與定價研究〉，《管理科學學報》，2011(6):

57-67。

周敏、黃福華，〈基於BP神經網絡的茶葉物流金融模式仿真優化〉，《物流工程與管理》，2011(8): 52-55。

周學農，〈供應鏈金融管理〉，《系統工程》，2010, 28(8): 85-88。

HAUSMAN W. H., “Financial Flows &Supply Chain Efficiency”. *VISA Commercial Solutions.*

VIKTORIYA SADLOVSKA, The 2008 state of the market in supply chain finance [EB/OL]. [20091215]. http://www.aberdeen.com

代表性文獻

供應鏈金融

作者：深圳發展銀行—中歐國際工商學院「供應鏈金融」課題組

出版社：上海遠東出版社

出版時間：二〇〇九年一月

主題說明：針對海內外銀行業風起雲湧的供應鏈金融實踐，中歐國際工商學院的學者以商業研究的視角和方法論，開展了長達兩年的理論和實證研究。在這一過程中，為了強化研究的實證性並保證追蹤的前瞻性，作為中國國內最早系統開展供應鏈金融業務，並且在實踐和理論領域一直遙遙領先於國內同業的深圳發展銀行，被選取作為貫穿於整個研究的案例樣本。同時，深圳發展銀行本身多年來在供應鏈金融領域也積累了豐富的內部研究成果，相關理論、理念和實踐經驗已被有機地吸收到本書中。本書所論及的一系列實踐模型及其價值研析，包括：風險管理、組織架構和金融生態對金融同業、供應鏈管理者和中小企業具有很高的借鑒、參考價值以及很大的啟發意義。

內容介紹：透過對供應鏈發展歷程進行簡要瞭解，以及參考供應鏈管理的架構，結合世界經濟發展的狀況，可以發現供應鏈管理重心從物流層面向財務層面的延伸。然而，供應鏈金融並不等同於財務供應鏈管理，更非簡單的成本轉移行為。本書主要分為十個章節，著重於回答以下一些問題：

(1)供應鏈金融的核心價值以及其區別於商業銀行的傳統業務特徵是什麼？

(2)海內外銀行業對於供應鏈的實踐存在明顯錯位，雙方是否可以在哪些方面進行借鑒和互動？

(3)如何針對供應鏈金融構建一個可行的實踐架構和有效的商業模式？如產品體系、行銷策略等。

(4)中國供應鏈金融與所處的社會經濟環境互動現狀如何？

(5)對供應鏈金融理論的研究可以遵循怎樣的理論架構？是否存在一些有用的研究維度？

圍繞這五大問題，本書首先針對深圳發展銀行的實踐做了詳細描述，如對於銀行所提供的以自償性貿易融資產品系列作為產品基石，有針對性的產品元件、產品模組及產品系統整合，以及較為獨特的「1+N」行銷範式，並列舉了海內外其他銀行的供應鏈金融服務實踐對理論進行充實。在此基礎上，本書中指出，供應鏈融資作為商業銀行承擔風險最高的業務，也是供應鏈金融服務中最核心的業務，因此供應鏈金融服務管理中應極其注重供應鏈融資的風險管理：除傳統的信用風險管理之外更應加強對供應鏈金融中特有的操作風險進行管理。在實際對風險進行管理時，還需要詳細分析供應鏈金融六個變量，包括供應鏈融資獨有的核心企業和監管合作方，以及存在於傳統流動資金授信業務中並被充實了的准入體系、操作平台、動產擔保物權和風險預警與應急預案等。在本書的第三部份，主要對銀行實施供應鏈金融的組織架構與金融生態問題進行了詳細分析，並從社會經濟學角度探討了供應鏈金融對於銀行、企業和供應鏈三個方面影響的具體內容。最後，本書就比較熱門的金融物流問題做了研究，不僅追溯了物流與金融的相互價值發現過程，還對金融物流的實踐脈絡與演進及經濟學意義進行了闡釋，同時提供典型案例作為參考，並對銀行主導的金融物流發展進行了構想。本書內容翔實，數據充份，結構清晰，具有很強的參考價值，同時不失趣味性和可讀性。

融通倉運作模式研究

作者：陳祥鋒、石代倫、朱道立、鍾頡

發表期刊：《物流技術與應用》

發表時間：二〇〇六年第一期

研究主題：企業在營運過程中，資金收入和支出發生在不同時間，從而產生資金缺口，影響企業資金流的連續性。結合企業營運週期的三個階段，將融通倉系統理論分為三種運作模式，並結合具體案例分析融通倉的產品設計，以及探討融通倉運作風險管理的理論分析架構。

主要內容：根據企業營運過程中的風險與資金缺口需求特點，融通倉可以分為三種模式：

(1)基於動產管理的融通倉運作模式。這種模式主要適用於縱向融通倉和星狀融通倉，存在於企業營運中「支付現金」到「賣出存貨」的資金缺口期。正如案例中的江蘇華成汽車貿易集團有限公司，透過倉單質押解決企業貸款困境。除此之外，具體應用的業務形式還可以有「動產抵押與質押」和「保兌倉」等。

(2)基於資金管理的融通倉管理模式。這種運作模式同樣適用於縱向融通倉和星狀融通倉結構中，主要透過應付或者應收賬款的單據憑證作為擔保信物向金融機構申請貸款。文中引用了UPS在沃爾瑪和東南亞中小出口中間商之間透過應付賬款進行融通倉服務作為應付賬款模式的案例，以及江蘇冠鑫光電公司與上下游大型企業之間業務往來作為應收賬款模式的案例，具體說明了基於資金管理的融通倉模式對於中小企業成長發揮的重要作用。

(3)基於風險管理的融通倉運作模式。這種模式適用於企業營運週期的各個階段，系統結構主要體現為橫向融通倉服務。通常情況下，藉助金融衍生工具如期權、期貨等對風險進行管理，並對融通倉服務本身的風險進行控制，能夠有效提升供應鏈績效。

供應鏈金融模式下的信用風險評價

作者：熊熊、馬佳、趙文杰、王小琰、張今

發表期刊：《南開管理評論》

發表時間：二〇〇九年第十二卷第四期

研究主題：不同於以往銀行對中小企業進行信用風險評價時將單個企業作為主體，關注企業的財務數據，論文藉助於主成份分析法和Logistic回歸方法建立了供應鏈金融模式下的信用風險評價模型，提出了考慮主體評級和債項評級的信用風險評價體系。透過比較供應鏈金融融資模式和傳統銀行授信模式下的中小企業守約機率的不同，論文揭示了供應鏈金融在一定程度上緩解了中小企業的融資困境，並針對現狀提出合理建議。

主要內容：在傳統信貸政策架構下，銀行主要透過考察企業財務指標對企業進行信用風險評價，然而中小企業由於財務制度不夠健全及管理透明度差，很難獲得企業授信。供應鏈金融融資模式淡化了財務分析和轉入控制，銀行以對物流和資金流的動態控制代替對財務報表的靜態分析，只針對單筆業務進行授信，規避了中小企業的傳統融資障礙。

論文選取國泰安數據庫中中小企業板二〇〇六年十二月三十一日以前的一百零二家上市公司財務數據作為樣本，根據相關理論對樣本數據按照每個指標分為十、七、四、〇四個檔次予以評分，然後對標準化後的結果數據進行分析。採用主成份分析之後得到十個主成份代表原來的二十七個指標，隨後進行Logistic回歸分析，得到客戶的守約機率公式。對A石化公司進行實證分析，將供應鏈金融融資模式和傳統融資模式下的信用評價體系進行對比，發現A公司如果按照傳統授信模式則很難獲得銀行的信貸支持，進一步證明了供應鏈金融

融資模式有助於解決中小企業融資難問題。

研究意義：結合研究結論，論文中提出：一方面銀行應以建立信用評價模型為契機，推動信用文化的建設，並注重對申請人資訊的蒐集整理從而建立較為完善的數據庫；另一方面，銀行除關注借款人目前的風險之外，也應充份考慮經濟週期的影響，並注重對評價模型的檢驗。透過對中小企業供應鏈金融融資模式信用評價體系的建立，中小企業得以發展壯大，銀行得以完善信用風險管理，銀企雙贏能夠真正實現，供應鏈金融業務的健康發展指日可待。

CHAPTER 9
供應鏈物流成本及其績效管理

撰寫人：宋　華（中國人民大學）
喻　開（中國人民大學）
陳思潔（中國人民大學）

引言

隨著現代社會經濟的不斷發展，越來越多的企業開始強調供應鏈管理和現代物流管理在企業管理變革中的作用，認為供應鏈物流管理能幫助企業確立創建綜合價值的能力以及實現經濟的穩定性。供應鏈管理的作用在於透過企業之間的合作與業務協調戰略，整合供應採購、生產、分銷配送和服務等作業環節，實現顧客需求的即時反應，並且在達到該目標的同時，實現最低的庫存和整體的運作成本，亦即實現系統控制、即時反應和存貨最低的目標。這種新型的管理理念和戰略無疑要求必須從全新的視角探索和運用各種管理方法和途徑，這其中物流成本管理也是供應鏈物流管理方法體系中的重要組成部份，物流成本管理方法的探索和實踐對於實現供應鏈戰略目標、提升企業整體的經營績效都起到了舉足輕重的作用。此外，如何度量供應鏈整體經營績效，尤其是體現供應鏈運作的效率和效益亦是關鍵所在。由此帶來的挑戰是對物流成本、中國企業物流成本的狀況以及供應鏈績效的研究。

物流成本測度研究

學界目前普遍認為物流成本具有不同的層次，可以分為宏觀物流成本和微觀物流成本兩個層次或宏觀物流成本、中觀物流成本和微觀物流成本三個層次（宋則，二〇〇五；邵瑞慶，二〇〇六；宋華，二〇〇七；馮耕中，二〇〇七；易華，二〇一一；張麗芳，二〇一二）。

宏觀物流是指從社會再生產角度認識的物流活動，如日本產業構造審議會在「物流基本政策」中指出

「物流是各種有形和無形商品從供給方到需求方的流動過程，具體講，物流活動包括：包裝、裝卸、運輸、保管、配送、資訊等活動，這類活動與商業交易活動並行，創造商品的空間和時間價值」（日本產業構造審議會，一九七二）。宏觀物流成本則是從全社會角度考察物流活動發生的耗費，強調其對廣義的生產行為和經營行為的貢獻。

中觀物流成本是指某一行業的「平均物流成本」數據，是各行業的物流成本參考標準（易華，二〇一一），也可以認為是特定產品水平層面的平均物流費以及垂直層面的總物流費（宋華，二〇〇七）。

微觀物流的個別企業層面發生的物流活動，是「供應鏈過程的一部份，是對商品、服務以及相關資訊從發生地到消費地之間，有效率和效益的移動與存儲進行的計劃、執行和控制，其目的在於滿足客戶需求」（CSCMP, 2004）。微觀物流成本是指各類企業所產生的物流成本，包括貨主物流成本（即生產製造企業或商品流通企業的物流成本）和物流業者物流成本（物流服務商的物流成本）。

隨著社會經濟的發展，全球化進程加快，企業物流成本的核算愈發成為企業管理活動中的重要領域，特別是如何將物流管理從原來簡單的成本削減轉向核心能力和整體績效提升，從而實現綜合物流成本降低。因此微觀層面的物流成本，尤其是貨主物流成本得到了愈來愈多的學者的重視，這也是下文探討的主題。

物流成本管理對增進企業經營效果、降低總費用的效果已經被人們廣為認同（宋華，二〇〇七）。因此，以動態、全面的監控和管理物流成本對於企業管理至關重要（Harrington,1995）。中國國內學者從兩個角度對物流成本的測度和計算進行了研究：一個是對物流成本核算模式的研究；另一個是物流成本核算方法的研究，比如統計核算方法、任務成本法、作業基礎成本法及其改進方法、所有權成本分析等，核算方法依托於核算模式進行核算。

物流成本核算模式研究

張國慶等（二〇〇七）指出，企業物流成本核算的模式主要有三種，即會計核算模式，統計核算模式和管理會計模式。

▼會計核算模式

會計核算模式主要分為單軌制與雙軌制兩種。所謂單軌制，是指在現有會計制度的基礎上增加物流費用項目，將物流成本的核算與企業現行的其他成本核算如產品成本核算、責任成本核算、變動成本核算等結合進行，建立一套能提供多種成本資訊的共同的憑證、賬戶、報表核算體系。即仍然按照現行財務會計制度規定進行核算，但在核算的同時另外設置物流會計紀錄簿，並在紀錄簿中按物流成本項目歸集物流成本，以便進行物流成本的分析與核算（張國慶、葉民強、劉龍青，二〇〇七；劉艷萍，二〇〇九；汪永蘭、賈思媛，二〇一〇；張麗芳，二〇一二）。李會太、張文杰（二〇〇二）很早就提出生產企業物流成本需要單獨集中核算，透過設置具體「物流成本」賬戶，對物流成本進行歸集與分配。與之相似，徐峰（二〇〇七）認為當前的財務會計和成本計算體系不能準確、全面地反映企業的物流成本，需要引入虛擬賬戶準確、高效地計算企業物流成本的全貌。所謂虛擬賬戶就是設置「物流成本」一級賬戶，根據企業的具體核算和管理的需要，可以按照物流的領域設置二級賬戶，如供應、生產、銷售、回收等項目；再在該二級賬戶下按物流功能或費用支付形式設置明細賬戶，前者如設置運輸費、保管費等，後者如人工費、材料費等明細項目。

所謂雙軌制是指不按現行財務會計制度規定核算，將物流成本由原來同其進行混合核算的會計賬戶中分離出來，單獨建立物流成本核算的憑證、賬戶、報表體系。採用雙軌制核算物流成本就是要在現有成本核算體系外重新構建一套成本核算系統，來反映企業發生的與物流相關的所有費用，並在新的成本核算體系中單獨反映出有哪些費用項目（物流成本種類核算），這些費用在哪些地方發生（物流成本位置核算）以及這些費用是為哪些部門、產品或生產活動發生（物流成本對象核算）（汪永蘭、賈思媛，二〇一〇；劉艷萍，二〇〇九；張麗芳，二〇一二；王夢婕、謝合明，二〇一三）。由於單軌制是將物流成本核算與產品成本核算結合在一起，而雙軌制是在現有成本核算體系之外重新構建另一套成本核算體系來反映物流相關的成本費（王春華，二〇〇六），因此用雙軌制能夠充份解決「物流成本的會計核算與其他成本的會計核算相混」的問題（方桂萍，二〇一二）。

▼統計核算模式

所謂統計核算模式就是利用統計原理，以會計核算資料為基礎，進行蒐集、分析、加工和整理，最後匯總出公司的物流成本數據（王春華，二〇〇六；李強、李華鋒，二〇〇五）。具體方法是，透過對現行成本核算資料的分析，分離出物流成本，並按照一定的原則和方法，對不同形態、不同領域、不同功能等的成本從會計報表裡記載的相關成本項目進行估算，從而推算出物流成本（張國慶、葉民強、劉龍青，二〇〇七）。統計計算不需要對物流成本做全面、系統和連續的反映，不苛求細而全，運用較簡便。但嚴格來說，它無法精確衡量企業的物流成本，也無法幫助企業進行管理改進，因此使用範圍有限。

考慮到統計核算方法的這一缺點，以劉艷萍（二〇〇九）為代表的學者提出會計核算方法與統計核算方法的結合。劉艷萍（二〇〇九）發現，從實際操作來看，企業的物流成本有顯性和隱性之分，顯性成本是指在企業現行成本核算體系中已經反映但分散於各個會計科目之中的物流成本，而隱性成本是指在企業現行成本核算體系中沒有反映但應計入物流成本的費用，主要表現為企業存貨佔用自有資金所產生的機會成本。顯性成本涉及會計科目選取和物流成本賬戶的設置，宜採用會計核算模式。隱性物流成本核算是在現行的會計核算體系之外，透過統計存貨的相關資料，按一定的公式計算得出，宜採用統計核算模式。

▼管理會計模式

該方法不需要透過憑證、賬戶、報表對物流成本進行連續、系統、全面的記錄、計算、報告，只需要建立管理會計備查賬，對相關物流成本進行核算。建立一套以作業為核心的能提供多種成本資訊的核算體系，並創建物流作業成本資料庫，在統一的成本核算體系中反映產品成本、變動成本、物流成本等資訊，同時設定物流成本的標準，便於物流成本的規劃和控制。劉巧茹（二〇〇九）指出，工業企業的物流成本就可以透過管理會計的模式進行核算。具體來說，物流資源費用賬戶的借方記錄企業物流活動消耗的資源實際數額，貸方記錄轉入物流作業成本賬戶的實際數額。物流作業成本賬戶的借方記錄實際轉入物流作業成本的資源費用數額，貸方記錄按照產品消耗物流作業的情況轉入產品物流作業成本的資源費用數額。產品物流作業成本賬戶的借方記錄產品的物流作業成本，貸方記錄實際轉入產品物流成本賬戶的成本數額。毛杰明（二〇一四）建議在煤炭行業採用管理會計模式核算物流成本。基於管理會計模式對物流成本進行核算有利於企業物流成本的降低。鄭曉輝（二〇〇九）、劉佳波（二〇一二）、譚華（二〇一二）都對這一問題進行了探討。下文將要介紹的作業基礎成本法就是典型的管理會計模式下物流成本的核算方法（呂靖等，二〇〇六）。

物流成本核算方法研究

▼傳統會計方法

傳統方法即傳統核算方法，就是在現有會計報表成本資料的基礎上，按照一定的原則和方法（主要是按人工工時、機器工時），將涉及物流經營的費用從相關成本項目中分離出來。然而該方法是從傳統成本會計的各項費用中剝離出物流費用，通常是按物流功能或工時分離的，在分配物流成本時很難為個別活動所細分，人為因素較多，從而難以準確分配（張國慶等，二〇〇七）。

單純依賴會計核算模式中單軌制下物流成本賬戶的期末數額，或雙軌制下單獨加總核算的結果作為企業的物流成本，也可以歸類為傳統會計方法。因為該方法僅僅使分離依據更加合理，但仍缺乏對物流成本產生原因的思考以及去向的追蹤，對物流成本管理只能起到部份的促進作用。接下來綜述的物流成本核算方法雖然依賴會計資料所提供的資訊，但是在方法設計上融入了管理理論，因而在物流成本的節約與物流成本結構的改善方面有重大管理意義。

▼任務成本法

任務成本法的思想最早由Christopher（1971）提出，實際上是將總成本的方法應用到物流成本管理中。總成本的概念是由Howard和James（1956）在研究航空運輸時提出的。航空運輸是所有運輸方式中成本最高的，但是航空運輸又有著其他相對便宜的運輸方式所不可超越的優勢，即可以快速直接地向顧客進行商品配送，不需要中途轉運等倉儲環節以及由於時間過長導致的商品損傷，從而節約了倉儲費和維修費。因此，應當結合運輸費用的增加以及倉儲費和維修費的減少來綜合計算總體物流成本（于向雲，二〇一一）。Barrett（1982）在這一時期提出的PPBS（planning、programming、budgeting、system）的基礎上試圖建立一個架構體系來進行任務成本的實際應用，他認為這個架構體系的目標是給企業提供一個物流過程的分析工具。物流系統內包含著數個相互關聯的物流子系統，它們間相互作用可以提供不同水準的客戶服務並獲得收入。任務成本方法既能從總成本角度來強調物流系統內各個子系統之間的相關性，又能從系統的角度來提供對應於不同客戶服務水準所得收入的成本資訊（帥斌、孫朝苑，二〇〇六）。中國國內學者朱玉廣（二〇〇三）曾運用任務成本法分析客戶的盈利水準，提出了所謂「可歸因成本」的概念。周敏等（二〇〇五）運用任務成本法的思想，將物流服務分為幾種，只要能夠計算出物流服務的作業集合即可計算出物流成本。從這一點來看，任務成本法的基本思路和作業基礎成本法其實是一致的，即跨越傳統的業務職能部門，將成本具體分配給特定的作業，從而能夠對管理起到積極的促進作用。

▼作業基礎成本法

作業基礎成本法（又稱ABC成本法）的產生，最早可以追溯到Eric Kohler在一九五二年編著的《會計師詞典》。在該詞典中，Kohler（1952）首次提出了作業、作業賬戶、作業會計等概念。之後，Staubus（1971）對作業、成本、作業會計、作業投入產出系統等概念做了全面系統的討論，一九八六年美國哈佛商學院在案例系列——John Deere Component Works(A)and(B)——中第一次使用了ABC這一術語。Cooper和Kaplan（1988）首次正式對作業基礎成本法給予了明確的定義與解釋（沈艷，二〇〇六）。

在中國國內的早期研究中，楊萍（二〇〇一）、陳小龍（二〇〇二）、方芳（二〇〇三）、代坤（二〇〇三）、簡傳紅（二〇〇三）、傅桂林（二〇〇四）、連桂蘭（二〇〇四）等均提出在物流成本計算中引入作業基礎成本法。其中代坤（二〇〇三）提出物流成本由兩部份構成，一部份是直接費用，即可直接分配給特定產品或服務的人工費、折舊費、材料維護費等，設計物流成本計算單，以便歸集、計算產品物流費用；一部份是間接費用，採用作業基礎成本法分配核算，並根據填製的物流過程中各作業成本分配表，詳細地提供各種有關作業運行中的成本概念，以及各種間接費用的分配依據。該研究較好地將作業基礎成本法與傳統會計方法進行了結合，具有一定代表性。作業基礎成本法的必要性也得到了鮑新中（二〇〇六），呂靖、趙洪初、張爽（二〇〇六），舒蓮枝（二〇〇七）等人研究的印證，如同宋華（二〇〇七）所指出的：「從目前已開發國家的情況看，企業物流成本核算基本上是以作業基礎成本法為基礎，即藉助物流費用和成本的兩層分解，最終確立成本對象的成本以及相應的績效。」

大量的學者從更為具體的角度研究了作業基礎成本法在物流成本核算中的運用：

張韻楊等（二〇〇五）利用作業基礎成本法，構建了逆向物流成本的退貨成本核算模型、再加工成本核算模型、材料再生成本核算模型、產品拆卸成本核算模型、包裝物和載運品回收成本核算模型及廢棄處理成本核算模型。周揚等（二〇一三）也將作業基礎成本法用到逆向物流的成本計算當中，並說明這樣可以避免會計核算中出現的將物流成本混入其他科目進行計算的問題，而且還透過實例分析，闡明了在逆向物流的不同階段，不同作業所形成的成本，可以為下一步回收物流成本的分析奠定基礎。同樣是逆向物流，呂君（二〇一〇）在界定逆向物流的環境價值鏈和作業鏈的基礎上，運用作業基礎成本法，研究了收集、分類、維修、拆卸、碎裂、丟棄和環境處理等七個作業環節的成本函數；構建了逆向物流的總成本模型，為閉環供應鏈逆向物流成本核算提供了一個具有操作性的辦法，並將以上研究結果應用到惠普噴墨印表機的案例中，結果證明此方法具有可行性和有效性。鄭秀芝等（二〇一三）基於「從搖籃到搖籃」產業模式的理念，運用作業基礎成本法和品質管理的相關理論建立了電子產品企業逆向物流活動決策的概念化模型，在降低電子產品逆向物流對環境影響的同時也降低企業的逆向物流成本。

周敏、王成鋼（二〇〇六）認為傳統的成本核算方法不利於識別客戶間差異及挖掘客戶價值，為了幫助企業更好地進行客戶關係管理，應當建立基於客戶價值和作業基礎成本法的物流成本計量模型。張俐華、劉錦虹（二〇一〇）也研究了作業基礎成本法對於價值創造的貢獻，他們認為作業基礎成本法有助於管理者瞭解成本和資本對決策的影響，而經濟附加價值法把決策、績效測評和薪酬制度有機結合起來，使得管理者更關注公司新價值的創造。二者可以互補，成為企業物流管理和成本核算的重要工具，幫助企業管理者實現由盈利能力理念向創造價值能力理念的轉變。

崔南方等（二〇〇六）根據物流成本計算的要求，利用作業基礎成本法和供應鏈運作參考模型（Supply-Chain Operations Reference-model, SCOR），構建了相關的物流成本計算模型，該模型定義了標準的物流作業流程，使得物流作業成本的計算更具可操作性。徐章一（二〇〇九）在此基礎上提出，一個完整的物流作業成本核算系統主要由以下部份構成：(1)確認企業物流系統中涉及的資源。這些資源包括能直接分配到產品或顧客的直接資源（如包裝材料、直接人工等），還包括大部份的間接材料、間接人工、資產折舊、利息費、租賃費、水電費等，這些是不同成本對象共用的資源。此外，當作業基礎成本法作為管理會計方法應用時，並不要求一定按照傳統會計核算的架構，因此，可以考慮機會成本，即由於物流作業人員的責任而導致的損失或未獲取的利益。(2)界定企業物流系統中涉及的不同作業。引入供應鏈運作參考模型的標準流程分解和作業定義，對物流運作進行作業分析。(3)確認資源動因，並將資源分配到作業。(4)確認作業動因，將作業成本分配到產品或服務中。

也有學者就具體行業或區域對作業基礎成本法進行了研究：

農產品物流成本核算方面，張立中（二〇〇九）認為對於會計核算基礎較好、人員素質較高的企業，可採用物流成本的會計核算方法；對於農戶或會計基礎工作水準和資訊化程度較差，處於畜產品物流成本管理與核算初期階段的中小企業，可採用物流成本的統計核算方法；而隨著畜產品物流成本核算的不斷普及與深化，以及物流流程的不斷改進，資訊管理的不斷完善，可逐步過渡到作業成本核算法。李慶芳（二〇一二）認為：(1)傳統的物流成本核算方法很難準確界定農產品物流成本，而作業基礎成本法核算農產品物流成本卻是切實可行的。(2)作業基礎成本法的理論已經比較成熟，但是在實際運用中要具體情況具體分析，才能準確界定成本。(3)作業基礎成本法在農產品物流成本的應用關鍵，是準確界定每項產品消耗的作業數以及每項作業消耗的資源數量。

工業企業方面，桂良軍、徐迎秋（二〇〇六）指出製造企業物流成本的計算方法包括：傳統的物流成本計算方法和作業成本分析法。張金壽（二〇〇七）認為作業基礎成本法可為企業提供產品成本計量數據，成為決策者的事前、事中、事後進行財務控制的有力工具，同時也可為企業提供增加價值的機會。張運（二〇〇九）則提出了製造業作業基礎成本法物流成本核算體系設計原則：(1)成本效益原則；(2)品質和效率原則；(3)易於理解原則；(4)彈性與一致性相統一原則。同時，他還提出了製造業作業基礎成本法物流成本核算體系設計內容：(1)物流成本核算憑證體系的設計；(2)物流成本賬簿的設計與建立；(3)物流成本報表的設計與建立。王煒等（二〇〇四）分析了中國造船行業在物流成本核算方面存在的問題，然後以某造船企業的具體情況為例將傳統會計方法中的單軌制與作業成本方法進行了比較。徐瑜青等（二〇〇九）將作業基礎成本法應用於某熱電廠的物流成本計算，透過確定資源、確認動因和成本分配等具體步驟，計算出了該電熱廠三種產品的物流成本。楊玲飛（二〇一三）透過對製造企業物流流程的分析，將流程按照作業活動進行分解，並統計資源的消耗，結合作業成本的思路，介紹了核算製造企業物流成本的計算方法和操作步驟以幫助企業理清物流系統中各個環節成本分佈情況，便於認識流程改善空間。

在核算第三方物流企業方面，作業基礎成本法的運用也得到了許多學者的重視。代表性的研究是邵瑞慶（二〇〇六）關於物流企業物流成本核算方法的探討。作者探索了物流企業應用作業基礎成本法的架構，透過業務憑證、會計科目、成本賬簿設置設計了物流企業作業基礎成本法的核算程序。劉悅、韓海斌（二〇一一）研究了作業基礎成本法在第三方物流企業的實施方法，包括以下幾個步驟：(1)確認物流企業主要作業，明確作業中心。(2)確認資源動因，歸集作業成本庫。(3)確認作業動因，分配作業中心成本：其一，依據作業中心成本動因，計算作業成本分配率；其二，根據作業成本分配率，將間接成本進行分配。(4)計算成本對象總成本，包括直接成本和間接成本。

鄧春姊、包紅霞、秦英（二〇一〇）則著重研究了優化濱海新區物流企業倉儲成本核算方法。其研究發現作業基礎成本法作為一種針對間接費用的核算方法，應用於物流活動非常合適。

另外，有學者聚焦於以作業基礎成本法為基礎的改進方法：

以帥斌、孫朝苑（二〇〇六）為代表的學者提出將任務成本法和作業基礎成本法相結合，構建M-A成本核算模型。由於任務成本理論能夠提供一個全面的物流成本管理架構，而作業成本提供評定和測算這些作業和相關成本的具體工具，二者的結合可以取長補短。具體來說，任務成本法確定成本目標，確定物料流，確定資源和活動；作業基礎成本法透過分析資源、活動確定成本驅動因子，從而計算活動成本以及成本目標的成本。

與以上學者不同，董雅麗、李長坤（二〇〇八）考慮到作業物流成本法本身也存在缺陷，該方法只考慮系統的實體資源消耗，未考慮無形資源消耗——時間。基於此，提出了T-A模型。T-A模型將物流成本分為兩個部份：作業成本和時間成本。對於時間成本部份，首先分析確定各物流作業實際作業時間消耗，然後結合自身物流技術和管理水準，將計算出的物流各階段、各狀態下每一項作業的合理時間相比較，得到各物流作業的時間差，對其進行成本核算。對於作業成本部份，在界定企業物流系統中涉及的各作業的基礎上，首先確認企業物流系統中涉及的資源，然後根據資源動因，將資源分配到作業中心的成本資料庫中，最後，將各作業時間成本和作業成本一同按照成本動因分配到最終產品中。

在T-A模型的基礎上，覃愛瓊（二〇〇九）認為，作業基礎成本法不僅沒有考慮時間消耗，也沒有考慮到不合格產品帶來的成本，提出在作業基礎成本法基礎上導入時間與產品品質。將各項作業的時間成本和品質標準量化，再將各作業的時間成本和每道工序的產品標準按照成本動因，同作業成本共同分配到產品或服務中。透過界定品質成本和時間成本，最終得到企業物流總成本（即作業成本、品質成本和時間成本之和）。

另一些學者同樣考慮到了時間因素，但是他們考慮的是作業基礎成本法在實際操作中存在的不足，從而提出了「時間驅動作業基礎成本法」（TDABC）。與作業基礎成本法相比，時間驅動作業基礎成本法採取措施，降低了初建、維持及更新計算模型的成本；引入的時間等式能夠反映出具有不同特點的同類作業所需要的產能差異，從而滿足了企業經營的複雜性需求（易華，二〇一一）。中國國內代表學者有閔亨峰（二〇〇七），溫素彬、徐佳（二〇〇七），金建愷（二〇〇九），楊靜蕾、郭瑞（二〇〇九），張紅國（二〇〇九、二〇一〇），劉海潮、王磊（二〇一二）。綜合來看，時間驅動作業基礎成本法在延續了作業基礎成本法邏輯合理性的基礎上提高了方法在現實中採用的可行性，增加了計算結果對成本控制的指導價值。

▼基於所有權成本分析的物流成本測度方法

所有權成本分析法，是一種決定從上游供應商獲取相應產品和服務，並進行使用而產生的所有權成本

（Carr and Ittner, 1992）。所有權成本分析法試圖透過整個上游供應鏈的運作活動識別，包括：採購、持有、品質問題、配送差錯等來確立整個物品擁有的物流費用。所有權成本包括了所有的直接和間接物流成本，從而克服了只衡量直接物流成本而忽視間接物流成本的問題（宋華，二〇〇七）。同時，所有權成本提供了評估企業間關係如何影響整體物流成本的途徑，幫助企業瞭解整個物流活動的每個環節是如何產生費用的。

中國國內將所有權成本分析法用於物流成本核算的研究主要集中於衡量企業的採購成本。朱曉琴、朱啟貴（二〇〇七）認為所有權成本分析法是一種非常重要的採購成本管理方法。它聚焦於採購方和供方流程的持續改進，以實現用最好的總成本獲得最好的產出。與其他聚焦於確認採購組織是否得到一筆價格或成本公平的交易不同，所有權成本分析目標是在維持或提高有效性的同時，透過改進效率降低總成本，因而所有權成本分析法是一種戰略性的採購成本管理方法，它不僅提供給我們一種管理採購成本的方法，更重要的是，它還提供給我們一種戰略性的、持續的改進採購成本的方法。嚴福泉、嚴雙（二〇〇九）認為所有權成本分析法可以用於逆向物流的成本分析。陳奕錕（二〇一三）建立了一個基於所有權成本分析的建築供應鏈評價體系，將所有權成本分析用於建築供應鏈績效評價。

企業物流成本現狀研究

上一節對中國國內學者所做的物流成本測度研究進行了大致的歸類分析，下面將介紹目前中國企業的物流成本現狀。

二〇一二年《中國物流年鑒》顯示，二〇一〇年，中國社會物流總費用八兆四千億元，同比增長百分之十二・三。其中，運輸費用四兆四千億元，同比增長百分之十五・九，佔社會物流總費用的比重為百分之五十二・八，同比下降一・二個百分點；保管費用二兆九千億元，同比增長百分之二十二・六，佔社會物流總費用的比重為百分之三十五，同比提高二・一個百分點；管理費用十九兆元，同比增長百分之十八・七，佔社會物流總費用的比重為百分之十二・二，同比提高〇・一個百分點。社會物流總費用與GDP的比率為百分之十七・八，同比持平，社會經濟運行的物流成本仍然較高（中國物流與採購聯合會，二〇一二）。

根據中國物流與採購聯合會（二〇一二）所進行的「二〇一一年全國重點企業物流統計調查」結果，中國幾個主要行業的物流成本狀況如下。

鋼鐵行業：二〇一〇年中國鋼鐵行業物流成本費用率為百分之十一・二，仍處於較高水平，比調查的全部工業企業高出一・五個百分點。運輸環節是控制鋼鐵行業物流成本的關鍵，佔物流成本構成的百分之五十三・七。物流成本費用率與已開發國家差距有所縮小，與二〇〇九年同期相比，中日企業物流費用率差距縮小二・一個百分點。

化工行業：二〇一〇年中國化工行業物流費用率為百分之十・三，在工業物流領域處於較高水平，高出工業行業整體平均水準〇・六個百分點，但較同期費用率有所下降。從物流費用結構來看，運輸費一項獨大，佔百分之六十五・六。從發展趨勢看，近年來中國化工行業物流費用率呈現穩中略升趨勢。

電氣機械及器材製造行業：二〇一〇年，中國電氣機械行業物流總額達四兆二千億元，同比增長百分之二十九・二，增幅比同期工業品物流總額高十四・六個百分點。物流成本構成方面，運輸成本佔百分之五十九・三，同比上升十六・四個百分點；管理成本、包裝成本和流通加工成本、倉儲成本分別佔百分之二十一・六、百分之九・九、百分之三・五。

交通運輸設備製造業：二〇一〇年調查企業物流成本費用率為百分之五・五，同比提高〇・四個百分點。在汽車行業物流成本構成中，運輸成本、管理成本、倉儲成本分別佔百分之五十一・四、百分之二十和百分之三・五。

造紙及紙製品行業：二〇一〇年造紙及紙製品行業物流費用率為百分之十九・八，雖同比下降〇・五個百分點，但造紙業物流費用率呈連續下降趨勢。儘管如此，二〇一〇年中國造紙業物流成本費用率仍處於較高水平，比調查的全部工業企業高出十・一個百分點。運輸成本同比增長百分之四・九，佔物流總成本的比重為百分之五十四・五，比上年同期提高二・二個百分點，運輸成本依然是推動物流上升的主要動力。

農副食品加工行業：二〇一〇年中國農副食品加工行業物流成本費用率為百分之十二・六，同比下降〇・三二個百分點，比調查的全部企業高二・九個百分點，仍然處於較高水平。物流成本構成方面，運輸成本、倉儲成本和管理成本佔物流總成本的百分之五十九・七九、百分之十三・四和百分之九・六。

醫藥行業：二〇一〇年中國醫藥製造業物流成本費用率為百分之十一・一，與上年同期相比下降〇・二個百分點，物流費用率與上年相比雖有所下降，但仍高出被調查的全部工業企業物流成本費用率一・四個百分點，依然處於較高水準。二〇一〇年，中國醫藥製造業物流費用支出比二〇〇九年增長百分之八・六，其中運輸成本所佔比重為百分之四十五・四，儘管相較二〇〇八年同期下降〇・四個百分點，但依然是牽制醫藥企業物流成本上升的主要因素，也是中國醫藥企業物流效率相對較低、物流成本依然偏大的重要原因。

金屬製品行業：二〇一〇年有色行業物流成本費用率同比上升百分之九・九。在二〇〇九年全國有色金屬行業的物流成本中，運輸成本佔到百分之六十四，是控制物流成本的重要因素。

也有許多學者在探究中國企業物流成本現狀方面做了研究，他們的研究重點主要有兩個：分析物流成本現狀以及如何對物流成本進行管理，達到降低物流成本的目的。

楊小俠（二〇〇九）透過對比中日兩國的運輸成本、倉儲保管費用、物流管理成本，得出改善中國物流成本的幾點啟示：(1)日本物流重視逆向物流成本，逆向物流成本的降低對降低總物流成本有很大的作用。(2)中國物流管理成本明顯高於日本，而中國物流管理效率卻大大落後於日本。(3)降低物流成本是提高效率的重要戰略措施。(4)減少庫存支出是降低物流成本的重要來源。

吳安南（二〇〇八）則是比較了中美物流成本中的倉儲保管成本、運輸成本、物流管理成本以及總成本，得到了與楊小俠（二〇〇九）相似的結論。

宋華（二〇〇七）認為，推進企業物流成本管理需解決的關鍵問題包括：(1)從流程的角度重視和加強物流成本的管理；(2)建立綜合性的物流成本管理架構；(3)大力發展增值服務型的第三方物流；(4)積極、合理發揮政府對推動物流成本管理和現代物流業的指導作用。

毛艷飛（二〇〇七）認為中國企業物流成本存在兩大問題：一是物流運輸成本、庫存成本高居不下；二是物流行政管理成本高。相應地，必須降低物流運輸成本、庫存成本。理想的運輸服務系統的解決方案是將長距離、小批量、多品種的商品運輸整合起來，統一實施調度分配，並按貨物的密度分佈情況和時間要求在運輸過程的中間環節適當安排一些貨物集散地，用以進行貨運的集中、分揀、組配。實行小批量、近距離運輸和大批量、長距離幹線運輸相結合的聯合運輸模式。而降低庫存成本的方法包括合理化庫存水準、合理化庫存結構兩種。

李遠慧和丁慧平（二〇〇七）從物流基礎設施方面、物流管理水準方面以及物流組織方式方面分析了中國物流成本高的原因，提出可以透過採用物流標準化、實現供應鏈管理、藉助現代資訊系統、控制退貨成本、實施「零庫存」、建立科學合理的物流成本核算體系等途徑，從流通過程的視角加強成本管理，降低物流成本。

龔曉丹（二〇〇八）發現中國物流成本現狀有以下幾個特徵：(1)物流成本總額大，增速高。(2)物流成本內部結構不盡合理。(3)運輸和保管成本內部結構發生變化。形成原因包括：產業結構偏重型化；物流服務矛盾加大；專業物流服務發展不充份，企業自營物流比重高；供應鏈管理的觀念還未深入人心。相應的解決措施有：(1)改變產業結構的重型化趨勢；(2)加大物流基礎設施建設，緩解物流服務供求矛盾；(3)大力發展第三方和第四方物流；(4)提高對供應鏈管理的認識，並適時應用於物流管理實踐。

陳偉華（二〇〇九）認為中國物流存在著以下四方面的問題：(1)物流行業管理政出多門，缺乏統一管理；(2)物流基礎設施不足，建設規劃缺乏合理統籌，導致物流資源的不足與浪費；(3)現代物流觀念薄弱，物流企業缺乏行業的整合及規模經濟，導致物流企業需求不足、物流成本高；(4)物流資訊化、標準化程度不高。針對以上問題，提出了五種解決對策：(1)建立推進現代化物流發展的統一協調機制，減少企業外部協調成本；(2)統籌規劃，實現基礎設施資源的有效配置與整合，提高企業物流效率；(3)樹立現代物流理念，健全企業物流管理體制，優化企業物流系統，尋找降低成本的切入點；(4)樹立物流總成本觀念，增強全員的物流成本意識；(5)藉助現代化的資訊管理系統，控制和降低成本。

宋華、王嵐（二〇〇九）透過實證研究發現：(1)近幾年中國企業物流成本管理的意識和水準得到了一定的提高，這不僅反映在建立專業物流成本管理體系、重視物流成本管理的企業逐漸增加，而且這些企業形成了制度性的物流成本報告體系；(2)儘管中國企業加強物流成本管理的意識日益強化，但是目前困擾中國企業強化物流成本管理的一個很重要的問題，是缺乏清晰的物流成本核算工具和體系，尤其是分銷類企業在該問題上表現得較為典型；(3)提高中國企業物流成本管理的水準，不僅取決於能否建立起物流成本核算工具和體系，而且還取決於專業物流成本管理人員的培育；(4)儘管企業在資訊系統上投入較大，但整合資訊和數據的缺乏仍然是阻礙企業有效進行物流成本管理的因素。

史恩靜、魯薇（二〇一一）將中國物流成本居高不下歸因為技術因素和體制因素的雙重制約。因此降低物流成本的對策必須從技術和體制入手，包括：(1)加快中國物流標準化建設；(2)大力發展散料流通；(3)透過實現供應鏈管理，提高對顧客物流服務的管理來降低成本；(4)藉助於現代資訊系統的建構降低物流成本；(5)保持最佳的庫存量，降低貨物儲存成本。與之相似，馮娜（二〇一二）認為造成中國物流成本過高的原因主要有以下三方面：發展理念因素、技術因素和體制因素。針對以上問題的對策有兩個。一是改善行業發展環境，具體包括：持續改進提升對物流行業、企業的管理和服務；降低物流企業經營的稅收和費用負擔；加大對物流業的投入；提高對物流企業用地的政策支持；促進農業物流發展。二是提升企業運作效率，具體包括：整合物流資源；推進現代物流技術的創新和應用；對商品流通實行供應鏈管理；加強企業員工的培訓，進行專業物流人才的培養。

曾海容（二〇一一）指出中國企業物流存在的問題有以下幾個方面：運輸效率差，綠色觀念不強，現行會計核算體系與物流成本管理之間存在著技術衝突以及物流資訊技術的應用面不廣。因此降低企業物流成本的對策包括：(1)提高企業物流運輸效率，降低物流成本（包括：採取複合一貫制運輸方式、開展共同配送、大力發展第三方物流）；(2)實施綠色物流管理（包括：綠色包裝、綠色流通加工、廢棄物物流管理）；(3)建立物流管理會計體系，實現物流活動的最優化和企業效益的最大化；(4)提升物流技術應用水準，幫助物流企業提高效率。

也有學者對具體行業的物流成本進行了研究：

謝慶紅（二〇〇三）分析了中國製造業的物流成本現狀後發現，中國工業企業生產中直接勞動成本佔總成本的比重不到百分之十，而物流費用達到了百分之四十。在商品的生產銷售過程中，用於加工和製造的時間僅為百分之十左右，而用於流通的過程卻佔了百分之九十。她認為製造業物流成本的控制主要可以從以下方面入手：(1)對物流成本進行正確的分類；(2)整合生產流程，合理規劃企業的生產經營活動；(3)正確選擇企業的物流配送模式。

宋華（二〇〇五）在研究了中國醫藥分銷行業後提出，中國醫藥分銷物流存在的問題有：(1)分銷物流系統建設缺乏統籌規劃；(2)服務能力較弱；(3)開展圈地運動；(4)缺乏投入產出概念；(5)資訊孤島現象十分明顯。中國醫藥分銷物流未來的前景是：(1)存在由分散競爭向寡頭壟斷的轉變；(2)市場機制作用與政府共同推動中國醫藥分銷物流發展；(3)醫藥分銷物流的進入門檻將會提高，規制力度將會加強；(4)將向扁平化、網絡化發展；(5)藥品採購物流將仍然堅持集中招投標，在此基礎上向網上交易方向發展和完善。

供應鏈績效測度

透過瞭解物流成本核算方法的總體趨勢，深化對中國企業物流成本現狀的認識，不難發現，物流成本管理不僅對實現單個企業的績效有重大意義，而且在實現整個供應鏈績效方面有舉足輕重的地位。事實上，物流成本核算是實現供應鏈績效的一個組成方面。同樣，對於企業來說，其所進行的供應鏈物流管理的最終目的是整合供應鏈資源，降低整個供應鏈成本，從而提升供應鏈績效。供應鏈績效管理是企業目前面臨的真正挑戰。

縱觀中國國內學者對於供應鏈績效的研究，大致可以梳理出如下的邏輯線索：對供應鏈績效的研究始於供應鏈績效測量，這一過程需要選取科學、合理的指標。指標的選取依賴於對供應鏈績效的認識。在此基礎上再進行供應鏈績效的評價。評價主要依靠統計方法，比如層次分析法、分析網路程序法、模糊層次分析法、灰色關聯分析法、模糊綜合評價法、資料包絡分析等。最後著眼於供應鏈績效的改進與提升，所採用的思路主要借鑒了Lummus等（一九九八）比較分析法的思路，即每一項指標都有三個指標值：理想值、目標值和當前值，透過當前值和理想值、目標值比較找出差距，繼而根據理想值和目標值改進現有的績效狀況。這一思路其實也就是所謂標竿管理（benchmarking）：先確定出企業功能領域的績效評價指標，然後去尋求在這些特定領域內表現卓越的參考基準，比較企業本身與這些基準組織之間的績效差距，並透過分析轉換企業業務流程的做法來達到改善績效、縮短差距的目的（何忠偉、毛波，二〇〇三）。

指標選取

指標的選取有以下幾個基本思路：供應鏈運作參考模型、平衡計分卡、供應鏈創造的價值，以及供應鏈的不同層次等。

▼基於供應鏈運作參考模型的指標選取

基於供應鏈運作參考模型選取指標體系的隱含假設是供應鏈績效的實現依賴於供應鏈流程，即在計劃、採購、製造、傳輸、退貨五個基本流程中實現供應鏈的績效。何忠偉、毛波（二〇〇三）在一篇早期文獻中即提出了基於供應鏈運作參考模型的供應鏈績效評價指標體系。毛會芳、鄒輝霞（二〇〇四）也提出供應鏈運作參考模型是供應鏈績效的基本方法，有同一結論的還有查敦林（二〇〇三）、初穎等（二〇〇四）、高萍等（二〇〇四）、楊茂盛等（二〇〇五）、馬麗娟（二〇〇五）等學者的研究。並且供應鏈運作參考模型並沒有過時，童健、溫海濤（二〇一一）二位學者基於供應鏈運作參考模型中已有的標準評估指標，在大量的供應鏈實踐的基礎上，立足於以顧客滿意度為導向，創新地推導出新的供應鏈績效評估參數，即訂單履行效率（order fulfillment efficiency, OFE）。該參數綜合評估訂單履行過程中定性和定量兩方面的績效，反映出投入的資源和其相關產出在質和量上的綜合相關性。訂單履行效率具有多維性、實用性和可操作性的特徵，它不僅適用於評估供應鏈的各個環節，同時也可以作為輔助評估整個供應鏈管理績效的指標。該參數的引入，加強了供應鏈運作參考模型在供應鏈績效測量方面的準確性。

▼基於平衡計分卡的指標選取

基於平衡計分卡進行指標選取的內隱邏輯是：僅僅營運方面或財務方面的績效無法反映供應鏈績效的全貌，供應鏈績效的評價應當兼顧短期與長期績效，當前的績效只是供應鏈績效的重要組成部份之一。馬士華等（二〇〇二）是早期將平衡計分卡引入供應鏈績效評價的學者，他們從財務、客戶、業務流程、創新學習四個方面構建了指標體系。張和平、張顯東（二〇〇二）也闡述了平衡計分卡法在供應鏈績效評估中的應用。陳疇鏡、胡保亮（二〇〇三）從財務、顧客、經營過程和學習與發展水準四方面，構建了核心企業為製造商的反應型供應鏈（Responsive Supply Chain）的績效評價指標體系。宋偉、滕華（二〇〇四）則細化了平衡計分卡四個方面的指標。客戶方面的指標可細化為彈性、可靠性、客戶保留率及客戶獲得率、客戶利潤率；內部營運方面的指標可細化為供應鏈成本、交貨提前期、產品（或服務）循環期、供應鏈目標成本達到率；學習與創新方面的指標可細化為新產品研發期、新產品收益所佔比例、智力資本結構、員工建議增長率、資訊共享水準；財務方面的指標可細化為資本報酬率、現金周轉率、銷售增長率、利潤增長率、應收賬款周轉率、存貨周轉率、成本降低率等等。林麗紅、李錦飛（二〇〇五），馬麗娟（二〇〇五），鄭傳鋒（二〇〇五），李永祥、韓昭敏（二〇〇六），洪偉民、劉晉（二〇〇六）都提到將平衡計分卡作為指標選取的依據。楊柏（二〇〇七）著重研究了汽車企業所在的供應鏈，認為平衡計分卡可有效地把汽車企業動態聯盟的戰略目標和組織內部的管理控制活動聯繫在一起，透過對聯盟供應鏈管理活動的監督和反饋提高聯盟供應鏈的績效。張英等（二〇一三）以平衡計分卡為基礎，構建反應型供應鏈績效評價體系，將影響反應型供應鏈績效的內外部因素進行四個層次劃分，分別從學習與成長、內部營運、客戶和財務方面進行分析。在學習與成長目標為反映不斷變化的產品市場需求，使用指標為使用技術比率、產銷率；內部業務流程層面目標是供應鏈生產時間具有彈性，對生產成本進行有效控制，評價指標為配送性能、訂單完成率、準時交貨率；客戶層面的目標是客戶的滿意度、價值率，評價指標為顧客投訴率、客戶價值率；財務層面目標為提升供應鏈營運能力，評價指標為供應鏈資本收益率、供應鏈管理總成本。

也有學者認為，平衡計分卡在開發之初是作為衡量單個企業績效的工具，如果用於衡量供應鏈績效，應對其做適當修正保證其科學性。艾文國、安實、孫潔（二〇〇三）則認為在企業資源規劃的環境下，應在平衡計分卡四個方面基礎上增加其他利益相關者方面，從而更全面地反映供應鏈績效。史麗萍和蔡歆（二〇〇三）提出了平衡計分卡六個方面的指標體系。施家芳、張媛（二〇〇四）提出了基於供應鏈的「平衡供應鏈計分卡」（Balance Supply Chain Scorecards, BSC-SC）指標體系，平衡供應鏈計分卡把供應鏈的運作特點和平衡計分卡自身的特點結合起來，從供應鏈、客戶、供應鏈企業的利益出發，以提高企業核心競爭力為目標，建立了一套新的理論架構。該理論架構從六個方面對供應鏈績效進行評價，包括：(1)客戶導向角度；(2)供應鏈內部運作角度；(3)資訊技術角度；(4)供應商關係角度；(5)未來發展角度；(6)財務價值角度。曾現洋等（二〇〇四）從財務角度、客戶角度、流程角度、發展角度和外部角度（環境價值）等五個方面建立了供應鏈績效評價指標體系。許仲彥、孫銳（二〇〇四）在對供應鏈聯盟績效評價體系構建原則、依據的分析以及對平衡計分卡理論的理解基礎上，認為在評價供應鏈聯盟績效時應綜合考慮：顧客滿意度、企業供應鏈業務流程、供應鏈中上下各節點企業滿意度、供應鏈經濟效益、供應鏈創新與發展能力五個方面的內容。孫世敏、羅娜（二〇〇五）提出了以供應鏈管理理論為基礎，利用平衡計分卡原理構建供應鏈績效評價體系的三層六維供應鏈平衡計分卡的思路。鄭培、黎建強（二〇〇八）認為傳統的供應鏈平衡計分卡方法在考慮供應鏈系統內部與外部的平衡時，忽略了供應商的因素，而實際上供應商作為價值鏈中的一個重要環節，在企業生產經營中扮演著非常重要的角色，因此提出了五維動態平衡計分卡模型架構。文紀雲等（二〇一三）認為供應鏈企業績效評價體系應保證評價的靈活性、全面性、可測性及客觀性，因此在平衡計分卡的四個維度基礎上又考慮了供應商關係和資訊共享的評價。其中供應商關係方面，其認為對供應商關係進行評價有利於供應鏈績效的改進，提升供應鏈整體的核心競爭力，主要的評價指標有：準時交貨率、品質可靠性、庫存周轉能力等。在資訊共享方面，其認為資訊共享對供應鏈各節點企業保持戰略目標的一致至關重要，在供應鏈管理系統下，企業瞭解市場的變化，從而有針對性地改進工作，促進供應鏈各企業之間實現更好的配合，保持與供應鏈整體戰略的一致性。主要評價指標有：資訊分享的即時有效性、對供應鏈產品結構的認識、為上下游企業提供的資訊是否已改進整體績效等。周干翠（二〇一三）認為供應鏈上多為多個企業，在實施平衡計分卡進行績效評價時一般由核心企業來組織，因此強調了核心企業組織協調能力的重要性。

由於平衡計分卡的隱含思路中包含了對於供應鏈運作績效的考察，因此有學者提出將供應鏈運作參考模型與平衡計分卡結合，可以更好地衡量供應鏈績效，即將供應鏈運作參考模型中的指標應用在平衡計分卡中的「內部業務流程」方面，代表學者為查敦林（二〇〇三）。他提出了SC-BSC-SCOR供應鏈績效評價模型，更好地滿足了供應鏈績效評價指標體系的設計要求。

也有學者提出將平衡計分卡與Meta圖結合。理由在於：平衡計分卡主要從供應鏈管理戰略角度出發來構建評價指標體系，能全面反映供應鏈運作的整體績效。Meta從戰略層次上對供應鏈的結構進行分析和比較，提出了一種供應鏈組建時的事前分析和評價手段，可以為企業組建供應鏈提供方案的評選。Meta圖和平衡計分卡的結合使用，不僅兼顧了供應鏈各利益相關者、長期與短期、滯後指標與領先指標、財務與非財務等方面的平衡，能從決策層和運行層兩個層次對供應鏈進行全局性測量，還能夠考察供應鏈的運行與戰略目標匹配情況，檢驗平衡計分卡的指標設置是否合理，各指標是否存在因果關係，並且從供應鏈組建到運行再到優化重組，能使所有數據都保持一致（楊潔輝、劉晉，二〇〇九）。

鄭品石和袁天賜（二〇一二）將經濟附加價值模型和平衡計分卡進行融合，建立了基於經濟附加價值和平衡計分卡的供應鏈績效評價模型和相應的指標體系，並提出了利用標竿分析法和模糊綜合評價法進行供應鏈績效評價的思路。作者認為不把經濟附加價值放入平衡計分卡中的財務方面，而是獨立地作為一個考核角度，是因為經濟附加價值指標非常重要，從中能更清晰地看出供應鏈的增值狀況，從而更直觀地看出供應鏈的運作狀況以及核心企業對供應鏈所做出的貢獻，這也可以從經濟附加價值角度中的兩個指標——供應鏈經濟增加值和核心企業經濟增加值中反映出來。

▼基於供應鏈價值創造的指標選取

從供應鏈創造的價值角度選取指標是從價值鏈視角看待供應鏈的結果。從價值鏈角度出發，供應鏈績效被認為是：(1)供應鏈各成員透過資訊協調和共享，在供應鏈基礎設施、人力資源和技術開發等內外資源的支持下，透過物流管理、生產操作、市場行銷、顧客服務、資訊開發等活動增加和創造的價值總和；(2)為達到上述目標，供應鏈成員採取的各種活動，即過程績效（霍佳震、隋明剛、劉仲英，二〇〇二）。霍佳震（二〇〇二）認為供應鏈績效就是供應鏈活動創造的價值，該價值分為兩個部份，顧客價值和供應鏈價值。前者是外部消費者／最終顧客透過購買產品（包括核心產品和形式產品）或者接受服務（延伸產品）獲得的價值，它由基本價值和額外價值組成；後者是供應鏈各成員企業透過各種活動增加和創造的價值，它由每種活動單獨產生的價值和共同產生的價值以及供應鏈滿足顧客需求的能力所組成。這一結論也得到了王鳳彬（二〇〇四）研究結論的印證。因此霍佳震等（二〇〇二）以顧客價值和供應鏈價值為基礎建立集成（整合）化供應鏈績效的多層評價指標體系。該體系由顧客滿意、供應鏈投入、供應鏈產出和供應鏈財務等四個二級指標、二十三個基本指標組成。徐麟文（二〇〇四）也同樣認為整合供應鏈的績效由兩部份組成：顧客價值和供應鏈價值。顧客價值是整合化供應鏈績效的外部體現，而顧客滿意是顧客價值的唯一評價指標。顧客滿意可以採用彈性、可靠性、價格和品質四個二級指標來具體描述。供應鏈價值體現了整合化供應鏈內部績效，是供應鏈發展和獲取競爭優勢的關鍵。具體可由供應鏈投入、供應鏈產出和財務評價三個方面來描述。

從空間角度來看，供應鏈創造的價值涉及內部、外部以及整個供應鏈範圍的價值，因此供應鏈績效應涉及內部績效、外部績效和供應鏈綜合績效。楊建華（二〇〇四）的研究也認同這一觀點。在這一思路指導下，李書娟（二〇〇五）指出供應鏈管理績效評價應包括：外部績效評價、內部績效評價和綜合績效評價，而三者存在一定的聯繫和區別。內部績效評價主要是對供應鏈上的企業內部績效的度量；外部績效評價主要是對供應鏈上企業之間運作狀況的評價；綜合績效評價是對供應鏈整體績效的衡量。指標體系綜合考慮了企業供應鏈業務流程、供應鏈中上下各節點間的關係、供應鏈經濟效益、供應鏈創新、學習能力和供應鏈整體性六個方面。姜方桃（二〇〇六）將供應鏈績效分為：內部績效、外部績效以及供應鏈整體績效。內部績效有四個一級指標：財務狀況、競爭力與技術能力、學習與創新、服務；外部績效有兩個一級指標：用戶滿意度、供應鏈密切度；整體績效有三個一級指標：顧客價值、供應鏈價值、發展能力與潛力。最後運用模糊綜合評價法對指標賦予權重。

▼基於供應鏈不同層次的指標選取

供應鏈的三個層次（即戰略層、戰術層與營運層）也是選取指標的主要思路之一。早在二〇〇二年，劉小平、李洪福（二〇〇二）從戰略層次、戰術層次和操作層次提出了供應鏈績效評價指標體系。霍佳震、馬秀波（二〇〇五）從結果層、運作層、戰略層三個層次構建了基於流程的供應鏈績效評價體系。針對不同主體，確立了相應的一級與二級指標。張天平（二〇〇九）提出供應鏈綜合績效也包含以下幾個一級指標：戰略層績效、戰術層績效、營運層績效。張天平（二〇一〇）繼續豐富了自己的研究。

▼其他研究

馬士華等（二〇〇〇）提出了供應鏈績效評估的一般性統計指標，包括：客戶服務、生產與品質、資產管理和成本四個方面。在客戶服務方面，有飽和率等七項指標；在生產與品質方面，有人均發運系統等七項指標；在資產管理方面，有庫存周轉等七項指標；在成本方面，有全部成本與單位成本等七項指標。供應鏈的績效還應輔以一些綜合性的指標，如供應鏈生產效率；也可用某些由定性指標組成的評價體系，如用戶滿意度、企業核心競爭力等來反映。徐賢浩等（二〇〇〇）提出了能反映整個供應鏈業務流程績效的評價指標，包括：(1)產銷率指標；(2)平均產銷絕對偏差指標；(3)產需率指標；(4)供應鏈產品出產（或投產）循環期指標；(5)

供應鏈總體營運成本指標；(6)供應鏈核心產品成本指標；(7)供應鏈產品品質指標。

史麗萍、蔡歆（二〇〇三）認為電子商務環境下供應鏈的績效定義了三種價值：顧客價值、資訊價值和供應鏈價值，這三種價值從外部和內部定義了供應鏈應達到的績效水準。對供應鏈整體績效進行評價時也必須從這三個方面入手。胡曉燕（二〇〇三）則考慮到物流系統中供應鏈的主要特徵，將評定指標分為環節、狀況和風險三類。

李貴春、李從東、李龍洙（二〇〇四）提出了以供應鏈綜合績效和節點企業間合作水準兩個一級指標、多個二級三級指標構成的供應鏈績效水準指標體系，應用多級動態模糊綜合評價法計算各個指標的權重。路應金、江黎黎、唐小我（二〇〇四）提出了一種基於客戶服務水準整合化供應鏈績效評價的區間數線性規劃方法。其評價過程更具彈性，並透過實例分析了該方法的應用效果。研究結果表明，多客戶服務是企業所在的供應鏈之間競爭的焦點，處於整合化供應鏈反映市場需求的關鍵環節，而基於客戶服務水準的整合化供應鏈績效評價能較準確地反映供應鏈整體績效，具有重要的參考價值。

方承武、雷勳平（二〇〇五）從顧客滿意度出發建立了供應鏈績效評價模型，包括：彈性、可靠性、價格、品質四個一級指標。戢一鳴、張金隆（二〇〇五）提出了由客戶服務、生產與品質、資產管理、成本四個一級指標構成的供應鏈績效水準評價體系。劉元洪、羅明、劉仲英（二〇〇五）認為由於供應鏈的績效評價側重於投入、產出等量的度量，故選取如下評價指標：(1)供應鏈總營業收入指標；(2)供應鏈總營業成本指標；(3)供應鏈總營運費用指標；(4)供應鏈總利潤指標；(5)供應鏈社會貢獻指標。周淑華（二〇〇五）透過對供應鏈協調的內涵進行分析，從供應鏈協調績效評價的原則出發，提出了基於物流、資金流、資訊流和彈性四個方面的供應鏈協調績效評價指標體系，並對各指標建立了相應的量化計算方法。

劉冬林、王春香（二〇〇六）在構建供應鏈績效評價指標體系時考慮了成本、資源利用率、品質、彈性、透明度等方面。

王志宏等（二〇〇七）從供應鏈協調狀態、客戶滿意程度和供應鏈效益三個方面來評價供應鏈績效，分析了大批量定制供應鏈績效評價系統在整合性、數據一致性和可監控異常情況等方面的需求，建立了面向大批量定制的供應鏈績效評價系統。在某服裝企業中實際應用了該供應鏈績效評價系統，有效地實現了對面向大批量定制的供應鏈的評價和監控。

霍紅等（二〇一二）在考慮物流服務供應鏈的結構及其績效評價的特性的基礎之上，建立了物流服務供應鏈的績效評價指標體系，即由客戶滿意、財務績效、成本狀況與協同發展四個角度組成的一級指標以及二十個二級指標。劉偉華等（二〇一二）分析了物流服務供應鏈協同運作的特點，從流程對接前、中、後各時間段出發，建立了物流服務供應鏈協同運作流程對接評價指標體系，其認為構建物流服務供應鏈流程對接綜合績效評價體系時需要遵循以下四個原則：(1)指標體系需要突出層次性。績效指標體系既要關注結果（如客戶滿意度），也要關注過程（具體的服務運作過程），因此，整個指標體系可以劃分為流程對接的結果層、運作層、環境層，分別對應事後評價、事中評價、事前評價。(2)指標體系需要綜合反映不同主體的評價結果。關鍵指標的選取需從客戶、物流服務整合商和功能型物流服務提供商三個主體來進行綜合考慮。(3)充份考慮物流服務供應鏈流程對接過程的特性。指標體系要反映出物流服務供應鏈上下游主體之間在流程對接過程中的績效協調水準。(4)充份考慮物流服務供應鏈的服務特性。物流服務供應鏈績效評價要特別突出服務供應鏈特性，要有服務性的指標，如服務前的需求預測協同度、服務產品設計協同度和服務中的物流能力調度協同度、物流品質監控協同度等指標。

中國電子商務協會供應鏈管理委員會（Supply Chain Council of CECA, CSCC）結合中國供應鏈管理模式和企業現實需求，推出了中國企業供應鏈管理績效水準評價參考模型（Supply Chain Performance Metrics Reforence Model, SCPR）。該模型從五個方面科學、定量地評價企業供應鏈管理水準。具體包括：(1)評價企業對客戶需求反應水準的「訂單反應能力指標」；(2)透過滿意度來反映供應鏈管理績效的「客戶滿意度指標」；(3)評價供應鏈上各節點企業的業務標準協同狀況的「業務標準協同指標」；(4)反映加入供應鏈的企業數量、互動能力等因素的「節點網絡效應指標」；(5)從建設方式、業務適應能力等角度評價企業供應鏈管理績效的「系統適應性指標」。

績效評價

績效評價主要依賴於統計分析方法，根據中國國內學者的研究，主要採用的方法有以下幾種：

▼層次分析法（AHP）

層次分析法作為系統工程對非定量事件進行評價的一種分析方法，最早由美國學者Saaty（1973）提出。運用它解決問題可以分為四個步驟：(1)分解原問題，並建立層次結構模型；(2)蒐集數據，用相互比較的方式構造判斷矩陣；(3)層次單排序及一致性檢驗；(4)進行總排序和一致性檢驗，找出各個子目標對總目標的影響權重，並以此作為決策依據。中國國內學者陳疇鏡、胡保亮（二〇〇三）是較早使用層次分析法評價供應鏈績效的學者之一，從財務、顧客、經營過程和學習與發展水準四方面構建了核心企業為製造商的反應型供應鏈的績效評價指標體系，應用高標定位法確定其中的定性指標，然後運用層次分析法確定權重。方承武、雷勳平（二〇〇五）以層次分析法和顧客滿意度為基礎，建立了供應鏈績效評價模型，包括：彈性、可靠性、價格、品質四個一級指標，為供應鏈績效評價提供了一種定量化方法。

在此之後越來越多的學者發現層次分析法的不足之處，於是更多的學者採用了層次分析法的改進計算方法。由於供應鏈績效評價指標權重的確定往往需要專家的判斷，而這些判斷又大多具有模糊性，因此模糊層次分析法（Fuzzy AHP, FAHP）可以被用來確定供應鏈績效評價指標的權重。戢一鳴、張金隆（二〇〇五）提出了由客戶服務、生產與品質、資產管理、成本四個一級指標構成的供應鏈績效水準評價體系，用模糊層次分析法計算各指標權重。李貴春、李從東、李龍洙（二〇〇四）考慮到在運用模糊層次分析法時，一般很少考慮評價對象的特性值隨時間而變化的情況，而是把評價指標作為常量進行評價，或者只根據某時間點的一組指標值進行評價，然後將評價結果推及整個時間段。這種評價方法對於求解某些問題是不適合的。比如，對供應鏈績效進行評價時，評價結果必須根據不同時點的指標值進行修正，即實現即時的動態評價。因此，他們提出了動態模糊評價法，在構造評價矩陣時引入時間參數進行評價。黃凌、達慶利（二〇〇九）認為層次分析法以及模糊綜合評價法忽視了同層和相關層次指標之間的相互聯繫，和相互影響以及下層元素對上層目標的反饋作用，而分析網路程序法繼承了層次分析法考慮各因素或層次之間相互影響的特點，彌補了層次分析法的不足，考慮了不同層次之間的資訊反饋與同一層次元素之間的相互依存關係，是層次分析法的擴展。因此在計算逆向供應鏈績效評價指標體系時，採用了分析網路程序法。劉偉華等（二〇一二）採用分析網路程序法來確定各指標的權重，用模糊評價法對各指標原始得分進行評價，建立了ANP-Fuzzy綜合績效評價模型，並進行了算例分析，表明該方法可以定量地評價物流服務供應鏈流程對接績效，具有一定的推廣價值。

▼模糊綜合評價法

模糊綜合評價是以模糊數學為基礎，將邊界不清、不易定量的因素定量化，進行綜合評價的一種方法。

供應鏈系統績效評價問題中，其評價指標有些可以透過統計法統計，而有些則只能用專家評價法，即既存在定量指標，也存在定性指標。在這種情況下，模糊綜合評價能夠綜合考慮定性與定量指標進行評價。胡曉燕（二〇〇三）根據現代物流企業供應鏈的主要特徵提出了供應鏈績效評定指標，用模糊評判法實現了對供應鏈績效的評定。姜方桃（二〇〇六）在考慮供應鏈內部績效、外部績效以及供應鏈整體績效時運用了模糊綜合評價法對指標賦予權重。劉冬林、王春香（二〇〇六）在構建供應鏈績效評價指標體系時就運用綜合評價和模糊數學的相關理論，建立了模糊綜合評價模型，並結合了層次分析法中權的最小平方法來確定各評價指標的權重。郭梅、朱金福（二〇〇七）針對物流服務供應鏈績效評價中指標過多的問題，提出了一種基於模糊粗糙集的指標約簡方法。該方法首先將連續實值屬性值轉化為模糊值，把每個對象對應的各個屬性值看作一個模糊集合，定義了對象間的模糊相似關係和模糊相似類的概念。給出了模糊相似關係下的變精度粗糙集下、上近似及屬性約簡方法。針對只有模糊評價矩陣而沒有專家權重的情況，根據屬性的重要性確定約簡後指標的客觀權重，透過構造被評對象到理想點的貼近度，對多個方案進行優選評估。最後透過實例說明了該方法的有效性。張天平（二〇〇九）將定量測試與專家系統結合起來，採用模糊綜合評價法對綠色供應鏈管理企業績效進行評價。劉祝龍等（二〇一二）在低碳經濟和智慧電網的環境下，結合層次分析法和模糊綜合評價法提出績效評價模型，分析總結了低碳電力供應鏈績效評價指標體系。

▼灰色關聯分析法

灰色關聯分析法（grey relation analysis, GRA）是一種多因素統計分析方法，它以各因素的樣本數據為依據，用灰色關聯度來描述因素間關係的強弱、大小和次序，若樣本數據反映出的兩因素變化的趨勢（方向、大小和速度等）基本一致，則它們之間的關聯度較大；反之，關聯度較小（劉偉東等，二〇〇七）。灰色關聯度法需要先確定參考序列，然後計算一組序列與參考序列之間的關聯度。按照關聯度大小排序，關聯度越大，則與參考序列越相近。在供應鏈績效評價中，可以事先確定供應鏈績效指標的參考值形成參考序列，再計算目前供應鏈各指標參數形成的序列與參考序列之間的關聯度，對供應鏈績效進行評價。霍紅等（二〇一二）就在充份考慮物流服務供應鏈的結構，及其績效評價特性的基礎之上，建立了物流服務供應鏈的績效評價指標體系，運用熵權法確定指標的權重，並建立了灰色關聯度的模型評價，來確定物流服務供應鏈的績效水準，並對某製造企業選取合適的物流服務供應鏈進行算例應用。

▼資料包絡分析法

資料包絡分析法是美國著名運籌學家Charnes和Cooper（1978）在「相對效率評價」概念基礎上發展起來的一種新的系統分析方法。它是對多指標投入和多指標產出的相同類型部門，進行相對有效性綜合評價的一種方法，也是研究多投入多產出生產函數的有力工具。在社會、經濟和管理領域中，常常需要對具有相同類型的部門、企業或者同一企業不同時期的相對效率進行評價，這些部門、企業或時期被稱為決策單元（DMU），亦被稱為評價單元。評價的依據是評價單元的一組投入指標數據和一組產出指標數據。資料包絡分析法就是根據投入指標數據和產出指標數據評價決策單元的相對效率，即評價部門、企業或時期之間的相對有效性，它是評價多指標投入和多指標產出評價單元相對有效性的多目標決策方法。在供應鏈績效評價中，可以根據Schinner（1980）提出的方法，將越小越好的指標作為模型的輸入，而將越大越好的指標作為模型的輸出，計算每個評價單元的相對效率值。如若評價單元的相對效率值等於一，說明該評價單元（供應鏈）為有效決策單元，績效良好；如評價單元相對效率值小於一，則說明該條供應鏈還有改進的空間。資料包絡分析法在供應鏈績效評價中可以發揮兩種作用：一是用資料包絡分析法計算供應鏈績效的參考或基準，如何忠偉、毛波

（二〇〇三）採用資料包絡分析法作為計算供應鏈績效參考基準的模型，並用相對效率博弈模型（Pair-wise Efficiency Game, PEG）對結果進行修正，透過聚類分析為不同企業選定不同績效基準；二是根據選定的指標在多條供應鏈中選出績效較優的，如楊茂盛、李濤、白庶（二〇〇五）運用資料包絡分析法對西安市十二個品牌專賣零售企業的供應鏈營運效率進行評價。童瑩、張宇（二〇一三）構建了基於資料包絡分析法的綠色供應鏈績效評價體系，然後透過資料包絡分析對十五條綠色供應鏈進行測算，說明採用資料包絡分析對供應鏈進行績效評價是可行的。余燕芳（二〇一三）基於二級供應商——製造商鏈，構建了網絡資料包絡分析模型對供應鏈效率進行評估，分別針對集中型、分散型和混合型組織機制，引進了三種不同的網絡資料包絡分析模型。

也有學者在考慮到供應鏈特性的基礎上嘗試對資料包絡分析法進行改良，使結果更具可參考性。鍾祖昌、陳功玉（二〇〇六）透過計算結果比較了傳統資料包絡分析模型和網絡資料包絡分析模型，展示了網絡資料包絡分析法的優越性，使管理者能夠更加深入瞭解企業的無效率過程。史文利（二〇〇八）提出將粗糙集與資料包絡分析相結合的方法，即RS-DEA法，建立了基於粗糙集屬性約簡的輸入—輸出型供應鏈績效評價指標體系，並採用Malmquist生產力指數進行供應鏈績效的總要素生產力（Total Factor Productivity, TFP）測算，並將指數分解為技術進步指數、資源配置效率指數、純技術效率指數和規模效率指數，分別進行分析與評價。

參考文獻

艾文國、安實、孫潔，〈ERP環境下企業績效評價體系研究〉，《中國軟科學》，2003(2): 133-135。

鮑新中，《物流成本管理與控制》，北京：電子工業出版社，2005: 88-120, 12-15。

查敦林，《供應鏈績效評價系統研究》，南京航空航天大學博士論文，2003。

陳疇鏡、胡保亮，〈基於平衡記分卡和層次分析法的供應鏈績效評價〉，《財經論叢》，2003(5): 86-91。

陳偉華，〈我國物流成本管理存在的問題及對策分析〉，《煤炭經濟研究》，2009(10): 71-72。

陳小龍、朱文貴、張顯東，〈ABC成本法在企業物流成本核算和管理中的應用〉，《物流技術》，2002(6): 14-18。

陳雅萍，〈基於作業成本法的第三方物流企業成本核算研究〉[C]，國際會議。

陳奕錕，〈基於TOC的建築供應鏈績效評價體系構建研究〉，《企業導報》，2013(13): 62-63。

陳志祥、羅瀾、趙建軍，〈激勵策略對供需合作績效影響的理論與實證研究〉，《計算機集成製造系統》，2004, 10(6): 677-683。

初穎、劉魯、張巍，〈基於聚類挖掘的供應鏈績效評價的標竿選擇法〉，《管理科學學報》，2004(5): 49-53。

崔南方、鍾秀麗，〈基於SCOR的物流作業成本核算模型〉，《管理學報》，2006, 3(4): 391-394, 399。

代坤，〈物流成本核算體系的構建〉，《財會月刊》，2003(19): 17-18。

鄧春姊、包紅霞、秦英，〈優化濱海新區物流企業倉儲成本核算方法〉，《中國物流與採購》，2010(23): 80-81。

董雅麗、李長坤，〈基於時間與作業成本的物流成本核算模型與方法〉，《華東經濟管理》，2008, 22(8): 121-124。

方承武、雷勳平，〈基於顧客滿意度的供應鏈績效評價〉，《安徽工業大學學報》，2005, 22(4): 412-415。

方芳、楊暘，〈企業物流成本核算的ABC成本法〉，《統計與決策》，2003(5): 94-95。

方桂萍，〈企業物流成本會計核算及改進探討〉，《中國商貿》，2012(11): 163-164。

馮耕中、李雪燕、汪應洛等，《企業物流成本計算與評價》，北京：機械工業出版社，2007: 13, 165-226。

馮娜，〈我國物流成本的現狀、問題與對策研究〉，《中國集體經濟》，2012(21): 142-143。

傅桂林，《物流成本管理》，北京：中國物資出版社，2004: 268-314, 14-16。

高萍、黃培清、張存祿，〈基於SCOR模型的供應鏈績效評價與衡量指標選取〉，《工業工程與管理》，2004(3): 49-52。

龔曉丹，〈中國社會物流成本分析〉，《鄭州航空工業管理學院學報》，2008, 26(5): 135-139。

桂良軍、徐迎秋，〈製造企業物流成本的核算與控制研究〉，《江蘇商論》，2006(3): 45-47。

郭梅、朱金福，〈基於模糊粗糙集的物流服務供應鏈績效評價〉，《系統工程》，2007, 25(7): 48-52。

何忠偉、毛波，〈基於DEA和聚類分析的供應鏈績效評價基準選擇〉，《科學學與科學技術管理》，2003(6): 36-39。

洪偉民、劉晉，〈供應鏈績效評價研究綜述〉，《商業研究》，2006(8): 17-21。

洪偉民、劉晉，〈敏捷供應鏈績效評價體系的構建〉，《現代管理科學》，2006(6): 79-82。

胡曉燕，〈基於供應鏈績效評定的物流成本評價體系研究〉，《武漢理工大學學報》，2003, 27(5): 687-689。

黃凌、達慶利、許葉軍，〈再利用逆向供應鏈績效的TFOWA評價法〉，《統計與決策》，2009(12): 25-27。

黃凌、達慶利，〈基於BSCANP的逆向供應鏈績效評價〉，《東南大學學報》(哲學社會科學版)，2009, 11(1): 75-79。

黃炎波、張漢江，〈物流成本控制的系統方式〉，《系統工程》，2004, 22(1): 52-54。

霍紅、林青，〈基於灰關聯熵的物流服務供應鏈績效評價〉，《物流工程與管理》，2012(9): 67-70。

霍佳震、馬秀波，〈基於流程的供應鏈績效評價〉，《商業研究》，2005(5): 14。

霍佳震、隋明剛、劉仲英，〈集成化供應鏈整體績效評價體系構建〉，《同濟大學學報》，2002, 30(4): 495-499。

霍佳震、隋明剛、劉仲英，〈企業績效及供應鏈績效評價研究現狀〉，《同濟大學學報》，2001, 29(8): 976-981。

戢一鳴、張金隆，〈應用FAHP確定供應鏈績效評價指標權重〉，《華中師範大學學報》(自然科學版)，2005, 39(2): 190-194。

簡傳紅，〈企業管理中物流成本核算方式淺論〉，《經濟師》，2003(7): 150-151。

姜方桃，〈供應鏈管理績效評價的模糊綜合評價法〉，《統計與決策》，2006(9): 160-163。

金建愷，〈創建第三方物流企業成本核算模型探析——基於時間驅動作業成本法〉，《通化師範學院學報》，2009(5): 26-28, 32。

李貴春、李從東、李龍洙，〈供應鏈績效評價指標體系與評價方法研究〉，《管理工程學報》，2004, 18(1): 104-105。

李會太、張文杰，〈生產企業物流成本的單獨集中核算〉，《物流科技》，2002, 25(1): 17-18。

李強、李華鋒，〈物流成本核算方法〉，《冶金財會》，2005(11): 22-23。

李慶芳，〈作業成本法在農產品物流成本核算中的應用研究〉，《中國商貿》，2012(25): 163-164。

李書娟，〈供應鏈管理績效評價研究〉，《價值工程》，2005(12): 48-50。

李永祥、韓昭敏、康世瀛，〈平衡計分卡在供應鏈績效評價中的應用〉，《企業經濟》，2006(7): 39-41。

李遠慧、丁慧平，〈中國企業物流成本現狀分析及降低途徑探討〉，《物流技術》，2007, 26(8): 227-229。

連桂蘭，《如何進行物流成本管理》，北京：北京大學出版社，2004: 31-48。

林麗紅、李錦飛，〈基於BP神經網絡的供應鏈績效評價模型〉，《江蘇大學學報》(社會科學版)，2005, 7(3): 84-87。

劉冬林、王春香，〈供應鏈整體績效的模糊綜合評價〉，《物流技術》，2006(4): 74-77。

劉海潮、王磊，〈第三方物流TDABC企業物流成本核算體系——基於天水物流公司的案例研究〉，《管理案例研究與評論》，2012(3): 197-204。

劉佳波，〈談運用管理會計降低企業物流成本的途徑〉，《科技創新與應用》，2012(14): 249。

劉巧茹，〈工業企業物流成本核算存在問題及改進〉，《會計之友》，2009(7): 44, 53。

劉偉東、扈海波、程叢蘭、李青春，〈灰色關聯度方法在大風和暴雨災害損失評估中的應用〉，《氣象科技》，2007, 35(4): 563-566。

劉偉華、葛美瑩、謝冬、劉春玲，〈基於ANP-Fuzzy方法的物流服務供應鏈流程對接績效評價〉，《武漢理工大學學報》，2012, 36(6): 1113-1117。

劉小平、李洪福，〈供應鏈績效評估策略及其指標體系〉，《物流技術》，2002(8): 26-28。

劉艷萍，〈企業物流成本核算方法的設計研究〉，《會計之友》，2009(5): 17-18。

劉永勝、馬燕，〈生態型供應鏈績效的評價指標體系〉，《企業經濟》，2003(9): 174-175。

劉永勝、于戎，〈我國企業物流研究綜述〉，《物流技術》，2012, 31(9): 353-356。

劉元洪、羅明、劉仲英，〈供應鏈評價體系構架的研究〉，《商業研究》，2005(24): 69-71。

劉悅、韓海斌，〈基於作業成本法的第三方物流企業成本核算研究〉，《財會通訊》，2011(12): 122-124。

劉祝龍、王歡林，〈低碳電力供應鏈績效評價——基於層次分析和模糊綜合評價〉，《中國集體經濟》，2012(15): 77-78。

路應金、江黎黎、唐小我，〈集成化供應鏈績效評價方法研究〉，《電子科技大學學報》，2004, 33(2): 196-199。

呂靖、趙洪初、張爽，〈物流成本的管理問題〉，《大連海事大學學報》，2006, 32(3): 15-17。

呂君，〈基於環境價值鏈的CLSC逆向物流作業成本核算〉，《統計與決策》，2010(24): 41-43。

羅曉蕾，〈時間驅動作業成本法研究〉，《物流技術》，2010(5): 46-48。

馬麗娟、霍佳震，〈基於用戶滿意度的供應鏈績效評價指標體系研究〉，《物流技術》，2002(2): 27。

馬麗娟，〈關於供應鏈績效評價的探討〉，《現代管理科學》，2005(10): 94-95。

馬士華、李華焰、林勇，〈平衡記分法在供應鏈績效評價中的應用研究〉，《工業工程與管理》，2002(4): 59。

馬士華、譚勇、龔鳳美，〈工業企業物流能力與供應鏈績效關係的實證研究〉，《管理學報》，2007, 4(4): 493-500。

馬新安、張列平、田澎，〈供應鏈中的信息共享激勵：動態模型〉，《中國管理科學》，2001, 9(1): 19-24。

毛會芳、鄒輝霞，〈基於供應鏈管理的績效評價研究〉，《科技與管理》，2004(6): 69-72。
毛杰明，〈煤炭企業物流成本核算方法研究〉，《商業經濟》，2014(6): 91-93。
毛艷飛，〈論我國企業降低物流成本的途徑〉，《現代商貿工業》，2007, 19(9): 59-60。
閔亨峰，〈基於時間驅動作業成本法下的物流成本核算〉，《物流科技》，2007, 30(6): 93-95。
倪霖、王偉鑫，〈基於灰色AHP的物流服務供應鏈績效評價研究〉，《計算機工程與應用》，2011, 47(32): 236-238。
邵瑞慶，〈關於對物流成本概念的界定〉，《工業技術經濟》，2006, 25(2): 80-83。
沈艷，《製造企業物流成本核算的研究》，上海海事大學碩士論文，2006(6)。
施家芳、張媛，〈關於供應鏈績效評價的探討〉，《北方經貿》，2004(6): 88-89。
史恩靜、魯薇，〈試論如何降低我國物流成本〉，《中國商貿》，2011(6): 115-116。
史麗萍、蔡歆，〈電子商務環境下供應鏈整體績效評價〉，《物流科技》，2003, 26(3): 14-16。
史文利，《供應鏈績效的多維評價研究》，天津大學博士論文，2008。
舒蓮枝，〈作業成本法在企業物流成本管理中的應用研究〉，《武漢理工大學學報》，2007, 29(8): 90-193。
帥斌、孫朝苑，〈一類企業物流成本核算的MA模型〉，《財經科學》，2006(5): 114-119。
宋華、胡左浩，《現代物流與供應鏈管理》，北京：經濟管理出版社，2000。
宋華、王嵐，〈中國企業物流成本管理現狀與發展〉，《中國人民大學學報》，2009(4): 89-96。
宋華，〈基於供應鏈流程的物流成本核算與管理〉，《中國人民大學學報》，2005(3): 114-120。
宋華，〈企業物流成本核算與管理體系優化〉，《商業時代》，2007(12): 15-17。
宋華，《物流成本與供應鏈績效管理》，北京：人民郵電出版社，2007。
宋華，〈物流作業成本測度及其應用〉，《管理評論》，2004, 16(4): 14-22。
宋華，〈中國醫藥分銷物流變革存在的問題與前景展望〉，《中國軟科學》，2005(6): 132-138。
宋偉、滕華，〈供應鏈績效評價中的BSC方法〉，《價值工程》，2004(4): 43-45。

宋則、常東亮，《中國物流成本前沿問題考察報告(2005—2006)》，北京：中國物資出版社，2005: 15-16。
宋則、常東亮，〈中國物流成本前沿問題考察報告(上)〉，《財貿經濟》，2005(7): 43-47。
宋則、常東亮，〈中國物流成本前沿問題考察報告(下)〉，《財貿經濟》，2005(8): 58-62。
孫世敏、羅娜，〈三層六維供應鏈平衡記分卡體系構建〉，《東北大學學報》(社科版)，2005(5): 350-353。
覃愛瓊，〈基於QFD與作業成本法的QTA核算模型〉，《經營管理者》，2009(16): 19。
譚華，〈淺談管理會計對第三方物流成本控制的意義〉，《科技創業月刊》，2012(9): 79-80。
童健、溫海濤，〈基於SCOR模型的供應鏈績效評估：一個創新的參數OFE〉，《中國管理科學》，2011, 19(2): 125-132。
童瑩、張宇，〈基於DEA的綠色供應鏈績效評價分析〉，《企業導報》，2013(12): 40-41。
汪永蘭、賈思媛，〈企業物流成本會計核算及改進策略〉，《財會月刊》，2010(8): 69-71。
王春華，〈物流成本核算體系研究〉，《商場現代化》，2006(1): 113-114。
王大淼、宋艷，〈敏捷供應鏈績效評價指標體系研究〉，《科技與管理》，2005(3): 95-99。
王鳳彬，〈節點企業間界面關係與供應鏈績效研究〉，《南開管理評論》，2004, 7(2): 72-78。
王夢婕、謝合明，〈基於日本研究理論的我國企業物流成本核算淺析〉，《物流技術》，2013(6): 46。
王能民、汪應洛、楊彤，〈供應鏈協調機制選擇與績效關係研究綜述〉，《管理科學》，2007, 20(1): 22-28。
王煒、陳俊芳、張平，〈物流成本核算體系研究〉，《技術經濟與管理研究》，2004(1): 104。
王志宏、祁國寧、顧新建、潘旭偉，〈面向大批量定制的供應鏈績效評價系統〉，《浙江大學學報》，2007, 41(9): 1567-1571。
溫素彬、徐佳，〈時間驅動作業成本法的原理與應用〉，《財務與會計》(理財版)，2007(2): 35-37。
文紀雲、鄭鵬、顧博偉，〈供應鏈管理理論在企業協同管理中的應用研究〉，《會計師》，2013(3), 10-11。
吳安南，〈中美物流成本現狀及其比較分析〉，《物流科技》，2008(4): 129-132。

吳金南、仲偉俊，〈電子商務能力影響供應鏈績效的機理研究〉，《中國管理科學》，2011, 19(1): 142-149。

謝慶紅，〈製造業物流成本探析〉，《商業研究》，2003(4): 161-162。

徐峰，〈借貸記賬法中引入虛擬賬戶的構想〉，《會計之友》，2007(12): 33-34。

徐麟文，〈集成化供應鏈績效評價〉，《商業研究》，2004(4): 49-51。

徐賢浩、馬士華、陳榮秋，〈供應鏈績效評價特點及其指標體系研究〉，《華中理工大學學報》，2000, 14(2): 69-72。

徐瑜青、王暉、潘瑩，〈製造業物流成本計算方法及案例〉，《工業工程與管理》，2009, 14(6): 124-128。

徐章一，〈基於SCOR的供應鏈作業成本核算方法〉，《財會通訊》，2009(8): 46-47。

許仲彥、孫銳，〈電子商務供應鏈組織績效評析〉，《商業時代》，2004(21): 52-54。

嚴福泉、嚴雙，〈逆向物流成本分析〉，《科技創新導報》，2009(33): 140。

楊柏，〈基於平衡記分卡的汽車企業動態聯盟供應鏈績效評價研究〉，《管理世界》，2007(8): 161-162。

楊建華，〈一種促進企業模型快速定制的製造企業元模型〉，《工業工程與管理》，2004(4): 22-26。

楊潔輝、劉晉，〈Meta圖與平衡計分卡在供應鏈戰略績效優化中的應用〉，《統計與決策》，2009(5): 164-166。

楊金海、劉純陽、夏雷，〈關於供應鏈績效評價指標體系構建的思考〉，《商場現代化》，2005(12): 153-155。

楊靜蕾、郭瑞，〈時間驅動的作業成本法在城市配送服務定價中的應用研究〉，《物流技術》，2009(8): 76-79, 83。

楊玲飛，〈應用流程分解和作業成本法的物流成本核算〉，《物流科技》，2013(6): 83-86。

楊茂盛、李濤、白庶，〈基於數據包絡分析的供應鏈績效評價〉，《西安工程科技學院學報》，2005, 19(2): 180-182。

楊萍、雷艷，〈試論作業成本法在物流成本管理中的應用〉，《商品儲運與養護》，2001, 23(6): 25-27。

楊小俠，〈中日物流成本現狀比較〉，《物流技術》，2009, 28(1): 156-158。

易華，《基於競爭戰略的企業物流成本控制研究》，北京交通大學博士論文，2011(11)。

于向雲，〈物流成本核算方法研究文獻綜述〉，《財會月刊》，2011(10): 78-80。

余燕芳，〈基於網絡數據包絡分析的供應鏈績效評估〉，《統計與決策》，2013(1): 51-53。

曾海容，〈我國企業物流成本現狀及對策分析〉，《知識經濟》，2011(22): 105-106。

曾現洋、曲建華等，〈供應鏈績效評價指標體系的研究〉，《河南農業大學學報》，2004, 38(2): 231-236。

張國慶、葉民強、劉龍青，〈企業物流成本核算研究綜述〉，《物流科技》，2007(3): 14。

張和平、張顯東，〈平衡計分卡法在供應鏈績效評估中的應用〉，《物流技術》，2002(12): 19-20。

張紅國、王曉燕，〈時間驅動作業成本法在企業物流成本核算中的應用〉，《財務通訊》(綜合中)，2010(1): 134-135。

張紅國，〈時間驅動作業成本法應用實例分析〉，《中國鄉鎮企業會計》，2009(8): 93-93。

張金壽，〈工業企業物流成本核算的研究〉，《中國儲運》，2007(10): 102-103。

張立中，〈畜產品物流成本核算探析〉，《中國流通經濟》，2009(1): 22-24。

張麗芳，〈企業物流成本會計核算方法〉，《物流技術》，2012(10): 50-52。

張俐華、劉錦虹，〈基於ABC和EVA核算模型的物流成本管理研究〉，《金融與經濟》，2010(10): 84-86。

張天平、蔣景海，〈三層次供應鏈績效評價指標體系的構建〉，《求索》，2010(6): 38-39。

張天平，〈供應鏈績效指標模糊綜合評價模型〉，《統計與決策》，2009(22): 68-70。

張英、王樂樂，〈基於平衡計分卡的響應型供應鏈績效評價指標體系設計〉，《物流技術》，2013(17): 374-376。

張運，〈論製造業作業成本法物流成本核算體系設計〉，《財會通訊》，2009(9): 58-59。

張韻楊、郭詠松、邱祝強，〈逆向物流成本核算模型研究〉，《鐵道運輸與經濟》，2005, 27(12): 26-27。

趙曉軍、郇金寶，〈供應鏈績效評估體系研究現狀分析〉，《商業研究》，2005(20): 59-62。

鄭傳鋒，〈基於平衡記分卡的供應鏈績效評價指標體系研究〉，《中國物流與採購》，2005(10): 68-70。

鄭培、黎建強，〈基於模糊評估和馬爾可夫預測的供應鏈動態平衡記分卡〉，《系統工程理論與實踐》，2008(4): 57-60。

鄭品石、袁天賜，〈基於EVA和平衡計分卡的供應鏈績效研究〉，《商業時代》，2012(12): 25-27。

鄭曉輝，〈淺談降低物流成本的重要途徑——管理會計〉，《現代經濟信息》，2009(19): 204。

鄭秀芝、姜櫻梅，〈企業實施綠色逆向物流的決策研究——以電子產品生產企業為例〉，《東嶽論叢》，2013(7): 172-175。

中國物流與採購聯合會，《2012年中國物流年鑒》，北京：中國物資出版社，2012。

鍾祖昌、陳功玉，〈基於網絡 DEA 的供應鏈績效評價方法與應用〉，《物流技術》，2006(4): 29-32。

周千翠，〈平衡計分卡在供應鏈績效評價中遇到的問題及解決對策〉，《現代商業》，2013(8): 116。

周敏、王成鋼，〈基於顧客價值的物流成本ABC計量模型〉，《長沙航空職業技術學院學報》，2005, 5(2): 51-57。

周敏、王成鋼，〈企業物流成本計量模型及其應用研究——基於物流作業流程分析〉，《上海立信會計學院學報》，2006, 20(1): 832。

周淑華，〈基於協調的供應鏈績效評價指標體系研究〉，《科技與管理》，2005(2): 38-41。

周揚、周三元，〈作業成本法在回收物流成本研究中的應用〉，《物流技術》，2013(8): 171-172。

朱曉琴、朱啟貴，〈基於TCO的採購成本管理綜述〉，《重慶交通大學學報》(社科版)，2007, 7(1): 59-61。

朱玉廣、周勇祥，〈物流導向型任務成本分析法——客戶贏利性分析的鋪路石〉，《管理科學文摘》，2003(9): 54-56。

BARRETT T. F., “Mission costing: a new approach to logistics analysis ”. *International Journal of Physical Distribution & Logistics Management*, 1982, 12(7): 3-27.

CARR L. P., ITTNER C. D., “Measuring the cost of ownership”. *Journal of Cost Management*, 1992, 6(3): 42-51.

CHRISTOPHER M., “ The new science of logistics systems engineering”. *International Journal of Physical Distribution,*

1971, 2(1): 5-13.

COOPER R., KAPLAN R. S., " Measure costs right: make the right decisions". Harvard Business Review, 1988, 66(5): 96-103.

HARRINGTON L., "Logistics, agent for change-shaping the integrated supply chain". *Transportation & Distribution*, 1995, 36(1): 30-34.

KOHLER E. L., "Accounting concepts and national income". *Accounting Review*, 1952: 50-56.

LUMMUS R. R., VOKURKA R. J., ALBER K. L., "Strategic supply chain planning". *Production and Inventory Management Journal*, 1998, 39(3): 49-58.

SAATY T. L., Topics in behavioral mathematics. Williamstown, *MA: Mathematical Association of America*, 1973.

SCHINNER A. P., "Measuring Productive Efficiency and Public Service Provision". *Fels Discussion Paper No. 143, University of Pennsylvania*, 1980: 9.

STAUBUS G. J., Activity costing and input-output accounting. *Homewood, IL: RD Irwin*, 1971.

代表性文獻

物流技術與供應鏈績效研究

作者：宋華

出版社：人民郵電出版社

出版時間：二〇〇八年

全書主題：本書深刻反映了現代物流與供應鏈成本管理的前瞻發展和管理方法，而且透過相關內容的介紹和分析，全面揭示了現代企業經營，使現代物流成本管理具有戰略性意義。在深化應用型的基礎上，本書不僅分析研究了物流成本和供應鏈績效管理應用的基礎理論，還結合了調查研究成果和前人研究，使讀者全面瞭解中國物流的現狀，對中國加強物流成本管理的緊迫性有了一些認識。在內容體系的安排上，不僅體現了物流成本管理的戰略層面，也反映了物流成本核算和管理方法的層面。

主要內容：本書結構主要分為五個部份：

第一部份（第一章、第二章）透過文獻回顧和各種物流成本管理方法的評價，探索物流成本管理的本質及物流成本的基本構成。作者指出，在物流成本的綜合管理上，目前運用和探索的主要方法有直接產品盈利率分析法（direct product profitability, DPP）、作業成本分析法（activity-based costing, ABC）、所有權成本分析法、目標成本法分析法（target costing）以及有效的消費者反應（efficient consumer response, ECR）。

第二部份（第三章、第四章）介紹了物流管理較為發達的國家，如美國和日本的物流成本管理狀況及相應物流成本的計算方法。此外，還對中國目前物流運作的情況以及相應的運作績效進行總體的反映。運用實證分析，研究了供應鏈管理績效的決定因素，包括：管理資訊系統的完善、跨職能和組織的團隊和流程、完善明確的成本核算的報告體系、良好的成本戰略意識。

第三部份（第五章、第六章）從具體的成本管理方法入手，分別探討了目前主要的企業物流成本核算，即形態別物流成本核算、機能別物流成本核算（作業基礎成本法）以及部門別物流成本核算。以上三種成本核算方法是一個有機的統一體。並在此基礎上，初步分析了運輸、保管等作業活動成本的核算。

第四部份（第七章、第八章）主要探索了在物流成本核算基礎上，如何進行物流系統的優化分析與決策，並且從事有效的物流成本預算。具體闡述了物流盈利率分析的本質與程序、應用領域，物流成本預算的編制與差異分析、零基預算、運輸成本預算與差異分析以及物流獨立核算中心的建立。

第五部份（第九章、第十章、第十一章）從供應鏈管理的角度，從戰略層面探索物流成本與供應鏈績效管理的方法，以及物流成本與供應鏈績效管理對於中國供應鏈物流戰略管理的指導性作用。供應鏈績效的管理與實現需要以產銷協同規劃（Sales and Operation Planning, S&OP）與協同規劃、預測及補貨模組（CPFR）為平台，以專業物流服務為基礎，以電子化物流為手段，以逆向物流與綠色供應鏈為保證。

中國企業物流成本管理現狀與發展

作者：宋華、王嵐

發表期刊：《中國人民大學學報》

發表時間：二〇〇八年第四期

論文主題：本文是一篇實證研究。在物流成本現狀的研究中，大多數是從宏觀視角出發，或者對比中國與美國、日本等已開發國家的物流現狀，從中找到差距從而得到降低中國物流成本的啟示或建議；或者直接從技術、制度等因素入手探討解決中國物流成本居高不下的對策。因此，實證研究在這一領域較為罕見。而從實證研究出發，往往更容易發現微觀層面的問題，並且結果更容易讓人信服。

主要內容：文章先回顧了海內外學者對於「企業物流成本管理的關鍵要素」的研究成果，結合中國企業的實際情況，提出了七個假設。假設一：對物流成本管理較為重視的企業，物流成本佔銷售額的比重往往較低，而且控制物流成本對企業競爭力的影響更為明顯。假設二：重視物流成本管理的企業更傾向於形成制度性的物流成本報告，以反映一定時期企業的物流成本狀況。假設三：當前阻礙中國企業物流成本管理較為重要的因素是缺乏清晰的物流成本核算工具和體系，而重視物流成本管理的企業除了運用傳統的財務方法管理外，會更傾向於運用作業基礎成本法管理。假設四：制約中國企業物流成本管理的另一個阻礙性因素是缺乏專業的物流成本核算和管理人員。假設五：儘管中國企業在資訊系統上進行了大量的投資，但缺乏足夠的資訊和數據整合仍然是阻礙企業有效進行物流成本管理的因素。假設六：缺乏跨功能、跨流程的管理團隊也是阻礙中國企業物流成本管理的重要因素。假設七：重視物流成本管理的企業往往在資訊整合和跨功能團隊建設上優於不太重視物流成本管理的企業。

主要結論：為檢驗假設，向國內製造商、經銷商、物流經營企業共發放問卷七百八十份，得到有效問卷一百二十六份，運用STATA軟體對蒐集的數據做非參數檢驗。基於統計分析結果，文章得出以下結論：

首先，近幾年中國企業物流成本管理的意識和水準得到了一定的提高，這不僅反映在建立專業物流成本管理體系、重視物流成本管理的企業逐漸增加，而且這些企業形成了制度性的物流成本報告體系。

其次，儘管中國企業加強物流成本管理的意識日益強化，但是目前困擾中國企業強化物流成本管理的一個很重要的問題是缺乏清晰的物流成本核算工具和體系，尤其是分銷類企業在該問題上表現得較為典型。

再次，提高中國企業物流成本管理的水準，不僅取決於能否建立起物流成本核算工具和體系，而且還取決於專業物流成本管理人員的培育。

最後，儘管企業在資訊系統上投入較大，但整合資訊和數據的缺乏仍然是阻礙企業有效進行物流成本管理的因素。

企業績效及供應鏈績效評價研究現狀

作者：霍佳震、隋明剛、劉仲英

發表期刊：《同濟大學學報》

發表時間：二〇〇一年第四期第二十九卷

主要內容：霍佳震、隋明剛、劉仲英三位學者早在二〇〇一年就綜述了海內外對於企業績效的研究成果，發現當時企業績效的研究主要集中在以下三個方面：績效評價指標的選取、績效評價體系的構架、績效評價研究的其他成果。而供應鏈績效評價研究目前還十分有限，文獻也較散，還不足以歸類分析。

補充：在此前研究基礎上，霍佳震等（二〇一一）提出了供應鏈績效評價研究的空白點：(1)沒有一個明確的、統一的供應鏈績效的定義，造成了研究中的混亂性。(2)對供應鏈績效內容的定義還很不完善，缺乏系統性。建立起系統的供應鏈績效評價指標體系將是值得研究的課題。(3)對供應鏈績效的研究大多是對現有供應鏈的優化，而很少考慮到組建時供應商和分銷商的選擇對供應鏈以後運作績效的影響。(4)整合化供應鏈是由核心企業、供應商、分銷商等不同子系統構成的複雜系統，其整體績效受到各子系統的影響和制約。從現有的資料中還沒有發現對此問題有深入的研究。(5)對供應鏈的評價主要集中於製造業。以後的研究可更注意離最終顧客最近的零售業。

國家圖書館出版品預行編目 (CIP) 資料

紅色供應鏈：中國供應鏈的前瞻與趨勢 / 宋華主編. -- 第一版. -- 臺北市：風格司藝術創作坊, 2015.11
面； 公分
ISBN 978-986-92387-0-0 (平裝)

1.物流業 2.產業發展 3.供應鏈管理

496.8 104021724

金融理財03

紅色供應鏈——中國供應鏈的前瞻與趨勢

作　　者：宋華主編
編　　輯：苗龍
發 行 人：謝俊龍
出　　版：風格司藝術創作坊
106 台北市安居街118巷17號
Tel: (02) 8732-0530　Fax: (02) 8732-0531
http://www.clio.com.tw
總 經 銷：紅螞蟻圖書有限公司
Tel: (02) 2795-3656　Fax: (02) 2795-4100
地址：台北市內湖區舊宗路二段121巷19號
http://www.e-redant.com
出版日期／2015 年 12 月　第一版第一刷
定　　價／420 元

ISBN 978-986-92387-0-0　Printed in Taiwan